中国城市空间营造个案研究系列 赵冰 主编

赣州城市空间营造研究
——客家文化为主的多文化互动博弈

叶鹏 著

中国建筑工业出版社

图书在版编目（CIP）数据

赣州城市空间营造研究——客家文化为主的多文化互动博弈/叶鹏著.—北京：中国建筑工业出版社，2018.3
（中国城市空间营造个案研究系列/赵冰主编）
ISBN978-7-112-21700-7

Ⅰ.①赣… Ⅱ.①叶… Ⅲ.①城市空间-建筑设计-赣州-古代 Ⅳ.①TU984.256.3

中国版本图书馆CIP数据核字（2017）第322306号

城市空间营造研究是我国城市规划研究领域的重要议题之一。本书通过对赣州城市空间营造历史的研究，探寻影响赣州空间营造的作用因子，研究赣州空间营造的特征和规律，并在此基础上对赣州城市空间营造的未来进行预测和分析。

本书可供广大城市规划师、城市设计师、城市历史与理论研究工作者等学习参考。

责任编辑：吴宇江　李珈莹
责任校对：张　颖

中国城市空间营造个案研究系列
赣州城市空间营造研究
——客家文化为主的多文化互动博弈
叶　鹏　著
＊
中国建筑工业出版社出版、发行（北京海淀三里河路9号）
各地新华书店、建筑书店经销
北京嘉泰利德公司制版
廊坊市海涛印刷有限公司印刷
＊
开本：850×1168毫米　1/16　印张：18¹/₂　字数：433千字
2018年6月第一版　2018年6月第一次印刷
定价：**68.00**元
ISBN 978-7-112-21700-7
　　　（31533）

总 序①

中国城市空间营造个案研究系列是我主持并推动的一项研究。

首先说明一下为什么要进行个案研究。城市规划对城市的研究目前多是对不同地区或不同时段的笼统研究而未针对具体个案展开全面的解析深究。但目前中国城市化的快速发展及城市规划的现实困境已促使我们必须走向深入的个案研究，若继续停留在笼统阶段，不针对具体的个案展开深入的解析，不对个案城市发展机制加以深究，将会使我们的城市规划流于一般的浮泛套路，从而脱离城市自身真切的发展实际，沦落为纸面上运行的规划，为规划建设管理带来严重的困扰。因此我们急需做出根本性的调整，急需更进一步全面展开个案的研究，只有在个案的深入研究及对其内在独特的发展机制的把握的基础上，才可能在城市规划的具体个案实践中给出更加准确的判定。

当然也并不是说目前没有个别的城市规划个案研究，比如像北京等城市的研究还是有的。但毕竟如北京，是作为首都来进行研究的，其本身就非常独特，跟一般性的城市不同，并不具有个案研究的指标意义。况且这类的研究大多未脱离城市史研究的范畴，而非从城市规划的核心思想来展开的空间营造的研究。

早在 20 世纪 80 年代我就倡导以空间营造为核心理念来推动城市及城市规划的研究。在我看来，空间营造是城市规划的核心理念，也是城市规划基础性研究即城市研究的主线。

我是基于东西方营造与"Architecture"的结合提出空间营造理念的。东方传统注重营造，而西方传统注重"Architecture"。营造显示时间序列，强调融入大化流行的意动生成。"Architecture"则指称空间架构，强调体现宇宙秩序的组织体系。东方传统从意动生成出发，在营造过程中因势利导、因地制宜；面对不同的局势、不同的场域，充满着不断的选择以达成适宜的结果；在不同权利的诸多生活空间的合乎情态的博弈中随时进行不同可能序列的意向导引和选择，以期最终达成多方博弈的和合意境。西方传统的目标是形成体现宇宙秩序的空间组织体系，这一空间组织体系使不同权利的诸多生存空间的博弈能合乎理性地展开。而我提出空间营造就是将东西方两方面加以贯通，我认为空间营造根本上是以自主协同、和合情理的空间博弈为目标的意动叠痕。

对于城市空间营造来说，何为最大的空间博弈？我以为应该是特定族群的人们聚集在一起的生存空间意志和生存环境的互动博弈。当特定族群的人们有意愿去实现梦想中的城市空间时，他们会面对环境的力量来和它们互动博弈，这是城市空间营造中最大的一个互动博弈，人们要么放弃，要么坚持，放弃就要远走异地，坚持就要立足于这个特定的环境，不断去营造适宜的生存及生活空间。这是发生在自然层面的博弈。而在社会层面，人与人之间为了各自的理想空间的实现也在一定的体制内进行着博弈，这其中离不开各种机构和组织的制衡。在个人层面，不同的生存和生活状态意欲也会作为潜在冲动的力量影响其自

① 本文发表于《华中建筑》2010年第12期。

主的选择。城市规划就是贯通这三个层次并在一定时空范围内给出的一次或多次城市空间营造的选择，其目的是以自主协同的方式促使空间博弈达成和合各方情理的一种平衡。

我提出的自主协同是至关重要的，在博弈中参与博弈的个体的权利都希望最大化，这是自主性的体现，但这需要博弈规则对此加以确保，博弈规则的确立就需要协同，协同是个体为确保自身权利最大化而自愿的一种行为。协同导致和合情理的博弈规则的遵从，这也是城市规划的目的。

和合各方情理就是促使博弈中诸多情态和诸多理念达成和合。这里也包含了我对城市规划的另一个看法：即城市规划应试图在空间博弈中达成阶段性的平衡。假如没有其他不期然的外力作用的话，它就达到并延续这种平衡。但是如果一旦出现不期然的外力，空间博弈就会出现不平衡。规划就需要再次梳理可能的新关系以达成空间博弈的更新的平衡。

多年来的研究与实践使我深感城市空间营造个案研究的迫切性，更感到城市规划变革的必要性。在我历年指导的硕士论文、博士论文中目前已陆续进行了30多个个案城市的空间营造的研究，这是我研究的主要方向之一。我希望从我做起，推动这项工作。

所有的这些个案城市空间营造研究的对象统一界定并集中在城市本身的空间营造上。时段划分上，出于我对全球历史所做的深入思考，也为了便于今后的比较研究，统一按一维神话（中国战国以前）、二维宗教（中国宋代以前）、三维科学（中国清末以前）三个阶段作为近代以前的阶段划分，1859年以后近代开始，经1889年到1919年，1919年现代开始，经1949年到1979年进入当代，经2009年到未来2039年。这是近代、现代、当代的阶段划分，从过去指向未来。

具体落实到每一个城市个案，就要研究它从诞生起开始，随着时间的展开，其空间是如何发生变化的，时空是如何转换的，其空间博弈中所出现的意动叠痕营造是如何展开的，最终我们要深入到其空间博弈的核心机制的探究上，最好能找出其发展的时空函数，并在此基础上对于个案城市2009年以后空间的发展给出预测，从而为进一步的规划提供依据。

空间方面切入个案城市的分析主要是从城市空间曾经的意动出发对随之形态化的体、面、线、点的空间构建及其叠痕转换加以梳理。形态化的体指城市空间形态整体，它是由面构成的；面指城市中的各种区域空间形态，面又是由线来分割形成的；线指城市交通道路、视线通廊、绿化带、山脉、江河等线状空间形态，线的转折是由点强化的；城市有一些标志物、广场，都属于点状形态，当我们说空间形态的体、面、线、点的时候，点是最基本的，点也是城市空间形态最集中的形态。这就是我们对于个案城市从空间角度切入所应做的工作。当然最根本的是要从空间形态的叠痕中，体会个案城市的风貌意蕴，感悟个案城市的精神气质。

时间方面切入个案城市的分析包含了从它的兴起，到兴盛，甚至说有些城市的终结，不过目前我们研究的城市尚未涉及已终结或曾终结的城市。总体来说，城市是呈加速发展的。早期的城市，相对来讲，发展较为缓慢，在我们研究的个案城市中，可能最早的是在战国以前就已经出现，处于一维神话阶段，神话思维引导了城市营造，后世的城市守护神的意念产生于此一阶段。战国至五代十国是二维宗教阶段，目前大量的历史城市出现在这个阶段，宗教思维引导了此阶段城市营造，如佛教对城市意象的影响。从宋代一直到清末，是三维科学阶段，科学思维引导了此阶段城市营造，如园林对城市意境的影响。三个阶段的发展时段越来越短暂，第一阶段在战国以前是很漫长的一个阶段，从战国到五代十国，这又经历了将近一千五百年。从宋到清末年，也经历了九百年的历程。

1859年以后更出现了加速的情况。中国近代列强入侵，口岸被迫开放，租界大量出现，洋务运动兴起。经1889年自强内敛到1919年六十年一个周期，三十年河东，三十年河西，六十年完成发展的一个循环。从1919年五四运动思想引进经1949年内聚，到1979年，我们又可以看到现代六十年发展的循环。1919到1949三十年，1949到1979三十年。从1979年改革开放兴起，经2009年转折到未来2039年又三十年，是当代六十年发展的循环。从发展层面上来说现当代一百二十年可以说是中华全球化的一百二十年。它本身的发展既有开放与内收交替的历史循环，也有一种层面的提高。我从20世纪80年代以来不断在讲，1919年真正从文化层面上开启了中华全球化的进程，1919年五四新文化运动唤起了中国现代人的全球化的意识，有了一种重新看待我们所处的东方文化的新的全球角度。通过东方的和侵入的西方的比较来获得一种全新的文化观。1919年一直持续到1949年，随着中国共产党以及毛泽东领导的时代的到来，中国进入到一个在文化基础上进行政治革命的时代，这个时代持续到1979年，毛泽东去世后不久。这个阶段可以说是以政治革命来主导中华全球化的进程。这个阶段是建立在上一个阶段新文化运动的基础上所开展的一个政治革命的阶段。这种政治革命是有相应文化依据的，因为它获得了一种新的文化意义上的全球视角，所以它就在这个视角上去推动一个全球的社会主义或者说共产主义运动，希望无产阶级成为世界的主导阶级，成为全球革命的主体，以这个主体来建立起一个新的政治制度。这毫无疑问是全球化的一种政治革命。这种政治革命到1979年宣告结束。1979年以后，随着邓小平推动的以经济为主的变革，中华全球化就从政治革命进入到一个更深入的经济改革的时代。这个改革的时代一直持续到2009年，可以说中华全球化获得了更深入的发展。不仅仅在文化，在政治，也在经济这三个层面获得了中华全球化的突飞猛进。当然2009年到随之而来的2039年，中国将会更深入的在以前的三个基础之上，进一步深入到社会的发展阶段。这个阶段是以公民社会的建构为主，公民社会的建构将成为一个新时代的呼声。未来我们会以这个为主题去推进中华全球化，推进包括空间营造在内城市规划的发展。

实际上在空间营造方面我们也经历了与文化、政治、经济相应的过程。在特定的阶段都有特定的空间营造的特点。我希望在对个案城市的研究中，特别应该注意现当代空间的研究。结合文化、政治、经济的重点来展开具体的分析。比如1919年至1949年三十年中，当时的城市空间营造推进了一种源于西方的逻辑空间意识，这种逻辑空间意识当然是以东西方结合为前提的，与之呼应出现了一种复兴东方的传统风格的意识，所以我们可以看到在这个阶段中，城市的风貌表现出的一种相互间的整合，总体上是文化意识层面的现代城市空间的营造。最典型的例子就是当时南京的规划，就是以理性空间结构与传统的南京历史格局相结合。第二个阶段，1949年到1979年，由于政治是主导，所以在空间引导方面更多的是以人民革命的名义所进行的空间的营造。这代表了大多数人的空间意识，比如说北京城市的空间营造，特别能够体现出这个时代的空间的权力，人民的权力空间。所以包括天安门广场，以及整个围绕天安门广场的空间的布局，它反映出的一种现代中国人民的权力意识的高涨。面对着南北轴线上的紫禁城，如何去和它相对抗，出现了人民英雄纪念碑，竖立在南北轴线上，正面对着紫禁城的空间，表现出人民的一种强大的权力。当然人民权力的领导者毛泽东的纪念堂最终也在 1978 年落到了南北轴线上，更是最终定格了人民的权力。这是关于天安门广场的空间表现出来的政治上的一种象征性，北京在这个时代是非常典型的，一种关于人民政治权力的表现，在空间上进行了非常有意义的探索，当时的各个城市也同样建立了人民广场，同时工人新村成为那个时代的典型空间类型。单位的工作、生活前后空间组织的格局成为最基本的空间单元。1979 年至 2009 年，这三十年在空间上更多的是关于空间利益的。不同的空间代表不同的利益取向。从开发区的划定，到房地产楼盘的泛滥，城市空间的营造离不开空间的利益，离不开不同的个体或集团通过各种手段在城市建设中获得自身利益的最大化。

从 2009 年以后未来三十年将会如何？这就涉及对未来发展的宏观认识以及未来城市规划应该把重点放在何处的问题。它涉及未来我们以怎样的思想和方法来进行规划，涉及城市规划自身的变革问题，涉及规划师自身的转型问题。我提出用自主协同、和合情理的规划理念和方法来开展个案城市今后的规划，这当然是基于空间营造是以自主协同、和合情理的空间博弈为目标的意动叠痕思想而对个案城市的一种把握。我希望能够整合现当代所获得的空间之理、空间之力、空间之利来达成未来的空间之立，个体的空间自立是阶段性空间博弈平衡的目标。这里的核心是要尊重每一个个体的自主性，同时防止让他们侵害到其他的自主性，使得我们的规划能够去适应一个新时代的公民社会的建构。

我们研究这些个案城市，就是为了顺着族群生存空间的梦想及其营造实现这一贯穿始终的主线，梳理个案城市在历史演化过程中空间营造所面对的一次次来自自然、社会、个人的挑战及人们所作出的回应，把握它独特的互动机制，从而进一步推动它在未来的空间营造特别是公民社会的空间建构中来具体实现自主协同、和合情理的空间博弈。这就是我希祈每一个个案研究所要达成的目的。

在体例上，所有这些论文也都是以这样的基本格局来展开的。我希望我指导的硕士生、特别是博士生能够脚踏实地，像考古学家一样调研发掘他所研究的个案城市的营造叠痕，也要深入钻研，像历史学家一样详尽收集相关的文献资料，并且发挥规划师研究和体悟空间的特长以直观且精准的图文方式展现我们的研究成果，特别是图的绘制，这本身就是研究的深化。我当然也知道他们的个性及求学背景的差异会最终影响论文的面貌，只能尽力而为了。

最后，我表达一种希望，希望有更多的人参与到这项研究计划中来，以便尽早完成中国 600 多个个案城市的研究，同时推动城市规划的变革。

武汉大学城市建设学院首任院长、教授、博士生导师

赵 冰

2009 年 7 月于武汉

前 言

城市空间营造研究是目前城市研究的一项重要内容，也是我国城市规划研究领域的重要议题之一。赣州位于江西省南部，章、贡、赣三江的交汇处，是一座拥有两千多年历史的古城。在赣州历史上，包括古越文化、客家文化、徽州文化在内的多个文化都曾经在不同时期、从不同层面对赣州的空间营造产生了影响。对赣州的研究，将有益于从文化的角度来审视营造。本书通过对赣州城市空间营造历史的研究，探寻影响赣州空间营造的作用因子，研究赣州空间营造的特征和规律，并在此基础上对赣州城市空间营造的未来进行预测和分析。

本书从历史发展演进的角度出发，分为五个部分：

第一部分为研究背景，主要论述本书的研究意义、方法和背景，介绍赣州城市发展的现状问题，通过国内外城市空间研究和赣州城市空间研究的现状分析，从文化和历史的角度入手对于各个历史阶段赣州空间营造活动的特征展开研究，从空间意象角度研究其空间尺度，运用易学思维建构其营造法则的研究方法，并简要介绍赣州自然条件、社会背景和历史沿革，以此为基础展开各历史时期的城市空间营造研究。

第二部分为古代赣州城市空间营造研究，该部分包括3章：

第2章介绍东晋之前赣州的城市起源和早期城址变迁，探讨古越文化影响下的赣州空间博弈规则。

第3章研究东晋到五代十国时期赣州城市空间营造活动，这一时期是赣州城市发展史上的第一个黄金时期，客家人开始大量进入赣州，客家文化成为了影响赣州空间营造活动的主要文化。本章重点介绍客家文化对赣州空间营造活动的影响，并揭示新来的客家文化和旧有的古越文化之间的互动博弈。

第4章是宋代到晚清（1859年）的赣州城市空间营造研究，主要集中在宋代和明清时期赣州城的空间营造活动，以及客家文化和徽州文化对赣州城市空间营造活动的影响。

第三部分研究近代赣州城市空间营造，该部分包括1章：

第5章为1859—1919年的赣州城市空间营造研究，主要介绍第二次鸦片战争后，在"西风东渐"的大背景下，在赣州这个客家文化的大本营所表现出来的东、西方文化相互融合的特点，及其对于当地城市空间营造的影响。

第四部分为现代赣州城市空间营造研究，该部分包括2章：

第6章介绍1919—1949年的赣州城市空间营造，主要介绍20世纪30年代后，在岭南文化和蒋经国"新赣南"运动影响下的赣州城市空间营造。这一时期，以骑楼为代表的岭南建筑在赣州的流行正是客家文化和岭南文化之间互动博弈的结果。

第7章研究1949—1979年的赣州城市空间营造，主要研究新中国成立后，在国家计划经济影响下的赣州城市空间营造及其特征。

第五部分研究当代赣州城市空间营造，该部分包括 3 章：

第 8 章是 1979—2009 年的赣州城市空间营造研究，主要介绍市场经济影响下的赣州城市空间营造其特征。

第 9 章总结赣州城市空间营造的动力机制，分析不同历史阶段的不同文化对赣州城市空间营造的作用。

第 10 章研究未来多元文化认同下的赣州城市空间营造的博弈规则，展望未来 30 年赣州城市空间营造的远景。

目 录

第三部分　近代赣州城市空间营造研究

第四部分　现代赣州城市空间营造研究

第五部分　当代赣州城市空间营造研究

第一部分

研究背景

第1章 绪 论

1.1 研究目的

空间营造包括主体和客体两个方面。营造的主体是人和寄居于人之上的文化，客体则是人们营造活动的产物——建筑、聚落或者是城市。每一个人都是他所生活的那一时代、地区文化的载体，建筑、聚落、城市是该文化物化后的产物。文化借由受其影响的人的活动而将其特征表现出来，不同时期、不同地域的文化会直接影响这时期该地域内人们的空间营造活动。如果我们选择抽丝剥茧的方法来看待我们的营造史，便可以发现我们人类的空间营造史同时也是一部时代变迁的文化史。

不同族群与文化体在某一地域内的停留，往往会通过建筑的营造而物化地表现出来。在每一座建筑的背后，我们都可以找到影响这一营造活动的文化因子。面对紫禁城我们看到的是中国古代社会严格的礼法制度和这个民族文化上的博大精深，古希腊的雅典卫城则向我们传达了古代希腊民主与自由的思想。中国人出于对于儒家的推崇而将孔庙放在城市的重要位置，而在西方，城市的中心则是高耸的教堂。不同的地域衍生出了不同的地域文化，而这一文化也会直接影响到当地的空间营造。

文化往往随着时代的变迁而发展变化，本书研究的赣州就是一个鲜明的例子，在唐宋之前，这一区域活动的族群主体是古越人，古越文化直接影响了赣州地区的空间营造；唐代之后，随着大量北方客家人进入赣州，地域内的族群主体发生了改变，客家文化成为了影响赣州空间营造活动的主要文化因子；明清时期，由于赣州城市商业的繁荣，大量的徽州商人来到赣州生活和居住，徽州文化开始影响赣州的空间营造；清末，由于鸦片战争中国的战败，西方文化开始进入中国的内地，赣州的空间营造表现出"西风东渐"下的营造特点；民国时期，赣州在粤系军阀的控制下，空间营造深受岭南文化的影响。抗战时期，蒋经国主政赣州，提出了建设"新赣南"的口号，当时赣州的空间营造表现出了"新赣南"运动的特点；1949年之后的赣州和中国的其他城市一样，文化的作用日渐式微，经济体制成为了影响城市空间营造的主导因素，国家"计划经济"体制影响了赣州的城市空间营造；1979年随着改革开放的开始，市场经济又左右了这座古城的发展。2009年之后，随着信息化时代的来到，赣州的空间营造将进入多元文化认同的新时代。

本书从赣州空间营造的特点出发，从时间角度将赣州的空间营造历史划分为古代、近代、现代、当代4个部分9个阶段，古代部分为3个阶段：东晋之前的赣州空间营造、东晋至五代的赣州城市空间营造、宋至晚清（1859年）的赣州城市空间营造；近代部分从天津条约的签订的1859年起至五四运动爆发的1919年止这一时期是"西风东渐"影响下的城市空间营造，这一时期以30年为限划分为两个阶段，1859—1889年的赣州城市空间营造和1889—1919年的赣州城市空间营造，这2个阶段西方文化对赣州空间营造的影响角度不同；现代营造史从 1919 年开始，以新中国成立的 1949 年为界，分为两个阶段：1919—1949 年赣州城市空间营造，1949—1979 年赣州城市空间营造；当代赣州的城市空间营造活动起于改革开放的 1979 年，以 30 年为限：1979—2009 年赣州城市空间营造；2009—2039 年的赣州城市空间着眼于未来赣州的城市发展的前景展望，2009 年中国网民人数跃居世界第一，中国开始进入信息化时代，随着时代背景的改变，影响赣州城市空间营造的因子也正在发生改变。

对赣州城市空间营造的研究，既可以"顺着族群生存空间的梦想及其营造实现这一贯穿始终的主线，梳理个案城市在历史演化过程中空间营造所面临的一次次来自自然、社会和个人的挑战及人们所做出的回应，把握它独特的互动机制，从而进一步推动它在未来的空间营造特别是公民社会的空间建构中来具体实现自主协同、和合情理的空间博弈"[①]，又可以对于文化、经济因子对于城市空间营造的影响进行梳理、分析，从而在千头万绪的外在表象中，寻找出赣州城市空间营造的本来面目。

1.2　研究意义

本书的研究意义体现在以下三个方面：对于不同时期，不同文化影响下的空间营造进行研究；有益于古城的多元文化印记的保护；思考在新的时代背景下城市的发展。

1.2.1　对于不同时期、不同文化影响下的空间营造的研究

赣州是一座拥有深厚历史底蕴的城市，在赣州发展的不同历史阶段，不同的文化对当地的空间营造产生了深刻的影响。在唐代之前的城市发展早期，活动在赣州的族群为古越人，这一时期古越文化影响着这片大地上的空间营造，虽然之后随着历史的推演，古越族消失在了时间的长河中，但是它的文化通过和后来的客家文化的相互融合而继续影响着这片土地。唐代中后期之后，随着大批北方客家人的到来，客家文化开始成为了赣州的主体文化，当地的围屋、祠堂、书院等建筑都是客家文化在营造上的物化表现。明代中后期，伴随着赣州城市商业的繁荣，大量徽商涌入赣州，相伴而来的是徽州文化开始在赣州流行，这一时期至晚清大量的徽派建筑在赣州出现，这些建筑通过和当地客家文化的相互融合而表现出一定的地域特点。20 世纪 30 年代，随着粤系势力进驻赣州，岭南文化开始影响赣州，以骑楼为代表的岭南建筑在赣州流行。新中国成立后，由于计划经济体制下生产资料的高度集中，包括客家文化在内的传统文化的影响日渐式微，而国家计划和政策的方向则直接左右了赣州城市的发展，"大跃进"时期伴随着"破旧立新"的口号，赣州的镇南门被拆除变成了"献礼工程"——红旗大道，"社会主义内容加民族形式"思想的提出，直接催生了以赣州农垦局大楼为代表的"大屋顶"建筑在赣州的出现，面对红旗大道南侧那些仅能满足最基本功能要求的筒子楼——"红房子"，人们很难不将它们和当时平等主义的时代追求相联系。1979 年是中国历史上一个值得纪念的年份，这一年随着改革开放大幕的拉开，中国

---

① 赵冰.中国城市空间营造个案研究系列总序[J].华中建筑，2010（12）。

社会进入到了市场经济时代，国家计划经济的色彩逐渐淡化，社会营造的动机与目的变成了对于市场经济利益的追逐，市场力开始成为了影响城市空间营造的主要作用力。2009 年，中国社会伴随着互联网的普及而开始迈入到信息化时代，新的时代背景下，对于多元价值观的均衡，成为了推动城市空间营造的主要动力。

1.2.2 古城文化印记的保护

不同的文化往往借助营造的手段实现自己文脉的延续和思想的物化，赣州历史上的各种文化都在赣州的空间营造中留下具有自己特色的印记。当看到围屋时人们自然而然地会想到客家文化，而骑楼则向人们显示了岭南文化在这座城市发展中所起的作用，面对那些带有苏联建筑特点的古典主义建筑你很难不将它和那段"激情燃烧"的岁月联系起来。建筑是文化的物质载体，认识文化离不开建筑，文化影响了建筑，而建筑又表现了文化。研究各个时间段的各种文化对于城市空间营造所发挥的作用，是保护城市文化印记的一个极好方法。

1.2.3 思考在新的时代背景下城市的发展

随着中国社会进入到信息化社会，影响社会的思想也由过去的单一化，转变为多元化，多元文化的兴起自然会对城市空间营造产生新的影响。赣州是一座非常具有代表性的内地二、三线城市，伴随着赣州社会、经济的飞速发展（2010 年赣州国民生产总值达到1119.47 亿元，人均国民生产总值达到 13400 元，较 2005 年翻了一番（2005 年赣州 GDP 为 500.1 亿元，人均 GDP 为 6134 元），2010 年城镇化率达到了 42.5% 与 2005 年相比提高了 11.5 个百分点）[①]，赣州的城市当中出现了一些矛盾，比如：随着城市中社会阶层的分异而出现的中、低收入群体居住权的维护和高涨的房价之间的矛盾；中心城区和周边区域之间发展诉求的矛盾；现代城市的营造和历史街区的保护之间的矛盾。未来如何解决好这些矛盾，实现赣州城市的和谐、有序发展是赣州的城市规划人正在面临的一个问题，也是中国很多城市的城市规划人急需破解的问题，对赣州的研究可以为其他城市提供一个良好的参考。

1.3 国内外研究现状

1.3.1 国外城市空间理论研究现状

1. 西方城市空间理论研究的基础——西方哲学思想中的空间观

西方文化和东方文化之间在看待空间的角度方面有很大的差别，西方文化是从理性的角度走入感性，从空间看时间，而东方文化则是立足时间看空间。西方文化早在公元前 6 世纪就将空间的认识和人的存在联系在了一起，他们认为场所感的创造是城市空间和建筑

---

① 赣州国民经济和社会发展十二五规划纲要[EB/OL].http：//www.gzsdpc.gov.cn/fgwadmin001/news_view.asp?newsid=9348。

建造的根本目的。① 当时爱利亚学派的巴门尼德提出"思维和存在是同一"的观点，他认为空间不能想象，因而并不存在。② 同时期的古希腊学者柏拉图从"物源于心"的角度认为空间是"所有以任何方式创造的、可见的感知物之母和贮器"。柏拉图的学生亚里士多德创了形而上学的空间思想，他认为空间是所有场所的总和，是一种有方向且定性的动场。亚里士多德强调了空间与时间的关系，改变了柏拉图将时间包含于空间之下，使空间脱离时间存在的观点。在他看来空间不能脱离物体而存在，他认为"'空间是一种分离着独立存在的事物'……前面已谈到过，这是不可能的"③，"恰如物体皆在空间里一样，空间里也都有物体"④。正是由于把空间与物体等同化，亚里士多德才认为某一时刻某一物体占据一定的空间，当此物体离开这一位置后，又会有新的物体占据这一空间。虽然亚里士多德曾经提出过空间的"无限性"，但仅指的是空间量的无限可分性。在空间的划分上，亚里士多德把空间划分为"共有空间"和"特有空间"两种类型，他讲："空间也有两种：一个是共有的，即所有物体存在于其中的，另一是特有的，即每个物体所直接占有的。"⑤ 毫无疑问，亚里士多德眼中的共有空间是指作为一个大容器存在的宇宙空间，而特有空间则是指每一个物体所单独占有的处所或位置空间。⑥ 在古希腊的哲学家眼中时间和空间是两个截然不同的概念，空间是相对比较稳定，并且可以量化，比如运用几何学的方法来进行计算。而时间则在动，它是不能量化的。时间在他们看来是一个"混沌"的概念，古希腊哲学家曾说过："人不能两次涉经同一条河流，因为时间就像流水一样，绵绵不断，今日之河，已非昨日之河。"⑦ 所以古希腊人可以用"topos"（英译为 place）和"chora"（英译为"space or room in which a thingis"《希英大辞典》）来表示空间。但对于时间却只能使用"chronos"这样一个代表时间之神的单词来进行表达。

古罗马建立后希腊文化渐渐和罗马文化相融合，从公元前 100 年开始罗马哲学的重心从伦理转向了宗教。此后的中世纪，教会是绝对的统治者，哲学成为了为神学服务的工具，人们更多地关注如何获得上帝的救赎升入美好的天国，而忽视了对于世俗的需要。直到 15 世纪的"文艺复兴"时期，人们的思想重新从天国回到了现实。在古希腊和古罗马哲学思想的基础上，对于现实的问题展开了认真的思考。17 世纪是西方哲学的一个繁盛时期，这一时期牛顿在亚里士多德的基础上提出了绝对时空观，在他眼中时间和空间二者是独立于任何外界事物的一个客观存在，他在承认时空的客观性的基础上，认为时空完全可以不依赖于某一具体的物质和运动而独立存在，他在绝对空间的框架基础下提出了隶属于具体物体的相对空间。他在《自然哲学的数学原理》一书中写道："绝对的空间，就其本性而言，是与外界任何事物无关而永远是相同的和不动的。相对空间是绝对空间的可动部分

---

① 陈怡.荆州城市空间营造研究[D].武汉大学，2011：12。
② 陈怡.荆州城市空间营造研究[D].武汉大学，2011：12。
③ 亚里士多德.物理学[M].张竹明译.北京：商务印书馆，1982：116。
④ 亚里士多德.物理学[M].张竹明译.北京：商务印书馆，1982：95。
⑤ 亚里士多德.物理学[M].张竹明译.北京：商务印书馆，1982：103。
⑥ 王晓磊.论西方哲学空间概念的双重演进逻辑——从亚里士多德到海德格尔[J].北京理工大学学报，2010（2）。
⑦ 张德功.时间的空间隐喻表征的理据——一个希腊哲学视角[J].湖北广播电视大学学报，2011（3）。

或者量度。我们的感官通过绝对空间对其他物体的位置而确定了它，并且通常把它当作不动的空间看待。如相对于地球而言的地下、大气，或天体等空间就都是这样来确定的。"[1] 牛顿眼中的相对空间是绝对空间的量度，是相对于某一物体的位置而确定的有限空间。相对空间被看作是人们通过感官感知到的具体事物的经验性空间，反之，绝对空间则是在相对空间的基础上通过抽象概括而成的纯粹的真理性空间，它和相对空间相比较是不可动亦不可变。牛顿的时空观属于客观唯心主义的时空观[2]，他认为空间可以独立于物质，也就说即使物质不存在了，空间也可以存在。他的绝对时空观受到了同时期的学者莱布尼茨的反对，在致克拉克的第三封信中莱布尼茨这样写道："这些先生们主张空间是一种绝对的实在的存在……至于我，已不止一次地指出过，我把空间看作某种纯粹相对的东西，就像时间一样；看作一种并存的秩序，正如时间是一种接续的秩序一样。因为以可能性来说，空间标志着同时存在的事物的一种秩序，只要这些事物一起存在，而不必涉及它们特殊的存在方式；当我们看到几件事物在一起时，我们就察觉到事物彼此之间的这种秩序。"[3] 莱布尼兹认为在逻辑观点上，物质要先于空间，只有物质的存在，空间才会有意义，空间是为了显示物质之间的排序，就像时间一样，也有一个序列关系。所以空间是物质与物质之间的关系，具有一种相对性。他认为没有了物质，就没有了空间，不存在真空。

同时期的英国哲学家休谟认为空间观念源于人类的印象，某一观念往往对应着某一印象，印象是通过人们的视觉或者是触觉感知客体然后投射在内心中形成的经验。休谟把印象分为内在和外在两类印象，他指出我们所获得到的空间观念并非来自某种内在印象，而是依靠个体的感觉器官所形成的对于外界事物的印象。他曾经举例说明："在我眼前的这张桌子，再一看之下就足以给予我广袤的观念。因此，这个观念是由此刻出现于感官前的某一印象得来，并表象那个印象。但是我的感官只给我传来以某种方式排列着的色点的印象。"[4] 在休谟看来空间观是相对的，也就是空间既不能脱离客观的物质而存在从而失去现实性，也不能仅仅依靠内心的感觉而造就虚无性。[5]

18 世纪末的康德在继承前人经验的基础上，从形而上学的角度对于空间的先验性做了四点阐明，他认为："空间不是什么从外部经验中抽引出来的经验性的概念"，"空间是一个作为一切外部直观之基础的必然的先天表象"，"空间绝不是关于一般事物的关系的推论的概念，或如人们所说，普遍的概念，而是一个纯直观"，"空间被表象为一个无限给予的量"[6]。康德一方面反对客观的空间观念，其中既包括牛顿的客观的"绝对空间"思想，也包括莱布尼茨的客观的"相对空间"思想。[7] 另一方面，康德一方面反对客观空间，另一面却在主

① 塞耶.牛顿自然哲学著作选[M].上海：上海人民出版社，1974：19-20。
② 王晓磊.论西方哲学空间概念的双重演进逻辑——从亚里士多德到海德格尔[J].北京理工大学学报，2010（2）。
③ 莱布尼茨与克拉克论战书信集[M].北京：商务印书馆，1996，17-18。
④ 休谟.人性论[M].关文运，译.北京：商务印书馆，1980：47。
⑤ 王晓磊.论西方哲学空间概念的双重演进逻辑——从亚里士多德到海德格尔.北京理工大学学报，2010（2）。
⑥ 康德.纯粹理性批判[M].邓晓芒，译.北京：人民出版社，2004：28-29。
⑦ 张桂权.空间观念和"哲学耻辱"——以贝克莱和康德为中心[J].自然辩证法研究，2008（5）。

观的意义上保留了"绝对空间"：他认为空间是人类普遍的纯直观形式，它不光对于所有的人有效，而且对所有的呈现给人的现象也同样有效，因此它具有不同于贝克莱的"经验性的观念性"的"经验性的实在性"，也就是说空间在经验、现象的意义上是实在的。[①]

20世纪20年代的著名哲学家海德格尔运用现象学和诠释学的方法，对于空间进行了阐释。"他认为空间是直接与人的存在相关联的世界，他把空间看作是此在在世存在之场所，这种生存场所的出现并非外在的给予，而是人的本质力量的外在显现。"[②] 他提出："一、筑造乃是真正的栖居。二、栖居乃是终有一死的人在大地上存在的方式。三、作为栖居的筑造展开为那种保养生长的筑造与建立建筑物的筑造。"[③] 正是因为栖居活动是人"在大地上"的由出生到死亡的逗留，才有了人们为栖居而进行的筑造活动，是栖居决定着筑造，而不是筑造决定栖居。"'在大地上'就意味着'在天空下'。两者一道意指'在神面前持留'，并且包含着一种'向人之并存的归属'。从一种原始的统一性而来，天、地、神、人'四方'归于一体。"[④] 也就是说，康德认为在天空之下和神的面前，栖居是一种汇聚了天、地、神、人的统一。同时，栖居提供了具体的位置，这些具体的位置提供了一个包纳天、地、神、人在内的空间，诸空间正是从诸位置那里才获得了其本质。海德格尔把栖居看作人存在的一个基本特征，他的空间是人的有限的生存范围，他的空间观中充满了对于现代社会技术宰制下的空间生产的生存论的批判。[⑤]

第二次世界大战后的法国哲学家德里达提出了解构主义，并在此基础上对于"空间"进行了思考。在德里达给一位日本朋友的信中，他写道："解构发生了，它是一个事件（event），并不听命于人们主体的讨论、思考、意识和组织……"[⑥]

"解构并不意味着我们要摧毁建造的某种东西（无论是物理上的建造，还是文化或理论上的建造），只是为了展示某种可以建造某种新东西的裸露的地基，建筑师事实上在分解传统的基本原则，对将建筑附属于任何其他一切提出批评，并非为了建造某种别的无用的、丑陋的或无法居住的东西，而是为了使建筑从那些最终的外部形式和外在的目标中获得自由。不是为了重建某种纯粹的、创新的建筑，恰恰相反，是为了使建筑与其他的传播媒介、其他的艺术产生交流，是为了拼合建筑。解构主义是一种文本，文学的文本或者哲学的文本的批评方法，但又不单单是一种方法，一种批评，或不仅仅是批评，更重要的是打开边界，打开文本和各个学科的界限……对于建筑来说，解构主义的发生是在你分解某一建筑哲学或建筑设想的时候，如对审美的、美观的主导地位，或对实用的、功能的、生活的和居住的主导地位的分解……这些动机和价值都必须考虑进去，但同时又使他们失去那种外在的主导地位……解构不是简单地忘记过去，在神学、建筑或者任

① 张桂权. 空间观念和"哲学耻辱"——以贝克莱和康德为中心[J]. 自然辩证法研究，2008（5）。

② 王晓磊. 论西方哲学空间概念的双重演进逻辑——从亚里士多德到海德格尔[J]. 北京理工大学学报，2010（2）。

③ 马丁·海德格尔. 演讲与论文集[M]. 孙周兴，译. 北京：生活·读书·新知三联书店，2005：156。

④ 马丁·海德格尔. 演讲与论文集[M]. 孙周兴，译. 北京：生活·读书·新知三联书店，2005：157。

⑤ 王晓磊. 论西方哲学空间概念的双重演进逻辑——从亚里士多德到海德格尔[J]. 北京理工大学学报，2010（2）。

⑥ 大尉·伍德，等. 德里达与迪菲昂斯论[M]. 西安：西安西北大学出版社，1985。

何其他学科中占主导地位的东西，在某种程度上依然存在，或者说分解了结构的这些档案依然具有可读性，字迹依然清晰可辨。……解构主义首先是针对'……是什么？''……的本质是什么？'等等而表示疑问的。……解构不仅仅对于建筑师来说是一种活动或投入；对于阅读、观看这些建筑的人，对走进这个空间、并在其间移动，以一种不同的方式感受空间的人也同样是一种活动或投入，从这一观点来看，我认为建筑体验……它们所提供的是一种机会，即体验不同建筑的这些创造的可能性……需要我们让各种不同的观点表达出来，没有独白式的发言，没有独白——那就是为什么解构主义从不是个人化，从不是一种独一无二的、自我中心的作者的声音。它总是许多声音，许多姿态的复杂呈现……解构主义建筑师对待现代主义的态度——不仅仅是一种摈弃，而且是针对现代主义批评的那种特殊形式所持的一种批评态度……"①

2. 20世纪西方哲学思想影响下的城市空间理论研究

相对于哲学界对于"空间"积极而且深刻的思考与剖析，城市空间理论的研究要显得落后了很多。第一次世界大战前后，在城市空间的研究领域中理性主义和实证主义的思想占据了主导的地位，它具体表现为对于城市空间美学原则和功能主义上的追求。城市美化运动是理性主义在城市空间营造活动中的主要表现形式，发源于1909年的伯恩海姆的"芝加哥规划"揭开了城市美化运动的序幕，城市美化运动的核心思想就是采用古典主义加巴洛克的手法设计城市，从而恢复城市中失去的视觉秩序和和谐之美，理性主义着重于对于古典城市空间比例的研究。实证主义则表现为注重城市空间的功能化，1922年勒·柯布西耶发表了著名的《明日的城市》一书，他从人的物质需求角度出发对于未来的城市空间模式展开了研究，他主张城市集中主义，认为城市空间是美学原则和功能需求的外化。不可否认相对于19世纪的装饰主义而言，勒·柯布西耶关于城市空间要和人的需求相结合的观点是一个巨大的进步，然而随后出现的千篇一律的建筑和千城一面的城市却带来了空间意义上的缺失，遭到了众多学者的批判。

第二次世界大战结束后的20年间，欧美国家的建筑师和规划师们对于日益僵化的现代主义空间观展开了积极的批判，这一时期源于人本主义思想的心理学、人类学和现象学理论开始融入到城市空间理论研究当中。1960年，美国学者凯文·林奇出版了《城市意象》一书，在书中他将人类学的视觉感官知识直接用于城市空间的解析，他认为城市意象就是指由于周围环境对于居民的影响，从而使居民产生对于周围环境的直接或者是间接的经验认识空间，即是人的大脑通过想象可以回忆产生的城市印象，也是存在于居民头脑中的"主观环境"空间。他首次提出了城市意象的五项构成要素——路径、节点、边界、标志和区域。由于五要素的方法对于形成局部的区域概念非常有效，并且易于操作，因此被后来的城市规划与设计者们广泛地运用于城市设计当中。然而由于他将人对于城市环境的认识仅仅看作是对物质形态的知觉感知，使得他的研究对象更像是研究生活于真空中的人的行为活动，从而忽视了人作为一个社会人与其周围的环境约束和社会约束之间的关系。②凯文·林奇后

① 冰河，傅惠生译. 德里达同诺里斯的讨论[M]//赵冰. 解构主义——当代的挑战[M]. 长沙：湖南美术出版社，1992。

② 汪源. 凯文·林奇《城市意象》之批判[J]. 新建筑，2003（3）。

来也意识到了自己研究的缺陷，于是在1981年出版的《良好的城市形态》（Good City Form）中，他不再强调可识别性，反之将"感觉"作为城市行为的唯一尺度，并且将可识别性看作是感觉的一种。他承认自己在《城市意象》中关于居民对城市的理解过于静态化和简单化，结果忽略了对于城市意义的关注，并认为对于城市中的大多数居民来说，觅路实际上并不是一个首要的问题，并且对于秩序的强调会忽略城市形态的模糊性、神秘性和惊奇性。[①]

1963年挪威建筑历史和理论学者C.诺伯格—舒尔茨（Christian Norberg-Schulz）出版了自己的第一部建筑理论著作《建筑的意象》从现象学角度对于空间展开了研究。此后他又陆续出版了《存在·空间·建筑》（1971年）、《西方建筑的意义》（1973年）、《场所精神：迈向建筑现象学》（1980）、《建筑的意义与场所》（1988年）、《建筑：存在、语言、场所》（2000年）等一批作品。他通过对于梅洛·庞蒂的感知现象学、海德格尔的现象学、皮亚杰的拓扑心理学和凯文·林奇的城市意象方法的融合创立了建筑现象学的思想，诺伯格—舒尔茨站在前人的肩膀上提出了肉体行为的实用空间、直接定位的知觉空间、环境方面为人形成稳定形象的存在空间、物理世界的认识空间和纯理论的抽象空间这五种空间概念。在他看来空间图式可以有各种类型，即便是同一个人，一般也会有一个以上的图式，因此可以充分感知到各种状况。图式是通过文化而决定的，要求对于环境感性地定位，结果即具有了质的特性。实用空间把人统一于自然有机的环境之中；知觉空间对于人的同一性而言是不可或缺的；存在空间把人类归属于整个社会文化当中；认识空间意味着人对于空间展开思考；理论空间则是提供了一个描述其他各种空间的工具。诺伯格—舒尔茨认为存在空间的基本图式在于中心及场所、方向及路径和区域及领域三种结构关系的建立，中心和场所显示的是存在空间的"亲近度"，方向和路径则显示了存在空间中的"联系度"，区域及领域显示了存在空间相对于外界的"闭合度"。这些关系可以被抽象为拓扑学图式，进而显现为近接、分离、继续、闭合、连续等关系所构成的原始空间秩序。[②]诺伯格—舒尔茨认为，场所是存在空间中所不可或缺的一项的基本要素，场所概念和作为各种场所体系空间的概念，是找到存在立足点的必要条件，在1980年出版的《场所精神迈向建筑现象学》一书中诺伯格—舒尔将"场所"置于"空间"之上，作为建筑研究之首来看待。一个场所必须要有明显的界限或边界线，并且是具有明确特征的空间，场所对于包围它的外部而言，是作为内部来体验。场所、路线、领域，是定位的基本图式，亦即存在空间的几项构成要素。这些要素组合起来，空间才开始真正成为可测出人的存在的次元。在存在空间中，一般包括几个场所。所谓某一个场所，是在更加广阔的脉络当中安上位置，而不是单纯地从别个当中取出来。一切场所都是具有方向的，场所一般因路线体系而与各种方向发生关系。存在空间也具有方向性。诺伯格—舒尔茨将存在空间划分为几个阶段：①用具；②住房；③城市阶段；④景观阶段；⑤地理阶段。其中，城市阶段主要是根据社会的相互作用，亦根据社会共同的生活形态来决定。城市的内部结构就是这样"正在那里发生"的个人和社会诸功能作用的复合结果。

---

① Lynch K.Good City Form[M]. Cambridge：MA： MIT Press，1981.

② 邓波，孙丽，杨宁.诺伯格—舒尔茨的建筑现象学评述[J].科学技术与辩证法，2009（2）。

20 世纪下半叶结构主义开始影响城市空间的研究。结构主义的城市空间的研究者中以美国建筑理念家和规划师克里斯托弗·亚历山大（Christopher Alexander）为代表，他于 1965 年发表了"城市并非树形"一文，在文中他从社会结构的角度对于城市空间结构的非等级化展开了论述。此后他又陆续出版了《建筑模式语言》（A Pattern Language：Towns，Buildings，Construction）、《秩序的本性》（The Nature of Order：An Essay on the Art of Building and the Nature of the Universe）和《建筑的永恒之道》（The Timeless Way of Building），他将一种可操作的建筑体系归纳为建筑模式语言，建筑模式语言的想法来自于亚历山大对于许多欧洲中世纪城镇的观察，这些城镇往往表现出迷人的魅力和和谐的氛围。亚历山大认为产生这种现象的原因是因为当地的建筑都是按照一系列具有明显特征的规则修建，不需要建筑师的专门设计。他认为建筑师只有贴近生活，寻求出有活力的模式，才能做出好的设计。模式并不是由人刻意创造出来的，人只是模式借以唤醒生活并自动使某种新东西诞生的中介。[1] 亚历山大的思想受到了"深层结构"等结构主义概念的影响，并且表现了对于城市空间自组织活动的探究。[2] 除了亚历山大之外，"空间句法"的创始人英国伦敦大学的比尔·希利尔也深受结构主义思想的影响，1984 年他与汉森（Julienne Hanson）合作出版的《空间的社会逻辑》一书就受到了结构主义人类学（列维—斯特劳斯）、科学哲学（波普）、语言学（索绪尔）、信息理论（"嫡"与结构）[3] 等理论的影响。希利尔强调空间和社会的互动关系，在《空间的社会逻辑》一书的最后部分，他提出了一个关于社会空间普遍性理论的纲要。他认为人造空间有一个逻辑的发展演进路径。人造空间起源于一个最基本的细胞单元：由单墙界定的一个单元空间。在这个基础上，有两个基本的逻辑发展道路，一个是在单元空间中进行再划分从而形成一个复杂的大空间系统；另一个是在单元空间之外再加以许多单元空间进而生长成为一个复杂的大空间体系。前一路径的发展遵循着"内部"空间逻辑，形成的状态被称之为"聚落"。现实世界的人造建筑环境其实是两者的复杂组合。而空间的最大的自我矛盾在于任何一个路径的发展都是建立在削弱和否定另一个路径为基础的代价上。希利尔提出，前一路径当中的"内部"空间倾向于成为一个"决定性"的社会活动场所，而后者则是一个"可能性"的社会活动场所。前者因此成为一个社会观念和意识形态的表现、肯定和强化（布局，功能设置，不同人在不同时间和地点所允许的行动和视野的范围，都受到了社会固有观念的限制）。后者则因此而成为了一个不定的、交流的以及政治活动的发生地（人的身份，认同和阶级归属都具有不明确性，活动和视野的范围更加宽广，整个空间摆脱了固有观念的限制成为了一个活跃的不稳定场所）。前者是"意识形态"的领地，后者则是交流性"政治"的领地。希利尔又在此基础上提出一个完全相反的更高层面。从宏观的角度尤其是从"国家"层面出发，内外空间逻辑又被倒置：国家在地理疆域内把国土内部化而赋予固有观念和意识形态，并把交流性政治推向建筑内部。城市和聚落的外部空间因此罩上一层象征主义景观的色彩，以肯定和实现国家意识形态的主导。

---

① 武云霞，夏明. 建筑设计方法的重要理论论著——建筑的永恒之道[J]. 新建筑，1993（3）。

② 陈怡. 荆州城市空间营造研究[D]. 武汉：武汉大学，2011。

③ 朱剑飞. 当代西方建筑空间研究中的几个课题[J]. 建筑学报，1996（10）。

除了人本主义和结构主义外，解构主义是二战后第三个影响西方城市空间理论发展的因素，1941 年，西格弗里德·吉迪翁（Sigfried Giedion）发表《空间·时间·建筑——一个新传统的成长》运用空间概念来分析建筑，用恒与变来阐述城市和建筑空间的历史，该书被认为是西方现代建筑和城市空间分析的经典之作。法国哲学家米歇尔·福柯（Michel Foucault）将解构主义哲学带入到城市空间的研究当中，他在 1969 年发表的《知识的考掘》中将历史流程空间化，暴露出了知识体系的断层，并对于西方理性主义进行了拆解，福柯提出异托邦和它空间的概念用以阐释建筑和城市空间的本质，他认为在我们生活的空间当中到处充满着本质的混杂性与矛盾性而同时又被拥挤到相邻或重合到同一空间中，这种混杂性的共存可以是时间上的或者是空间上的，也可以是时空同时的。1978 年英国建筑学家科林·罗（Colin Rowe）发表了《拼贴城市》一书，在书中科林对于西方传统城市空间的本质以及现代城市空间的困境展开了深刻剖析，他认为：城市规划从来就不是在一张白纸上进行的，而是在伴随着历史的记忆和渐进的城市积淀所产生出来的城市背景的基础上进行地，所以，我们的城市是通过不同时代的、地方的、功能的、生物的东西叠加而成。"拼贴城市"试图使用拼贴的手法将我们过去的城市设计与规划中所割断的历史上重新连接在一起，形成一个完整的城市图景。解构主义的建筑师，除了科林·罗之外，与其同时期的美国建筑师文丘里（Robert Venturi）在 1966 年发表的《建筑的复杂性和矛盾性》和 1972 年发表的《从拉斯维加斯学习》两书中也运用解构主义的思想，对于城市空间文脉的多样性展开了思考。波兰裔的美国建筑学家阿摩斯·拉普卜特（Amos Rapoport）从人类学的研究角度研究乡土建筑的文化成因，对于所在地的文化与建成环境之间的作用机制展开了探讨，在此基础上发表了《宅形与文化》（1969 年）和《建成环境的意义——非语言学研究方法》（1982 年）。

20 世纪 70 年代后期，随着中国国门的打开以及经济的飞速发展，中国的城市空间研究也越来越多地进入到了西方学者的视野。很多的西方学者开始从解构主义下的人本主义角度对于中国的城市展开了研究，例如 1983 年法国建筑学教授、建筑师克雷蒙·皮埃尔和艾曼纽·派赫纳特在对于中国古代都城的选址以及空间模式背后的社会影响因素研究的基础上发表了《中国都城：选址和模式》。两年后，在对于中国苏州城市空间形态研究的基础上完成了《苏州城市形态和城市肌理》研究。1989 年发表的《中庸建筑——传统街区形态》对于中国传统街区的建筑理念进行了论述。此外，法国考古学家布鲁诺·法约尔·吕萨克 2007 出版了《现代世界城市中的古老城市：西安城市形态的演变（1949—2000）》对于新中国成立后的古都西安的城市形态变迁展开了研究。他的同事法国建筑学家让·保罗·卢布于 1998 年发表了《吐鲁番的建筑和城市规划（中国突厥斯坦的绿洲）》从族群文化的角度对于中国新疆的民族建筑和城市展开了研究。

1.3.2　国内研究现状

中国空间营造哲学的基础是先秦时代完成的《易经》。相传《易经》起源于中国远古时代的河图与洛书，传说中国远古时代的一位君王——伏羲氏，通过对于天文、地相的观察并借助黄河当中的神兽——龙马进献的"河图"演绎生成了八卦，《周易·系辞》曰："古

者包羲氏之王天下也，仰则观象于天，附则观法于地，观鸟兽之文与地之宜，近取

诸身，远取诸物，于是始做八卦，以通神明之德，以类万物之情。"殷商末年，周文王通过推演归纳，将伏羲氏开创的易演绎成六十四卦和三百八十爻做《易经》，《史记》记载"文王拘而演周易"。春秋时期，因为《易经》晦涩难懂，孔子专门做传用来解经，所以整个《周易》就包括了《易经》和《易传》两个部分。《易经》的六十四卦体系包含了象、数、理、占四个要素。"象"——卦象的符号系统；"数"——卦的运数系统；"理"——易卦的原理和意蕴；"占"——易卦的筮法系统，用来占卜人事的吉凶。《易经》从3个方面影响了中国古代的空间营造哲学，首先它作为中国儒家思想的核心，成为了中国古代以礼教制度作为建筑设计与营造活动的思想来源。比如中国社会在古代通过自下而上的礼制结构维系整个社会的正常运转，在这个结构当中最小的社会单元就是家庭。在《易经》中专门有一卦专讲家庭，为家人卦，《象》曰："家人，女正为乎内，男正为乎于外，男女正。天地大义也。家人有严君焉，父母之谓也。父父、子子、兄兄、弟弟、夫夫、妇妇，而家道正；正家二天下正矣。""三纲五常"（"三纲"是指"君为臣纲，父为子纲，夫为妻纲"，"五常"是指父义、母慈、兄友、弟恭、子孝）思想成为了维系整个家庭单元正常运作的思想体系，家宅当中的空间营造成为体现这种思想的物质表现。中国传统的四合院建筑利用坐北朝南的正房来表现一家之主的威严和慈祥，而分别坐落在两边的东西厢房则体现了晚辈们的"孝"，一道小小的垂花门分割开了内外与主仆之间的关系。"北屋为尊，两厢次之，倒座为宾"的空间序列安排，明确地表现了中国传统的"礼制"精神和家庭道德观念；其次，《易经》为中国堪舆学派和风水思想的流行奠定了基础，中国传统的堪舆、风水师们擅长通过家主的生辰八字和建筑的空间环境，运用五行相生相克的原理，推算出建筑营造的合适时间和方位、朝向。或者通过空间外形的塑造来求得良好的心灵寄托和精神慰藉；再次，《易经》的八卦形成了一个具有中国传统哲学观的空间和时间思维模式，这种中国特色的世界图式成为了中国古代建筑设计者法天象地，达到"天人合一"效果的设计理论依据。[①]

除了《周易》之外，先秦时代的《周礼·考工记》也直接影响了中国古代的城市空间营造形式，该书是《周礼》的第六篇，书中对于城市营造形式的描述被中国古代的儒家学者奉为是城市营造的模板。书中写到："匠人营国，方九里，旁三门，国中九经九纬，经纬九涂，左祖右社，前朝后市，市朝一夫……经涂九轨，环涂七轨，野涂五轨。环涂以为诸侯经涂，野涂以为都经涂。"《周礼·考工记》是至今为止发现的最早的关于城市空间营造礼制规定的文字典籍，中国多数的城市都是按照《周礼·考工记》的营造模式（图1-1（a））来进行建设，中国的古代城市多数是以城墙包裹的方形示人，大的方形城按照周王城图的要求做成旁三门，小城往往都开一门，形成十字大街，[②] 城市中的政治中心——衙门或者是王城往往被布置在城市的中央。如明代时修建的北京城宫城（紫禁城）（图1-1（b））被布置在了城市中轴线的中央，太庙和社稷坛分列在紫禁城的两侧，除了北面城门只开了两门外，其他的城市空间在布局上和《周礼·考工记》中的王城图达到了完美的谐和。

---

① 程建军. 中国建筑与易经[M]. 北京：中央编译出版社，2010。

② 张驭寰. 中国城池史[M]. 北京：百花文艺出版社，2003。

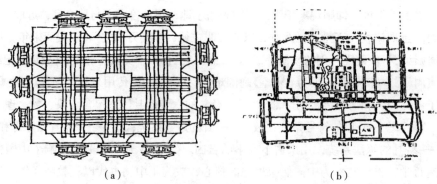

（a）　　　　　　　　　　　（b）

图 1-1 《周礼·考工记》王城图（左）和明清北京城图（右）

资料来源：http://www.86garden.com/ghsj_show.php?id=118（2）

　　由于中国地大物博，地形多样复杂，很多城市在营造中无法完全套用《周礼·考工记》中规整、方正、中轴对称的形态要求，为了城市营造的需要，同时代成书的《管子》中提出了"因天才，就地理，故城郭不必中规矩，道路不必中准绳"的观点。在城址的选择方面，《管子》主张："凡立国都，非于大川之下，必于广川之上。高毋近旱，而水用足。下毋近水，而沟防省。"明代新建的南京城西北面临长江，东面紧邻玄武湖，虎踞龙盘，气度非凡，南京城南北长、城市形态极不整齐，堪称中国最不整齐城池的代表作。[①] 此外，江西的赣州城因为地处贡、章、赣三江交汇之所。城市形态因为地形的影响，形成一个上尖下扁的龟形，号称"龟城"（图 1-2）。

　　由于受到《周易》的影响，中国古人在自己的阳宅和阴宅的营造中喜好加入很多风水、堪舆学的思想，中国古人普遍认为一个好的风水不光有助于自己，甚至还可以保佑自己的子孙后代。战国秦惠王的弟弟"疾"——"樗里子"被认为是中国堪舆学的创始人。汉

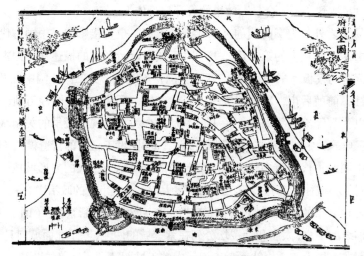

图 1-2　清代赣州府城街市全图

资料来源：罗薇. 古代赣州城市发展史研究 [D]. 赣州：赣州师范学院，2010

---

① 张驭寰. 中国城池史[M]. 北京：百花文艺出版社，2003。

代时，风水先生将人的姓氏根据发音分为"宫""商""角""徵""羽"五类，根据不同类型和阴阳五行的对应关系来选择建筑的朝向，称为"五音相宅"法。唐代以后，堪舆学分为"形势"学派和"方位"学派也叫"理"学派两类。形势学派最早源于陕西关中，唐代末年由杨筠松带到了江西赣州，使得江西特别是赣州成为形势学派的大本营。方位学派源于汉代中原的图宅术，后来兴盛于福建。两者在堪舆的方法上存在着差异，清人赵翼在《陔余丛考》中写道："一曰江西之法，肇于赣州杨筠松、曾文迪、赖大有、谢子逸辈，其为说主于形势，原其所起，即其所止，以定为位，专指龙、穴、砂、水之相配。""一曰屋宅之法，始于闽中，至宋王虏乃大行，其为说主于星卦，阳山阳向，阴山阴向，纯取五星八卦，以定生克之理。"

中国最早的城市管理体系是分封制，天子根据臣子对自己忠诚度和血缘的亲疏关系将他们分为不同等级的诸侯代为管理全国的城市和土地。秦始皇统一六国后为了统治方便，推行郡县制和闾里制，推动中国城市管理水平达到了一个新的高度。汉沿秦制，在城市管理上采用郡县制和分封制并存，以郡县制为主的体制。汉代的城市在空间营造上表现了比较浓厚的政治实用色彩，汉长安城宫殿建筑占了全城面积的2/3，普通城市居民的居住和商业等功能在城市中被大大压缩。到了魏晋南北朝时期，随着社会经济的发展，城市的其他功能开始较之汉代得到凸显，"里坊"制度得到了进一步完善（在东魏、北齐之前居住区称为里，之后称为坊），这一时期的《晋书·五行志三》中第一次提到了"营造"的概念。南北朝之后的唐代是继汉代后中国封建社会的又一个顶峰，唐政权在汉代郡县制的基础上将全国分为十道，推行道、府、县三级的行政管理体系，大大加强了中央对于地方的控制能力。城市被划分为都城（长安）、陪都（洛阳）和一般行政中心等，形成了等级有序、层次分明的结构体系。城市总体空间布局实行重城制，城市和国家的统治者居住在城市（都城）的内城（子城），他们统治下的臣民则居住在外城（罗城）。唐代奉行严格的"坊市"制度，将城市居住区（坊）和商业区（市）严格分开，城市当中"市"交易的时间和地点都有着严格的规定，并对于"坊"每日的开启和关闭，以及其中的管理都有严格的控制，史书记载坊门"昏而闭，五更而启"[1]。对于"犯夜者，笞二十"[2]曾发生过"中使郭里旻酒醉犯夜，杖杀之"[3]的事件，在居住区内进行商业活动也是被严厉禁止的。

到了宋代，商业力量开始渐强，司马光在《训俭示康》中写道："近岁风俗尤为侈靡，走卒类士服，农夫蹑丝履。"随着城市中商业力量的强大，过去的"坊市"制度开始瓦解，"坊墙"被打破，厢坊制取代了坊市制，过去对于"市"的限制消失了，城市大街上随处可见星罗棋布的店铺和酒肆，北宋画家张择端的《清明上河图》将这场中国城市发展史上的革命一览无余地展示在了今人的面前。这一时期，城市的总体布局也不再简单地延续过去的重城制度，城市空间的均质化逐渐显现。北宋崇宁二年（公元1103年）刊行的《营造法式》是中国第一部官方认可的建筑设计标准集。

元代至晚清，各种文化元素在中华大地上交会和融合，伊斯兰教、天主教等外来宗

---

① （五代）王溥. 唐会要（卷25）[M]. 上海：上海古籍出版社，1991。

② 但"有故者不坐"。（唐）长孙无忌. 唐律疏议卷26杂律[M]. 北京：中华书局，1993。

③ （后晋）刘昫等. 旧唐书（卷15）[M]. 北京：中华书局，1986。

教逐渐传入中国。封建统治者从巩固自身统治的角度出发,对于传统礼制给予了高度推崇,《周礼·考工记》的营造思想在中国城市空间营造中得到强化。元代的大都就是完全按照《周礼·考工记》营造的翻版,明代建立后,为了体现汉族正统的重生,明政府按照礼制思想营造了北京城和其中的皇城——紫禁城。清朝建立后,也基本上延续了明代的营造,甚至为了统治中原汉族的方便,更进一步强化了对于传统礼制的维护。清末鸦片战争的炮声,打破了"天朝大国"的美梦,随着西方势力的逐渐渗入,"西学"开始渐渐受到了中国有识之士的关注,魏源提出了"师夷长技以制夷"的观点,湖广总督张之洞提出了"中学为体,西学为用",人们开始思考如何通过"中""西"学的相互融合来实现祖国的富强。

与此同时,随着西方势力的渗入,西方的建筑开始越来越多地在中国出现,它们开始是出现在沿海的几个大城市和各个国家的租借地中,后来渐渐地向内地蔓延。一些中国本土的建筑师们也开始尝试将中国的传统建筑形式与西方的建筑文化相融合,产生了类似于上海石库门这样的中西合璧的建筑形式。

这一时期,中国的建筑学者们开始学习西方的教育模式培养中国自己的建筑人才,上海圣约翰大学的土木工程系开启了中国建筑工程教育的开端。1902 年留日归来的张瑛绪撰写了中国第一部的建筑学著作《建筑新法》,1923 年在留日归国的建筑"三士"柳士英、刘士能、朱士圭三位老前辈兴办了苏州工业专门学校建筑科,开创了中国建筑学教育的先河,后来在蔡元培先生的主持下 1927 年苏州工业学校建筑科被并入中央大学建筑系。此外,东北大学、北京大学、省立广东工学院、清华大学等学校也相继成立了建筑系。这一时期,各个高校建筑教学工作的开展,为培养中国自己的建筑人才奠定了坚实的基础。

1930 年曾任北洋政府代总理的朱启钤先生与梁思成、刘敦桢先生一起开办了中国营造学社,展开了对于古建筑形制和史料的研究,并开展了大规模的中国古建筑的田野调查工作。从 1932—1937 年抗日战争爆发之前的短短 5 年中,学社成员先后调查了全中国 137 个县市,1823 座各类古建殿堂房舍,详细测绘建筑 206 组,绘制了测绘图稿 1898 张,经他们调查被重新发现的珍贵建筑遗存上起汉唐下至明清各历史时期均有分布,整理出了清晰的中国古建筑发展脉络。许多现在名扬海内的珍贵古建筑,如应县木塔、蓟县独乐寺辽代观音阁均系中国营造学社成员经田野调查和详细测绘研究而被人们所重新认知。除了进行学术研究外,营造学社还培养了大批优秀的建筑专业人才,比如著名古建学家罗哲文先生就曾在营造学社中师从梁思成、刘敦桢等先生学习。

这一期间,中国营造学社还进行了大量建筑专业刊物的编撰工作,撰写并出版了 30 多种的中国古建筑专著,包括《中国建筑参考图集》,清代李斗著《工段营造录》,明代计成著《园冶》、梁思成编订《营造算例》《中国建筑史》,刘敦桢编撰《河北省西部古建筑调查纪略》《中国建筑参考图集》等一系列珍贵资料。其中《中国建筑史》等资料甚至跨越国境,成为国外研究中国古建筑的首选图本。此外,营造学社还专门编撰了《中国营造学社汇刊》,将学社的一些重要的研究成果都汇聚于《汇刊》当中,《汇刊》初版有 7 卷 23 期 22 册,约 5600 页,图约 2500 幅,囊括了中国 15 个省的上千个古代建筑,为我们后人研究中国传统建筑奠定了坚实的基础。

新中国成立之后,我国的建筑界迎来了一个崭新的社会环境。一方面由古典主义发展而来的现代主义、包豪斯反传统的现代主义以及具有理性主义传统的现代主义开始在中国落地生根，一批新结构、新形势的建筑开始在中国出现，城市规划方面展开了对于现代主义的摸索；另一方面由于意识形态的影响，苏联"形式主义"的建筑规划思潮开始影响中国。在"社会主义内容加民族形式"的口号下，大屋顶的建筑在中国大地四处开花。在城市规划方面，古典主义的城市规划成为主流。1950年从奥地利归国的冯纪忠先生和从德国学成归来的金经昌先生一起，在上海的同济大学开启了中国城市规划专业教学的开端。2年后，同济大学创办了城市建设与经营专业。

20世纪60年代中国的建筑设计人员通过和生产实践活动的结合，实现了中国建筑建设的标准化和商品化，大大提高了施工效率，并形成了一套具有当时时代特点的建筑标准图集。在中国如火如荼的社会主义城乡建设活动中，涌现出了两个建设的楷模——大庆和大寨，它们的建设经验得到了国家大力的宣传和推广。

随后到来的"文化大革命"风暴席卷了中国的大江南北，城市规划工作基本停止。很多的设计图纸丢失或者被销毁，一些设计人员被关进了"牛棚"，"左倾"思想主导着中国城市中的各项空间营造活动。

1979年"文化大革命"结束，中国社会经济建设开始回到正轨。改革开放后，随着中国国门的打开，国外关于城市空间方面的很多理论成果开始被引入国内，包括日本学者卢原义信的《街道美学》《外部空间设计》，结构主义大师亚历山大的《建筑模式语言》，人本主义大师诺伯格—舒尔茨《存在·空间·建筑》等作品，以及实证主义景观学、地理学的城市空间形态分析思想。整个20世纪80年代的城市空间理论研究通过对于城市空间尺度（微观层面）、城市空间结构（中观层面）、城市空间的经济功能（宏观层面）和城市空间文脉（内涵层面）等多层次、多方面的探究，初步形成了对于城市空间从微观到宏观的认识。这一时期，关于城市空间方面的研究成果有李雄飞的"唤起文化，创造美丽幽默、有艺术魅力的城市空间"，赵冰的"人的空间"等。

20世纪90年代中国城市空间理论研究的成果较之上一个十年有了突飞猛进的发展，这一时期仅中国知网收录的相关论文就达到了20世纪80年代同类型论文数的6倍（20世纪90年代"城市空间"相关论文数为140篇，80年代为23篇）。这一时期，一些学者在西方城市空间理论的基础上对于城市空间的研究方法和框架进行了整理，如1994年朱一文在《华中建筑》上发表了《秩序与意义——一份有关城市空间的研究提纲》，1997年《城市空间分类》，1994年王建国在《新建筑》上发表的《城市空间形态的分析方法》，于大中、吴宝岭《城市空间层次浅析》，齐康1999年发表于《城市规划汇刊》的《建筑与城市空间的演化》等。还有一些学者从中西方城市空间特色的角度展开研究和比较，如1997年董国红《中西方城市空间特色比较》，1999年田银生、陶伟《场所精神的失落——10~20世纪西方城市空间的一点讨论》，1998年张京祥、崔功豪《后现代主义城市空间模式的人文探析》等；对于中国城市空间演变规律进行整理和分析，如1995年陈宏《中等城市空间演变规律——以梧州为例》，李兵营《城市空间结构演变动力浅析——兼谈青岛城市空间结构》，刘艳平《武汉城市空间形态：历史变迁与未来思考》等。此外，中国城市历史地段的空间特色与保护模式的研究也成为城市空间研究的一个热点，如1999年魏浩严《从家院到城市——中国古代城市中心谈》、同济大学阮仪三《保护上海历史特色地段，创建上海特色城市空间》等。

进入 21 世纪后，随着中国城市化进程的加快，关于城市方面的研究进入了一个高潮，根据中国知网的统计数据 2000—2009 年间关于城市空间方面的研究论文，达到了 1872 篇，是 1990—1999 年同类论文总数的 13 倍多。

2001 年，叶俊等发表了论文《分形理论在城市形态研究中的应用》，同年杨山等人在对于江苏无锡研究的基础上发表了论文《无锡市形态扩展的空间差异研究》。他们改变传统的表象观察的研究方法，将现代技术引入现代城市空间的研究当中，将对于城市形态的研究从定性分析转为定量分析，在分析方法上获得了巨大进步。

2004 年，东北师范大学的邻艳君博士的毕业论文《东北地区城市空间形态研究》，从历史演变的视角，将东北城市的发展划分为古代、近代和现代 3 个阶段，探讨了东北城市空间自构和被构过程中所表现出来的形态特征与发展规律，并在此基础上提出了东北城市未来发展的空间发展模式。

2005 年，武汉大学李军老师发表了《近代武汉城市空间形态的演变》（1861—1949 年）（武汉，长江出版社），李军老师运用历史、建筑、规划等多个学科的相关理论，以武汉城市的近代化历程为主线，对于城市空间结构相关的各个要素和其作用进行了综合分析和研究，揭示了武汉城市空间结构的近代化历程，探究了武汉这座城市其城市空间结构近代化的演变过程和其机理。

2007 年浙江大学李包相博士的论文《基于休闲理念的杭州城市空间形态整合研究》从现代休闲理念的角度出发，对于休闲城市、休闲城市空间展开了解读和阐释，以浙江杭州为例，提出了休闲城市空间个性化、人性化、生态化及其可持续发展的整合目标，并提出了杭州休闲城市空间形态整合的相关思路与方法。

2008 年华东师范大学的赵晔琴博士从社会学的视角对于上海的城市改造展开思考，针对当时层出不穷的围绕城市拆迁而展开的各类矛盾，政府、居民和开发商之间的对抗，居民对于城市改造的争议，外来务工人员的居住权等问题展开研究，完成了博士论文《上海城市空间建构与城市改造：城市移民与社会变迁》。天津大学的胡华博士则从"城市夜生活"的角度完成了博士论文《夜态城市》，针对"当代社会城市夜生活逐渐成为人们日常生活不可或缺的一部分"的现实，提出了"夜态城市"的概念，运用实地考察和现状分析等方法，借鉴行为心理学、经济文化、景观美学等多个学科的思想和研究成果，对于夜态城市的景观空间和功能空间之间的相互关系和影响展开了研究。

2010 年，清华大学的黄鹤老师在吴良镛院士《人居环境科学丛书》的系统之下，出版了《文化规划——基于文化资源的城市整体发展战略》一书，在书中对于文化这一新时期世界城市的中心议题展开了思考，并对于东西方城市文化规划的发展历程进行了回顾和阐述，并通过曲阜——孔子故里的文化复兴可行途径的探索，对于文化规划的空间实践展开非常有益的尝试。

此外，随着遥感和 GIS 等技术手法的引入，对于城市空间研究的定量分析有了较之过去更为可靠的技术支持，数字城市开始成为城市研究者的新的聚焦点，如田光进《基于遥感与 GIS 的中国城镇用地扩展特征》（《地球科学进展》2003 年），陈龙乾等《城市扩展空间分异的多时相 TM 遥感研究》(《煤炭学报》2004 年), 何春阳等《基于夜间灯光图像和统计数据的中国 20 世纪 90 年代城市化空间过程重建研究》(《科学通报》2006 年),詹庆明等《数字规划工程探索——以深圳市为例》(《规划师》2008 年),黄正东等《基于 GIS 可达性模型的公交出行预测》(《公路交通科技》2009 年)。

这一时期,对于个案城市的研究大量出现,逐渐引起了学术界的广泛关注。2003 年张驭寰先生的《中国城池史》被百花文艺出版社印刷并刊行,该书是中国城市研究的总括之作,是在张先生过去大量实地考察经验的基础上总结而成,涵盖了中国古代的近百座城市,详细描述了城池的形状,城内道路、城墙与城门系统,商肆、桥梁以及城池与周围环境的关系等,具有极高的学术价值。此外,华南理工大学的吴庆洲老师主编的 "中国城市营建史" 系列书系包含了成都 (张蓉《先秦至五代成都古城形态演变研究》)、江陵 (万谦《江陵城池与荆州城市御灾防卫体系研究》)、南阳 (李炎《南阳古城演变与清 "梅花城" 研究》)、沈阳 (王茂生《从盛京到沈阳——城市发展与空间形态研究》) 等个案城市。武汉大学的赵冰教授主持了 "中国城市空间营造个案研究系列",该系列涵盖了中国长江中下游地区的主要城市:武汉 (于志光《武汉城市空间营造研究》)、南京 (王毅《武汉城市空间营造研究》)、鄂州 (周庆华《鄂州城市空间营造研究》)、荆门 (宋靖华《荆门城市空间营造研究》)、荆州 (陈怡《荆州城市空间营造研究》) 等。

每个城市由于它所处的自然、社会、人文环境的不同往往会表现出一种具有自身特色的空间营造行为和结果。而不同历史时期的社会文化背景,也会导致城市当中的居民在空间营造活动中表现出不同的空间营造倾向。

2011 年赵冰教授在华中建筑上发表了《长江流域族群更叠及城市空间营造》一文,在文中他提到 : "其实族群迁徙的在地化在东亚表现得十分突出。西亚及相关地区的三皇五帝以及夏商周的历史在东亚后代的传承记忆中几乎完全被在地化为东亚的历史了,但这种在地化始终存在着无法圆通的裂隙,通过仔细研究发现这些裂隙最终可以击破在地化的历史幻影。"[①] 他从一个学者的角度出发,组织指导硕士研究生与博士研究生参与对长江流域地区城市空间营造方面的研究,在研究过程中赵冰教授认为在长江流域每个个案城市的研究中 "同样贯穿着从历史的疏理最终走向建构未来和合文明的追求,只是它所处理的个案更微观,其实也更能突现历史和未来的贯通,在个案城市的空间营造的历史中去营造城市的未来空间。这里最根本的是个案城市的族群的更迭及不同族群的叠痕营造",也就是 "空间混搭"。[②] 对于每一个个体城市而言,研究族群的更迭是对于城市的空间营造进行研究的基础,只有站在这个平台上才会有真正的空间混搭。"城市是族群迁徙驻足的地方,是族群定居的场所,族群文化和历史记忆的在地化也是由此落地生根。从研究角度剥落在地化的痕迹,还原族群来龙去脉,个案城市族群更迭的研究是重要的切入点,也是个案城市空间营造研究的基础。当然个案城市中生活的每个人是族群文化和历史记忆在地化及未来空间营造的自主的主体,这是必须根本牢记的。还原族群历史真相并不能去除文化和历史记忆的在地化,恰恰它是

① 赵冰. 长江流域族群更叠及城市空间营造[J]. 华中建筑,2011 (1)。
② 赵冰. 长江流域族群更叠及城市空间营造[J]. 华中建筑,2011 (1)。

站在更高层面兼容了曾经的在地化，并使城市源于族群的历史的内在冲动更加顺畅地呈现出来，也使城市的空间形态更有意蕴，并且在更大范围的城市博弈中使城市自己的个性彰显出来。"①

1.3.3　空间营造思想的来源和城市空间营造个案研究的现状

1. 空间营造思想的发展概述

本书是在武汉大学赵冰教授指导下完成的博士论文基础上修改完成，运用赵冰教授的空间营造思想，以"城市空间营造个案研究体系"作为研究的主要参考框架，赵冰教授"空间营造"理论体系的构建最早源于 20 世纪 80 年代，西方逻辑中心体系和东方易学思维是其思想的两个主要来源。"前者推衍出建造外在空间的同一结构，后者发展为抒发内在信仰的营造思想。"②正是在对于东西方空间理论的系统批判和人类文明诸居住形态的研究的基础之上，赵冰教授提出了心物合一、个体与整体相互统一的"空间营造"理论。

在此后的 30 年间，赵冰教授针对不同时期所存在的现实问题，从不同的角度对于空间理论展开阐述，其思想从时间演变的角度可分为：20 世纪 80 年代针对国内大量引入的西方空间理论而进行的关于西方空间理论的批判，20 世纪 90 年代针对当时国内西方设计思想盛行而展开的东方营造思想的表述，21 世纪初面对市场经济环境下对于个体的信仰忽视而提出的营造法式，21 世纪 10 年代面对经济全球化而出现的多元文化的建立而展开的中国城市空间营造个案研究等四个阶段。

2. 20 世纪 80 年代：针对西方空间理论的批判

赵冰教授是国内最早翻译并引入西方结构主义空间理论的建筑与规划学者之一，他最早将克里斯托弗·亚历山大的规划理论③和希列尔的"空间句法"理论翻译并引入国内。对于西方建筑规划思想的融合和对于中国传统文化的深刻理解促使赵冰教授在对于东、西方思想的深入研究和融会贯通的基础之上形成了"空间营造"理论。

早在 20 世纪的 80 年底初期，赵冰教授就提出了"空间是图式"④的"人的空间"概念。在此之后，赵冰教授又在吸收人本主义哲学的"居住"概念的基础之上，将城市空间与建筑空间统一视作"居住"模式的外化形式，并将与"居住"相关的技艺、礼仪和境界问题统一归纳进入"营造"的概念⑤，1985 年，赵冰教授首次提出人的空间（即人所能感知的空间）与逻辑空间的区别。"我们通常定义的虚空，是经过社会协调出的抽象的逻辑空间，并非人所能感知的空间。"⑥"我们唯一可以感知的是事件（事物的关系），事件的累积形成事象。

---

① 赵冰. 长江流域族群更叠及城市空间营造[J]. 华中建筑，2011（1）。
② 陈怡. 荆州城市空间营造研究——楚文化融合多族群的空间博弈[D]. 武汉：武汉大学，2012。
③ [美]亚历山大. 建筑的永恒之道[M]. 赵冰译. 北京：中国建筑工业出版社，1989。另外引介四本：[美]亚历山大等. 建筑模式语言：城镇·建筑·构造[M]. 王昕度，周序鸿译. 北京：中国建筑工业出版社，1989；[美]C·亚历山大等. 城市设计新理论[M]. 陈治业，童丽萍译. 北京：中国知识产权出版社，2002；[美]C·亚历山大等. 俄勒冈实验[M]. 赵冰，刘小虎译. 北京：中国知识产权出版社，2002；[美]C·亚历山大等. 住宅制造[M]. 高灵英，李静斌，葛素娟译. 北京：中国知识产权出版社，2002。
④ 赵冰. 人的空间[J]. 新建筑，1985（2）。
⑤ 赵冰. 关于居住的思考[J]. 美术思潮，1987（2）。
⑥ 赵冰. 人的空间[J]. 新建筑，1985（2）：34。

其中事件的关联形成图式，也就是人的空间感；事象的关联形成意象，也就是人的空间意象。因此人的空间是指人所感知的事象流衍呈现的不同的事象关系，即事件的关系，也就是关系的关系，也就是人的图式。这个图式与逻辑图式不同，它来源于人的感知，因此带有多样性和复杂性。"①

1989 年，赵冰教授在自己博士论文的基础上出版了《4！——生活世界史论》一书。对人类"居住"形态跨文化和跨时间的研究成果进行总结与归纳，提出："生活世界与精神领域的不同在于，前者是对'外在'的强调，后者是对'内在'的理解，他们共同构成强调'在'的文化。"②（图 1-3）"生活世界最高层次的对'外在'的关注，通过'定向'和'认同'的转化来达到，这种转化又通过'环境'、'情境'、'意境'的营造来实现，最终表现为私密居住、公共居住、联合居住和自然居住的具体模式，这就是人类生活世界的 4！逻辑体系。"③（图 1-4）"生活世界的形态演变过程就是居住叠合的历史，在叠合中居住形态得以扩大，居住类型得以交错更新。文明史的主干结构就是生活世界与精神世界统一后的综合表述，文化类型与空间体验是对应的：尼罗河文化的存在体验，两河文化的共在体验，印度河文化的同在体验，黄河文化的自在体验，基督教域文化的实在体验，伊斯兰教域文化的现在体验，大乘佛教域文化的定在体验，西方文化的外在体验，东方文化的内在体验，全球文化的在体验。"④（图 1-5）赵冰教授将整个人类文明史依据空间体验的维度拆解为"一维神话阶段、二维宗教阶段、三维科学阶段和

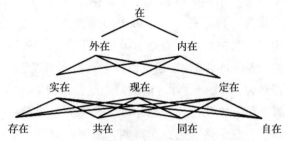

图 1-3 后科学概念框架中的抽象层面
资料来源：赵冰 . 4！——生活世界史论 [M]. 长沙：湖南教育出版社，1989

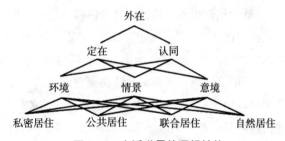

图 1-4 生活世界的逻辑结构
资料来源：赵冰 . 4！——生活世界史论 [M]. 长沙：湖南教育出版社，1989

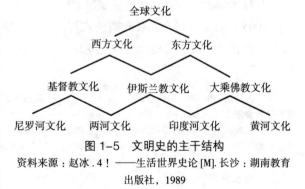

图 1-5 文明史的主干结构
资料来源：赵冰 . 4！——生活世界史论 [M]. 长沙：湖南教育出版社，1989

① 赵冰. 人的空间[J]. 新建筑，1985（2）：34。
② 赵冰. 4！——生活世界史论[M]. 长沙：湖南教育出版社，1989。
③ 赵冰. 4！——生活世界史论[M]. 长沙：湖南教育出版社，1989。
④ 赵冰. 4！——生活世界史论[M]. 长沙：湖南教育出版社．1989：1-5。

四维后科学阶段"①4个阶段,这4个阶段的确立为之后空间营造研究的展开确定了时间和空间框架。

3. 20世纪90年代:赵冰教授营造思想的表述——"中华主义"下的太极建构

20世纪90年代,面对着大量西方建筑思想的涌入,赵冰提出了"中华主义"的思想,他指出的"'中华主义'不只是一种逻辑的判定,更重要的是中国人的一种情感需求。'中华主义'不同于欧洲主义、美国主义等其他的文化主义,更不同于共相的世界主义。它作为一种具有七千年历史的殊相文化,在人类多元文化中具有独特的地位和作用。中华主义的思想核心是中国生生不息的'易'的思想,在哲学上我们可以转换出当代的'易'的哲学,在建筑设计上我们亦可以创造了独特的'太极设计理论'。"②赵冰教授认为,"太极设计理论的特点是,强调诸有从虚无中生成的转换协调过程,强调空间媒介的文本化过程。设计可以理解为空间媒介的文本生成的过程,每一次的生成都是虚无背景中诸有的一次协调,最终的空间文本只是影像、形象、功能、结构等诸有片断的协调痕迹。"③

20世纪90年代的中后期,赵冰教授基于对、空间营造理论中蕴含的对个体体验的尊重和关注,赵冰教授提出中华主义下需要建立的"活的信仰"④。

"活的信仰根本上是我自己的信仰,这一信仰从我自己的生存体验中诞生出来,最终也促成我自己的生存发展,但中间却关涉了类的问题,精神创造本身就是类的关怀,离开了精神的创造,类就无法作为类出现。活的信仰的表述就是类的关怀的体现。"⑤

"活的信仰是心灵升华的结晶,它的表述即可以是一种不同逻辑片断之间的转换,它自身又可以构成一个完整的逻辑。前者作为活的信仰和其他个人信仰之间的激活方式,使活的信仰具有一种协调诸多个人信仰的功能,后者使活的信仰本身成为诸多不可共约的个人信仰之中的一种可表述的信仰。"⑥

"活是瞬间永恒,它即是空中妙化,又是诸多和合。作为概念,它是活的信仰的基本点,它即是生命定位的中心,又是逻辑体系的起点。"⑦

4. 21世纪初:长江流域城市空间营造研究的展开

2005年赵冰教授在其《营造法式解说》一文中正式提出了"营造法式"的概念,"中国古人没有'建筑'的概念,我想遵循古人的传统,将所有的建造活动称为'营造',营

---

① 赵冰.4! ——生活世界史论[M].长沙:湖南教育出版社.1989:1-5.

② 王明贤.30年中国当代建筑文化思潮(11)[M].张颐武编.中国改革开放三十年文化发展史.上海:上海大学出版社有限公司,2008. http://lz.book.sohu.com/chapter-11461-110985042.html.

③ "此时的建筑不再是西方解构主义建筑的片断的离接,而是诸片断的转换生成,它在虚无的背景中协调了诸片断,使之不再冲突,它带出了一种和合的境界。"引文及解释均引自:赵冰.讲谈录:中华主义.1992。

④ 赵冰.讲谈录:活的信仰,1996。

⑤ 赵冰.讲谈录:活的信仰,1996。

⑥ 赵冰.讲谈录:活的信仰,1996。

⑦ 由"活"开始如何构建信仰的逻辑体系呢?"活这个逻辑起点可以转向活着和活法。"这是活的身、心的两面。"活着是活,活法也是活。活着是身之活,活法是心之活。身之活主要是衣食住行,心之活主要是听说读写。"因此,每个人都可以根据自身的"活"来构建自身的信仰体系:"对于每个自己的活来说,衣食住行、听说读写是活的主要活动。这些活动也代表了身心不同的发展方向,简单地说,衣食住行、听说读写,可以延伸出一套活的信仰的完整的逻辑。"以上引文均引自:赵冰.讲谈录:活的信仰,1996。

造一个可以给外部环境带来好的指向的氛围，通过对环境的改造来获得更高的境界。我们做设计，不就是为了把环境提升一个境界，使得我们在环境的变化中获得更好的体验吗？所有这些建造活动其实根本都是'营造'过程[①]。"营造法式"是"体验建筑学"的实践体系[②]："风水是讲人的体验，而营造法式是怎样把这种体验营造出来，以意境的方式让人们体验"[③]

赵冰教授于21世纪初开始指导"城市空间个案研究"硕博士论文的写作。从一开始指导个案城市研究，赵冰教授就提出了关于"城市空间营造个案研究系列"的统一体例（表1-1），要求研究生将营造研究的核心内容确定在营造背景、营造特征与营造尺度这三个方面，并对于研究时间段的划分做出了统一要求，赵冰教授根据人类生活世界的发展，从大的角度出发划分为四个阶段，第一阶段为一维神话阶段：为中国战国时期以前；第二阶段是二维宗教阶段从中国的战国时期至唐末的五代十国；第三阶段是、三维科学阶段从宋代开始至晚清；第四阶段是四维后科学阶段，该阶段较为复杂，分为中国近代（从鸦片战争至五四运动）、中国现代（五四运动至"文革"结束）、中国当代（改革开放至今）三个部分，该阶段以30年为一个单位，共分为6个时间段：1859—1889年，1889—1919年（中国近代);1919—1949，1949—1979（中国现代);1979—2009年，2009—2039（当代）。"时间段和空间逻辑研究框架的统一是为了给下一步跨流域和跨文化体系的城市空间打下基础"[④]，从而方便对于长江流域城市空间营造活动从总体上进行把握并展开研究。

2002年，赵冰教授指导的老挝籍研究生萨伟完成了第一篇关于城市空间为研究对象的硕士论文《琅勃拉邦城市空间研究》。2005年5月，赵冰教授的首位博士生刘林完成博士学位论文《营造活动之研究》，系统的阐述了赵冰教授"营造体系"的内涵，其中包括了营造的四个阶段："设计、建造、呵护和保护"，以及营造的三个目标："技艺、礼仪和境界"，和"主体和客体"两个方面，他们共同构成了"4！营造体系"[⑤]，刘林博士在自己的博士论文中借用易经的八个卦象作为指称，提出"营造八法"[⑥]，在此之后，赵冰教授以中国长江流域作为研究的主要范围，相继指导了以长江流域19座不同城市的空间营造作为研究对象的博士论文。

① 赵冰.营造法式解说[J].城市建筑，2005（1）：80。
② "我是要提出一个全球时代的新的建筑学，这就要建立一套体系，称为'营造法式'。……'营造法式'和20世纪亚历山大的'模式语言'是不一样的，'模式'是具有特定使用功能的一个空间形式，是特定事件下表现的空间，而'法式'是营造自身可以和使用无关的一种方式和规则，'法式'可以转化成'模式'"引自：赵冰.营造法式解说[J].城市建筑，2005（1）：80。
③ "就教授营造者来说，除了给你'体验'这匹马，还得给你'营造法式'这个马鞍，你才能骑好马，将你的体验通过营造表达出来。每个人的体验是不同的，这样就可以将这种差异表现到创作中来"。转引自：刘林.活的建筑——中华根基的建筑观和方法论——赵冰营造思想评述[J].重庆建筑学报，2006（12）。
④ 于志光.武汉城市空间营造研究[M].北京：中国建筑工业出版社，2011。
⑤ 刘林.活的建筑——中华根基的建筑观和方法论——赵冰营造思想评述[J].重庆建筑学报，2006（12）。
⑥ 刘林.营造活动之研究[D].武汉：武汉大学，2005。

赵冰教授指导的城市空间营造个案研究统一体系　　　　　　　　　　表1-1

研究时间的界定	研究空间的界定	研究时间段的划分
自城市空间营造活动开始到未来，根据每个城市的起源不同而不同	城市现有的建成区以及历史上出现过空间营造活动的区域	根据人类社会发展划分为四个阶段：一维的神话阶段（战国之前）；二维的宗教阶段（战国至五代十国）；三维的科学阶段（宋至晚清）；四维的后科学阶段（该阶段从1859年开始，以30年为一个单位，进行划分）

从 2010 年开始，赵冰教授为了推进城市空间营造的开放研究，使之不仅仅局限于所带的硕士和博士研究生，而是更为广泛地吸纳社会上愿意参与的研究者加入。特意在《华中建筑》杂志开设了"城市空间营造专题"，2010 年 12 月赵冰教授发表了《中国城市空间营造个案研究系列总序》[①] 一文，在文中论述了进行"城市空间营造个案研究"的现实意义、统一体例和核心内容，在此后发表的《长江流域族群更叠及城市空间营造》[②] 一文中从族群的角度出发，论述了长江流域城市上千年来族群更叠的历史和城市空间营造的历程。此后赵冰教授又陆续发表了《长江流域：成都城市空间营造》（《华中建筑》2011 年第 3 期 ）、《长江流域：重庆城市空间营造》（《华中建筑》2011 年第 4 期 ）、《长江流域：荆州城市空间营造》（《华中建筑》2011 年第 5 期 ）、《长江流域：南阳城市空间营造》（《华中建筑》2011 年第 6 期 ）、《长江流域：长沙城市空间营造》（《华中建筑》2011 年第 7 期 ）、《长江流域：武汉城市空间营造》（《华中建筑》2011 年第 8 期 ）、《长江流域：南昌城市空间营造》（《华中建筑》2011 年第 9 期 ）、《长江流域：合肥城市空间营造》（《华中建筑》2011 年第 10 期 ）、《长江流域：南京城市空间营造》（《华中建筑》2011 年第 11 期 ）、《长江流域：苏州城市空间营造》（《华中建筑》2011 年第 12 期 ）、《长江流域：上海城市空间营造》（《华中建筑》2012 年第 1 期 ），对于包括武汉、昆明、长沙、成都、重庆、南阳、苏州、上海、荆州、合肥、南昌在内的长江流域各主要城市的族群更迭和空间营造活动展开了较为详细的论述和研究，为长江流域各城市空间营造研究的进一步展开，奠定了坚实的基础。目前，赵冰教授已将自己研究的着眼点从长江流域，放大到包括珠江、黄河和海河流域在内的更广大区域，并正在指导研究生从事这一方面的研究工作，同时广泛吸纳社会上有志于城市空间营造研究的有志者的加入。一个流域更多、范围更广的"城市空间营造研究体系"正在形成，"城市空间营造个案研究"已经进入到了"多元追溯"[③] 阶段。

5. 20 世纪 10 年代：多元追溯阶段——多流域城市空间营造研究的推进

2012 年开始，赵冰教授将自己的研究视线从长江流域转向了更为广阔的空间，2012 年的 2 月赵冰教授发表了《珠江流域族群更叠及城市空间营造》[④] 一文，他认为珠江流域的各个城市在历史上"不断接纳南下族群和转身面对辽阔的海洋所出现的世界各种不同族群"[⑤]

---

① 赵冰. 中国城市空间营造个案研究系列总序[J]. 华中建筑，2010（12）：4。
② 赵冰. 长江流域族群更叠及城市空间营造[J]. 华中建筑，2011（1）：2。
③ 陈怡. 荆州城市空间营造研究——楚文化融合多族群的空间博弈[D]. 武汉：武汉大学，2012。
④ 赵冰. 珠江流域族群更叠及城市空间营造[J]. 华中建筑，2012（2）。
⑤ 赵冰. 珠江流域族群更叠及城市空间营造[J]. 华中建筑，2012（2）。

时所表现出了的开放与包容的特质，其为"中华民族的发展所贡献的独特精神所在"①。赵冰教授提出通过"追溯世界各族群的迁徙分衍，确立同源异流的世界各族群历史性构成的人类文明共同体……从而推动未来人类文明共同体的自觉发展，以达成世界各族群间的共存合和，并最终实现每个自我的全面解放以及我本身的自我救赎"②。

从 2012 年的 3 月开始，赵冰教授还将在《华中建筑》杂志上陆续发表《珠江流域：广州城市空间营造》《珠江流域：珠海城市空间营造》《珠江流域：澳门城市空间营造》《珠江流域：深圳城市空间营造》和《珠江流域：香港城市空间营造》等文章，以求在长江流域城市空间研究以获得成果的基础上，提出珠江流域城市空间营造的研究纲领。赵冰教授的"城市空间营造个案研究"在研究方面具有以下 4 个特点：

（1）研究对象是活生生的城市和城市空间；③
（2）研究方法包括空间营造的全过程探讨，包括无意识的营造和有意识的营造；④
（3）研究目的是提出城市时间与空间的作用机制，最终揭示城市的个性和精神气质；⑤
（4）研究意义在于个案推进反映的时空互动机制是空间营造理论在城市实践中的落实反映，是空间营造思想与活的城市营造结合、碰撞产生的思想火花闪现。⑥

本书系赵冰教授指导的"城市空间营造个案研究系列"博士研究课题之一。本书运用赵冰教授的空间营造理论，同时借鉴"城市空间营造个案研究"统一体例，从文化的角度出发，对赣州的空间营造活动展开研究，希求能够更好地揭示赣州城市空间的内在特质，发现更多可指导赣州未来城市空间营造的更具体观点，并能够为其他具有相同特征的城市的研究提供借鉴与参考。下面将对赣州城市空间研究的研究现状作一个综述。

1.3.4 赣州空间营造研究现状

赣州位于江西省的南部，是全国管辖面积最大的一个地级市之一，在 1999 年之前一直被称为赣南地区⑦，故而赣州也被人们称为赣南。赣州下辖 1 个行政区，2 个管辖区，2 个县级市，15 个县，面积 3.94 万 km²，人口 890 万人（2010 年数据）。赣州的气候属于亚热带季风气候，四季分明，气温温和，降水量充沛，太阳光照充足，赣南地区全年平均气温为19.4℃，无霜期长全年达到 286 天，全年的平均降水量 1494.8mm，平均日照为 1888.5 小时；在冬季时一般盛行偏北风，而夏天则盛行偏南风，优越的气候为万物的繁衍创造了良好的条件。

赣州市在地形上属于低山丘陵区域，东南、西北高，中部、偏低，地势走向上呈现出一个马鞍形，赣州的中间有被章贡两江冲刷形成的宽阔的河谷平原，东边的贡江从福建流入江西通过赣县进入赣州市区，西边的章江由南康流入城区，并最终在城区北面的八镜台

① 赵冰. 珠江流域族群更叠及城市空间营造[J]. 华中建筑，2012（2）。
② 赵冰. 珠江流域族群更叠及城市空间营造[J]. 华中建筑，2012（2）。
③ 源自：赵冰. 讲谈录，2010年4月30日。
④ 源自：赵冰. 讲谈录，2010年4月30日。
⑤ 源自：赵冰. 讲谈录，2010年4月30日。
⑥ 源自：赵冰. 讲谈录，2010年4月30日。
⑦ 当时管理赣州的主要机构是赣南地委和行署，赣州直到1999年才改地设市。

下合流成为赣江，江西省的简称就来源于这条江西的母亲河。章、贡、赣三江分别从东、西、北三面环绕赣州，城市周边是低山、丘陵环抱，整个城市四周环山，三面临水，构成一幅"山为翠浪涌、水作玉虹流"的美丽风光。

早在新石器的晚期赣南地区就有了人类活动的痕迹，这一时期活动在赣南的族群基本上属于南方的古越先民。到了唐代末年随着客家人的大量南迁，赣州成为了客家人的"大本营"，南迁的客家人在这里进行了大规模的空间营造活动。此后，由于赣州南临广东西接福建的地理优势，各种文化开始在这片土地上交融，并留下了它们自己的痕迹。"宋城"也因为这些文化的影响，而具有自己独特的魅力。

长期以来，不同的学者从各自的角度对赣州的空间营造活动展开了大量的研究工作，赣州博物馆的韩振飞先生从 20 世纪 80 年代就开始从历史学和建筑学的角度对于古城赣州以及赣南客家围屋的展开了细致的研究工作，发表了《赣南客家围屋源流考——兼谈闽西土楼和粤东围龙屋》《宋城赣州》等研究成果。在《赣南客家围屋源流考——兼谈闽西土楼和粤东围龙屋》一文中，韩先生通过赣南围屋与中原邬堡建筑的对比，提出了赣南围屋源于中原邬堡建筑的观点。[①]同在赣州博物馆工作的万幼楠先生也是一位研究赣南地区空间营造活动的专家，他曾经发表了《赣南"赣巨人"与"木客"稽考》《赣南客家民居试析——兼谈赣问粤边客家民居的关系》《赣南古塔研究》《赣南围屋及其成因》《赣南客家民居素描》《关于客家与客家围楼民居研究的思考》《家族的城堡——赣南围屋》《欲说九井十八厅》《赣南客家围屋之产生、发展与消失》等文章，并参与了编撰了《中国南部客家民居比较研究》（日本东京大学建筑系主持）、《中国民居建筑·赣南客家围屋》（陆元鼎主编）、《赣文化通志·赣南客家文化》（李国强主编）等著作。对于赣南客家围屋的产生原因，他提出了自己的观点，他认为赣南围屋是一个赣南当地客家人在当地自然、社会环境下自生而成的产物，并非来源于中原的邬堡。

此外，赣州博物馆的张嗣介老师（《赣州白鹭村聚落调查》）、江西理工大学的陈金泉老师（《客家古村白鹭的民居建筑》），分别对赣州客家著名村落白鹭村进行了研究，并对于村中的客家传统祠堂建筑和风水文化进行了研究。

南京大学建筑学院的肖红颜老师于 2000 年在《华中建筑》上发表了《赣州城市史及其保护问题续》，对于古城赣州的古城墙、排水系统"福寿沟"、浮桥、子城都进行了详细的研究。此后，赣州市规划设计研究院的黄厚文规划师于 2004 年发表了《赣州历史文化名城保护与实施思考》一文对赣州的旧城保护进行了思考。2007 年清华大学建筑学院的研究生蒋芸敏、邹延杰在清华大学与赣州合作的项目"赣州旧城区保护与建筑规划"的基础上，完成了自己的毕业论文《赣州旧城中心区传统空间保护与传承研究》（蒋芸敏）、《赣州旧城中心区保护与更新方式研究》（邹延杰）对赣州旧城风貌的保护、历史建筑的风格与尺度、老街区的更新等都展开了有益的思考。

此外，赣州师范学院的历史系的研究生罗薇和梁艳也分别从历史、文化的角度对赣州的城市发展和空间营造活动展开了研究，梁艳在自己的毕业论文《古城赣州地名的历史文化内

---

① 韩振飞.赣南客家围屋源流考——兼谈闽西土楼和粤东围龙屋[J].南方文物，1993（2）。

涵研究》一文中，将研究的重点放在了古代赣州各个地名的历史渊源上面。而罗薇的论文《古代赣州城市发展史研究》则将研究的重点放在了民国之前赣州城市发展的论述上面。

赣州作为一座拥有千年历史的古城，近年来不少学者都将研究的目光放在了赣州的城市发展和空间营造上，并获得了大量的成果。但是他们的成果往往只是局限于某一方面，比如韩振飞和万幼楠先生的研究目光更多地放在了客家围屋上，他们习惯于从历史的角度来看待赣州古城的空间营造。而肖红颜老师的研究则是主要在赣州的古城墙和排水建设上。蒋芸敏、邹延杰的主要方向是在赣州旧城区，以及旧城区当中建筑物的保护与更新改造方面。

赣州作为一个具有数千年人类活动史的地区，这一地区活动的族群将具有自身文化特点的空间营造活动，烙印在了这块土地上。唐代之前的古越人、唐宋之后的客家人他们的文化都直接影响赣南地区的空间营造活动。而当一个文化在当地获得影响力后，就会直接影响到这一地区的空间营造活动。比如明清时期在赣州地区盛行的徽州文化、清末的西方文化、民国时期的岭南文化等。

本书以文化为枢纽，时间为轴线，对赣州整个几千年的空间营造活动展开系统的研究与论述，将整个赣州的空间营造活动作为一个有机的整体来看待，并对未来的赣州空间营造活动展开思考，这在赣州空间营造方面可以说是第一次。

1.3.5　本书研究的创新点

本书是在前人研究的基础上，对赣州空间营造活动进行系统研究后的产物。国内外城市空间理论的丰硕成果为论文的写作提供了丰富的养分，国内城市空间的个案研究，特别是武汉大学赵冰教授"城市空间营造个案研究系列"为本书提供了学习、借鉴的绝佳样本。本书在研究方法方面主要有以下几个创新点：

（1）第一次将文化因素引入赣州城市空间营造活动的研究当中，并对于不同的历史时期，不同文化因子对赣州城市空间营造的影响进行系统的研究。

在之前的研究当中，很多学者也从不同的角度对于文化对赣州空间营造活动的影响展开过研究，例如韩振飞先生的《赣南客家围屋源流考——兼谈闽西土楼和粤东围龙屋》，万幼楠先生的《赣南围屋及其成因》等。但是他们的研究往往只侧重于某一个方面，如韩、万两先生的研究都主要着重于客家文化对赣州空间营造的影响。但是在赣州浩于烟海的历史长河中，影响赣州空间营造的文化因子并不止客家文化一个。在客家之前，在赣州大地上活动着古越民族中的干越人，他们的文化一度影响了赣州的空间营造活动。明、清时代客家文化和徽州文化一起引领了赣州城市营造的风骚。民国时期，随着粤系军阀进驻赣州，岭南文化直接影响了赣州的城市空间营造活动。对于赣州这样一个具有悠久历史的城市而言，单单从一种文化的视角审视赣州，很难得到它最真实、真本质的模样。本书从不同阶段影响赣州城市空间营造活动的文化因子及其相互之间的互动关系入手，透视赣州空间营造活动背后的文化推手，进而对赣州的城市空间营造展开系统研究。

（2）第一次从一个完整的时间、地域视角审视赣州的城市空间营造。

之前对赣州的研究，多数倾向于将研究的视角放在赣州发展的某一个特定时期或者是某一特定区域。比如赣州师范学院的研究生罗薇的论文《古代赣州城市发展史研究》就仅仅对于五代至清代中期的赣州城市发展进行了研究，而对于五代之前和清代之后的赣州的空间营造没有进行具体研究。清华大学蒋芸敏、邹延杰的论文《赣州旧城中心区传统空间保护与传承研究》与《赣州旧城中心区保护与更新方式研究》则是将研究的区域限定在了赣州河套老城区内，对于河套老城区之外的其他区域的则没有进行研究。

这种对赣州的研究只能窥视到赣州城市空间营造的某一部分而无法看到它的全部。五代之前的古越文化曾经对赣州的空间营造产生了重要的影响，之后的岭南文化以及新中国成立后的计划经济体制和市场经济体制也都对赣州的城市空间营造发挥了无可替代的作用，如果要对赣州进行完整的研究则无法割裂这些时期这些文化的作用。20世纪50年代，红旗大道的建设促使赣州的城市空间开始突破旧的城区特别是进入21世纪后，随着赣州新城区的建设，赣州城市发展的重心已经转移到了章江新区，赣州的城市空间已不再局限于河套老城区。特别是未来30年随着赣州都市区的建设，赣州的城市范围将从过去的 $3km^2$ 扩展为规划面积近 $7000km^2$，覆盖人口300万的都市连绵区。因此只有将赣州城市空间营造的研究，放入一个完整的历史长河中，并从一个更宽泛的地域视角来审视这一活动才能得出赣州城市空间营造的本来面目并对未来赣州的城市发展进行有效指导。

（3）第一次针对新中国成立后不同经济体制对赣州城市空间营造的影响进行研究和分析。

新中国成立后，传统的文化对于空间营造的影响开始日渐式微，而经济体制的影响则不断增强。1949—2009年，赣州相继经历了国家计划经济（1949—1979年）、市场经济（1979—2009年）两个阶段，不同的经济体制对赣州的空间营造产生了不同的影响。但之前这方面的研究基本上是一个空白，本书从时间的角度出发，针对不同经济体制对赣州空间营造的影响，以及空间营造所表现出来的特点进行研究、总结，在一定程度上弥补了这个空白。

（4）对赣州未来的城市空间营造进行展望，提出未来赣州在多元文化认同的新形势下的城市空间营造前景。

随着中国网络社会的发展，中国正在逐步进入一个新的发展阶段——后工业化阶段，这一阶段信息作为新的生产与生活工具而越来越深地影响了人类社会，这一时期，伴随着信息传播的广泛化和便捷化，中国社会逐渐进入到了一个多元文化认同的新时期。"公众对于公共事件的关注度和参与度空间高涨，任何对于公民权益肆意践踏的行为，都会引来网上的公共围观、人肉搜索以及网络维权。天价烟案、山西长治公务员考试第一名被拒案等一系列事件的背后都显示了网络关注的巨大力量，这是中国公民社会觉醒的一个重要标志。网络的普及，使得只有一个声音作为社会主流声音的历史成为了过去，多元的文化与价值观受到人们越来越多的认可。人们更多地认同，人拥有在不损害社会和他人利益的前提下，按照自己的喜好生活的自由。城市的管理者将越来越难以简单地用'公共利益'的名义对城市中普通公民的产业进行野蛮的强拆，过去一直被视为财政包袱的城市历史遗产也在将以新的方式焕发出年轻的活力，就如北京的艺术家们在'798'工厂所做的那样。未来的城市空间营造将是在法律认可的框架下对于城市中多元文化和价值观相互博弈并求得平衡的产物，个人的权值将得到充分的尊重，城市当中的多元文化和价值观将在相互尊重、和谐的环境中共荣成长。"① 未来赣州的城市空间营造将是在多元文化认同下的空间营造,对于多元文化和价值观的认同将直接影响赣州的空间营造活动。

1.4 相关概念

1.4.1 空间营造

赵冰教授认为:"人类族群的集体记忆中蕴含着族群的空间意象,在族群文化中体现为一定的技艺、礼仪和境界,这些主观意象通过设计、建造、呵护和保护等营造活动改造城市空间,形成可感知的集体意象中的形态点、形态线、形态面和形态体。最终,客观的空间形态通过族群的集体意象内化为族群文化中的技艺、礼仪和境界,成为决定下阶段城市空间营造的背景因素。"②

赵冰教授认为营造不同于简单的建造或者是设计,它包括设计、建造、呵护和保护四个阶段和境界、礼仪、技艺三项内容,是一个复杂的科学体系。赵冰教授认为传统的"construction"(建造)无法准确的表达出营造的思想,他主张采用"营造"的中文发音"yingzao"作为"营造"的英文表现。他认为:"营造的根本内涵,就是族群通过空间理想的实现和重塑,达到生命境界历练的过程。城市空间营造研究与关注空间的城市形态研究的不同在于,关注城市空间背后的生命活体——族群,通过族群空间理想和营造过程的研究,展现城市作为生命载体的活的动力机制,从而激发城市中每一个生命体的营造意愿,在变动的时间背景中探讨人与城市空间相互协调的问题"。③ 赵冰教授认为营造是族群活动在地化的一种表现,"在地化"指的是外来族群进入一个区域后,自身旧有文化和所在地的文化、环境之间相互融合与碰撞,最终形成具有族群和地域特点的营造文化的过程。

如果我们将空间营造看作是一个人,那么空间营造这个人可以看作是"身体"和"灵魂"两者的结合。空间营造的"身体"是我们最初面对它时所看到的东西,即空间中的体、面、线、点四个部分,空间站营造的"身体"是一个物质化的东西,是外在的、可见的,它是空间营造物化的产物。空间营造的"灵魂"是隐含在空间营造中的境界、礼仪和技艺,它们是空间营造中内在的、不可见的部分,它们隐藏在"身体"的背后并影响着"身体"的成长。空间营造不是一个一蹴而就的结果,而是一个从无到有的复杂过程。对于空间营造的成长,我们可以将它比作是一个孩子的成长,孩子的成长经历了父母和家人的计划(设计)、两性之间的结合(建造)以及父母对于孩子的呵护和保护这四个阶段。这四个阶段,恰好也是空间营造从出现到完善的成长过程。孩子的成长是一个互动博弈的过程,一方面他的父母与其他家人会对他产生影响,社会对他产生影响,他和其家人所处的自然环境也会对他产生影响;另一方面,随着这个孩子的长大,他也会对家人、社会以及外部的自然环境产生影响。空间营造的"成长"也是一个博弈的过程,它是自然、社会和个人三个层面互动博弈的过程与结果。

---

① 叶鹏,赵冰.中国城市空间营造思想演变研究[J].西安建筑科技大学学报:社会科学版,2012(7)。
② 赵冰.中国城市空间营造个案研究系列总序[J].华中建筑,2010(12)。
③ 源自:赵冰.讲谈录.2011年4月30日.

1.4.2　空间营造的"身体"

空间营造的"身体"包括体、面、线、点四个部分：

"空间体，指人所能感知的城市空间整体，它是由空间面构成的。"[①]

"空间面，指具有相对完整的空间肌理特征的城市片区，空间面由空间线来分割。"[②]

"空间线，指人所能感知的线状空间，包括山脉、江河、道路、绿带和视线通廊等，空间线的转折由空间点强化。"

"空间点，指可穿越或不可穿越的节点，包括城市中的标志物、广场等，是最基本的空间形态要素。"[③]

1.4.3　空间营造的"灵魂"

空间营造除了外在的、可见的"身体"之外，还包括内在的、不可见的"灵魂"，空间营造的"灵魂"包括：境界、礼仪和技艺三个方面[④]：

"境界，指空间中蕴含的时空关系，包括人的感官所能感受到的外在氛围，和人的内心可以体验到的内在意境。"[⑤]

"礼仪，也就是人情和国法，包括在民间约定俗成的风俗习惯，和在官方法定执行的典章制度。"[⑥]

"技艺，就是做法，包括人铸炼的技艺与发明的工艺。"[⑦]

生活在一定地域环境内的族群个体根据自身对于外部空间的意象，在不同的时间阶段，在空间营造的"灵魂"的指导下进行具体的营造活动，将精神世界物质化。

1.4.4　空间营造的"成长"

空间营造的"成长"，经历了设计、建造、呵护和保护四个阶段。[⑧] 根据刘林博士对于赵冰教授"空间营造"思想的研究，这四个阶段的概念可表述为：

"设计是时空观念定向的过程，在太极理论中对应为'乾'。主要完成空间境界的定位，进行空间意境、情境和环境的构思，构造天、地、人的关系。"[⑨]

"建造是呈现时空的过程，在太极理论中对应为'坎'。它重在环境层次的处理，根据境界定位构造出容纳事件的场所，主要解决做法问题。"[⑩]

"呵护是空间人化的过程，太极理论中对应为'离'。它重在情境的认同，赋予空间以适当的功能，以展现时空与人的关系，创造出独特的时空定式，它是二次设计，主要解决

---

① 赵冰. 中国城市空间营造个案研究系列总序[J]. 华中建筑，2010（12）：5。
② 赵冰. 中国城市空间营造个案研究系列总序[J]. 华中建筑，2010（12）。
③ 赵冰. 中国城市空间营造个案研究系列总序[J]. 华中建筑，2010（12）。
④ 刘林. 活的建筑——中华根基的建筑观和方法论——赵冰营造思想评述[J]. 重庆建筑学报，2006（12）。
⑤ 陈怡. 荆州城市空间营造研究——楚文化融合多族群的空间博弈[D]. 武汉：武汉大学，2012（5）。
⑥ 陈怡. 荆州城市空间营造研究——楚文化融合多族群的空间博弈[D]. 武汉：武汉大学，2012（5）。
⑦ 陈怡. 荆州城市空间营造研究——楚文化融合多族群的空间博弈[D]. 武汉：武汉大学，2012（5）。
⑧ 刘林. 活的建筑——中华根基的建筑观和方法论——赵冰营造思想评述[J]. 重庆建筑学报，2006（12）。
⑨ 刘林. 营造活动之研究[D]. 武汉：武汉大学，2005（5）。
⑩ 刘林. 营造活动之研究[D]. 武汉：武汉大学，2005（5）。

使用问题。"①

"保护是我们对与自身相关并具有共同意义的时空认同的过程，在太极理论中对应为'坤'。这个过程重在意境的体验，即对时空定式的体验。它具有二次建构性，主要解决营造的境界定式问题。"②

"设计、建造、呵护和保护的展开不是一个单向的历程，而是相互交织的结果。在不同的时空背景下，每个营造活动的过程各不相同，往往在某个阶段被终止，营造的使命因而结束。然而正是这种过程的多样性，赋予营造以不同的意义，这种意义并不完全体现在营造结果上，而是蕴含在营造活动过程的体验中。"③

1.4.5 影响空间营造"成长"的三个层面

空间营造"成长"的过程也是一个多层面互动博弈的过程。赵冰教授认为空间的本质其实是人的空间，也是人的意象，空间意象随着时间的变化而不断变化，一方面它塑造了环境，一方面它自己又被环境所塑造。对于空间营造而言，族群空间意象与环境之间的互动博弈体现在自然、社会和个人三个层面④。

"自然层面的空间博弈，指族群自身文化层面的空间理想和现实生活空间环境之间的互动过程，族群根据空间理想选择定居和迁徙，在定居过程中通过环境的营造实现理想，最终又通过营造的环境重塑空间理想，这种理想与现实的互动过程是城市空间营造中历时最长的一种博弈。"⑤

"社会层面的空间博弈，是指族群内部人与人之间为了实现各自理想空间，进行空间分割和空间协调的过程，这种博弈通常由民间或官方的机构组织参与制衡，形成一定的营造体制。"

"个人层面的空间博弈，指族群个体受自身生活状态的影响，在不同的生存意欲和生存空间之间选择的过程。人的生活意愿通常是相互矛盾的，这种矛盾带来自身生活空间的矛盾，意愿的选择就是解决矛盾的过程，也就是定位自身生活空间的过程。"⑥

"城市规划的目的就是在一定时空范围内，对这三个方面的空间博弈提供一次或多次的营造选择，通过营造活动的介入，解决城市空间与人之间的矛盾，最终以自主协同的方式促使空间博弈达成和合各方情理的一种平衡"⑦，从而使城市的发展最优化。

1.4.6 古越文化

古越文化是中国古代活动在中国南方的古越族的文化，古越族是中华大地上一个十分古老的民族，它源于中国古代从北方南下的九黎、徐方、虎方，夏等族群和中国南方土著

① 刘林. 营造活动之研究[D]. 武汉：武汉大学，2005（5）。
② 刘林. 营造活动之研究[D]. 武汉：武汉大学，2005（5）。
③ 刘林. 活的建筑——中华根基的建筑观和方法论——赵冰营造思想评述[J]. 重庆建筑学报，2006（12）。
④ 赵冰. 中国城市空间营造个案研究系列总序[J]. 华中建筑，2010（12）。
⑤ 赵冰. 中国城市空间营造个案研究系列总序[J]. 华中建筑，2010（12）。
⑥ 赵冰. 中国城市空间营造个案研究系列总序[J]. 华中建筑，2010（12）。
⑦ 赵冰. 中国城市空间营造个案研究系列总序[J]. 华中建筑，2010（12）。

族群之间的相互融合，汉代史学家司马迁在《史记·越王勾践世家》中记载："越王勾践，其先禹之苗裔，而夏后帝少康之庶子也，封于会稽，以奉守禹之祀，文身断发，披草莱而邑焉，后二十余世，至于允常。"古越族当中成分复杂，并且互不隶属，中国古代有"百越"一说。《汉书·地理志》臣瓒曰："自交趾至会稽七、八千里，百越杂处，各有种姓。"《吕氏春秋·恃君篇》中记载："扬汉之南，百越之际，敝凯诸夫风余靡之地。"古越族分布的范围十分广泛，从今天的江苏、浙江、福建、江西、广东、广西起一直到西南的云贵地区。根据古越族分布区域的不同，学者们将他们分别称作于越（杨越）、东越（东瓯）、闽越、南越、瓯越（西瓯）、骆越（今越南北部）和滇越等。

赣州的越人主要分为两类，春秋战国之前活动在这里的主要是土著越人，1975年，在赣州于都县禾丰上湖塘曾经发现了早期土著越人生活的遗址，遗址出土的陶片中有多组印纹陶纹饰。1993年省文物考古研究所和赣州地、市博物馆在对京九铁路沿线的赣州市沙石镇新路村竹园下商周遗址进行发掘中，发现了颇具特色的印纹陶鱼篓罐，以方格纹、曲折纹为主体纹样的装饰风格与广东石峡遗址中发现的陶器纹饰相近似。这些陶器的发现，说明早期活动在赣州的土著越人在生活习性上和当时生活在岭南的越人之间有着很大的相似性。

春秋战国时期战乱频繁，一些活动在江淮地区的干人、从河北漳水流域南迁至江西的越章人、活动在长江中下游地区的杨越人纷纷离开自己的故土迁徙到赣州，他们和生活的本地土著越人相结合，形成了干越人。[①]干越人也被称为"赣巨人"，《山海经·海内经》中记载："南方有赣巨人，人面长臂，黑身有毛，反踵，见人笑亦笑，左手操管。"《山海经·海内南经》记载："枭阳国在北朐之西，其为人，人面长唇，黑身有毛，反踵，见人笑亦笑，左手操管。"祖冲之《述异记》中记载："南康有神，名曰山都，形如人，长二尺余，黑色，赤目，毛黄被身。于深山树中作窠，窠形如坚鸟卵，高三尺许。此神能变化隐身，罕见其状，盖木客、山兽之类也。"这些古籍中记载的"赣巨人"和"山都""木客"说的都是活动在赣州的干越人。

干越人在唐宋之前的很长一段时期，是赣南当地最重要的族群。梁朝"侯景之变"后，陈霸先借机进略赣南，在越过大庾岭进入南康郡境内（今天的赣州地区）时，遭到梁朝残余势力的有力阻击，史载：南康有蔡路养率领"二万人军于南野以拒之"。在当时，蔡路养作为赣南当地干越人的"酋豪"，控制着当地一部分的少数民族资源。但就当时的时代背景来说，他能够出兵2万确实很不简单；根据刘宋大明八年（公元464年）的统计南康郡户口为4493户，人口34684人。"侯景之乱"之后梁朝"都下户口，百无一二"，"千里烟绝，人迹罕见，白骨成聚，如丘陇焉"[②]，整个国家的人口大规模减少。在这样的时代背景下，蔡路养作为"酋豪"能够积聚起两万人马，说明当时的赣州应该生活着大量不在官府户籍册中的干越人，而且他们的数量要远远地超过生活在当地的汉人。唐宋之后，大量北方移民进入赣南，这些后来的北方移民与先前就居住在这里的干越人相融合，以北来的汉民为主体，

① 赵冰. 长江流域——南昌城市空间营造[J]. 华中建筑，2011（9）。
② 倪璠. 注引，李大年，李延寿著，《南史·贼臣传·侯景》。

形成了今天的赣南客家民系,一些干越人的文化与习俗在这一时期,融入到了客家的文化与习俗当中。

　　古代对于古越人习俗的记载很多,汉代的《淮南子》中记载:古越人生活在"九嶷之南,陆事寡而水事众,于是民人被发文身,以象鳞虫"。这里的"被"其实就是剪的意思。《庄子·逍遥游》:"宋人资章甫而适诸越,越人断发文身,无所用之。"《墨子·公孟》中描写当时越国的国君越王勾践为:"越王勾践,剪发文身。"东汉学者应邵在《史记·周本记·集解》中说古越人"常在水中,故断其发,文其身,以象龙子,故不见伤害"。通过这些古籍的描写我们可以看出古代越人崇尚"断发文身"也就是剪短头发不束发冠,在形态上有点类似于我们今天看到的"披肩发"[①],并且在身上绘制猛蛇、蛟龙等动物的文身,这一习俗在今天的海南岛的黎族人身上还可以清晰地看到,海南黎族人将文身作为标志自己成年的一个重要的仪式,是自己成年礼的一部分。他们认为如果自己没有文身,那么在将来在死后就很难和自己的祖先相认(图1-6)。

图1-6　海南黎族人的文身
资料来源:http://www.ruchina.com/buy/2006-9-8/658.html

　　在建筑文化上,早期的越人主要采用的是半地穴式的建筑形式,1993年在赣州竹下园遗址的考古发掘中就发现了大量的半地穴式建筑,这种原始住宅有方形、椭圆形或圆形等不同建筑平面形式;房屋的墙壁使用树枝编扎并敷上草泥土,然后再用火焙烧。房屋的居住面为青灰土,土层中夹杂碎陶片和红烧土粒,质地紧密,硬度较高,土层厚度一般为0.02~0.04m。建筑内部一般为2个隔间或者是无隔间,灶坑是房屋内居民

　　活动的中心,灶坑平面一般为曲尺形或者椭圆形,坑内填红烧土块和炭灰,有些也使用卵石砌筑,灶坑内出土有大量的先秦陶器残片,这应该是古越人火塘崇拜的原始表现。半地穴式建筑是一种比较原始的建筑形式,主要流行于活动在岭南、赣州一带的土著越人当中。

　　随着人们生产力水平的提高,活动于长江中下游地区的越人中,逐渐形成了更为适应南方潮湿环境的建筑形式——干栏式建筑,西晋张华的《博物志》上记载"南越巢居,北朔穴居,避寒暑也"[②]。干栏式建筑源于早期的"巢居","巢居"也被称之为橧巢,是利用大树的枝丫来搭建,居住平面多为平面,也有一些可能为自然地凹面,从外观看去与鸟巢无异。

---

① 周邦师,刘筱蓉.论赣东北干越人的生活时空和断发文身习俗[J].南方文物,2000(2)。
② (西晋)张华.博物志卷一[M].清乾隆(1736年)刻本。

随着营造技术的发展，古人开始利用相邻的几棵树来搭设平台，并在上面覆盖交叉的木棒形成建筑的棚盖。由单木向多木的演变，不仅增大了使用空间，而且使建筑更为稳定。① 之后随着人类社会生产力水平的进一步发展，在中国的江浙地区古越人开始走下树梢，在地面上营造自己的干栏式建筑。

春秋战国之后，随着生活在江淮地区的干人和杨越人迁入赣州，江淮地区的干栏式建筑也被传入赣州取代了过去的半地穴式建筑，成为了当时活动在赣州的干越人最主要的建筑居住形式。

随着生产力水平的进一步提高，进入青铜时代后，越人的建筑形式开始从河姆渡时期比较原始的干栏式建筑发展为带有长脊短檐式屋顶的新型干栏式建筑。这种"长脊短檐式"屋顶是我国早期干栏式建筑的一个重要特征，随着时代的变迁在后来的建筑营造中已经很难看到，只有云南景颇族的干栏建筑中还保留有这种古制。②

战国、秦汉时期是我国南方干栏式建筑发展的一个高潮期，这一时期的干栏式建筑与现在我们所看到的古越族后裔或者是和古越族有关系的中国少数民族（诸如侗族、壮族、傣族、苗族等）的干栏式建筑的形式十分近似。

巫文化是古越文化中非常重要的一个组成部分，古越人崇尚巫术，究其原因可能是因为受到邻近楚国人的影响。《论语·子路》记中孔子曰："南人有言曰：'人而无恒，不可以作巫、医。'善夫。"此处的南人就是楚人，楚国灭越国后，曾经强迫越人归顺于楚国，③ 在归顺的过程中，楚人对于巫术的高度崇拜也影响到了越人活动的地区，直接影响了当地古越人的风俗习惯。清同治《南安府志》卷之二"疆域·土俗"中讲到当时赣南大余的情况时就提到："乃犹波靡楚俗，崇信巫鬼，至明张东海守郡教之学医，革其锢习，迷惘于是乎始觉。"古越族的巫文化，在后来又逐渐融入到当地的风水文化当中。

旧时在赣南地区生活的人们，信仰风水迷信鬼神。城乡各地遍布大小神庙，甚至于有些地方的神庙比当地的学堂还多，乡村里到处都有公王、沙官、井头伯公、树头伯公等。每逢婚丧喜事，搭建建筑这样的家中大事，都要请风水先生来勘察地利，为自己选择良辰吉日，自古至今长盛不衰。在旧时赣南，人们常会为了求一个好屋址或墓穴，而不惜长期供养堪舆师，并用美酒佳肴进行款待。因为受到风水文化的影响，赣南当地人十分注意为家中的死者挑选葬地。在许多当地人看来生者的发达与否关键在于自家祖先的"气"，而这种气是通过父辈传承下来的，如果先人的坟墓修得好"气旺"，那么自己就可以从中受益，反之则会受害。于是，在赣州长期以来一直流传着一种二次葬的习俗，就是在人死后的第一次安葬时选址、仪式等较为简单，待若干年后，人们会择吉日开墓地、拾遗骨、贮骨坛并于吉时吉地再次安葬。《龙川县志》中记载："葬后或十年，或十数年，掘开易棺，贮骨于瓷罂，名曰金罐。"这种"二次葬"的习俗不仅在赣州地区，而且在广西壮族以及台湾高山族中都有流行，而壮族和高山族本身就是古越族的后裔。

---

① 李先逵. 干栏式苗居建筑[M]. 北京：中国建筑工业出版社，2005：118。
② 中国社会科学院自然科学史研究所：《中国建筑技术史》（第九章第一节），油印本，1977。
③ 《史记·越王勾践世家》中记载："越以此散，诸族子争立，或为王，或为君，滨于江南海上，朝服于楚。"

除了死者的"阴宅"外，在生人的住房（阳宅）的营造上风水文化也是大行其道，赣州的本地人普遍认为自己家宅的形式或者方位（我们可以统称它们为风水），对于自己的或者是后辈的繁衍与发展都有很大的影响，所以在建造一座房屋的开始，他们就会费尽心思，首先会请一个当地的风水先生来帮助自己堪舆房屋的风水，看看自己家的房子盖在这里对于自己及后辈而言是正效应还是负效应，也就是通常说的风水的好与不好。如果风水好，他们才会起宅，反之则要采用一些方法化解。这些风水思想，一方面是北方移民在生产、生活中总结出来的营造智慧，另一方面也是古越族巫术思想的遗留。

在唐宋之前，漫长的历史长河中，古越族作为赣南大地主要的族群，其文化直接影响了当地的空间营造活动，他们的民居作为当时最基本的建筑形式，是这一文化影响的典型表现。此后，随着外来北方移民的逐渐迁入和古越族的渐渐汉化，赣州地区的主体民族由古越族演变为汉族支系的一支——客家，客家文化也取代了古越文化成为了赣南地区的主要文化，与此同时，古越族的干栏式建筑被客家的围屋所取代，在赣南围屋中客家人保留了古越人干栏式建筑中不同楼层的功能分配，[①]并将它与当时客家人的实际使用需要相结合。古越族的巫术文化也直接融入到了客家风水文化当中，影响了客家人的空间营造活动。

1.4.7 客家文化

1. 客家

客家是中国历史上一个特殊的族群体系，它主要是指中国公元4世纪之后因为历次战乱而迁移到中国南方的北方中原汉族，他们和原来居住在南方的古越族等本地居民杂居过程中，形成了具有自身特色的族群类型。"客家"之称出于清代的一次大规模土客械斗，是由当时在广东西部江门地区（时称五邑）以"地主"自居的"广府民系"冠予客家的，是一个他称。"客家"这个他称名词后来由于罗香林的客家学说而广为人所知，逐渐成为了族群名称。[②]

目前全世界有客家人6500多万，其中国内（包括港澳台）分布有客家人6100多万人，国外有450多万人。就中国国内而言广东省分布有客家人2100多万，江西省内有客家人1250万人，福建省内有客家人约500万人（图1-7）。这3个省份是中国最为集中的地区，除这3个省份外在广西、四川、湖南、浙江、海南省、贵州、台湾、香港、澳门等地都有

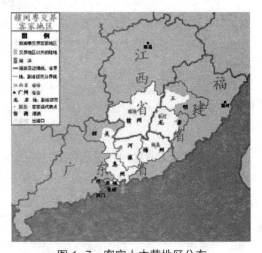

图1-7 客家大本营地区分布
资料来源：http://bbs.southen.com/forum-95-1.html

---

① 在古越族干栏式建筑中一楼被用于放置杂物、饲养家禽和作为厨房之用，这一功能分配被客家人在赣南围屋中所保留，围屋的二楼与干栏式建筑一样被用来作为居民的居住空间。

② 维基百科，http://zh.wikipedia.org/wiki/%E5%AE%A2%E5%AE%B6%E4%BA%BA。

客家人分布。[①] 赣州所在的江西赣南和广东的粤东、福建的闽西这一三角地区因为客家人与文化的相对集中而被称为"客家大本营"，在清代时这块土地上的赣州、惠州、汀州、嘉应州四州并称为"客家四州"。

在清末民初对于客家人的研究不多，一些人将客家人描述为："山地、野蛮退化的民族"[②]，"非汉种"[③]，"不甚开化……，取法本地人"[④]。罗香林先生在 1933 年完成的《客家研究导沦》中对这些观点进行了批驳，提出了客家人为南迁中原士族的观点。1994 年房学嘉先生出版了《客家源流探奥》一书，在书中提出了客家是南迁汉族与当地古越人融合形成，但其族群主体是原居住在这里的古越人而非外来的中原汉人的观点，他认为客家民系早在中国南北朝的末年就已经在赣闽粤的三角地的那块土地上形成后扩散到了其他地区。1995 年谢重光先生出版了《客家源流新探》一书，提出客家的直接源头是唐宋时期南迁的北方汉人，南宋时期客家人方才形成了比较稳定的族群体系。1997 年广西教育出版社出版了陈支平教授的《客家源流新论》一书，书中提出客家民系是在 16 和 17 世纪之交由南方的各民系相互融合而成。

2003 年上海复旦大学的李辉博士通过对于福建长汀地区客家人的 DNA 图谱的检测发现当地客家人父系遗传结构与汉族、畲族、侗族具有较高的相似度。其中和汉族的相似比例约为 80.12%，畲族约 13%，侗族约 6.18%。[⑤] 其中侗族人与江西干越人有较大的族群关系："侗族自称'干'（Kam），也有一种来自江西的传说，很可能是干越的后裔。"[⑥] 李博士通过现代 DNA 的手段证明客家人应该是以北方南迁的汉族为主，在其中融合了当地的干越、畲族等少数民族后形成的族群单位。这一结果既否定了过去一些人对于客家"非汉种"的评价，也不同于罗香林先生关于客家完全是由南迁汉人构成的观点。

一般认为客家与中国历史上 6 次大的人口迁移是紧密结合在一起的。

第一次是秦始皇统一中国后，始皇帝为了巩固他的统治派遣大量军民到当时刚刚被征服的江西和广东等南方地区，这批人来到岭南地区之后不久，中原地区就爆发了大规模的农民起义，被迫滞留在了岭南，成为了作客他乡之人。但是他们只是最早的一批来到岭南地区的北方移民，并不是真正意义上的客家人。

第二次是西晋末年的"五胡乱华"时期，大量的北方人渡江来到南方，史书上称为"衣冠南渡"，当时的这些北方移民主要集中在今天的湖北和两淮一带，谢重光老先生通过对 78 个客属家族 156 次的迁徙所作统计后发现，多数的客家人都是在两晋时期从中原迁至现在的江淮地区，在唐宋时期再由江淮地区迁徙到了今天的赣南、闽西和广东地区。

第三次是唐末至五代，这是客家人真正形成的时期，由于安史之乱和后来的五代十国战乱波及的影响，大量的北方人开始从江淮甚至更远的中原南渡到了当时相对安稳的南方，他们先通过长江进入鄱阳湖然后通过赣江到达赣州，再依靠赣州三江交汇的地理优势，进

① 吴福文. 客家人在世界各地的分布[EB/OL]. http: //bbs. southcn. com/thread-278259-1-1.html。
② 乌耳葛德. 世界地理[M]. 上海：商务印书馆，1920。
③ （民国）黄节. 广东乡土历史，1905。
④ 广东建设厅. 建设周报. 1930。
⑤ 李辉. 客家人起源的遗传学分析[J]. 遗传学报，2003（9）。
⑥ 李辉. 客家人起源的遗传学分析[J]. 遗传学报，2003（9）。

入广东和福建。这一时期，随着客家人的大量进入，赣州的主体族群从早期的干越人转变成了客家人。赣州的城市发展也在当时进入了一个黄金时期。五代时期客家人的领袖卢光稠和著名的风水师杨筠松一起对赣州城进行了空间营造，"千年龟城"开始形成。

第四次是两宋时期，由于南、北宋时期汉族和少数民族之间的战争，很多汉族人扶老携幼来到南方。南宋初年，南宋的隆佑太后就曾经在赣州居住。

第五次是明末清初，这一时期因为战乱的影响，四川等地区出现了"百里无鸡鸣，遗民百无一"的惨状，于是大量生活在人地关系相对紧张地区的客家人开始向因为战乱而人口大减的地区迁移。康熙年间，朝廷为了镇压活动在台湾地区的郑成功残明集团，发动了沿海地区的迁界运动，大批的沿海居民被迫迁移到了内地，特别是江西的赣南地区。

第六次是清朝的咸丰和同治年间，因为当时发生在广东的"土客械斗"和太平天国运动的影响，大量的客家人开始远播重洋，迁移到了海外。

这六次迁徙，奠定了今天客家人分布的基础。

今天赣州地区有客家人790万占赣州总人口的90%，客家人是赣州地区最重要的一个族群，客家文化也在赣州的空间营造活动中发挥了非常重要的作用。

2. 客家文化

客家文化拥有悠久的历史，但是在清朝末年之前，很多客家人自己都并不认为他们是客家人，对于他们的文化定义也知之甚少。清朝末年广东地区土客械斗，在这之后掌握了文化舆论高地的"广府人"在文化上打压客家人，将他们和当地的潮汕人、疍家人一起列为未经开化的"非汉种"。1933年被学术界公认为客家研究开山鼻祖的罗香林出版了《客家研究导论》一书，将客家人的一些传统民俗如山歌、围屋、二次葬、风水等民俗跟中原文化联系在了一起，第一次提出了"客家文化"的概念。[①]

此后很多的学者在罗香林先生研究的基础上展开了对于客家文化的研究，刘劲峰先生在《略论客家文化的基本特征及赣南在客家文化形成中的作用》一文中谈到，客家文化是一种在赣、闽、粤三角地区产生的地域文化，它是在当时特定的历史条件下南下的汉族移民文化和周围少数民族文化相互融合的产物。赣州师范学院的林晓平教授在《客家文化特质探析》一文中谈到，客家文化具有儒家文化、移民文化和山区文化三个重要文化特质，儒家文化具体表现为崇尚礼制、重视教育以及保守性和开放性并存的三大文化特点；移民文化表现为围合性和亲水性；山区文化则主要表现为"多神崇拜"、风水文化和崇敬自然。

1）客家文化中儒家文化的表现

（1）崇尚礼制；儒家礼制在家族中表现为对于"父权"和"夫权"的尊崇，在空间营造上表现为家族祠堂的营造。客家祠堂是客家人家族活动的中心，也是客家围屋建筑群的核心部分，在过去赣州城内遍布着各种各样、大大小小的客家祠堂。客家人在祠堂的建设方面精雕细琢、精益求精，力求使祠堂获得美轮美奂的效果。客家人的祠堂在功能上遵循一系列的规制和礼仪，这些规制和礼仪表现了客家人对于祖先的敬畏和希望祖先保佑自己

---

① 河合洋尚.客家文化重考——全球化下的空间和景观的社会生产[J].赣南师范学院学报，2010（2）。

生活富裕、幸福的心理。儒家礼制在城市的营造上，主要表现为对"王权"的推崇，赣州的城市空间形态五代时被设计为一个逆水而上的"龟形"，"龟首"为镇南门，"龟尾"为城北的龟尾角，杨筠松对于龟形的设计暗含了"赣州王"卢光稠"王权"长长久久的寓意。此外，在赣州境内有 9 条河流共同汇聚于赣州的龟尾角下，中国古代有龟蛇合体为玄武的说法，玄武是中国北方的大帝，客家人来源于北方，玄武的设计手法使卢光稠成为了天定的客家人的王与保护者。中国古代人相信"天人感应"，认为天子是天帝的儿子，他代表天帝管理人间，天帝居住在北斗七星顶端的紫微宫中，对应到人间天子的宫室也应该是位于城市北部的中央，五代的赣州城，杨筠松将卢光稠的"王城"设计在城北中央的位置，恰好对应了"象天法地"思想。元代之后，"象天法地""以北为尊"的思想开始逐渐势弱。中国的城市空间营造中开始推崇居中而立的"崇中"思想，受这一思想的影响清代赣州的行政中心从城北的"王城"迁移到了位于阳街中端的府前街。

（2）重视教育：儒家文化中素有重视教育的传统，客家人中流传着"生子不读书，不如养头猪"的歌谣。客家人经常会利用村子中的祠堂来作为兴办学校的场所，法国神父赖里查斯在《客法词典》里写道：客家人聚集的嘉应州，"随处都是学校……，在乡下，每一个村落，尽管只有三四百人，至多也不过三五千人，便有一个以上的学校，因为客家人每一个村落都有祠堂，而那个祠堂也就是学校"[1]。客家人的祠堂在过去会有名下专管的"善学田"和"善学屋"，"善学田"和"善学屋"的收入往往被用于同族学生读书之用。受到客家人尊师重教文化的影响，赣州城内教育场所众多，明代时，城北有濂溪祠[2]，城南有儒学。清代时，城中坐落有府学，城南有县学（文庙）、濂溪书院，以及城东郁孤台下以明代心学大师王阳明之名命名的阳明书院[3]。

（3）保守性与开放性并存：客家文化的一个特点就是为对外的保守性，以及对内的开放性。因为客家人往往是聚族而居，对于自己族外的人而言他们是保守的，但是对于自己内部的本族人来说，他们却是开放的。比如在赣州传统的客家建筑围屋中，对外它会有 2 层以上的高大围墙，但在建筑的内部，则有供围内居民休闲、交流之用的禾坪，围屋内部的禾坪对于围内的族人而言就是一个可供互相交流、关心的开放空间（图 1-8）。

客家人由于其文化上的保守性，当他们面对和他们传统的文化及生活方式迥然不同的文化时，他们很难完全接受。其结果就是那些早期来到客家地区的传教士，为了减轻传教时的阻力，主动将传统的西方建筑文化和东方建筑文化相融合，形成了很多具有典型东方

---

① 张卫东，王洪友. 客家研究（第一集）[M]. 同济大学出版社，1989

② 宋理学祖师周敦颐通判虔州（即赣州）时，程颢、程颐兄弟从其受学，后人因建祠于赣江之东以为纪念。元代末年，祠毁于兵火。明洪武四年（1371年）重建。弘治年间，改建郁孤台下。正德十二年（1517年），巡抚王守仁迁建于旧布政司故址，改称"濂溪祠堂"。崇祯十一年（1638年），被迁至城南改名为廉泉书院，清顺治十年（1653年），赣抚刘武元始改濂泉书院为濂溪书院，招收赣州府属十二县学生在此学习其中，是当时赣南地区主要的教授儒学的场所之一。

③ 阳明书院，位于赣州郁孤台下。明正德间南赣巡抚、佥都御史王守仁在此聚众宣讲其"致良知"学说，以期"破心中贼"。崇祯十三年（1640年）知县陈履忠改名廉泉书院，迁于光孝寺左。清道光二十二年（1842年）知府王藩倡捐于郁孤台原址重建书院，名"阳明"。订立规制，课文校艺，祀王守仁，以何廷仁、黄宏纲配祀。次年王藩再次扩建，并自为记。同治间知府刘瀛修建，又重订章程。同治十二年（1873年）巡抚刘坤一赠书籍，书院生童正附课将近200名。光绪二十八年（1902年）知府查恩绥改书院为赣州府中学堂。

文化特质的建筑，比如赣州天主堂的孤儿院、南康天主教堂（图1-9）等。而对于那些与自己的传统文化和生活方式具有相似性的文化，客家人采取包容和开放的态度，这也就是为什么在赣州能够看到大量的徽派建筑和岭南建筑的原因。特别是清末之后的岭南建筑在营造文化上也具有西方文化的特点，但是民国时期以骑楼（图1-10）为代表的岭南建筑的营造并没有在赣州引起本地

图1-8　客家围屋

资料来源：http：//www.yangmeidu.cn/view

人的抵制，究其原因是因为历史上广东也是客家人一个重要的聚集地，历史上赣州和广东之间的交流十分频繁，在赣州的客家人看来发源于广东的岭南文化是一种"我"（客家人）的文化，所以在面对骑楼的进入时，客家人采取了开放乃至欢迎的态度。

图1-9　赣州南康天主教堂（左）与赣州天主堂孤儿院（右）（作者自摄）

图1-10　民国时期的赣州骑楼街景

资料来源：http：//www.gannan.bbs.com（左图）；http：//zby8033.blog.163.com/blog（右图）

2）客家文化中移民文化的表现

（1）围合性：客家文化的第二个文化特质是移民文化，客家人是中国北方汉族几次大迁徙的产物，这种移民文化的特征深深地根植在了客家文化当中。客家作为一群外来的族群与当地原有的土著族群之间经常会发生矛盾和冲突。为了保卫自己的安全，使自己能够在这片陌生的土地上更好地生存下去。客家人采取了围合式的建筑空间，赣州客家人的家族建筑采用了高大坚实的围屋，赣州围屋使用三合土、河卵石构筑，围屋的外墙使用条石作基础，上部用青砖和夯土夯实，赣州围屋高2~3层，顶端有一防御层，防御层上开有铳眼或内大外小的炮口、望孔，围屋朝外不设窗或者仅设内大外小的小窗，围屋的四角建有朝外部凸出的碉堡炮楼，整个建筑构成一个紧密、厚实的围合空间（图1-11）。

图 1-11　赣州围屋

图 1-12　赣州古城墙

资料来源：http : //blog. big5.voc. com. cn/blog. php?do=show
one&type=blog&itemid=407092

资料来源：http : //gndaily. com. cn/gnly/2010-09/29/
content_417214.htm

　　赣州的城市空间营造也表现出典型的围合性特点。五代时期，客家豪强卢光稠占据赣州后"斥广其东西南三隅，凿地为隍三面阻水"[①]，向东、西、南三面扩展城市，并将扩展的地区用高大的城墙紧紧地包围起来。扩展后的赣州城，东临贡江，西临章江，北面是赣江，城南是绵延 3km 的护城河。卢光稠新建城墙 6100 多米，增建城门 5 座，用高大的夯土城墙将整个城市紧紧地包裹了起来，五代时期的赣州，仅有镇南门和百胜门可供大量居民和军队出入，其中镇南门修筑有双重瓮城，而百胜门东临贡江，南有护城河，并修筑有一重瓮城。镇南门和百胜门之间修筑有拜将台，供军事指挥和眺望敌情之用。宋代在卢光稠土城的基础上，"伐石为基，冶铁为城"，将五代时期的夯土城墙改建为砖石城墙，此后历代都对赣州城墙进行了修缮。到了清代，赣州城高沟宽，围合紧密，被时人誉为"铁赣州"（图 1-12）。

　　（2）亲水性：客家人的南迁过程和河网、水道有着密不可分的关系。北方中原移民先是渡过淮河，进入长江，然后经长江过鄱阳湖，沿赣江水道来到赣州。客家人对水道具有深厚的族群感情，客家人的城市基本上都是滨水而建。对于客家人而言，这些水系不仅仅是保卫城市的屏障也是他们和外界联系的重要通道，在紧邻这些水系的地方，他们会开有城门作为城市和外部交流的场所，从五代一直到民国之前，赣州的城市商业都位于濒临贡江的建春门（图 1-12）和涌金门，城西的西津门（濒临章江）是当时赣南和粤北地区的盐运中心。

　　3）客家文化中山区文化的表现

　　（1）崇尚风水文化：客家居住的地区多为山地，在过去有"汉住平原，客住腰，瑶人住在山坳坳"，"逢山必有客，无客不住山"的俗语。由于当时的闽粤赣山区地处僻远，交通不便，人烟稀少，自然环境恶劣。因此追求取法自然，达到人与自然和谐相生的风水学就受到了客家人的高度推崇。赣州是中国风水学的"圣城"，风水师们普遍相信它是风水学派的鼻祖杨筠松的开山之作，整个赣州城从城市形态到内部建筑的空间方位都完全符合风水学的要求。明代之后，随着风水形势学派的进一步发展，赣州的城市风水也得到了进一

---

① 赣州府志[M]. 明嘉靖年间刻本。

步的完善，城市中主要建筑的风水轴线由过去的正南正北改为南偏东36°，形成了坐西北面东南的格局，并在章江、贡江和赣江的水口处兴建了3座风水塔，锁住了赣州的好风水。

（2）多神崇拜：粤闽赣山区在客家先民迁入之前，这里最早的居民是干越人，"巫文化"是干越人文化体系中的一个核心部分。随着他们和北来的汉族移民之间的相互融合，古越族"巫文化"中的一些因子也渗入到了客家文化当中，受"巫文化"的影响在客家文化中形成了"多神崇拜"的思想，他们相信万物有灵，并认为世界上存在某种神秘的力量可以影响自己和家人的生活。旧时在赣州城内寺庙广布，其中不仅有中国传统的佛教寺庙和道教寺庙还有土地、城隍和各式各样的神仙寺庙。客家人在营造自己住宅时为了获得吉祥力量的护佑，在营造过程中也会加入大量带有神秘色彩的营造礼仪。

（3）崇敬自然：客家山区文化中主张对于自然的尊敬和适应，认为对自然的改造应该在顺应自然的前提下进行，反对对于自然的征服。受到这种尊敬自然，追求人和自然和谐共生思想的影响，赣州人修建了千年排水系统——福寿沟，福寿沟不但是一条城市排水渠，更是一个将城市中各种水系有效衔接的媒介，它成功使用到今天的秘诀，正是因为客家人对于自然的尊敬和适应。

1.4.8 徽州文化

徽州文化是中国三大地域文化之一，徽州文化的传播与当时徽州商人的活动是分不开的。徽州商人即徽商，又被称为新安商人，它是旧徽州府籍（歙县、休宁县、婺源县、祁门县、黟县、绩溪县）商人和商人集团的总称。徽人经商的历史，源远流长，早在东晋时就有徽州商人活动的记载，以后代有发展，明成化、弘治年间形成商帮集团，明嘉靖以降至清乾隆、嘉庆时期，徽商经营达到鼎盛。从清道光、咸丰时期至清末民初，徽商渐趋衰落。作为中国东南商界中的一支劲旅，徽商活动范围遍布于中国大江南北、黄河两岸，以至日本、暹罗和东南亚各国。其商业资本之巨，从贾人数之众，活动区域之广，经营行业之多，经营能力之强，都是其他商帮所无法匹敌的。在历史上，徽州商人素称"东南邹鲁"，当时的人们认为徽商具有"贾而好儒""贾儒结合"的特点。[1]

赣州在唐代之后随着海上丝绸之路的兴起，城市发展迅速，特别是清朝奉行海禁，只留广州一个口岸和外国通商，广州对外贸易的繁盛直接导致赣州在当时空前繁荣。荷兰商使约翰·尼霍夫在《荷使初访中国记》中记载赣州"是中国最有名的城市之一"，"站在城墙上向北望去，可看见来自数省的数不清的船只。这些船只都要经过此地，并在此缴纳通行税……"[2]。

赣州优越的地理位置和繁荣的城市经济，自然引起了徽商们的注意。明代后大批拥有雄厚财力的徽商入驻赣州，徽州文化也开始在赣州城内广泛流行，这一时期徽派建筑成为了很多大户、商贾住宅营造的首选。徽派建筑在外观上讲究造型简洁、质朴大方，对外封闭的高墙和高低错落有序的马头墙，构成了一个建筑内外空间分割的屏障。在建筑内部组

---

① http://www.hudong.com/wiki/%E5%BE%BD%E5%95%86%E6%96%87%E5%8C%96。
② 李海根. 三百年前荷兰商使眼中的赣州古城[N]. 江南日报，1999–8。

图 1-13　赣州徽派建筑——赣州魏家老屋（左）与赣州灶儿巷（右）（作者自摄）

合上，是以"天井"为中心形成围合式的建筑空间。

今天赣州的灶儿巷和南市街一带还保留有比较完整的徽派建筑（图 1-13），由于受到当地客家文化的影响，这些徽派建筑在建筑色彩的选择上采用质朴的灰色，大户人家的外墙使用青砖不加粉饰，这点不同于徽州传统民居青砖灰瓦再加以白灰粉墙的建筑色彩特点。此外，在建筑的装饰方面，赣州的徽派建筑也较徽州建筑更为简约，建筑的入口部位，赣州地区多采用门楼或者门廊的形式，门罩较少见，且雕刻的细节和徽州建筑相比也大大简化。在建筑的使用功能上，因为受到客家文化中农耕文化的影响，赣州徽派建筑的生活空间主要都在一楼，二楼主要作为放置物品、储藏杂物之用，高度仅能上人。

清代末年，随着外来势力的逐渐侵袭和连年战争的影响，曾经一度称雄的徽商开始逐渐衰落。与此同时，徽派建筑在赣州也逐渐走向萧条，特别是民国之后在赣州城内几乎停止了徽派建筑的营造，西方的建筑文化和广东的岭南文化开始逐渐进入赣南大地，赣州地区的空间营造活动开始越来越多地受到西方文化和岭南文化的影响。

1.4.9　西风东渐

"西风东渐"中的"渐"具有流入的意思，这个字明确地表现了当时的中国政府和民众对于接受西方文化的态度，"西风东渐"主要是指 19 世纪末到 20 世纪初，西方文化与技术逐渐流入中国，对于中国的社会、经济文化产生了深刻的影响。在鸦片战争之前，古老中国对于西方世界而言是神秘的，中国除了广州与国外进行有限的交流外，整个国度对于国外都是十分封闭的。鸦片战争打开了中国的大门后，首先在香港、上海、广州、宁波、福州等沿海城市中，空间营造开始受到西方文化和技术的影响，大量的西方建筑开始在中国出现，香港的水警总部 1881、上海外滩、福州老苍山洋房、广州沙面岛都是这一区域内西式建筑的典型代表。1859 年随着在第二次鸦片战争中的失败，清政府被迫在第一次鸦片战争"五口通商"（厦门、上海、广州、宁波、福州）的基础上进一步加大了对于中国内地的开放，外国势力可以进入中国的长江中下游地区，这一阶段西方势力以一些重要城市中的租界作为基地，逐步向中国内地渗透。与此同时，西方文化和技术也开始更多地影响到中国的空间营造，在中国很多地区开始出现具有西方特色的新建筑，比如在当时的长沙和武汉，就出现了大量以教堂为代表的西方建筑。随着"西风"的渐入，很多中国人的传统生活和居住方式也发生了改变，具有西方特点的住宅、商业和办公建筑开始在中国的内地大量出现，

（a）　　　　　　　　　　　　　（b）

图 1-14　武汉美国领事馆（左）与汉口汇丰银行（右）

资料来源：http ://blog. xmnn. cn/?uid-4591-action-viewspace-itemid-52384

比如 1905 年建成的美国武汉领事馆就是典型的西方巴洛克建筑，建筑的平面为带有凸凹的矩形，主入口在中间为凸出半圆形门楼到顶，一侧是八方圆形角塔，另一侧为凸出的弧形墙面，形成内聚的动势。外墙为红砖清水面，门窗皆用弧形拱。红色的波浪形曲面，凹凸起伏，颇具动感。顶部 2 个角塔，有欧洲中世纪城堡之风。檐部及角塔顶有女儿墙，四坡屋顶覆盖红平瓦（图 1-14（a））。1913 年开工建设，1920 年竣工的武汉汇丰银行大楼运用了西方古典主义的建筑手法，建筑布局紧凑，外墙麻石砌到顶，正面十根大柱为麻石拼接，显得坚固威严。内廊镶嵌大理石墙裙，内部装修精致华贵。建筑临江立面造型平稳，比例严谨。基座、房身、屋檐采用三段构图，左右则 5 段划分。以中央一段凸出为主入口，使立面具有明确的垂直轴线，确定了建筑的主从关系，立面空柱廊运用爱奥尼克柱式丰富了建筑物的体形，显示出庄重高大的姿态（图 1-14（b））。

在西风渐进的同时，在中国内地的广大乡村及中及小型城市和很多普通民众的心里，中国传统文化还保持着较强的影响力。于是将中国传统文化元素和西方建筑文化相融合的尝试也就应运而生，比如上海的石库门建筑，早期的石库门建筑就是在中国传统江南庭院建筑的基础上，与西方建筑文化相融合的一种尝试。老式的传统石库门建筑一般为一个正间带两个次间，俗称"三上三下"，大门的位置布置在建筑的中轴线上，和建筑的客堂相对，客堂和大门之间为一个横长的天井——前天井，左右厢房分布在客堂的两侧。正堂后面是一个小的天井——后天井，后天井的后面布置着厨房、杂物间等附属建筑（图 1-15）。此外，武汉大学校园、广州中山大学、南京中山陵等都是中西方建筑手法相融合的典型代表。这些建筑在迎合中国传统建筑思想如礼制思想的同时，将西方的建筑营造手法和元素融入其中，表现出典型的东西文化融合的特点。

1859 年之后的赣州，由于地理、交通等方面的局限性，西方文化的影响要相对弱于邻近的九江、广州等城市。由于客家文化中保守因素的影响，完全意义上的西方建筑难以在这里得到营建，为了减少在赣州生活和工作的阻力，来到赣州的西方人将西式的建筑和中式的营造手法相结合，形成了大量具有客家文化和中国文化特质的西式建筑，如赣州天主堂、大公路基督教福音堂、西津路基督教堂、南康天主教堂等。19 世纪末 20 世纪初，随着赣州客家人对外界事物了解的逐渐增多，一些当地的士绅开始营建具有西方建筑特点的商业和居住建筑，由于作为本地人他们营造西式建筑的阻力要远远小于之前的西方传教士，所以他们营造的建筑较之前的教堂具有更强的西方建筑特质，如六合铺宾谷馆、曾家药铺等

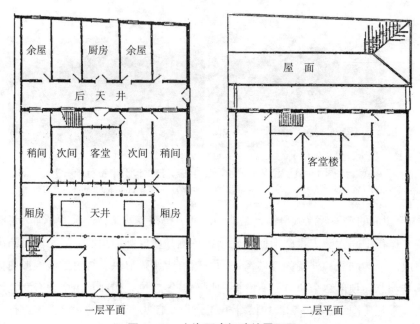

图 1-15　上海石库门建筑平面图
资料来源：叶鹏.中国城市空间营造思想演变研究 [J]. 西安建筑科技大学学报，2012（7）

都是这一类建筑的典型代表，但是由于受到传统客家文化的影响，这些建筑仍然保留了一些中式的建筑元素，比如建筑内部天井的使用等。这一时期，赣州空间营造的主要特点是东方建筑文化和西方建筑文化之间的相互融合。

1.4.10　岭南文化

岭南文化指五岭以南广东、广西和海南一带"岭南地区"的独特地域文化，其中以广东为中心的"粤文化"为主。近代之后由于广东特殊的地理位置和当时特定的历史条件，广东成为了中国与海外交流的重要桥梁，岭南文化在吸收大量外来文化精华的基础上，形成了具有自身特点的地域文化。

1933 年，粤系军阀进驻赣州，赣州被纳入粤系的势力范围，粤军第一师师长李振球在赣州成立了"赣州市政公署"，制定了《赣州市政计划概要》，在赣州进行了大规模的城市空间营造活动。在粤军主政赣州的 3 年间，赣州开辟马路 15 条，占面积 10 万 m²，占民国时期开辟马路总面积的 57.2%。此外，还在赣州旧镇守署的旧址基础上，新建了赣州第一座的现代公园——赣州公园。赣州的机场、汽车站等市政设施也得以建设，赣州城市开始初步具有现代城市的特色。

粤系军阀在建设赣州城市道路时，参照广东省政府在 1929 年出台的《广东省各县市开辟马路办法》将当时在广东地区流行的岭南骑楼建筑带到了赣南，使得当时赣州主要的城市道路都表现出典型的岭南风情（图 1-16）。今天赣州的阳明路、中山路、北京路一带都是当时最主要的城市商业区，这一地区也是赣州骑楼最集中的区域。东郊路的建设，使得赣州城市在空间上第一次突破了城墙的界限，以骑楼街的形式向外扩展。以骑楼为代表的岭南建筑文化的传入，使得赣州在空间营造方面表现出了不同于省城南昌以及其他江西城市的地域文化特点，赣州在当时的江西省内被人誉为"小广州"。《赣州市政计划概要》在当时具有进步性，即使是在粤军 1936 年撤离赣州之后，依然得到了较好的执行。新中国成立后，以标准钟为中心的赣州骑楼街商业区持续了 30 多年的商业繁荣，赣州骑楼成为了赣州人独一无二的城市记忆。

图 1-16 民国时期的赣州中山路骑楼街景
资料来源：http://www.gannanbbs.com.cn

　　赣州与广东交界，长期以来与岭南地区的文化交流就很频繁，在以广东为中心的岭南地区居住有大量的客家人，他们基本上都是宋代之后从赣州南迁过去的，其中的一部分在清初禁海迁界的时候又从广东流回了赣州。生活在赣州的客家人和生活在广东的客家人之间相互通婚，相互走动，联系十分紧密。赣州的客家人认为岭南文化和客家文化之间是一种一脉相承的关系，他们将岭南文化看作是一种"我"（客家的）的文化，因为这种认同感使得客家人较之西方文化更易于接受岭南文化，虽然岭南文化中也包含有大量的西方文化元素。这一文化现象表现了客家文化中保守和开放并存的文化特质，该特质表现为对"外"的保守和对"内"的开放，西方文化被客家人认为是外来的文化体系，与中国传统文化是不相同的，所以当他们面对 19 世纪中叶西方文化的进入时，表现为文化上的保守。而岭南文化作为一种"我"的文化，属于"内"的文化体系，易于被生活在赣州的客家人所接受和吸纳。

1.4.11 "新赣南"运动

　　1937 年，时任赣州专员的蒋经国发起了以实现"五有"[1]为目标的"新赣南"运动，1940 在蒋经国的主持下，制定了《建设新赣南第一个三年计划》，计划中提出："在三年之内，要办 331 个工厂，开垦 2 万亩荒地，办 314 个农场，2900 个示范区，3000 个合作社，6043 个水利工程，321 个果园，3000 个新的校舍。但我们的目标，不在于物质建设本身，而是通过物质建设来振奋人民的心态。"1943 年 11 月，美国记者艾特金森在《纽约时报》发表报道称，蒋经国的改革使得赣南地区面貌焕然一新。战前，赣南只有 3 家工厂，此时已有 44 家工厂。通过一年两作及新的农耕方法的普及，赣南的粮食严重短缺现象已经得到了极大的改善，现在赣州的粮食产量已可以供应 10 个月的消耗量，预计到 1944 年赣州可完全自给自足。艾特金森感叹说："中国方面的有识之士都一厢情愿地高谈中国的现代化，却只有赣南在真正地推行。"在他眼里，赣州是当时中国最现代化、最干净的城市。[2]

　　蒋经国作为从苏联留学归来的国民党官员，对于民生问题和传统的国民党官绅有着很不一样的观点。他的"新赣南"运动，主要着眼于对当时战争形势下民生的改善和抗战士

---

① 蒋经国提出的"五有"包括："人人有工做，人人有饭吃，人人有衣穿，人人有屋住，人人有书读。"
② 黄宗华，王玉萍.试析蒋经国赣南施政理念[J].淮北煤炭师范学院学报，2008（4）。

图 1-17　赣州中华儿童村
资料来源：http://www.360doc.com/conte
nt/12/0212/23/2253722_186183871.shtml

气的鼓舞，从这一角度出发在当时的赣州进行了一些城市空间营造活动，比如中华儿童新村（图 1-17）、江西第二保育院 ①、"新人学校"、"新人工厂" ②、新赣南图书馆和"精神堡垒" ③ 等。

1.4.12　国家计划经济

1949 年新中国的建立，宣告中国彻底摆脱了过去半殖民地半封建的社会形态，进入了一个崭新的发展阶段。1949—1979 年中国基本上采用的是国家计划调控的经济体制，这一时期被看作是中国的计划经济时期。社会上的生产资料被全部收归国有，社会生产活动在国家的计划调控下展开，随着生产资料的公有化，社会上的意识形态也被高度统一到马列主义意识形态下，这一时期赣州的空间营造主要表现出三个特点：

（1）对于苏联建筑思想的学习和借鉴：新中国建立后，中国开始走上社会主义道路，但是对于如何建设社会主义，我们并没有经验。苏联是世界上第一个社会主义国家，是新中国的"老大哥"，对于 20 世纪 50 年代的中国人来说向苏联学习是当时最好的方法。在当时的中国流传着"社会主义苏联的今天就是我们的明天"的说法，对于苏联建筑思想的学习和借鉴，被认为是对于马列主义建筑思想的学习和运用。苏联建筑思想对赣州空间营造的影响主要表现在三个方面：①在"社会主义"加"民族主义"的口号影响下"大屋顶"的建筑在赣州大量出现，赣南师院教学楼、赣州林垦局大楼等都是这类建筑的典型代表；②具有古典主义风格用来象征共产党绝对领导的高大建筑成为了城市的标志，如赣州的标志性建筑标准钟（图 1-18）；③在城市规划的构图上设计师们热衷于几何主义的"形式美"，在城市主要道路的交叉口设计圆形的转盘广场成为一种常用的手法，比如赣州的南门广场（图 1-19）。

（2）工业区的建设和平等主义的流行：马克思认为工人阶级是社会主义社会的领导阶级，由于旧中国工业不发达，工人阶级在全国人口中所占的比例也不高。新中国建立后，为了突出工人阶级的领导作用，首要的问题就是要增加工人阶级的规模，在城市中建设新的工厂和企业，将"消费型的城市转变为生产型的城市"，在这一思想的影响下，20 世纪 50 年代末在赣州城南的红旗大道两侧建设了城市中最早的工业区，20 世纪 60 年代末

---

①　抗战时期的赣州是抗战的后方，有大量从沦陷区逃难的孩子来到赣州，为了妥善安置这些受到战争影响的孩子，在赣州的虎岗建设了中华儿童新村和正气中学，在赣州城郊架芜村的肖家祠堂建设了江西第二保育院。

②　新赣南运动下的赣州，严厉打击"黄、毒、赌"等犯罪活动，对于抓捕的犯人严禁体罚，主张使用教育的方法改造犯人的灵魂和肉体，为了配合这一教育方法，在赣州东门外的落木坑兴建了"新人学校"和"新人工厂"，在"新人学校"和"新人工厂"内教会犯人自食其力的手艺，让他们有一技之长，以便将来重新回到社会后，可以做一个新人。

③　为了鼓舞当时赣州军民的抗日斗志，蒋经国在府学前和至圣路口建设了一处高台，号称"精神堡垒"，由当时赣州女师附小师生每日负责升降国旗，以象征中华民族永不屈服的抗日斗志。

图1-18 赣州标准钟
资料来源：作者自摄

图1-19 赣州南门广场与红旗大道
20世纪80年代航拍图
资料来源：http://www.yangmeidu.cn/forum.php

到70年代初又在水西和水东通过迁建和新建的方法建设了2处新的工业区。

当时为了配合工业区的建设，在工厂的周边建设了一批工人住宅，由于这批住宅多为红砖砌筑，也被称为"红房子"，由于受到平等主义思想的影响，当时在住宅的设计上出现了一种均质化的趋势，为了追求社会主义下的平等图景，住宅户型的设计往往差异不大，住宅的居住面积也都比较小。由于受到"先生产，后生活"思想的影响，住房中的厨房、厕所等辅助用房被大大压缩，一些住宅楼内甚至出现了几户人家公用一个厕所或者是厨房的现象，很多住宅仅仅能够满足居民最基本的居住需要。

（3）受上级政策和思想的影响很大：在国家计划经济体制下，生产资料被高度集中，地方政府形成了绝对的对上负责制，这一现象在20世纪50年代末，随着"左"的思想的不断抬头而进一步得到强化。在当时是否与上级的方针、路线保持一致，被作为是否对党忠诚的重要检验标准，与上级有不同声音的人往往被划为"右派"而受到打击。在巨大的政治压力面前，地方政府和规划设计人员开始听命上级的指示，到了"文化大革命"时期更是达到了步调的高度一致。其结果就是20世纪50年代末，在上级"破旧立新"的号召下，赣州的镇南门被拆除，1963年百胜门也被拆除（在其旧址上建成了东河大桥）。1958年在赣州城南城墙的基础上修筑了宽80m的红旗大道（图1-19），作为向"大跃进""三面红旗"的献礼工程。同年在建工部城市建筑工作要遵循"大跃进"的时代要求，进行建设的大跃进，"以城市规划的大跃进配合生产的大跃进"的指示下，仅用2个月的时间就完成了一个粗线条的城市总体规划，该规划在赣州现有城市人口10.6万人的基础上，预测未来10年城市人口将以每年3%~4.5%的增长速度递增，1967年城市人口规模将达到40万~55万人，在这一规划的指导下，赣州当时征用了大量的农村土地。1963年国家政策发生了改变，10月中共中央发布了《第二次城市工作会议纲要》提出了"勤俭建国"的主张，要求各个大、中城市要总结过去的经验教训，纠正把城市规模搞得过大，占地过多和建设标准定的过高等倾向。根据该精神，赣州市退还土地5.33km²。[①]

这一时期，由于主张工、农、商、学、兵的结合，西方国家十分流行的"大学城"的建设模式被否决，大学、研究所的建设被要求与相关工厂、企业的建设相结合。[②]在赣州，

① 江西省人民政府地方志编撰委员会. 江西省人民政府志（下）[M]. 南昌：江西人民出版社，2002：1113.
② 华揽洪. 重建中国——城市规划三十年1949—1979[M]. 北京：生活·读书·新知三联书店，2006：33.

首批建设的南方冶金学院（现在的江西理工大学）、赣南师范学院等科研院所都被布置在了红旗大道的周围，邻近赣州主要的工厂企业。"文化大革命"时期为了配合上级"反资""反修"的需要，赣州革委会将城市中的部分道路更了名，比如将至圣路改名为防修路，大公路改名为反帝路，八镜台路改名为向阳路等。由于这些道路的名字只迎合了当时上级的政治风向，当这股政治风过去后，这些道路又被重新改回了原名。

在计划经济体制下，随着生产资料的集中，意识形态也被高度统一，旧的儒家思想受到批判，客家的风水文化更是被看作封建迷信而没人敢提。过去用来祭祖的祠堂变成了生产队的大队部或者牲口棚，原来堂屋中祭祀祖先的位置被毛主席像所取代，族长的权威被打破，风水师变成了神棍，整个客家文化进入了一个衰落期。

1.4.13　市场经济

1979 年中国重新打开了尘封已久的国门，市场经济的概念被邓小平同志引入中国。随着过去束缚生产力发展的各种禁锢被打破，社会经济活动空前活跃，市场经济的概念逐渐深入人心，并成为主导 1979 年之后城市中各种空间营造活动的主要驱动力。

市场经济强调市场行为活动中的行为个体（经济人）对于自身利益的最大化追求。[1] 反映在空间营造活动中，20 世纪五六十年代均质化一的单位大院开始逐步瓦解，取而代之的是迎合消费者不同购买力和购买需要的商品住宅。曾经漠视住户基本需要的筒子楼消失了，配套完善、设施现代的现代住宅开始大量出现，城市居民的人均住房面积得到了极大的提升，生活品质获得了巨大改善。但由于市场经济的自身缺陷，城市居民生活状态的改善表现出了很大的差异性，作为城市住宅建设的主体，开发商更愿意为城市中的高收入群体提供新的住房，因为这样可以获得高的收益，而城市中的贫民阶层和很多的进城务工人员的住房需要则被有意无意地忽视了，他们的居住环境与过去相比甚至出现了一定程度的下降。同时，随着城市房价的不断攀升，城市居民收入的增长速度与房价的上涨之间出现了巨大的落差，城市低收入阶层面对高房价望而生叹，社会和谐遭到割裂。

改革开放之后，随着中国社会进入市场经济，城市土地的使用开始从过去的划拨转为市场买卖，土地的经济效益开始重新显现出来。城市用地的功能布局逐渐优化，一些低附加值的产业开始从城市中的优势地段搬离，这些腾出的地块则被具有更高经济附加值的产业部门所代替。为了更好地引导城市的发展和城市土地资源的开发利用，一些城市开始编制自己的城市发展战略规划，城市发展战略规划"希望通过空间规划积极推动城市经济发展，迅速扩张的城市经济需要空间结构的支持，安排无数由独立自主开发公司的商品房居住小区、工业区、商业中心及其他各种各样的开发项目"[2]。城市发展战略规划是城市政府"城市发展思路的物质空间表现，以此为依据征用农田，征地后的土地使用权的出让为城市政府提供了用于基础设施建设的关键财政资金"[3]。2003 年赣州编制的《赣州城市发展概念性战

① 亚当·斯密.国富论[M].上海：上海三联出版社，2009。
② 朱介鸣.市场经济下的中国城市规划[M].北京：中国建筑工业出版社，2008：124。
③ 朱介鸣.市场经济下的中国城市规划[M].北京：中国建筑工业出版社，2008：131。

略规划》提出了"一轴、三区、三片"的城市空间结构，将城市发展的重心放在了章江新区上（图1-20）。目前赣州的市政府、市委等重要办公机构都已经搬迁到了章江新区，根据《2006年赣州城市发展总体规划》章江新区将取代河套老城区成为未来赣州城市发展的核心区域，成为集商务、行政、博览、文化、居住等功能于一体的综合性城市新区。

在市场经济环境下，对经济利益的高度追求，造成了对城市中传统文化和历史遗产的漠视，大量的历史遗产被破坏。一些还没有被破坏的，也由于无法得到及时、良好的修缮而逐渐破败（图1-21）。改革开放初期，由于毛泽东时代红色价值观的影响以及有些人对于经济利益的片面追求，客家文化的发展跌入了一个谷底。20世纪90年代后，随着海外客家人寻根、祭祖的增加，以及客家风水文化在东南亚地区的流行。客家文化中潜在的经济价值开始被人们所注意，包括政府、个人在内的各个经济个体开始在经济利益的驱动下，着力打造客家文化品牌，客家文化的发展重新进入到了一个繁荣期。

图1-20　赣州章江新区　　　　　　　　　　　　图1-21　赣州东河大桥下被拆
资料来源：左为作者自摄，右为http://www.9ihome.com/showlpjj54.html　　除的老建筑的遗迹（作者自摄）

1.4.14　多元文化认同下的空间营造

2009年的中国开始逐步迈入一个新的发展时期——信息化时代，这一年中国网民规模达到3.38亿，宽带网民数为3.2亿，国家顶级域名注册量为1296万，三项指标均居世界第一。信息化开始成为社会生产、生活中的重要推动力。

在一个新的时代背景下，多元文化得到认同，不同个人或者群体的利益将得到充分的尊重与保护。对于赣州来说多元文化认同在空间营造方面的反映将具体落实到四个方面：

（1）公民的居住权将得到保护：在市场经济条件下，因为贫富差距拉大而造成的"望房兴叹"将得到改善，为城市中低收入居民服务的保障性住房将实现有效的覆盖，根据《赣州市中心城区住房建设规划（2010—2020年）》，2010—2012年赣州市保障性住房新增建筑面积为263.02万 m² 占全市新增住房建筑面积总量的33%。

（2）传统文化遗产的保护与更新：赣州作为一座拥有悠久历史文化积淀的古城，传统历史文化遗产资源丰富，但是部分历史文化遗产的损坏情况也是十分严重。以赣州传统街区中的现存建筑为例，目前结构完好、可以继续使用的仅占18%，有近三成的建筑结构严重老化，已经成为危房。[1] 此外，因为对于单纯经济利益的追逐，大量的古建筑被破坏，很

---

① 清华大学. 赣州旧城区保护与整治规划[R]. 2006。

多与传统街区景观风貌大相径庭的新建建筑破坏了整体环境的和谐。

未来的赣州，城市的历史文脉将受到认真的保护，传统街区与建筑的文化价值将得到尊重，老街区与古建筑的开发将在更新、保护的基础上展开。此外，建筑作为文化载体的功能将得到充分体现。赣州的"客家文化""徽州文化""岭南文化"都将通过建筑营造的手法再一次完美地展现在世人的面前。

（3）不同区域的利益将得到充分尊重：对于赣州而言，在城区内部有老城区和新城区的矛盾，外部有各个属县与主城区的矛盾。未来，各个区域自身的利益将得到相互的尊重，在主城区内部将实现分组团的发展模式，城市的新区——章江新区将成为城市中的商业、行政中心。而河套老城区将以保护为主，降低开发力度，使旧城区的传统面貌能够得到充分的保护。赣州相邻的南康、赣县等属县将被划入赣州大都市圈范围，共享赣州城市发展的红利，避免因为赣州发展而带来的对于其他相邻县城的资源掠夺，实现和谐、共生的发展模式。

（4）客家文化品牌的打造：赣州的客家人占到赣州总人口的90%，客家文化在赣州的空间营造中也发挥了非常重要的作用。改革开放后，在市场力的作用下，客家文化因为其所蕴含的价值而被人们重新重视，目前赣州市委、市政府正在着力打造客家文化品牌，希望通过客家文化品牌的打造来达到推介赣州，促进赣州发展的目的。赣州的客家文化圈，在空间上分为核心区和外围区两个部分：核心区是以位于赣州五中和市公安局的赣州老"王城"为中心，以赣州阳街（文清路）为轴线，以宋代赣州城墙为纽带的赣州历史老城区；外围区包括赣县、南康、龙南、定南等赣州所属的周边县市。未来赣州应借助赣州都市区建设的机遇，加强核心区和外围区之间的互动关系，形成文化资源和旅游资源的共享。可以考虑在王城旧址的基础上，兴建以唐、宋王城为主要参照的客家文化馆，该文化馆主要提供客家文化和赣州文化的陈列、解说以及各种民俗文化的表演，鼓励开展各种体验性的民俗旅游活动。对"龟城"赣州曾经的中轴线文清路进行建筑外立面改造，使之具有客家文化和宋城文化的特点，可以考虑重建宣明楼等旧赣州标志性建筑，重拾曾经的文化记忆。

1.5 研究对象、范围、内容

1.5.1 研究对象

本书将江西省南部的赣州市作为研究对象，赣州是中国最大的一个地级市之一，管辖面积 3.94 万 km^2，占全江西省全省总面积的 23.6%。赣州全境以山地和丘陵地形居多，山地和丘陵面积占了土地总面积的 81%（其中丘陵占 60%，山地占 21%）。赣州南临广东，西接福建，源于广东大庾岭的章江和来自福建武夷山的贡江在这里合流，形成江西的母亲河赣江。特殊的自然地理条件，形成了赣州多元、封闭与开放并存的地域文化特征。一方面，便利的交通条件促使各种文化纷纷来到赣州，对于这片土地的空间营造活动产生影响；另一方面，大量的山地与丘陵，使得新文化在当地出现后，往往无法很快取得统治地位，新、旧文化的融合或者并处便成为了可能。

因为交通的便利，产生了文化的多元，历史上古越、客家、徽州、岭南等各种文化在赣州这片土地上轮番上映，它们的文化因子借助建筑这种凝固的艺术形式，完美地屹立在赣南的土地上。因为地形的不便，又导致了文化上的封闭，而封闭又促进了融合与共生，例如当客家人来到赣南后，当地的古越文化和外来的中原家文化之间相互融合形成了赣州的客家文化。明代之后，随着大量徽商的进入，徽州文化与客家文化两种文化在赣州并存，赣州徽派建筑与客家建筑交相辉映，完美地展现了两种文化的魅力。

特殊的地理位置促使唐末宋初大批的北方移民通过长江、赣江来到赣州，赣州地区相对封闭的自然环境为他们躲避战乱创造了条件，当他们形成规模后又可以通过章江和贡江进入广东和福建。赣州地区孕育了客家和客家文化，而客家又推动了赣州地区的开发。时至今日，客家人依然占到了赣州地区总人口的90%以上，客家文化对赣州的空间营造产生了非常重要的影响。

赣州是一个具有丰富历史传承的城市，赣州最早的筑城史可以追溯到两千多年前的东晋，东晋永和五年（公元349年），郡守高琰在章、贡两江合流处筑城，并修建了阳街和横街作为城市的主要街道。此后，五代十国时，客家首领卢光稠请流亡到赣州的风水形势派开山鼻祖杨筠松帮助规划建设赣州城，这次营造活动奠定了农业社会赣州城市发展的基本框架。此后，孔宗瀚等人在赣州修建了中国最早的一处砖城墙，并修建了城市排水系统"福寿沟"用于排除水患，该系统一直沿用至今。

进入21世纪后，赣州被中国社科院评为中国"过去五年竞争力稳步提升的十个城市"之一[1]，并正在努力建设成为粤闽赣三省交界处的中心城市。在赣州城市发展的过程中，不同时期的各种文化与思想都发挥了举足轻重的作用。在1979年之后的赣州城市大发展阶段，市场经济下的市场力直接推动了赣州城市新区的建设。随着信息化时代的到来，多元文化认同的社会正在逐步形成，赣州的城市空间营造活动也将进入一个新的时期。

1.5.2 研究范围

1. 研究地域范围的界定

本书研究的地域范围是包括赣州1区2市15县（章贡区、南康市、瑞金市、赣县、信丰县、大余县、上犹县、崇义县、安远县、龙南县、全南县、定南县、兴国县、宁都县、于都县、会昌县、寻乌县、石城县，以及赣州经济技术开发区）在内的整个赣州地区（图1-22）。其中东起赣县梅林，西至南康市凤冈镇，北起章贡区水西镇，南至南康市谭口镇，总面积为100km²的中心城区[2]是本书研究的中心区域（图1-23）。

2. 研究时间范围的界定

本书根据不同文化对赣州空间营造影响的时间段进行划分，将研究划分为以下几个阶段：

---

① 中国社会科学院. 中国城市竞争力白皮书——中国城市竞争力报告[R]. 2010。
② 赣州城市发展概念性规划（2004年）[R]. 赣州：赣州市规划局，2003。

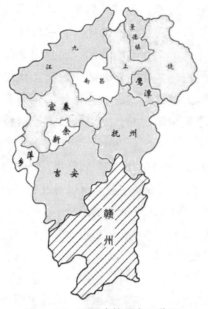

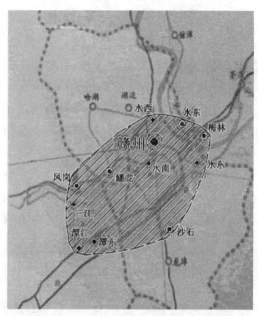

图 1-22　江西省赣州市区位图
资料来源：http：//www.jxstj.gov.cn/news.shtml?p5=14

图 1-23　赣州中心城区规划范围
资料来源：赣州城市发展概念性规划 [R]. 赣州：赣州
　　　　　市规划局，2003。改绘

　　东晋之前的赣州空间营造研究，主要研究古越文化影响下的赣州空间营造，早期生活在赣州的古越人分布都比较分散，赣州的第一座城市是秦代为了经略岭南的需要建造的南野城。东晋永和五年（公元 349 年），南康郡守高琰在章、贡两江汇合处兴建土城，这是今天赣州城的雏形；东晋到五代的空间营造，唐代之前赣州的主体族群为古越族，古越文化是影响赣州空间营造的主要文化。唐天宝年之后，客家人开始大量进入赣州，客家文化开始取代古越文化成为影响赣州空间营造的主导文化，五代十国时期，客家豪强卢光稠在赣州进行了赣州建城史上最大规模的一次扩城改造工程，这一建设活动直接奠定了整个农业社会赣州城市发展的基本框架。唐末来到赣州的客家人将北方的坞堡建筑引入赣南，形成了具有客家文化特色的围屋建筑；宋至晚清的赣州空间营造研究，宋代的赣州在五代奠定的城市建设框架基础上获得了进一步的发展，到清代晚期赣州已经形成了比较完善的城市功能分区。在明代之后，随着徽商势力的进入，徽州文化开始在当地繁盛，徽派风格的建筑开始在赣州城内大量出现；1859—1919 年，随着《北京条约》和《天津条约》的签订，西方的空间营造思想开始进入中国内地，以教堂为代表的西方建筑开始在赣州出现，本书将这一阶段划定为"西风东渐"下的空间营造，这一阶段被划分为两个部分，前一个部分西方文化对赣州空间营造的影响主要表现在宗教建筑方面，比如赣州南康天主教堂和赣州天主堂等。后一部分随着赣州当地人对于西方文化了解的增多，一些非宗教建筑也开始受到西方文化的影响，典型代表就是赣州的宾谷馆和群仙楼；1919—1949 年，这一时期赣州的空间营造受到岭南文化和蒋经国"新赣南"运动的影响；1949—1979 年，这一时期赣州和国内很多城市一样，属于国家计划经济影响下的空间营造；1979—2009 年，随着改革开放进程的深入，城市中的各项空间营造开始在市场力的作用下展开和进行，这一时期市场经济成为了影响城市空间营造的重要因子；2009 年 7 月 16 日，中国互联网络信息中心（CNNIC）发布的《第 24 次中国互联网络发展状况统计报告》显示，截至 2009 年 6 月 30 日，我国网民规模达到 3.38 亿、宽带网民数为 3.2 亿、国家顶级域名注册量为 1296 万，三项指标均居世界第一。中国开始进入一个新的时代——后工业化时代（信息化时代），中国社会逐渐进入到了一个多元文化认同的新时期。

1.5.3 研究内容

本书以赣州作为研究对象，以不同时期的文化与经济体制作为研究背景，从时代发展的角度探讨赣州两千多年来的空间营造，从空间营造的物质表现——建筑、聚落乃至整座城市入手层层剖析，探求不同时期的文化与经济体制影响下的空间营造的具体表现。揭示文化这一动力因子对于空间营造的影响，并在对过去影响赣州城市空间营造的动力机制进行研究、总结的基础上，对未来新的时代背景下赣州的空间营造展开思考与展望。

本书内容主要包括以下五个方面：

（1）不同时期影响赣州空间营造的文化因子研究：在新中国成立之前相当长的一段时间里，文化都是影响赣州空间营造的主因。本书从时间发展的角度出发，通过对于史料、档案以及现状探勘的整理，对于不同时代背景下影响赣州空间营造的文化因子展开研究。

（2）不同时期多文化互动下的赣州空间博弈研究：赣州特殊的地理位置，造成了多文化并存的特点，赣州是客家文化的摇篮，唐、宋之后客家人就成为了这里的主体族群。在新中国成立之前相当长的一段时间里，客家文化都是影响赣州空间营造的主要文化，但是由于赣州便利的交通条件，历史上徽州文化、西方文化和岭南文化都先后登陆赣州，它们和赣州的客家文化之间产生了文化上的互动，并影响到了赣州的空间营造。本书从现存资料、现状探勘以及前人研究的角度出发对于不同文化影响下的空间营造活动的物在表现进行归纳研究，寻找文化与营造之间的关系。由于早期古越文化影响下的空间营造在赣州基本上已经没有遗存，研究采取了将文献资料与其他古越族后裔——瑶、畲、侗等民族建筑相比较、分析的方法进行研究。

（3）新中国成立后不同经济体制对赣州城市空间营造的影响研究：新中国成立后，文化对于赣州城市空间营造的影响开始势弱，而经济体制对于城市空间营造的影响开始渐强，赣州分别经历了国家计划经济和市场经济两类经济体制，本书针对不同的经济体制对于赣州城市空间营造的影响及其特点展开研究。

（4）赣州城市空间营造的动力机制研究：在以上研究的基础上对于影响赣州城市空间营造的动力机制进行总结，并指出目前赣州的城市空间营造中所存在的一些问题。

（5）对未来赣州城市空间营造的前景进行展望：针对新的时代背景下影响赣州城市空间营造的新因子进行研究，并在之前研究的基础上对未来 30 年赣州城市空间营造的前景进行预测和展望，为赣州和谐城市的构建在学术层面提供建议和方法。

1.6　研究方法与框架

1.6.1　研究方法

本书从时间演进的角度出发，对于几千年来陆续影响赣州的各种文化及其作用下的空间营造进行研究分析。对于古代空间营造的资料采用现场踏勘、现存考古档案收集、历史资料（包括地图、典籍以及文化作品）相互对比的方法，并尽可能直观地与现代技术方法相结合（比如 GOOGLE 地图遥感等）。对于一些相对久远、遗迹难寻的空间营造活动，采用类似营造遗存对比分析的方法进行研究（比如曾经存在于赣州地区的古越族的"巢居"的形式，目前赣州已经没有遗存，但是在我国南部地区其他具有越人血统的少数民族地区还有遗存，研究就借用其他地区现存营造形式和考古发现进行研究）。此外，对于客家围屋这种典型客家文化影响下的空间营造产物的研究，采用了资料收集与现场踏勘相结合的办法。结合明清时代的赣州城市地图，究客家文化对赣州城市空间营造活动的影响。针对同时期赣州城内徽州文化影响下的徽派建筑，结合徽州传统徽派建筑进行对比分析，寻找出两者之间的共性与个性。

近代城市空间营造资料的收集主要采用文献档案收集、现场踏勘与历史图片分析、现状研究相结合的方法，针对赣州的岭南营造风格，结合岭南文化发源地——广东（特别是广州）传统的骑楼建筑，对赣州的岭南文化影响下的城市空间营造进行研究与分析。

现代城市空间营造因为时间间隔较短，资料相对易于收集，采用人物访谈和实地探勘相结合的方法，根据不同的时代背景，结合新中国成立后各个时期的赣州城市总体规划，以赣州城区内的空间营造为主进行分析研究。从点、线、面、体四个角度探讨赣州城市空间营造外化的空间形态。

从文化对赣州空间营造的影响角度入手，结合赣州城市空间营造的演变过程，运用主客结合、心物结合的方法，在空间营造主题的总结上解析各个时期文化对于空间营造作用下的物化产物，探讨贯穿整个赣州城市空间营造整体过程中的各种因素和思想。

1.6.2　研究框架

本书共 10 章，分为 5 个部分，从历史演进的角度出发，从不同时期不同文化与思想对赣州空间营造活动的影响入手。从东晋之前的古越文化影响下赣州空间营造研究开始，直至未来（2009 年之后）多元文化认同下的空间营造研究（也是本书对未来赣州空间营造的一个展望与建议）结束。

主要研究框架结构如图 1-24 所示。

第一部分：研究背景，是文章的研究背景，介绍赣州城市发展的现状问题，通过国内外城市空间研究和赣州城市空间研究的现状分析，从文化和历史的角度入手对于各个历史阶段赣州空间营造的特征展开研究，从空间意象角度研究其空间尺度，运用易学思维建构其营造法则的研究方法，并简要介绍赣州自然条件、社会背景和历史沿革，以此为基础展开各历史时期的城市空间营造研究。

第二部分：古代赣州城市空间营造研究，包括第二章、第三章和第四章。

第2章"东晋之前的赣州空间营造活动研究"主要介绍东晋之前赣州城址的变迁和早古越文化影响下的空间营造活动。

第3章"东晋至五代的赣州城市空间营造研究",这一时期是赣州城市发展史上的第一个黄金时期,东晋高琰在章贡两江的交汇处营造土城,真正意义上的赣州城第一次出现。唐末客家人大量进入赣州,客家文化成为了影响赣州空间营造活动的主要文化。本章重点介绍客家文化对赣州城市空间营造的影响,并揭示客家文化与古越文化互动下的赣州城市空间博弈规则。

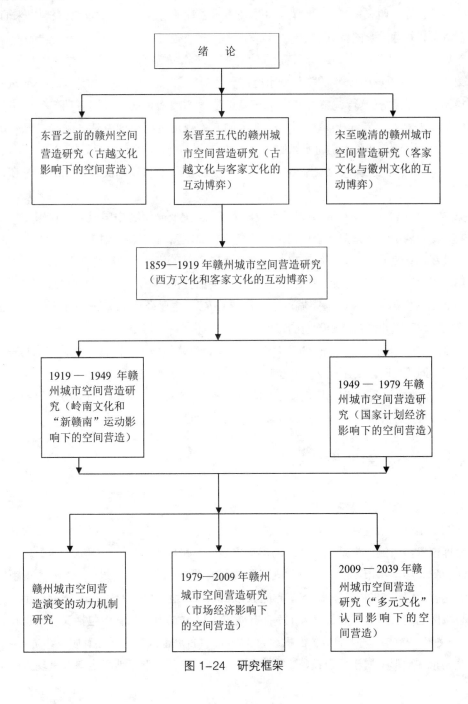

图 1-24　研究框架

第4章"宋至晚清的赣州城市空间营造研究",主要介绍宋至晚清赣州的城市空间营造,这一时期,赣州城市基本是在五代扩城后确定的城市框架内发展,城市功能得到进一步完善。随着唐末客家人确定了在赣州的主体族群的地位,客家文化成为了影响当地空间营造的主要文化因子。明代之后,大量徽商进入赣州,徽州文化开始在当地流行,受其影响赣州城内出现了大量的徽派建筑,但是这些徽派建筑由于受到客家文化的影响,在营造风格上与徽州地区的徽派建筑略有不同。

第三部分:近代赣州城市空间营造研究,这一部分是本书的第5章,主要介绍第二次鸦片战争后,在"西风东渐"的大背景下,在赣州这个客家文化的大本营所表现出来的东、西方营造文化相互融合的特点。

第四部分:现代赣州城市空间营造研究,这一部分包括第六章和第七章。

第6章"1919—1949年的赣州城市空间营造研究",这一时期,由于广东军队进驻赣州,岭南文化在赣州流行,整个城市中充满了浓郁的岭南风情。民国时期的赣州出现了大量的岭南骑楼,城市也开始按照广东地区的有关规定进行空间营造,骑楼在赣州的流行,是客家文化和岭南文化互动博弈的结果。1937年,蒋经国主政赣州后提出了"新赣南"运动的口号,大力发展各项民生工程,一些用于改善民生和鼓舞抗战士气的建筑在赣州大量出现。

第7章"1949—1979年的赣州城市空间营造",主要介绍新中国成立后在国家计划经济影响下赣州城市空间营造所表现出来的特色,比如以赣州林垦局大楼为代表的"大屋顶"建筑,以及具有政治意味的献礼工程——红旗大道等。

第五部分:当代赣州城市空间营造研究,这一部分包括第八章、第九章和第十章。

第8章"1979—2009年赣州城市空间营造研究",主要介绍1979年改革开放后,在市场经济的影响下赣州城市空间营造的特点。

第9章"赣州城市空间营造的动力机制研究",对赣州城市空间营造的动力机制进行总结,分析不同历史阶段的不同文化及思想对赣州城市空间营造的重要作用。

第10章"展望:赣州城市未来发展预测",研究未来多元文化认同下的赣州城市空间营造的博弈规则,并对未来三十年赣州城市空间营造的远景进行展望。

1.7　研究背景

1.7.1　自然地理概况

赣州市地处江西省南部,章贡两江在此交汇形成赣江并最终汇入鄱阳湖,因为这种独特的地理位置赣州被认为是三江环绕的形势之地。赣州位于粤、赣、闽三省通衢之地,它北距江西省省会南昌市429km,南距改革开放的前沿城市广东省广州市465km,东距经济特区福建省厦门市582km,西距广东省韶关市240km,地理位置四通八达。2007年,赣州市中心城区已建成区面积超过达50km²,有城市人口52.1万人,其中包括汉、回、壮、畲等13个民族,赣州古城(旧城)面积约为3.05km²,古城范围内现居住有居民约7万多人。

赣州市在地形上属于低山丘陵,东南和西北高,中部偏低,地势走向上呈现为一个马鞍形，赣州的中间被章、贡两江冲刷形成了一个宽阔的河谷平原，东边的贡江从福建流入江西通过赣县进入赣州市区，西边的章江由南康流入城区，并最终在城区北面的八镜台下合流成为赣江，先秦时赣江被称为杨汉，汉代称湖汉，古代赣亦写作"灨"。《山海经》卷十三"海内东经"记载："赣水出聂都山，东北流，入彭泽西也。"

章、贡、赣三江分别从东、西、北三面环绕赣州，城市周边是低山、丘陵环抱，整个城市四周环山，三面临水（图1-25），构成一幅"山为翠浪涌，水作玉虹流"的美丽风光，赣州城从古至今就有"浮洲"的称号，城市的最高峰为峰山，海拔为1016m，峰山也是这座城市的风水山。赣州的气候属于亚热带季风气候，和我国长江以南的多数城市一样具有四季分明、气温温和、降水量充沛、太阳光照充足的特点。赣州全年平均气温为19.4℃，无霜期长全年达到286天，全年的平均降水量1494.8mm，平均日照为1888.5小时；在冬季时一般盛行偏北风，而夏天则盛行偏南风，优越的气候为万物的繁衍创造了良好的条件。

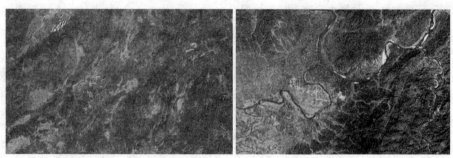

图1-25 赣州辖境卫星遥感图（左）与市区卫星遥感图（右）

资料来源：http：//map. baidu. com/?newmap=1&ie=utf-8&s=s%26wd%3D%E8%B5%A3%E5%B7%9E

1.7.2 赣州的社会人文环境

赣州地区历史悠久，早在新石器时代就有人类在此活动，在赣州市区附近的通天岩广福禅林山顶址、湖边乡罗边村新岗窝遗址曾经采集到古人类使用的石链、石裤、陶器等生活用具。在沙河葫芦岭遗址、沙石乡坳上遗址、短坑子遗址、寨子高遗址等处发现了大量的商周时代的陶器。这些陶器充分表现了赣州先民的聪明智慧。春秋战国时，赣州地区曾经先后属于楚国、吴国和越国，楚国灭亡越国后又归属于楚。

赣州早期的居民是中国古代少数民族"百越"人中的"干越"人，也叫"赣巨人"（赣江就由此而得名），汉朝的《山海经》、《山海经·河内南经》中对"赣巨人"均有记载，苏东坡在《虔州八境图八首并序》中将他们称之为"山都"与"木客"。

公元前221年秦始皇统一六国，始皇帝从巩固自身统治的目的出发，废除周代的分封制，推行郡县制将天下分为36个郡，赣州所在的赣南在辖属上属于九江郡。秦始皇帝三十三年（公元前214年），秦始皇发大军50万分五军平定岭南，使尉屠睢总统五军，他派一军守庾岭界，并在此基础上置南壄县隶属九江郡属下，这是赣南地区第一次建制政权。

8年后的汉高祖元年（公元前206年），天下大乱，楚汉相争，南壄归属为楚国所有，汉高祖四年（公元前203年），西楚霸王项羽将九江郡改为淮南国，南壄归附于淮南国属下。

一年后项羽战败楚国灭亡，赣南被归为汉政权统治，第二年汉朝置豫章郡，治南昌，领十八县，其中包括有南壄县（约辖今南康、大余、上犹、崇义、信丰、龙南、定南、全南等地）、赣县（约辖今章贡区、赣县、兴国等地）、于都县（约辖今于都、宁都、石城、瑞金、会昌、安远、寻乌等地）赣南三县。其中赣县、于都县为新增设县。同年，汉高祖为了防范南越王赵佗北犯的需要，命将军灌婴在今天赣县的位置建城。到了汉高祖的孙子汉武帝元鼎五年（公元前112年）秋，楼船将军杨浦趁南越国内乱之际，率部由赣县出发直下岭南，一举平定了南越国，将岭南地区再次置于中央政府的统治之下，这一时期的赣州是汉军屯兵防御南越、进略南越的重要军事要塞。西汉末年（公元9—23年），西汉朝廷将豫章郡改为九江郡，赣南三县被转入九江郡属下。东汉建武元年（公元25年），九江郡又重新复命为豫章郡，赣县、于都、南壄三县仍然归豫章郡管理，其中南壄被改名为南野。兴平元年（公元194年），在豫章郡的基础上拆分设置庐陵郡，赣南三县改隶庐陵郡。

三国时期赣南地区归吴国管理，吴嘉禾五年（公元236年），在于都设置南部都尉，隶扬州领于都、赣县、阳都（今宁都）、平阳（由赣县分出，即今兴国）、揭阳、南安（由南野分出，约辖今南康、信丰、龙南、定南、全南等地）、南野（约辖今大余、上犹、崇义等地）七县。

晋太康元年（公元280年），随着外来移民的大量流入，朝廷对赣南地区的行政区划再次进行了修改，改南安为南康，改阳都为宁都，改平阳为平固。太康三年（公元282年），在于都设置南康郡，罢庐陵南部都尉，将南野划入南康郡，郡领六县。太康五年（公元284年），改南康郡下的揭阳县为陂阳。太康十年（公元289年），赣县将县治移到了位于今章贡区虎岗一带的葛姥城。元康元年（公元291年），南康郡被划转为属江州都督府属下。永和五年（公元349年），南康郡守高琰在贡、章两江之间修筑城池，并将郡治从于都迁至今天赣州市章贡区的位置，从此章、贡两江之间就成为了赣州城区位置的所在，并延续了近两千年。

隋文帝平定江南，统一天下，隋文帝开皇九年（公元589年），南康郡被改为虔州，隶属洪州总管府管辖。平固并入赣县、南野并入南康、虔化并入宁都。4年后的公元593年，在陂阳县设石城场，并入宁都管辖。此时的虔州领四县分别是：赣县、于都、南康和宁都。

唐贞观元年（公元627年）唐太宗分天下为十道，虔州隶属于江南道，继续辖领赣南四县。永淳元年（公元682年），在南康县的东南区域也就是今天信丰、龙南、定南、全南的位置设置南安县，虔州开始统辖五县。神龙元年（公元705年），又再次增设大余县，虔州领六县。天宝元年（公元742年），南安改名信丰县，并分出原南安地置百丈泉，后改虔南镇。贞元四年（公元788年），分出于都三乡和信丰一里复置安远县，虔州领七县。天佑元年（公元904年），从于都县分出象湖镇置瑞金监。

唐朝天宝年间之后，北方战乱频发，大量客家人举家迁移到赣州，唐末赣南客家豪强卢光稠占据虔州割据称雄，后梁开平四年（公元910年），后梁以虔、韶二州置百胜军归卢光稠统领；南唐升元元年（公元937年），改百胜军为昭信军，虔州属之。乾化元年（公元911年），析南康县地置上犹场。保大十年（公元952年），改上犹场为上犹县，翌年改瑞金监为瑞金县，虔南场为龙南县，石城场为石城县。至此，虔州领十一县：赣县、于都、信丰、南康、大余、虔化、安远、上犹、瑞金、龙南、石城。

北宋统一天下后,在开宝八年(公元 975 年),改昭信军为军州,又在大平兴国元年(公元 976 年),改军州复为虔州,隶江南西路;七年(公元 982 年),从赣县分出庐陵、泰和的部分辖地以及潋江镇七乡设置兴国县,在于都的九州镇置会昌县,至此虔州领十三县,淳化元年(公元 990 年),在大余设置南安军管理原虔州辖下的南康、大余、上犹三县,虔州的统领的属县减少为十个,虔州在治权上隶属江南西路,赣南地区第一次被分为两个政区。南宋绍兴二十三年(公元 1153 年),南宋政权在平定赣南的叛乱后,校书郎董德元上书朝廷以"虔"字为虎头,虔州号"虎头城",非佳名为由奏请改名,朝廷下诏介于虔州位于章、贡二水合流之处,故改虔州为赣州,赣州从此得名。

元至元十三年(公元 1276 年),设立江西行中书省,赣州、南安军隶江西行省统辖。至元十四年(公元 1277 年),赣州改为赣州路总管府,南安军改为南安路总管府,旧有隶属与领县如旧不加以改变。

明明吴二年(公元 1365 年,元至正二十五年),改赣州、南安两路为赣州府和南安府。洪武十八年(公元 1385 年),朝廷将江西分为五道,赣州府和南安府均隶属岭北道。成化十三年(公元 1477 年),在赣州设分巡岭北道,赣州府和南安府皆属之。弘治七年(公元 1494 年),置南赣巡抚都察院于赣州,根据旧例称虔院。正德十一年(公元 1516 年),置巡抚南赣汀韶等处地方提督军务,治下包括江西的南安、赣州、广东的韶州、南雄,湖南的郴州和福建的汀州等几处府州。正德十二年(公元 1517 年),上犹、南康、大余三县的部分辖地被划出设置崇义县隶属南安府。嘉靖三十六年(公元 1557 年),增设分守岭北、岭东、岭南、漳南四道,统一属南赣巡抚都察院(虔院)。岭北巡、守两道的治所为赣州,管理赣州、南安两府。隆庆三年(公元 1569 年),在赣州府下辖又加设定南县管理安远、信丰、龙南三县的部分辖地。万历四年(公元 1576 年),在安远县的寻乌等 15 堡的基础上另置长宁县归赣州府管理。至此,赣州府领十二县,南安府领四县。

在清顺治十年(公元 1653 年)至康熙八年(公元 1669 年)的 16 年中,朝廷先后撤销了南赣守抚和巡、守两道。康熙十年(公元 1671 年),设置分巡赣南道用来管辖赣州府和南安府事务。雍正九年(公元 1731 年),将吉安府也划入统辖范围,改分巡赣南道为分巡吉南赣道。乾隆十九年(公元 1754 年),在瑞金、石城二县设宁都直隶州,为赣南形成赣州府、南安府、宁都直隶州三个政区,宁都直隶州被划归于吉南赣宁兵备道管辖。

民国建立后大力推行废府(州)、厅设县,由过去的州、府管县改为省管县。民国 3 年(公元 1914 年)江西设浔阳、豫章、庐陵、赣南四道,赣南道治所被放在赣县,下统领十七个县:赣县、于都、信丰、兴国、会昌、安远、长宁、龙南、全南、定南、宁都、瑞金、石城、南康、大余、上犹、崇义,赣南道的设立结束了长久以来赣南地区多政区管理的状态。民国 15 年(公元 1926 年),废赣南道,县直隶于省。民国 21 年(公元 1932 年)江西全省划为十三个行政区,赣南各县分属第九、十一、十二、十三行政区。兴国县归第九行政区,第十一行政区(后改称赣南行政长官公署)设赣州,辖赣县、南康、信丰、上犹、崇义、大余 6 县。第十二行政区设宁都,宁都、广昌、石城、瑞金、于都、会昌六县。第十三行政区设龙南,辖龙南、定南、全南、安远、寻乌五县。民国 22 年(公元 1933 年),第十一、十三行政区合并,改名赣南政务专员公署,先设大余,后迁赣州,领十一县。民国

24 年（1935 年），全省改划为八个行政区，赣南各县分属江西省第四、八行政区。第四行政区设赣州，辖赣县、南康、信丰、大余、上犹、崇义、龙南、定南、全南、安远、寻乌十一县，第八行政区设宁都，辖宁都、广昌、石城、瑞金、会昌、于都、兴国七县。

1937—1945 年，蒋经国先生在赣州主政，推行了著名的"赣南新政"，赣州作为当时国民政府的"三民主义示范区"人口从过去的不足 10 万扩增至 50 万，社会、经济发展取得了举世瞩目的成就，赣南的发展历程后来成为台湾社会发展的参考。

民国 18—23 年（1929—1934 年）中国共产党建立了以赣南瑞金为中心的中央革命根据地，1934 年 8 月中华苏维埃共和国临时中央政府在瑞金正式成立。

1949 年 8 月中国人民解放军南下部队先后解放赣州各县，赣南地区被划分为赣州、瑞金、吉安三专区统一归赣西南行署区管理，赣州专区辖赣州市和赣、大庾、安远、虔南、崇义、龙南、定南、南康、上犹、信丰十县，瑞金专区辖广昌、雩都、石城、会昌、瑞金、宁都、兴国、寻邬八县。

1950 年撤销赣州专区，所属市、县直隶赣西南行署区；瑞金专区更名为宁都专区。1951 年 6 月 17 日撤销西南行署区，恢复赣州专区，今赣州各县分属赣州专区、宁都专区。1952 年 8 月 29 日，宁都专区并入赣州专区，广昌县划归抚州专区。

1954 年 5 月改称赣南行政区，广昌县被重新划归治下，1957 年大庾、寻邬、雩都、虔南四县分别更名为大余、寻乌、于都、全南县。

1964 年 5 月赣南行政区回复旧名赣州专区，1970 年改为赣州地区。1983 年 7 月广昌县被再次划归抚州地区。1994 年瑞金撤县设县级市，1995 年南康撤县设县级市。

1998 年 12 月，经国务院批准，赣州正式地区撤地改市，原赣州市改为章贡区，管辖范围不变。1999 年 7 月 1 日，地级赣州市正式挂牌成立。

1.7.3　赣州城市空间营造简史

赣州早在新石器时代就有人类活动的痕迹，在今天赣州的芦岭、坳上、短坑子、竹园下、寨子高等地都发现了古越人早期生活的遗迹。秦代时，为了经略岭南的需要，秦军建筑了赣州的第一座城市——南野城，这座城市是一座以军事为主要目的的堡垒型城市，该城址面积仅为 46000m^2，军事防御是城市的主要功能。西汉建立后，为了防御并且经略岭南的需要，灌婴在南野城之外建造了赣县城（位于今天赣州西南的蟠龙镇），作为保卫汉王朝南方疆域的桥头堡。此后的赣州城因为兵祸和洪灾等影响，曾经 5 次搬迁，先从赣县迁至今天水东镇虎岗的葛姥城（公元 289 年）；西晋太康元年（公元 280 年），朝廷在于都县设立南康郡，东晋永和五年（公元 349 年）南康郡守高琰在章贡两江的汇合处也就是今天赣州城的所在地，筑土城并设阳、横两街，建光孝寺。东晋义熙六年（公元 410 年）因为战祸，赣州城被毁，城址被迫迁往赣州水东七里镇；南朝梁承圣元年（公元 552 年）赣州城又迁回章贡两江汇合处，并延续至今。这一时期的赣州族群主要以古越族为主，"筑巢为室"的干栏式建筑是他们主要的空间营造形式。

五代之前，赣州城的面积不大，唐代的赣州城仅为 1.2km^2，为区域性小城市。五代十国时，赣州豪强卢光稠占据赣州，他对赣州进行了大规模的规划建设，向东、西、南三面扩展了赣州城区面积，扩建后的赣州城区面积达到了 $3km^2$，较唐代扩大了 3 倍以上，这次扩城奠定了赣州在整个农业社会城市发展的基本框架。唐代天宝年间后，大批客家人进入赣州并逐渐成为了赣州的主体族群，早期的客家人因为对于陌生环境的不确定感，为了保护自己安全的需要将中原的坞堡建筑引入赣州，形成了具有客家特色的围屋建筑。

宋至晚清，赣州城区范围基本保持在卢光稠扩城后的城区范围内，对赣州城市内部进行了改造建设，宋代孔宗翰将五代时期的土城改为砖城，增强了城市的防御和抗洪能力。北宋熙宁年间，赣州知州刘彝修筑了赣州重要的排水系统福寿沟，解决了赣州城区的排水问题。随后的赣州知州刘瑾修建了赣州浮桥，解决了城市的出行问题。唐代之后，随着海上丝绸之路的繁盛，赣州城市商业活动空前繁荣，到了明清时期城市已经逐渐形成了比较完善的城市功能分区和结构体系。这一时期的客家人开始走出了围屋的束缚，形成了"九井十八厅"的建筑形式。同时，由于赣州城市商业的繁荣，徽州商人大批来到赣州，徽州文化也被引入了这座城市，这一时期徽派建筑在赣州大量出现。

民国建立后，赣州城市开始缓慢的向外扩展，东郊路的兴建标志着城市开始突破五代时确定的城区范围，但是由于当时的社会性质依然是农业社会，所以对于城区范围的突破仅仅是一小部分。民国 22 年（公元 1933 年）粤系军阀进驻赣州，受到岭南文化的影响，骑楼建筑开始在赣州大量出现。

1949 年随着赣州的解放赣州的社会性质逐渐从农业社会转变为工业社会，城墙已无法再束缚赣州城市的发展，赣州开始第一次大规模的突破五代城区范围的控制向外围延伸。这一时期的赣州和中国的大陆其他城市一样，城市受到国家计划经济的影响，城市建设表现为尺度宏大的政治"献礼工程"和提倡"节约、经济"的生活建筑的并存。

1979 年中国市场经济的帷幕被拉开，赣州迎来了城市的大发展时期，2006 年的赣州城市总体规划确定了赣州"一脊两带，三心六片"的发展结构，赣州的城市发展重心正在从过去的河套老城区，转移到新兴的章江新区，2009 年赣州城市建成区已到达 $59.2km^2$，人口 61 万，正在建设成为粤闽赣三省交界处的中心城市。但在城市快速发展的同时，由于对于市场经济利益的高度追求，又出现了城市历史遗产被破坏、城市房价涨幅与居民收入不相适应等问题。

2009 年标志着中国社会开始进入到信息化社会，随着中国社会性质的转变，中国城市的发展也呈现出多元文化影响的特点，在新的时代背景下，多元文化的认同将成为社会的主流，城市发展中的各种利益诉求将得到尊重，城市规划成为了解决各种社会诉求的一个"均衡器"。2009 年之后，赣州相继出台了《赣州都市圈规划》《历史街区保护规划》和《赣州中心城区住房规划》力求处理好区域之间的矛盾、发展和保护之间的矛盾以及收入和居住之间的矛盾，着力建设一个和谐、美丽、富裕的新赣州。

第二部分

古代赣州城市空间营造研究

第2章　东晋之前的赣州空间营造活动研究

2.1　东晋之前的赣州空间营造历史

2.1.1　先秦时期的赣州空间营造历史

赣州城市历史悠久，赣州人类活动的历史可以一直追溯到新石器时期，先秦之前生活在赣州的越人主要分为两类，一类是春秋战国之前生活在赣州的土著越人，他们在生活和居住习惯上与生活在岭南的越人之间具有很大的相似性；另一类是春秋战国后，从江淮地区迁入的干人、杨越人等他们和赣州当地的土著越人共同形成了干越人。早期的赣州土著越人主要居住在半地穴式的建筑内，1993年发现的赣州郊区竹园下史前遗迹就是这种居住形式的典型表现。干越人的居住形式主要是干阑式建筑，由于年代久远，目前赣州境内已经没有干阑式建筑的遗存，但是我们依然可以从一些的古籍资料和其他地区的考古发现，以及侗族等越人后裔的干阑式建筑中窥得当年干越人干阑式建筑的形式。

　1. 竹园下史前遗址

竹园下遗址是商末周初，古越人在赣南的一处生活遗存，该遗址位于江西赣州市市区西南约10km的平坦台地上，该台地高出周边河床约53m。赣韶公路从遗址北部穿过，彭江溪在遗址的东南缘北流注入章江。因长期自然冲刷和人为破坏的原因，遗址现存2万m²，南北长约310m，东西宽约8m（图2-1）。竹园下遗址的房屋遗迹坐北朝南且错落有致地分布在一条南北中轴线上，墓葬一般分布在房屋周围。遗址中共发现房址13座，按平面形式分为方形、圆形、椭圆形三类。

其中方形建筑有3座，本书以房屋遗址F6为例说明，F6位于遗迹T6~T8内（图2-2），方向为120°，长8.55m，宽为2.02~2.38m。房屋内有柱洞28个（D1~D28图2-3），柱洞口呈圆形或椭圆形，斜壁，平底或圆底，柱洞直径0.1~0.34m，深0.1~0.6m。柱洞内填土呈灰褐土，内含红烧土块、炭粒、卵石和碎陶片，据考古人员分析柱D5、D15、D17、D21应承载墙壁和屋顶梁架的荷载。房屋居住面为青灰土，里面夹杂碎陶片和红烧土粒，质地紧密，硬度较高，土层厚度约0.02~0.04m。在房屋中部偏北处有一条隔墙将房屋分成两个开间，北间长3.36m，宽2.38m，南间长5.19m，宽2.02m。北间和南间在

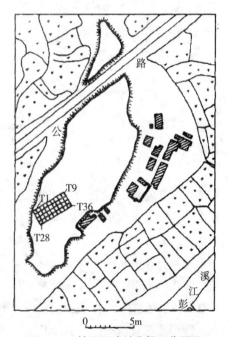

图2-1　竹下园遗址发掘区位置图
资料来源：江西省考古研究所.江西赣州市竹下园遗址商周遗存的发掘[J].考古，2000（12）

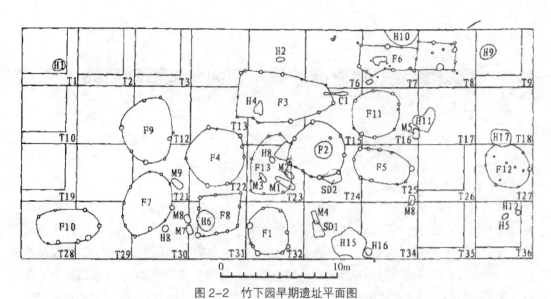

图 2-2　竹下园早期遗址平面图

资料来源：江西省考古研究所.江西赣州市竹下园遗址商周遗存的发掘 [J].考古，2000（12）

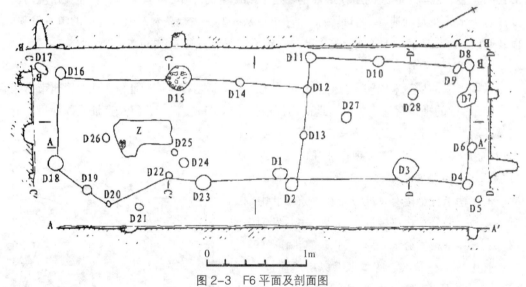

图 2-3　F6 平面及剖面图

资料来源：江西省考古研究所.江西赣州市竹下园遗址商周遗存的发掘 [J].考古，2000（12）

隔墙东部有一宽 0.8m 的门道相通，门道两端各有一个柱洞，D13 在西端，嵌在隔墙内；D2 在东端，嵌在房屋东墙与隔墙相接处。位于北间中部偏西处的 D27、D28 和位于南间中部偏南处的 D26，其构筑方式为底垫大块红烧土，四周再填以大量卵石片，该构造应与屋顶承重有关。在南间中部有一灶坑，灶坑平面略呈曲尺形，弧壁，圆底。灶坑口部长 1.2m，最宽处 0.73m，距地表 0.15m，深 0.2m。灶坑内含炭灰，并堆砌卵石和红烧土块，烧土硬面呈红黑色。灶坑内出土有鱼篓罐、钵和支座等商周陶器残片。[①]

　　圆形建筑有两座，本书以 F12 为例说明，F12 位于遗迹 T18 和 T27 内（见图 2-2），建

①　江西省考古研究所，赣州市博物馆.江西赣州市竹园下遗址商周遗存的发掘[J].考古.2000（12）。

筑方向呈210°。房屋直径为4.06m。房屋内有柱洞9个，分别为D1~D9，（图2-4（a））从现在发现看柱洞口呈圆形或椭圆形，斜壁，平底或圈底，柱洞直径为0.12~0.41m，深约0.05~0.41m。填土颜色呈灰褐色，填土内含红烧土块、卵石、炭粒和碎陶片。柱洞D7~D9呈西南—东北走向分布在建筑中间，从柱D8、D9底部由北向南倾斜，柱D7的构筑方式与F6中的D26、D27和D28相似，该构造应与建筑屋顶的承重有关，建筑门道朝西南，宽约0.65m。房屋地面为青灰土中间夹杂有一些碎陶片，土质紧密且较硬，厚度约为0.02~0.03m。遗址内出土有石铸、鱼篓罐和支座等越人遗物，房屋内未见灶坑遗迹。①

　　遗址内有椭圆形建筑8座，本书以F2为例说明，F2位于T14、T15、T23、T24内（见图2-2），建筑东西方向直径4.9m，南北方向直径为5.1m。建筑（图2-4，右）内有柱洞13个，柱洞口呈圆形或椭圆形，也为斜壁，柱洞底为平底或圆底，柱洞直径0.15~0.4m，柱洞深约0.07~0.8m，填土颜色与F12相类似，填土内含红烧土块、卵石、炭粒和碎陶片。柱D13在房屋中间偏北处，构造与F12中的D7相类似，应也与建筑屋顶的承重有关。建筑门道朝向西南，宽度为1.34m。门道口有一层厚度约为0.02~0.04m的路面，道路长1.18m，宽为1.5m，路面用小卵石夹杂碎陶片和少量红烧土粒铺垫而成，其上覆盖一层薄薄的、质细黏、较硬的青灰土。建筑地面也为青灰土，土层中夹杂碎陶片和红烧土粒，土质紧密且较硬，土层厚度约0.02~0.04m。房屋中间偏北处有一处灶坑，灶坑口呈椭圆口长径为1.58m，短径为1.44m，灶坑距地表0.18m，深度为0.06m。灶坑内填红烧土块和炭灰，烧土硬面颜色呈红黑色，灶坑内有发现陶片等先秦遗物。②

　　此外，在建筑周边还发现早期古越族墓葬10座，为长方形土坑竖穴幕，一类墓坑较小，

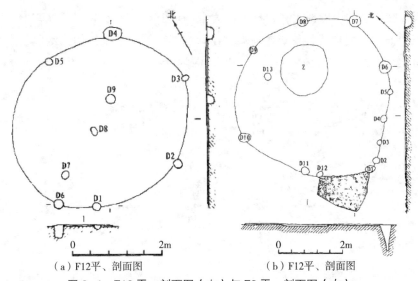

（a）F12平、剖面图　　　（b）F12平、剖面图

图2-4　F12平、剖面图（左）与F2平、剖面图（右）

资料来源：江西省考古研究所.江西赣州市竹下园遗址商周遗存的发掘[J].考古，2000（12）

---

① 江西省考古研究所，赣州市博物馆.江西赣州市竹园下遗址商周遗存的发掘[J].考古.2000（12）。
② 江西省考古研究所，赣州市博物馆.江西赣州市竹园下遗址商周遗存的发掘[J].考古.2000（12）。

内有呈银白色粉末状的腐朽骨骸，没有随葬品，墓主人多为婴儿或是非正常死亡者。另一类墓坑较大，墓底偏黑可能被火烤过，随葬品集中于墓葬一侧。遗址中还发现了大量陶器和少量的石器，这些陶器和广东曲江石峡遗址中发现的较为相似，可证明该处遗址应为早期赣州古越人生活遗址的遗存。

在赣州地区发现的先秦之前的遗迹，主要为早期古越人的生活聚落遗址，城市遗址基本没有发现。直到秦代，当时的秦朝统治者为了经略岭南的需要，在赣南新建了第一座军事堡垒型城市——南野城，南野城是赣州地区的第一座城市。

2. 干越人的干阑式建筑

春秋初年吴国灭干国，一些生活在江淮地区的干人南逃至赣潘流域，此外由于当时战乱频繁，一些从河北漳水流域南迁至江西的越章人和活动在长江中下游地区的杨越人也迁入当时相对安宁的赣州，他们和赣州本地的土著越人结合，形成了古越族中的干越人。①

早在新石器时期，在干人和杨越人生活的江浙地区就已经出现了较之半地穴式建筑更适应南方潮湿环境的干阑式建筑，干阑式建筑最早源于搭建在树上的檐巢，它是利用大树的枝丫来搭建建筑，居住平面多为平面，也有一些可能为自然地凹面，从外观看与鸟巢无异（图2-5）。随着营造技术的发展，古人开始利用相邻的几棵树来搭设平台，并在上面覆盖交叉的木棒形成建筑的棚盖。由单木向多木的演变，不仅增大了使用空间，而且也使得建筑更为稳定。②

随着人们生产力水平的提高，古越人的空间营造形式开始从檐巢进化为干栏式建筑。最早的干栏式建筑出现在七千年前的浙江河姆渡遗址，在遗址的发掘过程中发现了大量的早期干栏式建筑（图2-6），这些干栏式建筑呈"西北—东南"朝向，建筑墙体开门不开窗，门开在建筑的山墙面上，建筑朝向为南偏东10°左右，建筑的基座由木桩、地梁和地板三个部分共同构成，建筑主体架空于地面之上，建筑基础的桩木形状有圆桩、方桩和板桩之分，其中方桩体积较大，一般截面为15cm×18cm，入地深度也比圆桩要深

单木檐巢　　　　　　　　多木檐巢　　　　　　　　栽桩檐巢

图2-5　早期"巢居"建筑

资料来源：李先逵. 干栏式苗居建筑[M]. 北京：中国建筑工业出版社，2005

---

① 赵冰. 长江流域——南昌城市空间营造[J]. 华中建筑，2011（9）。
② 李先逵. 干栏式苗居建筑[M]. 北京：中国建筑工业出版社，2005：118。

图2-6 河姆渡干栏式建筑复原图（左）与桩木遗址（右）
资料来源：http://www.yysyxx.com/hemudu/yishu2.html

50～100cm，可起承重桩的作用。其分布也有规律可循，一般间隔距离1.3～1.5m。圆桩的数量很多，直径大小变化也较多。板桩数量少，布置较密。各种形式木桩的底部一律被砍削成尖刺状或刀刃的形状，用打入法进行处理。桩础完成后。在桩础基础上架设地梁，在方桩的上端面凿有凹槽用于拼接地梁，有的圆木上端原来留有叉子，也可以用来承托地梁或屋梁，关键性的构件如中柱、转角柱，凿有穿孔卯口和互成直角的卯口，辅以绑扎用来做进一步的固定。地板被铺设在地梁之上，并且多数没有经过固定。建筑的上部主体空间利用简单的梁柱结构来支撑树枝结成的方格网状屋面。从桩础的遗迹痕迹来看，当时的建筑有五根立柱，在屋梁和地梁之间有一根立柱，立柱为两头榫且榫体较小，借助这根立柱，可以在屋顶坡面中间架设一根次梁，使5m长的建筑坡面借由两段连接而完成，大大缩小了椽子的材径，并进而降低了屋顶的重量。这根立柱架设完成后，可以通过中柱绑扎一根横撑的方法来支撑中柱两边的两根次梁，使建筑的屋架更加稳固。[①] 在河姆渡遗址中还出土了大量的榫卯的木构件用以加强梁柱之间的联系，并且为建筑地梁之上敷设地板创造便利。此外，还有大量可用于制作檐墙的企口构件，这些构件的出土证明河姆渡的干栏式建筑的施工工艺已在当时达到了较高水平。由于这种干栏式建筑，可以比较好地隔绝地面上的湿气，而且具有冬暖夏凉的效果，所以当春秋战国时期，杨越人和干人将它带到赣州后，就立即在当地的越人中得到流行。南北朝时生活在赣州的邓清明在自己的《南康记》中记载，生活在赣州的"木客头面语声，亦不全异人，但手脚爪如钩利。高岩绝岭，然后居之能斫榜，索著树上聚之。昔有人欲就其买榜，先置物树下，随量多少取之。若合其意，便将去，亦不横犯也"。

随着生产力水平的进一步提高，进入青铜时代后，越人的建筑形式开始从河姆渡时期比较原始的干栏式建筑发展为带有长脊短檐式屋顶的新型干栏式建筑。1956—1957年在云南省晋宁石寨山的考古发掘中，发现了铸有若干干栏式建筑模型的随葬青铜器，这一考古发现形象地显示了当时活动在中国南方古越人的干栏式建筑形式。[②] 在一件被称为"杀人祭铜柱场面盖虎身细腰贮贝器"的古器铭的盖子上，有一栋干栏式建筑的模型（图2-7）。该模型的建筑构造比较简单，整个建筑由建筑底部的桩柱、房屋屋架、立柱和房顶组成。房

① 李长虹，舒平，张敏. 浅谈干栏式建筑在民居中的传承与发展[J]. 天津城市建设学院学报. 2007（7）。
② 赵永勤. "干栏文化"和云南古代的"干栏"式建筑[J]. 云南民族学院学报，1984（3）。

图 2-7 "杀人祭铜柱场面盖虎身
细腰贮贝器"干栏式建筑模型

资料来源：http : //www. test. cchicc.
com/photo. php?id=16453

（a）人物屋宇镂花铜饰器

（b）三合院式干栏建筑陶制模型

图 2-8 云南省晋宁石寨山干栏
式建筑模型

资料来源：http : //www. test. cchicc.
com/photo. php?id=16453

顶的屋脊长于屋檐，屋顶上铺砌竹条和木条，在建筑顶部端形成交叉状，形状似燕形，屋顶两面的坡度相等，房屋四周没有栏板，属于比较简便的干栏式建筑。[①]

在一件被称为"人物屋宇镂花铜饰器"的模型上，整个建筑分为上下两层，上层建筑通过直插入土并且离地较高的桩柱支撑，桩柱上架设地梁，作为房屋的居住地面，建筑的前面和左、右两面有墙，后面没有，前面偏右有一窗，在房屋的左、右两边分别立有一根圆柱，接在地梁上，柱头斜出一支柱，承于檐下，柱上挂一头牛，屋子周围三面有栏板，正面栏上置有牛、羊、猪等食物，栏内形成一道较宽的走廊，下层（地面）正面有一梯，人们可以借助这一梯上到上层（房屋），如图 2-8（a）所示。建筑的屋顶用檐梁等物构成，上铺以木棍和木条，在屋顶的上方交叉排列，屋顶两面的坡度相等，形成一个典型的"长脊短檐式"屋顶。[②]

此外在遗址中还出土了一栋云南古越族三合院式干栏建筑陶制模型，如图 2-8（b）所示，该建筑模型为："一楼一底，由桩柱底架支撑，此建筑的主要房屋用两根立柱承接一个屋顶，屋顶上交叉排有长条形树枝，屋檐山尖高翘突出，屋顶两面坡度相等。两端柱头使用斜出一支柱，屋脊长于屋檐，房屋四周无拦板，两山又各接出一层屋顶构成出厦，厦下两侧用双柱支撑。在主要屋顶的左右前方，又分别延伸出两组干栏式建筑。右前方房屋底架稍高，上有四根柱子，以承屋顶，房屋两侧不见山面屋檐，四周无板墙，仅有矮栏，矮栏形成一道回廊，其房屋的右端又筑一间小房屋，左右立两柱，用来支撑屋顶。在主要房屋的左前方，又横置一间'长脊短檐'式的屋顶的地面建筑，屋顶设有楼，用四根立柱直置于地，也无栏板板墙。"[③]

生活在青铜器时期的古越族人，已经拥有较高的文化技术水平，并且也已经能够建造结构和造型相对复杂的建筑。这一时期的干栏式建筑表现出以下几个特点："建筑的上部有'长脊短檐'式的屋顶，其下有桩柱底架，房屋的营造方式一般设计为一楼一底，其营造方法系先把一些桩柱下端削尖，按房屋规模的大小及进深程度排列桩柱，

① 赵永勤. "干栏文化"和云南古代的"干栏"式建筑[J]. 云南民族学院学报，1984（3）。
② 云南省博物馆. 云南晋宁石寨山古墓发掘报告[R]. 1959。
③ 赵永勤. "干栏文化"和古代云南的"干栏"式建筑[J]. 云南民族学院学报，1984（3）。

直接打入地下，使之形成一个房屋基座，基座高出地面，又在地梁之上立二到四根柱子支撑屋顶，中间形成一间房屋，以枋、檐、梁、柱等构成屋架。柱上架梁，以至最后形成一个完整的干栏式房屋构架。"①

战国、秦汉时期是我国南方干栏式建筑发展的一个高潮期，这一时期的干栏式建筑与现在我们所看到的古越族后裔或者是和古越族有关系的中国少数民族（诸如侗族、壮族、傣族、苗族等）的干栏式建筑的形式十分近似。今天的考古发现证明，这一时期的干栏式建筑模型的底架结构得到了进一步的完善，并在建筑的柱下设置了石础，上部建筑和地居式建筑相接近，有一些还采用了斗栱的做法，屋顶改变了过去"长脊短檐式"的营造手法，出现了与中原建筑相类似的悬山式屋顶，屋顶的覆盖物也从传统的茅草改为了瓦片。一些在广州发现的秦汉时期的明器模型（图2-9）形象地反映了当时的建筑特点，体现了古越族上层阶层接受中原先进文化与保留自己民族传统过程中的一个渐变过程，在当时赣南一些较为偏僻的古越族部落中，则还保持着传统的干栏式建筑形式。

今天的侗族作为古越族后裔的一支，②还保留有干栏式建筑的营造风格，侗族栏杆式民居的楼房，采用杉木建造。屋柱用大杉木凿眼，柱与柱之间用大小不一的方形木条开榫衔接。整座房子由高矮不一的柱子纵横成行，以大小不等的木枋斜穿直套。木楼四周设"吊脚楼"，楼的檐角上翻，如大鹏展翅（图2-10）。楼房四壁及各层楼板，均以木板开槽密镶。木楼两端，一般都搭有偏厦使之呈四面流水。建筑的平面近似于方形，整个建筑分为3层，底层用来圈养牲畜堆放杂物，二层住人，三层是储藏谷物的仓库以及晾晒东西的平台（图2-11）。与传统汉族民居不同的是侗族建筑的入口是通过建筑侧面架梯而上进入二楼的外廊（图2-12），外廊宽约1.5~2m，廊外有半人高的栏杆，内有大排长凳用于家人休息，节日时，侗族人家的妈妈也会在这里帮忙打扮自己的女儿。

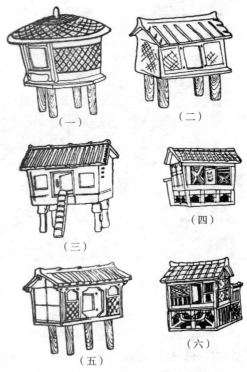

图2-9　广州汉墓干栏式建筑陶屋模型
资料来源：李先逵. 干栏式苗居建筑[M]. 北京：中国建筑工业出版社，2005

图2-10　侗族干栏式建筑
资料来源：http://www.sohu.com.cn

---

① 赵永勤. "干栏文化"和古代云南的"干栏"式建筑[J]. 云南民族学院学报，1984（3）。
② 何重义. 湘西民居[M]. 北京：中国建筑工业出版社，1995。

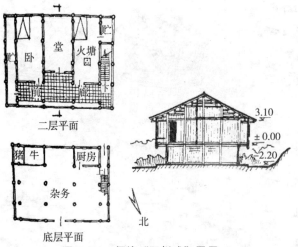

图2-11 侗族"干栏式"民居
资料来源：李先逵. 干栏式苗居建筑 [M]. 北京：中国建筑工
业出版社，2005

图2-12 侗族干栏式建筑的入口
资料来源：蔡凌. 侗族聚居区的传统村落与建
筑 [M]. 北京：中国建筑工业出版社，2007

　　侗族人在外廊距离地板 60cm 左右的木板栏杆上锯出两个菜碗大小的圆窗，远远看去就好像是建筑的眼睛，这种营造方式源于古越人对于自身安全的防卫，在古代古越人往往夜宿在走廊的楼板上，圆窗的设计可以方便古越人观察外面的情况，寒冬时节古越人围坐在火塘的四周，将家中的狗赶进楼上，如果有外人闯入村落，狗便会将头伸出圆窗吠叫，家人便会马上观察外面的情况。[1] 外廊和堂屋相连，堂屋是家庭中最神圣的地方，体现了整个家庭得以存在的精神象征意义，在堂屋中的神龛上安放有家族中的祖先牌位，按照规矩，侗族人的神龛宽度要比大门的宽度略宽，大约宽出一寸两分左右。[2] 堂屋也是家庭对外交往的主要场所，接待客人、摆设筵席等都会在此进行。此外，堂屋也起到了联系室内各个房间的功能，通过堂屋将内室的起居室、厨房、火塘间以及外室的外廊紧密地联系在了一起。火塘间、厨房、卧室分布在堂屋的四周，与堂屋一起构成了一个完整的室内空间。火塘间是古越族以及受到古越族文化影响的其他少数民族民居中不可或缺的一部分，在新中国成立初期的通道县，有些瑶族人会在寒冬季节，把火塘彻夜烧火，全家人每人睡进四尺长的干杉木皮圆筒里，脚向火塘在楼板上夜宿，这是古代古越人生活方式的一种保留。[3] 火塘的做法一般分为两种，一是在地面上挖掘一个深度大约半尺，四周围以边石的坑（图 2-13（a））。另一种则是在建筑的木楼面上开洞，上面放置木盒或者是垫板，围石盛土，下用梁枋作为支撑（图 2-13（b））。也有些民居选择在楼面上设活动火盆，火塘上架设铁制的活动三脚架，上面可以放锅烧煮物品。[4] 火塘终年烟火不息，火塘的顶上吊一方平面木格，木格宽约 3 尺，侗语称之为"昂"（ngangc），汉语叫作"火炕"，专供烘烤谷物（图 2-13（b））。在火塘间的布置上一般分为三种，一种是将火塘与厨房合在一起布置，双方在同一空间内，只是略

① 张柏如. 侗族建筑艺术[M]. 长沙：湖南美术出版社，2004：11。
② 麻勇斌. 贵州苗族建筑文化活体解析[M]. 贵州：贵州人民出版社，2005：59。
③ 张柏如. 侗族建筑艺术[M]. 长沙：湖南美术出版社，2004：12。
④ 李先逵. 干栏式苗居建筑[M]. 北京：中国建筑工业出版社，2005：39。

（a）第一种做法 （b）第二种做法

图 2-13 侗族"火塘"

资料来源：蔡凌 . 侗族聚居区的传统村落与建筑 [M]. 北京：中国建筑工业出版社，2007

加以区别，有些民居内还会另外设置一间厨房与堂屋相连，厨房内设置灶台，为夏天烹饪所用（图 2-14）。另一种是将厨房与火塘间相分离，火塘间不光是生火取暖、聚谈家事的场所，也是烹饪食物的所在，厨房的功能被大大降低，在有些时候仅仅用于加工饲料。此外还有将堂屋与火塘间混合布置，令建筑内部的使用面积显得更加经济紧凑（图 2-15）。侗族建筑的卧室面积不大，仅用于家人的夜间休息，卧室一般布置在二层，但在家庭人口较多时，也会在三楼设置卧室。

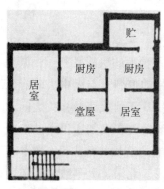

图 2-14 湖南道县某侗族干栏式民居二楼平面图

资料来源：何重义 . 湘西民居 [M].
北京：中国建筑工业出版社，1995

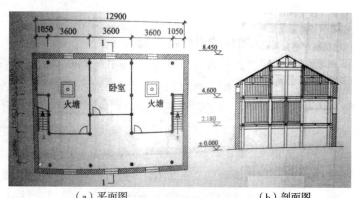

（a）平面图 （b）剖面图

图 2-15 贵州从江县某侗族干栏式民居平面图与剖面图

资料来源：蔡凌 . 侗族聚居区的传统村落与建筑 [M]. 北京：中国建筑工业出版社，2007

2.1.2 秦人对于南野城的设计与建造

秦灭六国后，秦始皇派出 50 万秦军分兵五路"南定百越"，秦军在经过艰难的跋涉和科学的勘察后，最终选择在大庾岭开凿梅关，开通了五岭地区第一条南下的驿道，秦军通过梅关驿道翻越了大庾岭，然后顺北江南下直抵珠江三角洲，最终平定了南越，完成了祖国统一大业，而这条梅关驿道也影响了此后赣州上千年的命运。秦军在这次军事行动中，曾一度在现在大余县境内的池江盆地驻扎，在这段时间里，秦军构筑了一座军事城堡，这就是赣境内最早的城市——南野。根据史料记载，秦代在今天的江西境内一共设置了番、艾、余汗和南野四个县，它们都隶属于位于现在的安徽寿春的九江郡。

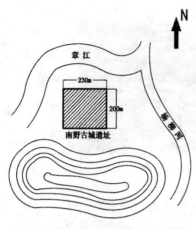

图 2-16　秦代南野古城遗址示意图
资料来源：张小平. 大余县发现西汉南野
古城址 [J]. 南方文物，1984（2）

南野城遗址（图 2-16）位于赣州大余县东北 70 华里的池江镇长江村，遗址东、西、北三面地形较为平整，北临章江，西接池江乡石灰厂，东面靠近余（大余）信（信丰）公路，南面靠山，为一土墩形台地。整个古城遗址高出地表约 8~13m，在 1982 年考古发现该遗址时上面已经基本被村民的房屋所覆盖。城址为长方形，南北长约 230m，东西宽约 200m，整个遗址面积约为 46000m^2，城址外围隐约可见护城河的遗迹。在东南角的位置伸出一个圆锥形土墩，角径约 15m，高出城垣 3m 多，应为旧时南野城的角楼。

整个南野古城，三面环水（位于杨柳河和章江的汇合处），一面临山，视野开阔。20 世纪 80 年代考古挖掘时，遗址的台地上有大量散落的筒瓦、板瓦等古代城市建筑材料的残片。整个遗址周长约 1 华里左右，虽然已经经历了两千多年的时间洗礼但是城址的夯土遗迹仍然基本保存。在遗址东南角的断面夯土层内有大量板瓦和陶片残留，厚度达 2~3m。[①]

2.1.3　汉代赣县的设计与建造

汉高祖六年（公元前 201 年），汉高祖在取得了对西楚霸王项羽的决战胜利后，派大将军灌婴率部平定江南。此时的广东地区已经在前秦太守赵佗的控制下与汉中央政府分庭抗礼，赵佗自称南越王，窥视中原。在这种情况下，控制住章江到大庾岭梅关之间的交通要道对于当时新兴的汉王朝而言就显得十分重要。于是灌婴就在秦朝所设立的南野县之外建设了一个新的城市——赣县，作为保卫新生的汉王朝南方疆域的桥头堡，这个赣县就位于今天赣州西南的蟠龙欧潭一带，是今天赣州城的雏形。北宋《太平寰宇记》中记载："汉高祖六年使灌婴略定江南，始为赣县，立城以防赵佗，今州西南益浆古城[②]是也"，又写道："赣县，郭下，本汉旧县，属豫章郡，……因水为名。"[③]赣江的得名最早见于《山海经·海内东经》："赣水出聂都东山，东北注江，入彭泽西。"《水经注》中记载："赣水出豫章南壄县西，北过赣县东。"

当时的赣南地区处于南越国（图 2-17）和汉军犬牙交错的地区，1987 年中山大学地理系的徐俊鸣教授发表了《从马王堆出土的地图中试论南越国的北界》的文章，在文中他提出："赵佗割据南越之初，曾派遣大军把守粤北的三个关口，即横浦关、阳山关和湟溪关。"[④]其中的横浦关就是现在位于赣州大余县的梅关（图 2-18），距离现在的赣州城 100 多公里。

---

① 张小平. 大余县发现西汉南野古城址[J]. 南方文物，1984（2）。
② 益浆故城得名源于益浆水，就是今天赣江的上游上犹江。
③ 北宋《太平寰宇记》卷108 "虔州下"。
④ 徐俊鸣. 从马王堆出土的地图中试论南越国的北界[J]. 岭南文史，1987（2）。

图 2-17 汉代南越国范围 　　　　图 2-18 梅关古道

资料来源:http://www.ganzhou.bbs.com　资料来源:http://www.ganzhou.bbs.com

当时的汉军出于战略防卫和进攻的需要新建了赣县城,这座城市最初的作用与早期的南野城是一样的,都是作为军事城堡而存在。

1981 年在赣州市蟠龙镇武陵村的狮形岭发掘了一座较大的东汉时期砖室墓,出土了一批陶罐、铁剑、铜镜等文物,这座汉墓墓砖上使用了画像砖,砖上模印有墓主人外出活动的图案:一种是出行图绳砖,长 30cm,宽 22.5cm,厚 7.7cm,刻画的是墓主人骑在马上,二骑二从陪同外出的场面;另一幅是谒拜图绳纹墓砖,长 29.5cm,宽 22cm,厚 7.6cm,刻画着墓主人盘腿端坐于案几后面,侍女跪地执扇,四周是持枪执载的武士,有一人正向他跪拜谒见。这些画面生动地反映了墓主人生前的生活状况。据考,墓主人生前是食三百石的赣县县官。赣州蟠龙镇汉赣县城在西晋太康末年因为洪水而被冲毁,狮形岭汉墓的发现有力地论证了汉代赣县城位于蟠龙镇欧潭一带的历史记载。

2.1.4 西晋葛姥城的设计与建造

西晋太康末年(公元 289 年),章江水患不断,西汉时期设立的赣县城在历经了 480 多个寒暑以后被洪水冲毁,城址搬迁到了章贡两江合流后的赣江东岸,地点位于现在章贡区水东镇的虎岗一带,名葛姥城。这次搬迁的选址带有很强烈的神话占卜色彩,《太平环宇记》记载:"晋太康末,洪水横流,忽有大鼓随波而下,入葛姥故城,众力气拽,蹲而不动,卜于其地置县吉,逐徙以就焉。"

葛姥城的名字源于早先在这里修建的葛姥祠:"葛姥者,汉末避黄巾贼,出自交址,资产巨万,僮仆数千,于此筑城为家,没后有灵异,乡人立祠祈祷。"[①]汉代的交址郡指的是今天越南的北部包括河内等地区,是当时古越人活动的范围,由此可以推断出葛姥很有可能是古越人,当时的赣南很大程度上是处于古越族文化的影响范围当中。赣州城从赣县迁徙到葛姥城的历史是赣州城市发展史上的第一次城址搬迁,这一次城址搬迁的原因是因为水患,而对水患的担心也萦绕了赣州以后 2000 多年的城市发展。

---

① (南北朝)顾野王.(清)王谟辑.舆地志[M].刻本。

2.2 东晋之前的赣州空间博弈因子分析

2.2.1 地处交通要冲的刺激作用以及防洪对于城市发展的影响

1. 扼守岭南与内地联系要冲的地理优势对赣州城市出现的刺激作用

赣州所在的赣南地区，位于联系岭南与内地的交通要冲，秦军在大庚岭开凿梅关后，打通了从内地通向岭南的第一条南下驿道。秦汉时期，无论是中原王朝经略岭南还是岭南割据势力北上，都必须经过赣州。农业时代的战争，后勤补给具有十分重要的作用，如果全部依靠内地运输则中途消耗极大，《汉书·主父偃传》记载：秦时"天下飞刍挽粟……转输北河，率三十锺而致一石"。师古注曰："六斛四斗为锺，计其道路所费，凡用百九十二斛乃致一石。"《汉书·食货志》亦云："道路之远，转将之难，率以数十倍而致其一。"而如果"穿井筑城，治楼以仓谷"[①]，在修筑的城池周边，发动军民屯田，则可以大大减小对于内地的后勤依赖。和平时期，修筑的城堡可以起到防御领地的作用。战争时期，修筑的城堡可以成为进攻的桥头堡。正是出于这一方面的考虑，不论是秦军还是汉军，经略岭南的第一步就是在赣南地区修筑城池，他们所修筑的南野城和赣县城成为了赣南地区最早出现的两座城市。

2. 防洪需要对赣州城市发展的影响

中国人在筑城时对于城市的防洪非常重视，"凡立国都，非于大山之下，必于广川之上。高勿近阜而水用足，下勿近水而沟防省"[②]。早期的赣州城因为靠近河流，防洪成为了城市的第一要务，汉代的赣县城位于紧靠章江的今天赣州蟠龙镇的欧潭，城市与章江的直线距离不足 200m。西晋太康末年（公元 289 年）因为章江洪水，城市被冲毁，而不得不搬迁到距离赣县城 2.4km，位于章江和贡江合流后的赣江东岸的葛姥城。葛姥城与赣县城相比，在防洪方面具有两大优势，第一与葛姥城相邻的赣江水道要相对较宽于章江水道，水势较为平缓；第二城池距离河道较远[③]，有一定的洪水缓冲带（图 2-19、图 2-20）。

图 2-19 汉代赣县城和章江的关系	图 2-20 晋代葛姥城和赣江的关系
资料来源：http://map.baidu.com/?newmap，改绘	资料来源：http://map.baidu.com/?newmap，改绘

---

① （东汉）班固. 汉书[M]. 北京：中华书局，1962。

② （春秋）管仲. 管子·乘马[M]. 杭州：浙江教育出版社，1998。

③ 葛姥城所在的赣州水东虎岗距离赣江的直线距离约为550多米，较之赣县城多了一倍，相对多出了很大的一块洪水缓冲区。

2.2.2 古越文化影响下的空间博弈活动

1975 年，在赣南于都县禾丰上湖塘遗址出土了大量的陶片，其中有多组印纹陶纹饰。1993 年省文物考古研究所和赣州地、市博物馆在对京九铁路沿线的赣州市沙石镇新路村竹园下商周遗址进行发掘中，发现了颇具特色的印纹陶鱼篓罐，以方格纹、曲折纹为主体纹样的装饰风格与广东石峡遗址中层文化接近。这些印纹陶文化的发现，这些陶器的发现说明早期生活在这里的是土著越人，并且这些越人在生活习性上和当时生活在岭南的越人之间具有很强的相似性。

无论是赣州的土著越人还是后来的干越人，他们都属于中国南方的古越族。它们的文化、习俗和古越族的文化、习俗基本一致。

在建筑文化上生活在赣州的早期越人主要采用半地穴式的建筑形式，赣州郊区的竹下园遗址是这类建筑形式的典型代表。这类建筑不仅在赣州而且在岭南的土著越人也是广泛流行，在广东省韶关市曲江区的鲶鱼转遗址（图 2-21）中就发现有大量的半地穴式建筑遗存，这些半地穴式建筑有方形、椭圆形或圆形等不同建筑平面形式；房屋的墙壁使用树枝编扎并敷上草泥土，然后再用火焙烧。遗址中的方形建筑宽 3.2m，进深为 3m，房基挖入生土中深约 0.13~0.3m，房基平面由北向南倾斜 5° 左右，居住面有厚 0.05~0.08m 左右的纯红色硬土层，其中以门口和门道的地面尤为坚硬。门道在南面偏西处，宽约 0.8m；在房子的中央和 4 个角上各有柱洞 1 个，呈圆锥形，柱洞直径为 0.16~0.24m、深达 0.23~0.26m，西北角的柱洞与建筑的窖穴相互重叠。房基东南面有一长方形火膛，长 1.84m，宽 1.32m，坑壁倾斜，深 0.15~0.3m，在火膛内及角上还发现 2 个用来放置圆底陶器圆形小穴。房子的西北角还有 1 个圆锥形的窖穴，长 0.6m，宽 0.56m，其内分两级，西面一级深 0.35m，东面一级深 0.5m，经研究认为该窖穴应为供存放物品之用。整个房屋结构从房基现存情况来看，应该是平面呈方形，用 5 根立柱支撑屋顶，并有斜坡门道的半地穴式的建筑。[①] 这种建筑形式和赣州的竹下园遗址中发现的半地穴式建筑具有很强的相似性，说明在早期赣州和岭南地区的土著越人在生活和居住习惯上具有很强的相似性。

春秋战国时期，生活在长江中下游地区的干人和杨越人大量迁入赣州，他们和生活在赣州的土著越人之间相互融合，共同形成了干越人。当时在长江中下游地区十分流行的干栏式建筑也被他们带入了赣州，并取代了半地穴式建筑成为了赣州干越人的主要居住形式。

图 2-21 广东省韶关市曲江区鲶鱼转遗址
资料来源：《韶关日报》2011 年 6 月 18 日

---

① 莫稚，李始文，黄宝权. 广东曲江鲶鱼转、马蹄坪和韶关走马岗遗址[J]. 考古，1964（7）。

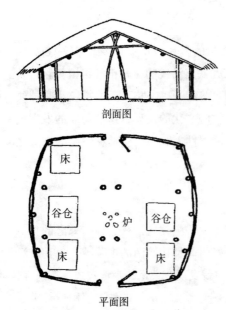

剖面图

床		
谷仓	炉	谷仓
床		床

平面图

图 2-22 福建畲族"草寮厝"

资料来源：戴志坚. 福建畲族民居 [J]，福建工
程学院学报，2003（4）

干栏式建筑的发展主要经历了四个阶段：第一个阶段是樛巢阶段，它主要是利用大树的枝丫来搭建建筑，居住平面多为平面，从外观看去与鸟巢无异；第二个阶段是河姆渡阶段，这一时期人们已经离开树杈在地面上搭建干栏式建筑，建筑基座由木桩、木梁和木板三部分组成，建筑主体架空在地面之上，建筑的主体空间使用梁柱结构，建筑形式比较简单；第三个阶段是"长脊短檐"阶段，该阶段在云南省晋宁石寨山发现的干栏式建筑模型最为典型，这一时期的干栏式建筑有"长脊短檐"式的屋顶，底部使用桩柱底架，屋架由枋、檐、梁、柱等构成，建筑形式较之河姆渡时期已经有很大的发展；第四个阶段在时间上是从战国到秦汉时期，这一时期的干栏式建筑和我们今天看到的干栏式建筑已经十分近似，这时期的古越人因为受到中原文化的影响，会在建筑的柱下设置石础，有一些还会采用汉人斗栱的做法，屋顶改变了过去"长脊短檐"的屋顶，出现了中原的悬山顶，屋顶的覆盖物也从茅草变成了瓦片。广州汉墓中的明器模型是这时期干栏式建筑的典型代表。

除了半地穴式建筑和干栏式建筑外，赣州地区的越人还营造了一种比较简单的地面式建筑，当地人称为寮（图 2-22）。寮是一种非常简单的地面建筑，通常是整个建筑的支柱和支架以数根竹木作为支撑，框格屋架用竹片缚成，其上覆盖稻草、茅草等编扎成的草帘片，以葛藤或者是竹篾起到扭扎固定的作用，建筑墙体使用小竹片或者是芦苇秆编扎成为篱笆后用以建筑围合，有的会在上面再涂上泥巴，但是建筑内部往往没有隔间。[①]

浙江的畲族地区还保留有一些寮的建筑，畲族的草房被叫作"畲寮"或者是"草寮"，用木头作为建筑的支架，用竹子作建筑的椽，用篱笆、泥和碎石构建建筑的外墙，在"寮"的上部覆盖茅草或者是稻草（有时也会选择树皮）作为屋瓦，并用藤草扎紧。浙江"寮"屋的内部结构一般为三间式，也有部分的单间屋，建筑的内墙采用薄木板作为墙壁。建筑的中间为中堂，被一板壁分割为前后两个部分，前间正中的板壁前放置供桌一张，用于供奉祖先牌位，后间则储放农具。中堂东头的房间为厨房，西头的为卧室。畲族人的猪圈和牛栏被分别搭建在正屋的两旁，被做成低矮的外屋。在房子的旁边往往会有一处空地，用来放养鸡鸭或者是种植青菜。[②]

巫文化是古越文化中一个非常重要的组成部分。古越人对于巫术文化的推崇，在某种程度上也影响了古越人及其后裔的空间营造活动。

生活在我国广西地区的壮族人是古越人的后裔，壮族人建房时会选择人和、财和、丁

---

① 戴志坚. 福建畲族民居[J]. 福建工程学院学报，2003（4）。
② 叶大兵. 浙江民俗[M]. 甘肃：甘肃人民出版社，2003：365。

旺的良辰吉日动工，此外还要测算当年的吉利方向，如果房屋的朝向和当年的吉利方向相冲则不能动工，破土动工之时，要举行祭神仪式，请师公用鸡、鸭、鱼、肉和纸钱祭祀鬼神，向神鬼申明此地已属于建房主人所有，并鸣放鞭炮，将原来寄生在宅地上的孤魂野鬼们赶走，俗称"安宅"。壮族人建房多采用木、竹等材料，因为他们与先辈古越人一样相信万物有神，所以在砍伐树木时，壮族人格外小心，广西靖江的壮族人在开工前一天，主家会先携带祭品去当地土地庙祭拜，请求土地公转告山神准予自己上山砍伐。祭祀完毕，主家会在土地庙前插三支香，如果三支香顺利燃完，则为吉，否则为凶应改期祭神占卜后再动工。如果祭祀为吉兆，则进山后不能东张西望也不能说不吉利的话，更不能让工具沾染上血迹。进到山林后，主家和伐木者中的长者会先在山谷口和山脚下选择一棵树龄最老的树，先由长者在老树周围上香，并念祷词，大概意思就是：某村某姓的人，要进山伐木，已经禀告了土地和山神，请求诸位神仙为我们带路上山。念完祷词后，主家捡一颗小石子向着老树枝繁叶茂处丢去，以不被树枝或者其他东西卡住为吉，主家要连续丢三次，如果都被卡住为凶兆，否则为吉。用作梁木的树木要求笔直并且枝繁叶茂，象征主家人丁兴旺。梁木扛回家后，要将整个梁木涂成红色，并在梁木的正中间挂红布上书"吉星高照"或者"大吉大利"等。壮族人在家居营造时，非常重视对于门的营造，他们认为门不仅是一个家庭祸害的进出口也是家中财物聚集或者是外泄之所。多数情况下，他们会将大门布置在房屋的正中和家中的神龛正对，求借助家神的力量来镇压住外来的野鬼、邪神。房屋的后门和正门不能正对，以防止家里财气的外泄。在广西的宁明等地，在砌门头时，还会专门请巫师来念经请神，请门神保佑家里的安宁。壮族人非常重视上梁，在上梁仪式中，主家会请巫师来念经，并将公鸡血滴在梁木上，以血献祭，并口念祷词，吉时一到，巫师高喊"上梁大吉"，众人一边附和一边赶紧上梁。在古越人的思想中，住房既是生人的住所，也是鬼神向往的住址，为了防止外鬼的入侵并将已经生活在居所中的鬼赶走，壮族人会请巫师在家中的门上悬挂铜镜、剪子、扫帚等物，并在进门的门槛下埋放锋利的铁器，以求将闯入的外鬼扎死。[①] 这些营造文化与现在赣南地区的营造习俗之间有很多的相同之处。

　　旧时在赣州地区生活的人们因为受到古越族多神崇拜的影响，信仰风水迷信鬼神。清同治《南安府志》卷之二"疆域·土俗"中介绍当时赣南大余的情况："乃犹波靡楚俗，崇信巫鬼，至明张东海守郡教之学医，革其锢习，迷惘于是乎始觉。"当时在赣南的城乡各地遍布大小神庙，甚至于有些地方的神庙比当地的学堂还多，乡村里到处都有什么公王、沙官、井头伯公、树头伯公等。每逢婚丧喜事，搭建建筑这样的家中大事，都要请风水先生来勘察地利，为自己选择良辰吉日。此处的风水先生和广西壮族地区的巫师基本上扮演了同样的角色，生活在赣南的客家人普遍认为自己家宅的形式或者方位（我们可以统称它们为风水），对于自己及后辈的繁衍与发展都有很大的影响。所以在建造一座房屋的开始，他们就会费尽心思，首先会请一个当地的风水先生来帮助自己堪舆房屋的风水，看看自己家的房子盖在这里对于自己及后辈而言是正效应还是负效应，也就是通常说的风水好与不好。如果风水好，他们才会起宅，反之则要采用一些方法化解。

---

① 玉时阶. 壮族民间宗教文化[M]. 南宁：广西民族出版社，2003：142-147。

赣州当地人十分注意为家中的死者挑选葬地。在许多当地人看来生者的发达与否关键在于自家祖先的"气"，而这种气是通过父辈传承下来的，如果先人的坟墓修得好"气旺"，那么自己就可以从中受益，反之则会受害。于是，在赣南长期以来一直流传着一种二次葬的习俗：人死后第一次安葬时选址、仪式等较为简单，待若干年后，人们会择吉日开墓地、拾遗骨、贮骨坛并于吉时吉地再次安葬。《龙川县志》中记载："葬后或十年，或十数年，掘开易棺，贮骨于瓷罂，名曰金罐。"这种"二次葬"的习俗不仅在赣州，在广西壮族以及台湾高山族中也有流行，而壮族和高山族本身就是古越族的后裔。

2.2.3 古越人的巫术崇拜对于空间博弈的影响

生活在赣州的古越人崇尚巫术，迷信鬼神，西汉司马迁的《史记》卷十二中记载越人"素信鬼"凡"祠天神上帝百鬼，而以鸡卜"[1]。古越人相信可以通过占卜的方法来预知一件事物的好坏和吉凶。古越文化中相信万物有灵，他们认为那些对于本族人十分重要的人物在死后，通常会成为一方的神灵来保佑生活在这里的古越人。

在西晋葛姥城的营造中，"洪水横流，忽有大鼓随波而下，入葛姥故城，众力气拽，蹲而不动，卜于其地置县吉，逐徙以就焉"[2]。"葛姥者，汉末避黄巾贼，出自交址，资产巨万，僮仆数千，于此筑城为家，没后有灵异，乡人立祠祈祷。"[3]汉代的交址郡指的是今天越南的北部包括河内等地区，是当时古越人活动的主要范围，葛姥很有可能就是古越族的类似于族长一类的人物，在他死后根据古越族的传统将他作为神灵而加以祭祀。赣县城被洪水淹没后，在寻找新的城址的过程中，当时的古人先采用古越族传统的占卜方法发现葛姥城所在地"吉"，又加之这里是葛姥祠的所在地，古人相信葛姥作为地方土地神可以帮助自己抵御洪水的侵袭，所以最终选择葛姥城作为城池的所在。

---

① （西汉）司马迁.史记（卷十二）[M].北京：中华印书馆，1995。
② （北宋）乐史.太平环宇记[M].刻本.金陵书局，1882（清光绪八年）。
③ （南北朝）顾野王.（清）王谟辑.舆地志[M].刻本。

第3章 东晋至五代的赣州城市空间营造研究

3.1 东晋时期赣州城的首次出现

西晋太康元年（公元280年）随着赣南人口的不断增加，朝廷开始考虑在赣南设置郡一级的行政单位，在此基础上，朝廷设立了南康郡，郡城设立在了位于赣南版图几何中心的于都县。不过由于都县的地理位置难以对赣南境内的两条主要水系章江和贡江进行有效管理，所以在经过了60多年后，东晋永和五年（公元349年），郡守高琰选章贡二水汇合处筑土城，并构建了阳街（山之南为阳，古城以城北的皇城为山）、横街（东西为横）两条主要街道，赣州城开始初显端倪，当时的赣州城面积约1km²，城内修建有光孝寺。

光孝寺位于赣州河套老城区的东部，东与五道庙、赵公衙背相接，西至赣一中大门，接三潮井巷，并通厚德路东段。据清同治《赣县志》记载："光孝寺在郡城东南廉泉右。晋时建，后废，唐高宗时，指挥邱崇重建。"康熙五十三年（公元1714年），僧人成广募款重建光孝寺。嘉庆、同治年相继重修。原寺庙有三进，第三进后殿已废，仅剩一、二进。第一进有斗栱、彩画，正门两侧楷书题额"鹫峰""鹿苑"；第二进面阔五间，进深四间，内有藻井，上绘花鸟山水人物画及题诗。前殿与中殿之间过去有一处放生池，深约5m，内有鲤鱼、龟等。新中国成立后赣州市酱货厂从坛子巷迁进光孝寺，寺院原貌遭到破坏，改革开放后寺院被划归赣州一中占用，改建高楼，原殿不复存在，现在仅有光孝寺大门墙保持比较完整（图3-1）。

东晋义熙六年（公元410年）卢循、徐道福在广东兴兵造反，越过大庚岭后，顺江而下直捣当时的首都建康。由于赣州当时正好位于大庚岭到内地的交通要道上，所以也是兵家必争之地，这次兵祸摧毁了繁荣近百年的赣州城，战争结束后，赣州的人们对于战争仍然心有余悸，一年后的义熙七年（公元1411年）重建赣州城时，将赣州搬迁到了贡江下游的水东七里镇，这是赣州城历史上的第三次搬迁。

章贡两江的交汇点，作为赣南经济、政治、文化中心具有得天独厚的优势：①可以有效地控制赣江的上游，以及章贡两江流域的全境；②它所处的地理位置向北顺赣江而下可以直达鄱阳湖，入长江连接中原。溯章江而上可以翻越大庚岭，直达珠江三角洲。溯贡江而上，可以抵达武夷山的西麓，然后穿越武夷山的山口，进入闽江流域。由于这种得天独厚的区位优势和不可替代的优越地理位置，南朝梁承圣元年（公元552年），赣州城在贡江东岸的七里镇经过140年的发展以后，又搬迁回到了章贡

图3-1 赣州光孝寺大门墙（作者自摄）

两江合流处，从此赣州的城址固定了下来，并且一直延续到了今天，历时 1400 多年，成为了江西历史上最为悠久，城址延续时间最长的历史文化名城。

3.2 唐代对赣州城的呵护与保护

隋朝末年天下大乱，群雄并起，逐鹿中原，隋炀帝大业十二年（公元 616 年），江西鄱阳操师乞举兵反隋，自号元兴王。炀帝派治书侍御史刘子翔兴兵讨伐，操师乞中流箭丧命。部将林士弘与刘子翔大战于鄱阳湖，刘子翔战死。林士弘军威大振，率 10 多万人沿赣江而上攻占虔州。随后自号南越王，又建国号楚，自称皇帝。各地豪杰纷纷杀隋守令归附。一时间，北至九江，南尽番禺，均为林士弘所辖。林士弘在今天赣州公安局、赣州五中一带简建皇城，又被赣州人称为王城。后林士弘的楚国被唐军所灭，他所建的皇城也随之灰飞烟灭。

唐玄宗开元四年（公元 716 年），张九龄奉命开凿梅岭古道，"缘磴道，披灌丛，相其山谷之宜，革其坂险之故"，开凿出的梅岭新道全长 30 多里，路宽 5 丈，"坦坦而方五轨，阗阗而走四通；转输以之化劳，高深为之失险"，大大方便行走与运输。由于岭路的拓宽，使赣江与大庾岭的水陆联运更加顺畅，赣江航运与北江航运的联系更趋紧密，赣州一跃成为唐开元盛世时全国 40 个经济大州之一。

唐代时的赣州城（图 3-2）主要位于宋赣州城的北部，北墙濒临章江和宋城的北墙基本叠合，东墙位于今供电公司—百家岭—米汁巷—标准钟—和平路一线的高地，南墙位于今大公路一线，西墙位于宋城西墙一线偏东，其城区面积约 1km² 左右。唐朝赣州城，城的北端是州衙和县衙，其中州衙坐中，县衙位于东侧的辅位，州衙的大门正对着南北向的阳街，直通南门，成为城市的轴线。州衙前面还有一条东西向的横街，横街和阳街垂直相交，分别通向西津门和涌金门，沟通了章江和贡江。横街的北面是行政区，横街的南面是居民区，由于阳街将居民区分为了东、西两个部分，形成了东、西两坊居民区。唐代奉行严格的"坊市"制度，城市居民都居住在各个"坊街"当中，唐代对于"坊"门每日的开启和关闭都有严格的管理，史书记载：坊门"昏而闭，五更而启"[1]。对于"犯夜者，笞二十"[2]，曾发生过"中使郭里旻酒醉犯夜，杖杀之"[3] 的事件，在居住区内进行商业活动是被严格控制的，商业活动只能集中在固定的"市"中进行，在"坊街"中禁止任何商业活动。

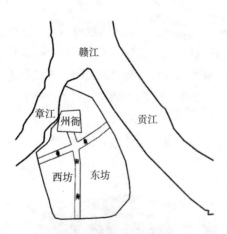

图 3-2　唐朝赣州城区图

资料来源：韩振飞. 赣州城的历史变迁 [J]. 南方文物，2001（4）

① （五代）王溥. 唐会要（卷25）[M]. 上海：上海古籍出版社，1991。

② 但"有故者不坐"。（唐）长孙无忌·唐律疏议·卷26·杂律 [M]. 北京：中华书局，1993。

③ （后晋）刘昫等. 旧唐书（卷15）[M]. 北京：中华书局，1986。

目前在赣州灶儿巷和西津门旧"广东会馆"的老
巷中还保留有两处老的"坊门"（图3-3），但是
对于该"坊门"是否是唐宋时期的"坊门"旧存
不能确定。

图3-3　赣州西津门广东会馆老巷旧"坊门"
（作者自摄）

3.3　五代卢光稠对赣州城的设计与建造

唐代末年黄巢起义，天下大乱，地方诸侯纷
纷起事开疆破土，自立为王。虔州豪杰卢光稠、
谭全播乘势聚兵，攻占虔州。卢光稠自封虔州刺史，以谭全播为军师。卢光稠意欲称霸一方，
他出于政治和军事上的考虑在占据赣州后不久，即开始了扩建赣州城的工作。由于赣州城
地处贡章两江之间，东部、北部和西部可用于拓展的用地都极其有限，所以卢光稠的扩城
工作只能向东、西两侧稍作扩展，扩城的主要方向被放在了城市的南面（图3-4）。

卢光稠的扩城，将东墙扩展到了贡江河岸边，把现今八镜路、廉溪路、中山路、赣江
路一线的贡江河滩地纳入了城区范围，这种做法导致了在以后的贡江涨水时，赣州城区面
临着巨大的洪涝威胁，也直接催生了后来孔宗翰的赣州砖城和刘彝的福寿沟的出现。

五代赣州城墙的北段主要依托旧唐城城墙，西侧城墙向西拓展了约200m紧靠章江，章、
贡两江宽阔的江面形成了赣州天然的护城河。扩城后的赣州南墙被拓展到了现在南门口的
位置（图3-4），在南门口的位置上，修建了拥有三重城门和两重瓮城的镇南门作为城市的
主要出入口。在南端城墙的外侧开挖了宽度超过30m的护城河，结合高大的城墙形成了完
整的古代城防体系，联系镇南门与北部王城之间的阳街成为了城市的中轴线。卢光稠扩城
之后的赣州，城区面积从唐代的 1.2km² 扩大到了 3.2km²，扩大了近3倍，赣州成为了当时
长江以南地区城市中规模较大的一座。

扩城后的赣州城墙达到了6900多米，除有北端800m为唐代旧有城墙外，全部是新
筑土城，其中有3600多米的城墙濒临章、贡两江，另有3300多米的城墙邻接护城河。
为了防止洪水冲坏土城，在修筑城墙时采用
了抬高江岸地面堆砌保坎的办法阻水，以保
护土城基础。新城中增开城门5座，整个赣
州城门增加到了13座，分别是镇南门、百
胜门、西津门、东门、朝天门、永平门、后
津门、朝天门、永通门、贡川门、安教门、
龚川门、兴贤门。其中有瓮城的城门有2座，
分别是有一重瓮城的百胜门和有双重瓮城的
镇南门，在百胜门和镇南门外分别设置吊桥
作为当时赣州城市出行的主要途径，此外在
镇南门附近修建了高大的敌台——拜将台，

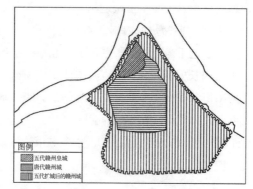

图例
五代赣州皇城
唐代赣州城
五代扩城后的赣州城

图3-4　卢光稠扩城

资料来源：赣州市志 [Z]. 赣州市地方志办公室，1986，
改绘

作为讲武、战时观察和指挥之用。新中国成立后赣州尚有7座城门保存,即东门(百胜门)、南门(镇南门)、西门(西津门)、北门(朝天门)、涌金门、建春门、小南门(兴贤门)。20世纪50年代的"大跃进"时期,因为修建红旗大道的需要拆除了镇南门。1964年,因为修建东河大桥的需要,百胜门被拆除。今天赣州城门还存有4座(西门、北门、建春门、涌金门),除北门基本保存原貌外,其他三门已经过改建。其中东门、南门、西门、小南门和八境台,因地势险要,皆于清咸丰四年至九年(公元1854—1859年)增设炮城,以抵御太平军进攻。

考虑到城市一旦被围,城中居民给水的需要,还在城市街道的交叉口修筑了一些水井。关于这些水井还有一段"杨救贫十字街口开井,磨角上安碓,单打卢王背,十字街口开井,逼得卢王自缢颈"的故事:唐朝末年,卢光稠占据虔州(今赣州),后为了巩固霸业,卢光稠请来风水大师杨筠松为其父母选一天子地安葬。地选好后,卢光稠害怕泄露天机,便派人在杨筠松的食物中暗下毒药。杨筠松吃后,觉得不对劲,连夜带着徒弟逃跑。逃到于都药口时,杨筠松感觉腹痛难忍,便问徒弟所在地名,徒弟回答于都药口。杨筠松长叹一声:"药口,药口,药已入口,则必死无疑。但此仇不可不报,须在磨角上安碓,单打卢王背;十字街口开井,则能逼得卢王自缢颈。"杨筠松死后,他的徒弟遵从师傅的旨意,劝说卢光稠要想世代为王,就应在磨角上安装水碓,城区十字路口开井。卢光稠信以为真,果然照做在赣州的四个十字路口掘了东门井、皇华井、四贤坊井和太阴井。不久,卢光稠背发痈疽,痛不欲生,自缢而死。

隋、唐时期城市的营造者们喜欢将城市的行政中心放在城市北部的高点,以追求坐北面南的效果,并利用行政中心与南门之间的街道形成城市的中轴线,比如唐代的宫城就位于唐长安城的北部,其中大明宫位于东北方的龙首源高地上,可俯瞰整座长安城,联系皇城朱雀门和明德门之间的朱雀大街构成了城市的南北中轴线。卢光稠等人作为来自中原的客家人的代表,他们营造的赣州城也表现了深厚的中原文化的特点。卢光稠的王城位于田螺岭东北,百家岭以北,八境台以西的城区西北面,同治《赣州府志》记载:"旧呼为王城,以卢光稠使宅中也,节使撤而州治莅焉,宋太守赵汴,曾相继葺理。"又载:"……名台东北为王城,卢光稠僭似地,按光稠官司仅节镇,称王无考……其在隋大业间则有鄱阳林士宏据虔称南越王矣,王城之称其来已久而或者误皇为王。"

五代时期赣州城内南北走向的阳街(包括今天的文清路和建国路)在唐代的基础上向南延长了近千米,用于联系坐落于北端的王城和位于南端的镇南门[①],赣州的阳街在当时起到了与唐长安城朱雀大街类似的作用,成为了城市的中轴线。随着城市规模的扩大,在城市内阳街和横街(今西津路、章贡路)的基础上,另外新建了四条城市的主要道路斜街(今阳明路、和平路、南市街)、阴街(今坛前经南京路、生佛坛前、灶儿巷)、剑街(今濂溪路、中山路)、长街(今赣江路),整个城市构成了六街的城市街道体系。

---

① 从清同治十一年(公元1872年)的赣州府城图上看,阳街是从宣明楼至镇南门,包括州前大街、天一阁、白衣庵与南门大街。

3.4 东晋至五代赣州城市空间营造特征分析

3.4.1 五代之前赣州城址变迁的分析

五代之前的赣州城址经过了四次历史变迁，影响城址变迁的原因主要有以下几个因素：

1. 军事政治的需要

军事防御功能是赣州城市设立最早的功能需求，秦代时期的南野县设立的作用是满足秦军南下平定百越和屯驻士兵的需要。到了汉代，由于赵佗南越王国的存在，中原政权必须要对它进行有效的防御并为在必要时期的进攻做一定的准备工作，当时赣县的设立就位于章江边上，其作用就在于：①防止南越军队翻越大庾岭，溯章江进入鄱阳湖威胁到汉朝政权在长江中下游流域的统治；②为以后汉族平定南越提供后勤支持，汉武帝时汉军也是依靠赣县一举平定的岭南。东晋末年卢循的农民军也是通过翻越大庾岭，攻破赣州城才得以沿章江进入鄱阳湖并最终威胁到东晋王朝的中央政权的，在这次战争中繁荣了近百年的赣州城毁于战火，导致了赣州城址的第三次搬迁。

因此控制大庾岭、防御岭南和反控制的军事政治需要就成为了赣州城市设立和变迁的一个重要的影响因素。

2. 防洪的需要

因为赣州所处的濒水滨江的地理位置，历史上一直水患不断，洪水成为了影响赣州城址设立的又一个重要的影响因素。

汉赣县城的迁址本身就是因为大洪水的影响，从赣州城址的变迁图（图3-5）上可以看到不论是汉代的赣县城（位于现在赣州的蟠龙镇）、虎岗葛姥城、水东七里镇，还是最后位于章、贡两江结合处的现在赣州城所在地，它们基本上都是滨水而居，防洪就成为了城市营造中一个需要着重考虑的问题。在赣州城的第二次迁址中曾经提到："晋太康末，洪水横流，忽有大鼓随波而下，入葛姥故城，众力气拽，蹲而不动，卜于其地置县吉，逐徙以就焉。"[①]这段记载说明了两个问题：①虎岗葛姥城位于贡、章两江合流处的下游，江面比较宽阔，水流的速度和章江上游相比要缓和很多，宽阔的江面和相对缓和很多的江水流速使得在虎岗葛姥城发生水患的可能与过去位于章江上游的旧赣县城相比小了很多；②古越人相信自己死去的先祖可以成为神灵保佑自己的生活，葛姥城位于过去葛姥祠的位置，葛姥是从越南北部的交趾迁居到赣州的类似古越族族长一类的人物，死后受到越人的祭祀，生活在赣州的人们相信他可以帮助自己避开水患，安居乐业，所以人们便把城址迁到了这里。

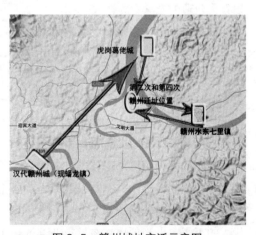

图3-5 赣州城址变迁示意图
资料来源：http://www.googleearth.com，改绘

---

① 江西省赣州市地名委员会办公室. 赣州市地名志[Z]. 1988。

3. 联系章、贡两江的需要

章、贡两江在以水运为主要交通方式的古代，是从江西进出广东和福建两省的主要交通通道，不论是控制鄱阳湖的中央政府经略岭南、福建还是岭南、福建的地方政权威胁中央，他们都必须要通过章、贡两江。而且外地进出岭南、福建的货物也必须要经过章江和贡江，如此重要的地理位置自然会使得任何一个控制赣南的政权难以忽视章、贡两江交汇处的位置，而一再将赣州城的城址设立在这里。

4. 趋避战祸的需要

东晋义熙六年（公元 410 年）卢循、徐道福在广东起兵，当时的赣州因为位于章、贡两江交汇处，是岭南出鄱阳湖的必经之地而被战火所毁。第二年再次修建赣州城时放弃了两江交汇处的位置，而选择在距离两江交汇处 3km 的水东七里镇建设新城。很多学者对于当时城址的选择感到大惑不解，的确从地理位置而言七里镇远离两江交汇处，对于扼守大庾岭控制岭南而言是十分不利，不过如果换一个思路思考一下就十分清楚了。当时卢循的叛乱才刚刚平息，他的余部还没有完全被朝廷剿灭，叛军的实力在岭南还有遗存，而当时的赣州官绅对于上次的兵祸仍然心有余悸，所以他们在进行城址选择时，便刻意避开了联系岭南的章江，在贡江岸边建城。

3.4.2 赣州城城市功能分区的形成和完善

1. 唐代赣州城市功能分区的初步形成

唐代之前的赣州在很长的一段时间里主要是作为军事堡垒而存在，城市的功能比较简单。唐代张九龄开通梅关古道后，赣州的城市发展受到刺激，城市的功能分区开始初步形成。唐代赣州城区面积为 1.2km^2，城市的北面是行政办公区，坐落有州衙、县署等行政办公建筑。东西向的横街和南北向的阳街是城市中的主要街道，横街的南面为居民区并被阳街一分为二。南北朝至唐代中国佛、道两教昌盛，在赣州城区的东南面形成了城市中的宗教文化区，以晋代建造的光孝寺为代表。

2. 五代对赣州城市功能分区的进一步完善

唐末五代十国时期是赣州城市发展的第一个黄金时期，当时占领赣州的客家人"赣州王"卢光稠向东、西、南三面扩建赣州城，新建的赣州城面积达到了 3.2km^2，较之唐代扩大了近 3 倍，城市内部的功能分区也得到了进一步的完善。

唐代天宝年之后，由于北方的连年战乱，很多的中原汉人从两淮和中原地区迁徙到了赣州，形成了汉族中的客家民系。在唐末，客家人逐渐取代了原来居住在这里的干越人成为了赣州的主体族群。唐代的汉人崇尚"象天法地"的思想，他们相信人间的各种事件和天上星象之间冥冥中具有某种联系，为了求得天上星象的庇佑，人间的营造活动一定要和星象的方位相匹配。比如统治上天的天帝，居住在北斗星中的紫微星内。作为天帝在人间代表的天子，也必须居住在城市北部的中央位置，以与紫微星在方位上相对应，宫殿的高度上也要高于周围的其他区域，以便天子和天帝之间相互感应。作为客家人首领的卢光稠将这种"象天法地"的思想融入到了赣州的营造中，在城北建设了自己的王城，王城的海拔也高于周边的其他区域，形成了一种"坐北为尊"、登高与天应的营造形式。在赣州的城北形成了以王城为中心的行政办公区，这一功能区一直延续到了清代。

客家人在迁徙的过程中先是跨过黄河，进入两淮，再通过长江、鄱阳湖沿赣江来到赣州。水系对于客家人来说具有一种天然的族群亲近感，客家人喜欢将自己的城市修建在临水的位置，将城市的城门紧靠水体修筑。受到这种亲水性的影响，卢光稠将唐代沿贡江和章江的河滩地全部纳入到城市的范围内，并在紧临贡江的位置修建了建春门和涌金门，在紧临章江的位置修建了西津门。唐末梅岭修通后，赣州成为了内地联系岭南和福建地区的重要通道。内地的货物通过赣江运抵赣州后，一部分转陆运运往广州，另一些通过贡江运往福建，当时产于韶关的粤盐也通过章江水系转运内地。史书记载："虔于江南地最旷，大山长谷，荒翳险阻，交、广、闽、越铜盐之贩，道所出入。"[①] "当岭表咽喉之冲，广南纲运，公私财物所聚。"[②] "广南金、银、犀、象百货、陆运至虔州，而后水运。"[③] 商旅货运的繁盛促使滨江而建的涌金门和建春门成为了当时赣州重要的城市商业中心，位于章江边的西津门成为了当时的盐运仓储和贩运中心，围绕这两个中心分别形成了城市中的商业区和盐业仓储区（图3-6）。

赣州的城区东南在五代之前就是赣州重要的宗教文化区，东晋时修建的光孝寺就位于这里。卢光稠主政赣州后，曾长期被恶疾所困，请名医，施良药，褥祠，占卜均无效果。后来僧人道诚将其治愈，卢光稠十分感激，欲以金银重谢，道诚表示"得一袈裟地足矣"，希望卢光稠能给他修建一座寺庙。卢光稠为了表示自己的感激之情，派人在自己的东宅花园为道诚兴建寺庙。最初寺庙起名为"卢兴延寿"，后来改为"圣寿"，宋代祥符年间（公元1008—1016年）易名为寿量寺。[④] 五代时期由于卢光稠的推崇，以寿量寺为中心在城市的东南形成了宗教文化区。

卢光稠扩城之后的赣州，三面临江，只有南面接陆，特殊的地理位置使得赣州的南门成为了城市防御的重点。又加之终卢光稠一代，卢氏和占据岭南的南汉政权之间战争不断，战争的威胁迫使卢氏必须加强对于城南的防御。五代时期的赣州一共有两座主门，其中位于城市西南镇南门是赣州最主要的城市出入口，该城门高大坚固，内修筑有双重瓮城和三道城门，外面是宽度达到30m的护城河，仅有吊桥可供出入。此外，位于城市东南的百胜门拥有一座瓮城和两座城门，百胜门东为贡江，南为护城河，和镇南门相比，缺乏部队集中的登陆场，更便于守军防御。在镇南门和百胜门之间修建有可供军事瞭望和指挥的拜将台，整个城南形成以镇南门为中心的军事防御区（图3-6）。

图3-6 五代赣州城功能分区图
资料来源：赣州府志[Z].清同治年间刻本，改绘

---

① （北宋）王安石.（《虔州学记》）临川文集（卷80）[M].吉林：吉林出版社集团公司，2005。
② （南宋）王象之.舆地记胜（卷32）·赣州引韩绛绛奏文[M].北京：中华书局，1992。
③ （元）脱脱，阿鲁图.宋史·食货志[M].刻本.1480（明成化十六年）。
④ http://www.zh5000.com/ZHJD/ctwh/2007-11-08/2111051511.html。

3.5　客家文化影响下的赣州空间营造研究

3.5.1　客家文化影响下的建筑空间营造

唐代天宝年之后北方战乱频发，大量客家人由北向南迁入赣州，到唐代末年，客家人已成为赣南的主体族群，这些客家移民是以家族为迁徙单位，由于当时的赣南还是一片充满着未知危险的地区，为了自身和家族的安全，他们将南北朝时期在北方地区十分流行的邬堡建筑引入了赣州，形成了著名的赣州客家围屋建筑（图 3-7）。围屋在平面形式上分为圆形、半圆形和方形三种，赣州的客家围屋以方楼居多。方形围屋，从平面上可分为"口"字形、"国"字形和复杂套围三类。此外，在赣州的龙南、定南、全南、寻乌等地，有很多的客家人是明清时期从广东回迁江西的"新客"，受广东地区的文化影响比较大，这一地区的围屋有很多呈圆形和半圆形的围屋。赣州围屋面积有大有小，小的五六十平方米，只有三开间，名叫"猫柜"，大的万余平方米，最大的龙南栗园围占地面积高达 37000m^2。

赣州围屋的一般不少于 2 层，最高者甚至达到 6 层以上。围屋是一个高度围合性的建筑，对外具有很强的防御性。围屋的外墙厚实、封闭，从视觉上给人一种易守难攻的感觉。围屋外墙的厚度大多在 1m 以上，有一些围屋的外墙厚度甚至达到 2~3m。外墙的基础使用条石深埋，条石上使用青砖和夯土共同构筑，具体做法是墙体厚度约 1/3 厚的外皮部分使用青砖砌筑，青砖以内的内皮则使用土坯或者生土夯筑，这种营造做法在当地被称为"金包银"。也有的外墙使用三合土垒筑而成，即用石灰、黄泥和沙，或石灰、黄泥和鹅卵石相拌（有的还掺入桐油、红糖、糯米浆或鸡蛋清等黏性物）筑墙，此种围屋墙体的坚韧耐久性毫不逊色于钢筋混凝土墙。围屋的外立面朝外一般不开窗，对外开口最多的是在围屋的顶层，这里是建筑的防御层，设有铳眼、内大外小的炮口和望孔。为了加强围屋的防御性，在建筑的四角修有凸出外墙 1m 左右，高出围屋一层的碉堡炮楼。还有一些小碉堡被悬挑于围屋的角堡上，用来加强整个建筑的警戒和防卫能力。为了防守的方便，一座围屋一般只设一处大门，而且在门内还会设置多重围门。比如赣州燕翼围的围门就有三重，第一道是一道板门，外面用厚厚的铁片包裹，板门的门顶留有特别的漏水眼（图 3-8、图 3-9）上设置有水箱，如遇到敌人火烧大门，可以从二楼向下灌水形成天然水幕浇灭火源；第二道是在紧急情况下才使用的闸门，用于堵住已经冲进围内的敌人；第三道是平时供围民出入使用的便门。为了围门关闭后，内外之间交流的方便，在围屋大门两侧的墙角处还设计有斜向的传声洞（图 3-10）。

围屋内部是一个开放性的体系，一层分布有祠堂、水井和厨房，有时也会用来储藏一些杂物；二层用来存放谷物（一楼做饭的炊烟有利于谷物的保存），在有些围屋中也会用来住人；三层是居民的居

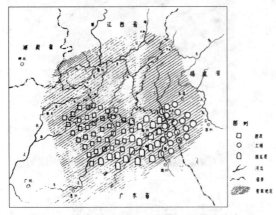

图 3-7　客家地区围屋、土楼、围龙屋分布图
资料来源：韩振飞. 赣南客家围屋源流考——兼谈闽西土
楼和粤东围龙屋 [J]. 南方文物，1993（2）

图 3-8 燕翼围大门
资料来源：http://zll129.blog.163.com/blog/
static/10236172007228749415l/

图 3-10 燕翼围传声洞
资料来源：http://zll129.blog.163.com/blog/
static/10236172007228749415l/

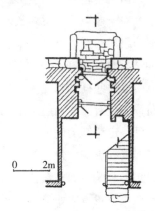

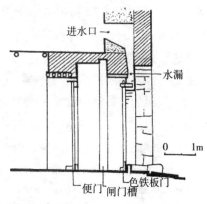

图 3-9 燕翼围大门剖面图
资料来源：万幼楠. 燕翼围及赣南围屋流考 [J]. 南方文物，2001（4）

住空间；四层是围屋内部的防御空间。围屋内的楼梯一般只通往三层（如果有更高的楼层就是次一层），一旦围内被攻破，围内的守军可以通过把守住通向四层（更高楼层时的最高层）的活动爬梯口进行最后的抵抗，以等待外部援军的到来。除四层（最高层）外，在每层房间的外侧会设置内走马作为建筑的水平联系通道，内走马向围屋内部开放，围屋内的居民可以站在自家门前的内走马上观看围屋一层空地上的各种活动。围屋的一层是一个公共活动的场所，它分为两个部分：一个是以水井、禾坪为中心的全开放空间，围内居民可以在这里洗衣、打水、闲聊家常；另一个是以祠堂为中心的半开放空间，祠堂是围屋中最重要的一个空间组成，是体现家族凝聚力的场所。由于围屋规模的不同，祠堂的大小也有很大的差异。在一些小的围屋内，祠堂仅有一个祖堂，空间组成比较单一。而在一些规模较大的围屋内，祠堂形成多进式院落建筑，空间组成比较复杂。旧时的祠堂不仅是围屋内祭祀祖先的地方，也是围内族长处理各种纠纷的场所，对于围内居民而言是一个半开放性的公共空间。

刘劲峰先生《略论客家文化的基本特征及赣南在客家文化形成中的作用》一文中认为，客家文化是一种在赣、闽、粤三角地区产生的地域文化，它是在当时特定的历史条件下南下的汉族移民文化和周围少数民族文化相互融合的产物。赣州师范学院的林晓平教授在《客家文化特质探析》一文中谈到，客家文化具有儒家文化、移民文化和山地文化三个重要文化特质，本书从客家文化的这三个文化特质入手，展开客家文化对赣州空间营造影响的研究工作。

1. 儒家文化

儒家文化表现为崇尚礼制、重视教育以及保守性和开放性并存的双重特征。

1）崇尚礼制

礼制是儒家文化的基本构成要素，儒家认为礼制是天地人伦上下尊卑的宇宙秩序和社会秩序的基本准则，是构建中国古代和谐社会的基础，春秋时期的儒家典籍指出："夫礼者，以章疑别微以为民坊者也。故贵贱有等，衣服有别，朝廷有位，则民有所让。"（《礼记·坊记》）"礼之可以为国也久矣，与天地并。君令，臣恭、父慈、子孝、兄爱、弟敬、夫和、妻柔、妇听，礼也。"（《左传·昭公二十六年》）"礼之于正国也，犹衡之于轻重也，绳墨之于曲直也，规矩之于方圆也。"（《礼记·经解》）中国古代的礼制制度对于君臣、上下、长幼、贵贱都有明确的界限和等级关系。礼制在中国古代社会最基本的组成单元"家庭"中表现为对于"父权"和"夫权"的推崇，落实到空间营造中表现为对于家族祖先和长辈的崇敬。为了表现对于祖先的崇敬，客家每座围屋内都会建一座祠堂，而且这些祠堂都无一例外地会建在围屋的中轴线上。围屋的中轴线通常为正南正北的走向，但也有一些围屋由于地形、建筑形状、建筑朝向等原因，中轴线并不是正南正北，而是呈一定角度的倾斜，比如赣州定南县龙塘乡的长福村围屋是一座圆形的围屋，由于地形等因素的影响，建筑的中轴线呈南偏西约 30°的朝向。客家围屋内部的祠堂因为受到礼制思想的影响，通常会建造在围屋中轴线的中央，但是也有一些围屋的祠堂并不位于中轴线的中央位置，比如赣州定南县龙塘乡的长福村围屋，中轴线的中央是一处铺砌有八卦图案的圆形广场，祭祀用的祖堂位于广场的后面。在一些规模较大的围屋中，祠堂是由一组建筑群构成，其中包括祭祀祖先的"祖堂"（上厅）、中厅和下厅，每个厅堂之间分隔一个横向的天井，厅堂两侧是与厅堂垂直分布的"横屋"，厅堂每进之间有巷道通向"横屋"，每进"横屋"之间也通过天井相分隔，形成一个个相对独立的建筑组合。围屋祠堂的空间结构与北方的四合院建筑有些类似，但不同于北方四合院建筑中厅堂的围合，客家围屋祠堂中的各个厅堂都是一个开放性的空间，即使是祖堂内祭祖空间的和外部空间的分隔也只是借助祖堂内部的照壁。围屋的祠堂门前往往都有一处比较空旷的空地，客家人将其称为"禾坪"，客家人认为"禾坪"的大小直接关系到家族的人口规模，"禾坪"大的家族往往会人丁兴旺。一些围屋在建设时会将"禾坪"布置在围屋的内部，而还有一些则会将"禾坪"布置在围屋的围墙之外。但是无论是采用哪一种布置方式，围屋内部的客家人一般都会在"禾坪"与围屋大门正对的位置布置一座照壁，以求辟邪。"禾坪"是围屋内居民重要的公共活动空间，平时围屋内部的居民喜欢选择这里作为自己休闲、娱乐以及与邻居们闲聊家常的场所。对于一些将"禾坪"布置在围墙之外的围屋，在祠堂的门厅与下厅之间会布置一处空地（门坪）作为围内居民的公共活动空间，供居民生活、生产使用的水井也经常会被布置在这里。

围屋内的祠堂是一个家族祭祀自己祖先的所在，是围屋内最重要的建筑空间，每个家

族在祠堂的设计施工上往往尽其所能，力求尽
善尽美。围屋祠堂的铺地一般会采用青砖或者
是方砖，并使用巨型条石打造每处天井的阶沿。
厅堂尤其是祖堂是祖先神位所在，祖堂的上面
绝对不能放置物品或者是住人，祖堂的顶部大
多为无平闇（吊顶）。厅堂内部的梁架经常是精
雕细作，有些厅堂的条形板上还绘制有镏金彩
绘（比如关西新围，图 3-11），厅堂内部的梁
托雀上往往装饰有精美的花卉和祥兽图案，一

图 3-11　关西新围的厅堂
资料来源 http : //bbs. hsw. cn/read-htm-tid-646028-
page-1.html

方面给人以赏心悦目的美感，另一方面也求得吉祥、兴旺的心灵寓意。祠堂内的下厅在功
能上要弱于祭祀祖先的上厅，下厅的顶部多采用木质天花板并在上面绘制民俗彩画，一些
家中殷实的人家还会在上面做藻井以炫耀自家的财富，厅堂内部往往不多用柱，即使使用
也基本选用木柱或是石柱，石柱的四面往往会题刻对联，并在柱础进行一番雕花装饰。朝
厅堂开设的门窗、绦环板上均会雕刻一些花卉祥兽或者是一些著名的历史典故，位于天井
两侧的厢房多数采用六扇或八扇门墙，窗棂上使用各种拐子纹与雕花棂相结合的手法作为
装饰，表面髹漆，一些重要的雕刻还会采用抹金装饰。[①]在一些围屋中，祠堂的前面门坪上
还会种植一些象征祥瑞的植物，比如关西新围的围主就在门坪上种有一棵很大的桂树和一
棵槐树，围主刻意将槐树弄成三根枝条，桂树为五根枝条，意为"一品三宦五贵"。

2）重视教育

中国儒家文化高度重视教育，早在春秋战国时期就有"孟母三迁"的典故，客家人深
受儒家文化的影响，推崇文化，重视教育，在客家人中流传着"生子不读书，不如养头猪"
的歌谣。儒家的创始人孔子主张"有教无类"，即所有人不论他身份的高低、贵贱都有接受
教育的权利。为了让家族中的成员都能够接受教育，客家人将祭祀祖先的祠堂作为家族的
学堂，祠堂的名下有"善学田"和"善学屋"，"善学田"和"善学屋"的收入都用于同族
学生读书的花费，客家人的小孩在过去就可以享受免费的"义务教育"。祠堂中的厅堂是客
家学生每日学习的场所，对于一些家境清寒的学子，宗祠还会允许他们住在厅堂两侧的横
屋中。为了鼓励学生上进、好学，祠堂中会在厅堂的周围悬挂具有激励作用的匾额或雕画（图
3-12）。族中的学子如果考取功名会得到宗族的奖励，宗族会在祠堂门前的广场上设拴马台
和功名石（图 3-13），并树旗杆上面张挂旗帜用来表彰，对于一些十分优秀的学子甚至会
将他的画像和事迹摆放在宗祠的厅堂中供后来的学子学习。

由于客家人对于教育的重视，致使客家地区的学校数量和密度在旧时的中国一直名列
前茅。1901 年在中国嘉应州（梅州）传教 20 多年的法国神父赖里查斯在《客法词典》的
自序里写道：客家人聚集的嘉应州，"随处都是学校，一个不到三万人的城市，便有十余间
中学和数十间小学，学校人数几乎超过城内居民的一半。在乡下，每一个村落，尽管只有
三四百人，至多也不过三五千人，便有一个以上的学校，因为客家人每一个村落都有祠堂，

---

① 万幼楠. 赣南客家围屋[J]. 寻根，1998（2）。

图 3-12　关西新围的厅堂

资料来源：http : //bbs. hsw. cn/read-htm-tid-646028-
page-1.html

图 3-13　客家祠堂前的功名石

资料来源：http : //www. rygz. net/blog/user1/lanyue/
archives/2009/4213.html

而那个祠堂也就是学校。全境有六七百个村落，都有祠堂，也就是六七百个学校，这真是一个全不虚假的事实。不但全国没有一个地方可以与它相比较，就是较之欧美各国，也毫不逊色"①。

　　3）保守性和开放性并存

　　中国的儒家文化是一个保守性和开放性并存的思想体系，一方面它强调对于传统礼制和"道统"的维护，反对随意的改变；另一方面儒家文化强调世间万物之间的互动关系，它认为万物之间如同阴阳一样是可以相互联系并互相转化，这种转化不仅是连续的而且是不间断的，这是世间万物的"道"，儒家支撑在不违反最基本的道德标准的基础上各个文化与思想之间的相互融合与影响。儒家文化中强调"内"与"外"的空间关系，对外它表现出较强的保守性，对内则具有较强的开放性，受到儒家文化的影响北方的四合院和南方的徽州都喜欢使用厚重的高墙将自己严密地包裹起来，利用高墙、厚门来表现内、外的空间差别，在建筑的内部则利用天井作为开放的公共空间，表现出较强的对内开放性。居住在赣南的客家人，生活环境地处山区，周围还有很多的异族，复杂的自然、社会环境使得他们的保守性要更强于其他地区。客家围屋以围墙为界，界外是农民用以耕种的土地和四处藏匿但是可能会随时攻击他们的土著和强盗，为了保护自身的安全，围屋中对围外的一面一般是不开窗，即使有开窗也只是用来防御和瞭望的小窗，这些小窗通常开在建筑的二层以上，形式是外大内小（图3-14），这样既可以保护围内的居民，又不影响军事观察的效果。围屋的内、外仅通过一座大门联系，大门使用厚重的木材制作，坚固异常且大门后面还有多重围门用来维护围口的安全。围墙以内是客家人的内部空间，客家人以家族血缘为纽带在赣南地区聚族而居，在围屋的内部以祠堂为中心构成了围屋内的公共开放空间。这里的公共开放空间分为两个层次，第一个是祠堂大门前的"禾坪"，这里是围内的居民洗衣、聊天、休闲娱乐的场所，是一个完全开放的公共空间。第二个是祠堂内部的厅堂和天井（图3-15、3-16），这里是围内居民举行家族祭祀、族内议事以及小孩读书的地方，它们与围内的其他空间通过祠堂大门相分隔，但是围内居民可以通过围屋二楼、三楼的走马观察到这一空间

───────────────

　　①　张卫东，王洪友. 客家研究（第一集）[M]. 上海：同济大学出版社，1989。

图3-14 赣州关西新围对外的小窗(左为枪眼,右为炮眼)
资料来源:http://bbs.hsw.cn/read-htm-tid-646028-page-1.html

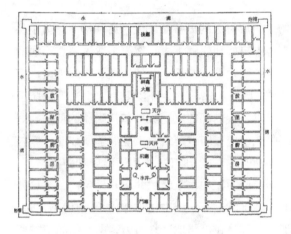

图3-15 安远东生围平面图
资料来源:万幼楠.赣南客家民居试析——兼谈赣闽粤边
客家民居的关系[J].南方文物,1995(1)

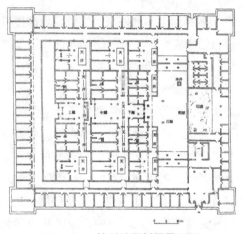

图3-16 赣州关西新围平面图
资料来源:万幼楠.围屋民居和围屋历史[J].南方
文物,1998(2)

区域内的部分活动(图3-17),这一区域属于半开放性的公共空间。

这两处公共空间的设计中,"禾坪"的设计促进了围内居民之间的相互交往,增加了围内居民之间的凝聚力和团结力,增强了集体意识。祠堂内部的半开放性空间的设计,一方面增强了围内居民的家族认同感,另一方面也起到了均衡围内各个居民单体之间利益关系的作用。围屋内祠堂不仅仅是用来祭祀祖先和教育后代的场所,也是协调各个居民之间利益关系的地方,过去围屋内如果发生利益纠纷通常都会到祠堂让族内的族长来帮助解决,围屋内的居民可以通过围屋楼上的内走马参与到纠纷的解决当中。这些半开放空间的设计促使族长必须从维护围屋内大多数居民利益的角度出发解决各种纠纷,避免徇私舞弊,维护了围屋内部的和谐与安定。

图3-17 赣州围屋建筑

2. 移民文化

客家文化的第二个文化特质是移民文化，客家人是中国北方汉族几次大迁徙的产物，这种移民文化的特征深深地根植在了客家文化当中。比如客家地区十分流行的"二次葬"。《龙川县志》中记载："葬后或十年，或十数年，掘开易棺，贮骨于瓷罂，名曰金罐。"据明代嘉靖年间《惠州府志》记载："长乐、和平滋不忍弃亲于土之说，有停枢期年、三年而后葬者，或葬不数年，惑于风水，启土易棺，火化而改葬者。"清人张新泰《粤游小志》载：嘉应州一带，"粤俗惑于风水……乃有既葬后，或十年或十余年复出诸土，破棺捡骨，谓之洗金"[①]。"二次葬"出现的原因与客家人历史上多次的大迁徙有着密切的关系，民国时期出版的《赤溪县志》在谈到"二次葬"的原因时分析说："疑当时多徙他处迁居，负其亲骸来此相宅，遂以罂盛而葬之。嗣又以流移转徙之不常，恐去而之他乡，故相传为捡骸之法，以便携带欤。"[②]

客家作为一群外来的族群与当地原有的土著族群之间经常会发生矛盾和冲突。为了保卫自己的安全，使自己能够在这片陌生的土地上更好地生存下去。客家采取了聚族而居的居住形式并且修建高大的围屋来保护自己，这种建筑形式源于南北朝时期在中原地区广泛流行的邬堡建筑（图3-18）。邬堡是一种中原地区在动荡的社会环境下衍生出来的以防卫为主要目的的建筑，它是以一个豪强为首领，以宗族内部的家庭成员包括附属的佃户、雇工等为堡内的主要居民而形成的一种类似庭院式的城堡防卫建筑。大型的邬堡如同一座村落，小型的则恰如当时大户家庭的庭院，它的四角往往会建有角楼用于瞭望和防御之用，有的旁侧另附田圃、池塘。一般将堡门开设于南墙的正中，东墙的北端开设后门，入口处设有庭院，院中建主要厅堂及楼屋。在邬堡的北面布置厨房、厕所、猪圈等辅助型建筑。这种建筑在唐代之后在中原地区开始逐渐消失，但是在赣州地区却因为客家人的防卫需要而保留了下来。赣州最早的围屋的出现时间，是在唐宋时期，这一时期客家人开始大规模地进入到了赣州地区，这次进入是以家族作为基本单位，以家族内部的某一位豪强作为主要首领，这一点与早期邬堡的社会特征是基本吻合的。

赣南围屋的底层一般是作为养殖家畜、堆放杂物、厨房之用，这种布置形式和苗、侗等少数民族的干栏式建筑有些相似，可能是客家移民进入赣州地区后受到过去生活在这里的古越族文化影响的结果。底层对外多数不开窗。围内居民基本上是居住在楼上，楼上空间通过内走马联系同一层的各个房间。围屋的顶层是防御的主体，不住人也不允许堆放杂物，一旦围屋受到外部的攻击，围内能够战斗的居民将会登上顶层，借助外走马攻击敌人（图3-19）。所谓外走马一般是将顶层墙体的2/3的部分不予夯实并伸出一个大概1m多的连通廊道，这个连通廊道通常称为外走马也叫坎墙通廊（图3-20、图3-21）。围屋的四角和楼顶还开设有用于排放污水的渠道（图3-22），并且在厅堂外的禾坪处还布置有藏食物的暗井，里面准备的食物在被团团围困的情况下，可供内部的居民食用。

客家人在进入赣州后，为了体现自己与原来居住在这里的干越人的不同，他们大力

① 赖瑛. 客家二次葬文化背景浅析[C]// "赣州与客家世界"国际学术研讨会论文集. 赣州：赣南师范学院出版社，2006。

② （民国）赤溪镇修志办公室. 赤溪县志·卷一·舆地[Z]. 1920。

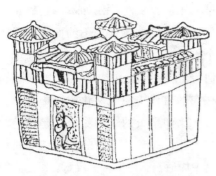

图 3-18 广州出土的汉代邬堡
资料来源：万幼楠.赣南客家围屋之发生、
发展与消失 [J].南方文物，2001（4）

图 3-19 赣州龙南县沙坝围
资料来源：万幼楠.赣南客家民居试析——兼谈赣
闽粤边客家民居的关系 [J].南方文物，1995（1）

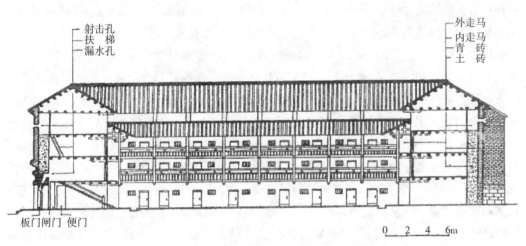

图 3-20 燕翼围纵剖面图
资料来源：万幼楠.燕翼围及赣南围屋流考 [J].南方文物，2001（4）

图 3-21 燕翼围坎墙通廊
资料来源：万幼楠.燕翼围及赣南围屋流考
[J].南方文物，2001（4）

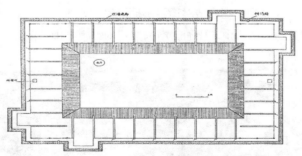

图 3-22 燕翼围顶层平面图
资料来源：万幼楠.燕翼围及赣南围屋流考
[J].南方文物，2001（4）

图 3-23 客家门楣

资料来源：http://tc.wangchao.net.cn/baike/detail_1461689.html

推崇中原汉文化。比如不论是赣州的围屋还是福建的土楼都不约而同地寻求一个土字（围屋在当地也被叫作是土围子），何为土，在五行中，居中为土，尚黄色。在中国古代中原汉文化中以中为尊，尚土，比如皇帝的御用颜色就是黄色。客家人通过对于"土"的崇尚来反映自己是中原后裔，是"黄裔汉胄，晋代衣冠"，不同于原来居住在当地的古越民族。在客家的建筑当中，一般都会有门楣（图3-23、图3-24），门楣已经成为了客家一种特有的建筑文化符号，一般一个门楣的内容往往会有不同，但是基本上可以分为五类：一是显示自己家族的渊源、来历，如陈氏家族的门楣上经常会写上"颍川世第"，告诉旁人我们来自中原的颍川郡。二是显示自家的高贵门第，例如张姓人家会在门楣上写"曲江风度"或者是"相国遗风"，暗示自己是唐代宰相张九龄的后代，因为张九龄本身就是曲江人。三是显示本家族中名人先贤的一些事迹，比如田姓的门楣上会有"紫荆传芳"的字样，古时临潼有一人名叫田真，他们兄弟三人分家，在三人将家中财产均分后，还余一棵紫荆树，三人说好明日将树砍断一分为三，哪知第二天早上起来，树已枯萎，于是田真对自己的两位兄弟说："树木同株，闻将分斫。所以憔悴，是人不如木也。"说完兄弟三人感触不已，于是就不再分家，紫荆树也慢慢繁茂如初。四是讲述过去本族先贤的高尚故事，比如杨家的"清白传家"，就是讲述东汉时期的杨震为官期间，有人夜间对其行贿，对他说："暮夜无知者。"杨公回答说："天知，地知，子知，我知，何为无知？"。五是表达一种对于子孙、家族的美好期望，比如"燕翼围"就是取《山海经》中"妥先荣昌，燕翼贻谋"中的"燕翼"表达一种深谋远虑、荣昌子孙的期望。与此相同的还有"勤俭持家""耕读世家""紫气东来"等等。

客家围屋在建造时还将中原汉民族所流行的八卦算学和"天圆地方"的思想融入到了建筑的营造当中。比如赣南的燕翼围、永赎围等围屋内部的房间都与八卦算学有着耦合的

图 3-24 客家门楣

资料来源：http://kjshangyou.5d6d.com/thread-1309-1-1.html

关系。燕翼围底层东、南、西、北每边 8
间共 32 间，楼上楼下共有房间 128 间。永
臧围较燕翼围小，每层除去公共房间有 16
间，共 64 间。32 为 8 的 4 倍，而 128 又是
32 的 4 倍。而 16 是 8 的 2 倍，64 又是 16
的 4 倍，8 的二次方，几个数字之间相互
衔接，相互联系和中国传统的八卦数学吻
合。此外在定南县龙塘乡长富村的圆土楼
中，围内的中心地面是一个用鹅卵石铺就
的八卦图形，直径 8m。这座围屋的祖屋不
是方方正正地设计在建筑的中心，而是位
于与大门正对的西南轴线方向（图 3-25），
八卦形的圆形铺地成为了整个建筑的中心，
大门、通道、广场、祖祠恰好构成了这座

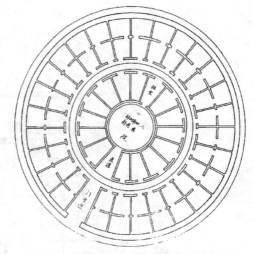

图 3-25　定南县龙塘乡长富村围屋平面图
资料来源：万幼楠.盘龙围调查——兼谈赣南其他圆弧民
居 [J].南方文物，1999（2）

建筑的主轴线，祖屋、通道形成了整个建筑中内圆的阴、阳两极。内圆中除去公共房间有
房间 14 间，外圆有房间 28 间，恰好形成一个倍数关系。另外受传统中原汉民族"天圆地方"
思想的影响，客家围屋多数为圆形、方形或者是方圆结合的围龙形。比如赣南的盘石围（图
3-26）就是方圆结合的围龙式围屋，盘石围的内部是一方方正正的客家庭院式建筑，外部
是一个被切去 2/3 的圆形，在建筑四角上设计有炮楼。整个建筑前低后高，后部有高高隆
起的"化胎"，门前是长方形的禾坪，禾坪上祭祀着对于村落极为重要的乌石，禾坪前方是
口半圆形的水塘，围内废水可以通过明沟直接排入水塘，水塘通过灌渠和周围水塘和小河
互通，防止雨水过大时，塘内废水倒灌进入围屋。

3. 山区文化

客家文化的第三个特质是山区文化，山区文化对于客家建筑空间营造的影响，主要是
通过风水文化的推崇和在营造中的一些带有神秘色彩的礼仪体现出来的，后者在今天赣州
一些客家民居的营造中仍然可以看到。

客家居住的地区多为山地，在过去有"汉住平原，客住腰，瑶人住在山坳坳"，"逢山
必有客，无客不住山"的俗语。客家先民们为了逃离纷扰的中原战火，来到地处僻远，交
通不便，人烟稀少，林菁深密，野象横行，鳄鱼肆虐，瘴气熏人，虫蛇出没的闽粤赣山区
生活。要在如此恶劣的环境中获得生存和发展的机会，除了需要吃苦耐劳，勇于开拓的精
神外，还得要有一些能够适应当地环境特征的方法，闽粤赣山区地形复杂，大小溪水、河
流遍布，且多猛兽侵袭，相比中原地方的平坦、温和要差了很多，而且在建房安家的选择上，
比起中原平地也是复杂了很多。因此追求取法自然，实现建筑布局和周边环境的协调统一，
达到人与自然的和谐相生的风水学就受到了客家人的高度推崇。因为风水术中的阳宅理论
就是追求一种"人因宅而立，宅因人得存，人宅相扶，感通天地"。在保障人的生理健康和
心态平和的基础上，实现建筑布局和周边环境的协调统一，达到人与自然的和谐相生。恰
好能够满足客家人的实际需要，所以很受客家人的欢迎。

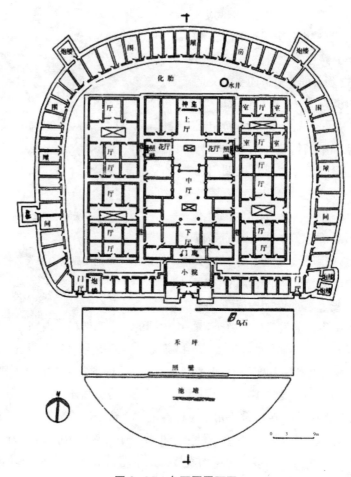

图 3-26　盘石围平面图
资料来源：万幼楠. 盘龙围调查——兼谈赣南其他圆弧民居 [J]. 南方文物，1999（1）

　　粤闽赣地区在客家先民迁入之前，这里最早的居民是干越人，"巫文化"是当时干越人文化体系中的一个核心成分。随着他们和北来的汉族移民之间的相互融合，古越"巫文化"中的一些因子也被渗入到了客家文化当中，这些"巫文化"因子和风水术中的迷信成分完全合拍，两者间相互影响，共同发展。因为受到原古越地区"巫文化"的影响，所以客家地区的风水术具有一定的迷信色彩。客家地区的风水术是科学与迷信相互结合的产物，它积淀在客家人的血液当中，成为客家文化中的一个重要组成部分。因为它具有传承性和顽固性，随着客家文化影响范围的不断扩大，风水也越来越兴盛起来，成为了影响客家空间营造的一个重要因素。

　　客家人在自己的营造活动中，普遍认为营造的形式和方位会对于自己或者是后辈的繁衍与事业发展产生很大的影响。所以小到建造一座房屋，大到营造一座城市，他们都会首先请一个当地的风水先生来帮助自己堪舆周围风水，看看对于自己及后辈而言是正效应还是负效应，也就是通常说的风水的好与不好。如果风水好，他们才会起宅，反之则要采用一些方法化解。笔者在当地调研时，曾经碰到一个村庄当地的村民的房子全部是东西朝向，这让笔者感到很奇怪，后来在和村民的聊天中了解到，因为这个村子的背后是座山，村南有条河流过，村民将房屋做成东西朝向的目的，就是为了寻得一个好的风水。广东有一客家宗族，家中有三子，每子各领一房：大子（大房）、二子（二房）和三子（三房），据传在他们的祖上开始兴建祖屋时，就有一个"风水先生"曾断言该房的风水不利于大房但是却极有利于三房，以后的事情和风水先生的断言基本吻合，大房的子嗣不多，而且通过考试在政府里面做事的人基本上也没有，但是三房这边的男孩较多，并且有5人通过考试在政府中做事。这个村子新中国成立后考上大学的人一共有2人，其中就有一个出于三房。[①]村中很多人将三房子嗣的成功归结为祖屋的风水原因。

为了使房屋的风水有利于自己和自己的后人，客家人在修建房屋的时候，首先要聘请风水师傅实地勘察选址，勘察的手段主要有两种，一种是目测，即通过观看场地周边的形势来判断风水的好坏，一般要求屋后要有靠山，最好是一重重的高山并且山上应该树木茂盛，如果是单独的孤峰且山形丑陋，树矮草稀则不佳。屋前要有河流流过，最好呈玉带式迂回曲折流过门前，场地应坐落在河岸的凸出部，如果位于河岸的凹入部，河流形成"反弓水"，则选址不祥。建筑的前面要有朝山，朝山最好呈笔架形，如有一重一重的峰峦亦佳。大门前沿近处延伸的山坡，要有一个"案"，似人齐胸般高，以屋朝得过，能看到前景为宜。房屋两旁，左右砂手的山，必须左厢的山岭较高，右厢的山岭较低。所谓左青龙，右白虎。青龙山要高，白虎山则宜低。因青龙必须压过白虎，否则不吉利。且白虎山必须是泥山，如果石山就不行。如果白虎山的自然形象如张开嘴巴的形态，那就更不利，因象征着老虎要吃人。另一种是罗盘细测，即通过罗盘来对屋场或房基进行慎重细致的勘测。一般是以南北极为中心，来对天星、水程、峰峦等观察而确定建房的地点和方位。实际操作中，地理先生一般是目测和罗盘并举。当风水师测得山、水、峰等自然条件都好的场地后，有的要在选定的屋场上大声喝彩，称为"龙文赞"，风水师会大声说："伏冀，昆仑山上发龙祖，龙子龙孙一齐来。前有朱雀双双飞，后有白虎钻莹堂。左边青龙弯转，右边白虎转转弯。一要千年富贵，二要万代封侯，三要房房生贵子，再要户户进田庄，五要五子登金榜，六要六个都丞相，七要七十二贤人。八要八仙来漂海，九要男人为宰相，十要女作一品堂。门前狮子双开口，龙楼凤阁拜门楼。桅杆门前双双起，桅杆上面插黄旗。黄旗上面七个描金字，榜眼探花状元郎。从今依吾祝赞后，荣华富贵与天长。"

完成建筑风水的选址后，便开始建筑的建造工作，客家民居的建造是一个复杂的工作，客家人认为建房、嫁娶、丧葬是家庭三件大事，其中又以建房为头等大事，因为受到古越族"巫"文化的影响，客家人相信万物有灵，他们认为在自己生活的赣南山区，小到一棵树木，大到一座山峰都有自己的灵气，这些灵气中所蕴含的神秘力量可以影响自己和家人的生活和命运，为了求得吉祥的力量对自己和家人的保佑，他们在建房的过程中会加入一系列的礼仪。客家人的民居营造一共有十道礼仪，包括选址、动土、起脚、安门、排梁、包挑梁、发梁、升梁、圆工和迁居。

---

① 钟家新. 客家人"风水"信仰的社会学分析[J]. 刘丽川译. 张静校. 客家研究辑刊，1998（1–2）。

动土就是在风水先生确定建筑的朝向和场地位置后，由风水先生选定黄道吉日、吉时和吉刻，泥水师傅按屋主建造房屋间数的大小、长短的需要，在场地上立桩开线，沿线画好石灰图。请道士起符，用一方木上画张天师之符，顶端扎上红布，插入屋场的后龙土中，其前焚香烛。时辰一到，便宰鸡鸣炮，以谢土神，然后在之前画好石灰土的范围内破土开挖，动土的最初几下会由泥水师傅先挖，然后由小工接着挖，泥水师傅则走到房主面前拱手祝贺："今日动土做新屋，保佑年年大富足。今日良辰起新居，祝贺东家代代着朝衣。"房主则回敬师傅："多谢师傅金言。"并掏出一个事先准备好的红包给师傅。红包内包多少钱一般由屋主定，最好是九或六，忌逢八的数字（因为客家人有"七胜八败"的俗语）。房屋的基础槽坑挖好以后。泥水师傅务必按照屋主选定的时辰下石起脚。客家人的起脚，一般有三种情形：第一种是按前朱雀后玄武、左青龙右白虎的顺序，依次下石砌基，但并不是全砌，仅仅是象征性的砌基；第二种是按照东、南、西、北的顺序砌筑四个墙角；第三种是按照当年的大吉方向砌筑，如乙亥年大利南北，则基脚从南、北起砌。

"安门"是整个建筑营造中的重要礼仪，"安门"之前先请风水先生根据房主的生辰八字，选定良辰吉日。"吉日"这一天先把门脚石砌好填平，大门门框上张贴喜帖和对联。等时辰一到，便将大门抬上去，同时鸣放鞭炮两边托门的人同时齐声高喊："高升！高升！"这时泥水师傅要呼赞说："起造大门四四方，一条门路通长江，男人出入大富贵，女人出入得安康"。或曰："伏冀，日吉时良大吉昌，今日登门时候正相当。新架大门八字开，左边进宝右进财。丁财些些年年旺，万物招从门中来。魁元叠叠由此去，秀才森森步玉阶。黉宫士子科科有，文武公卿拜门来。弟子今日祝赞后，合门吉庆瑞迎来。"[①]之后东家要给师傅一个红包，感谢师傅安门安得吉利。

"排梁"：赣南客家人的传统建筑分两层，下部高，上部矮，下层空间用来住人，上层空间则主要用来放置杂物。当房屋的墙壁砌到安放楼梁的位置时，便要将楼梁安放上去，客家人俗称这一工作为排梁也叫排楼梁，一楼楼梁的排列要求平整有序，以方便二楼的施工。一楼排梁完成后，屋主必须给师傅敬上红包，表示第一层已经结束，楼板梁也排得四平八稳，感谢师傅劳苦功高，第二层马上就要开始，希望师傅再接再厉做得更好。这次分发红包不仅给泥工，也给木工师傅，因为楼梁是木匠做的，排梁时还得木匠和泥匠协力完成。除给师傅外，还要给徒弟红包。因为如果只给师傅而不给徒弟的话，怕徒弟会捣东家的"鬼"。当地盛传：匠人是吃千家饭的，嘴灵手巧。若得罪了匠人，匠人有意讲些不吉不利的话或者在施工中搞点小名堂，都会招致日后东家居住时的不吉利。

"包挑梁"：当楼上墙体砌到一定高度时，便要将挑檐木包入墙内，俗称"包挑梁"或"包跳手"。其功用是挑起墙外出檐的荷载。这根挑梁是外部装饰的重要构件，过去一般都会对它进行艺术化的处理，少数也会用斗栱装饰。挑梁包成后，东家又要给师傅发一次红包。然后，在其上再排一层梁，俗称"三架梁"。也有的只象征性地排若干根细梁，也不钉楼板，表示第三层的雏形。这以上两侧的墙叫"山墙"。山墙上顶着瓦梁和栋梁。

"发梁"：按赣南地区的风俗，做房子凡建有厅堂的，都要做栋梁，栋梁通身油红色，

---

① 曾祥裕. 赣南客家围屋风水综述[EB/OL]. http://blog.sina.com.cn/s/blog-4b0139e801000cho.html.

故民俗称之为"红梁"。它位于厅堂的脊瓦梁之下，人们踏进厅堂，仰首一看，便能望见这根红梁高高横卧在厅堂的顶端，在功能上，栋梁并不承载荷载，仅仅起到稳定两山山墙的作用。但是由于栋梁所处的特殊位置，而具有了很大的象征意义和神圣色彩，客家人认为栋梁是整栋房屋中最神圣、最重大的构件，也是整幢房屋的保护神。客家人认为栋梁可以保佑家族家运亨通，人财两盛，世代荣昌，万载兴隆。在赣州的客家人的建筑营造中，栋梁从采伐到升梁归位，都有很重要的仪式。

制作栋梁的第一步是"发梁"，所谓"发梁"就是采伐木材制作栋梁，因为客家人避讳"伐"这个带凶杀的字，所以改称"发梁"。客家人通常在房屋动土起脚之前就在山中选好制作栋梁的木材，"发梁"的当天由木匠师傅代领众人进入山林焚香点烛，鸣放鞭炮，木匠师傅手举雄鸡（不宰杀）呼赞曰："伏冀，日吉时良大吉昌，发梁时候正相当。沾大恩，谢君王，满门勇跃迎红梁。红梁何处去？今日提报你厅堂。兄作将，弟做相，兄弟双双进朝堂。从今为我祝赞后，荣华富贵与天长。"赞后便砍伐做栋梁的树（发梁），树砍倒后，去除枝叶留下树尾抬回。栋梁材抬回家后，要进行加工制作。进行长度加工时，又要先呼"截梁文"赞："天开文运大吉昌，吉日吉时截红梁，以你千年之灵气，能发万年之祯祥。我把斧锯来修整，永镇华堂以兴旺。人文蔚起科甲第，富贵荣华万年长。"然后下锯切裁。栋梁的长度也有讲究，它要求栋梁两头出山墙面3.7寸，或者4.7寸、5.7寸，总之尾数要逢"七"这个吉利数，而梁之大小则不论。客家人认为梁出头也就是象征"出才"和"出财"。两边出材的长度一样，表示对家内各房之间不厚此薄彼，大家都"发"的意思。栋梁锯好后，表面还要进行加工。在弹好墨线砍下第一斧之前，还要呼"开梁面"赞："伏冀，日吉时良大吉昌，今日开梁面时候正相当。鲁班仙师云中过，看见此树好取梁。请到公园来砍伐，抬来家中好取梁。五尺一过定身长，墨斗曲尺定方圆。斧头一过定四方，刨木一过王气显。头像王龙尾像凤，争授华堂万万年。"梁面加工完毕，还要钉梁弯，即在两头加厚，加工成月梁式样。下钉前，又要呼"钉梁弯"赞文："伏冀，日吉时良大吉昌，今日钉梁弯时候正相当。梁弯出在泰阳山，泰阳山金银宝。铁扇公主造梁弯，梁弯出得千百万。贤东十字街头过，将钱买来正栋梁。鲁班弟子亲祝赞，争授华堂万万年。"[①]

"升梁"：山墙砌好后，房屋高度已经定型。接下来便要进行整个房屋营造过程中，最隆重的仪式——升梁，即将栋梁放上去。升梁的时刻，必须是一个由风水先生算定的黄道吉日，这一天亲友乡邻都会前往庆贺，参与建筑营造的风水先生、木匠师傅、泥水师傅都要到齐祝赞。新屋大门上要换上新的对联。升梁时刻来临前，要先将栋梁抬入工地。但不得落地，并要按吉利的方位，用条凳垫起。栋梁上贴着红纸（或直接油漆书写），上书诸如"万代兴隆"之类的富贵吉祥语。木匠要在新的厅堂一角，贴上用红纸抄好的"符章"等上梁时辰一到，便在热烈的鞭炮中开始上梁的庆典仪式，首先由木匠师傅呼"暖梁"祝文："伏冀，日吉时良大吉昌，今日暖梁正相当。此树月宫梭陀树，今日拿来作栋梁。栋梁头上金鸡叫，栋梁尾上凤凰啼。栋梁背上麟麒产子，栋梁肚下燕语鸟啼。弟子今日来祝赞，男增万福女千祥。"然后，将三个盛满酒的酒杯，分别放在红梁的头、中、尾上。

---

① 曾祥裕. 赣南客家围屋风水综述[EB/OL]. http://blog.sina.com.cn/s/blog-4b0139e801000cho.html。

各位先生、师傅手执酒杯，开始"祭酒"仪式。首先祭天地，然后泥工和木匠成双成对手举酒杯，用对口词的形式，相互祭酒呼赞。以上升梁祝赞仪式结束后，便开始升梁归位。先用两根麻绳分别系在栋梁的梁头和梁尾，众人齐喊："红梁高升！"然后梁头徐徐先起，梁尾稍后跟上。站在"跳手"上的两个人在一片喝彩声中，缓缓将梁吊上。先在跳手上放一下，解去绳子。随后，双手平托红梁，同向山墙顶峰走去。到了山墙顶峰，慢慢地把栋梁放到预设的位置上。一边放，新屋上下的师徒、帮工和观众一边齐声呐喊："红梁高升，高升，高升，再高升！"在喊最后一个"升"字，红梁要正好到位，然后，将预先准备好的内装米谷杂粮的四只红布袋，一边一对，挂在红梁上。升梁时客家人最忌三件事情：①忌说不吉利的话，更忌系梁绳断。②梁头要先上，忌梁尾倒上。③忌用泥刀在红梁上剁砍。

"圆工"：红梁归位后，接下来便是排瓦梁、钉瓦桷、盖瓦。最后是筑栋子和筑瓦檐。到此，建造新屋的外貌工程全部结束。剩下的就是外墙粉刷和内部装饰了。"筑栋子"即做屋脊。"筑瓦檐"也就是做瓦头滴水，俗称"做出水"，使瓦面的水能顺利流出屋檐外面，因此它又叫"落成"。筑瓦栋和做出水，东家是要包红包的，象征工程圆工。圆工后为了表示庆贺，东家要举行盛大的"落成"圆工酒，也是建房过程中第三次和最大的一次宴会，要将所有的亲朋好友以及参与了建造的所有师傅和小工统统请到。宴会上，东家喜气洋洋地把红包、工钱和礼物，一一拱手敬给师傅们。师傅则起身双手接过，高举封赠道："新屋新居，大发大贵。"吃完圆工酒之后。木匠师傅还要将上梁时贴在厅堂一角的"符章"揭下，边揭口里边念"讨师文"，念完送到河边焚烧。

"迁居"：新屋建成后，要择吉时迁居新宅，俗称"搬火"或"过火"。迁居时，家长从原灶膛中，取得火种或点燃火把，俗说"接火种"。出门时鸣放鞭炮，邻居亦来鸣炮相送，俗称"送火"。然后，率领全家拿家什和五谷种子，鱼贯入新宅。到了新宅，主人鸣炮，新邻居也鸣炮相迎，俗称"接火"。接着，主人先在厅堂点香烛，祷告祖先，再到厨房祀祝灶神，然后将火种移入新灶。

赣南民居的营造，是一个充满信仰礼仪的过程，它以一种浓厚的、近乎迷信的风俗形式，表达出客家人对于神灵、万物的敬畏。这种文化本身也表现出客家人对于人与自然和谐相处的生活理念的追求，在客家文化中自然应该被尊敬和敬畏，人对于自然的改造应该是在顺应自然力的前提下来实现，客家文化反对对于自然的肆意征服和破坏，他们相信对于自然的破坏最终会以灾难的形式降灾在破坏者自己、家人以及后代的身上。这其实是一种极为朴素和实用的环保思想是客家人在山区生活的经验总结，这一思想对于今天人类的空间营造活动和社会发展都有极好的借鉴作用。

3.5.2 客家文化影响下的城市空间营造活动

1. 儒家文化的影响

儒家文化对赣州城市空间营造活动的影响主要集中在对于"礼制"的强调上，《周礼·考工记》中记载："匠人营国，方九里，旁三门，国中九经九纬，经纬九涂，左祖右社，前朝后市，市朝一夫。"《周礼·考工记》为中国古代的城市空间营造提供了一个标准的形制，受到《周

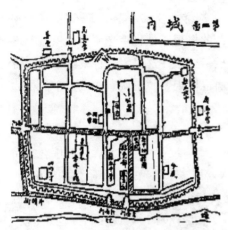

图3-27 广东梅州古城空间格局图
资料来源：俞万源．梅州城市空间形态演化及
其成因分析[J]．热带地理．2007（4）

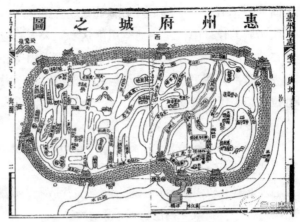

图3-28 广东惠州古城府城图
资料来源：http://sns.huizhou.cn/read-htm-tid-75709.html

礼·考工记》的影响，客家人聚集的梅州（图3-27）和惠州（图3-28）的城市空间形态基本上都是方形，惠州城南由于受到西江水系的影响略有弯曲，但是城市的形式基本上保持为一个长方形。五代赣州的城市形态为一个不规则的龟形（图3-29），从形式上不同于《周礼·考工记》中城市规定的方形，似乎不合于礼制。但如果深入研究赣州的设计思想可以发现赣州的"龟形"，恰好是对于礼制思想的深化与提升。中国传统礼制是通过各种仪式、制度的设计来实现对于"夫权""父权"和"王权"的推崇，其中对于"王权"的推崇是礼制的最高目的，也是其在城市空间营造中运用的最终思想表达。赣州的"龟形"恰好是对于"王权"思想的表现，龟在中国人的心目中象征着长寿，中国俗话说"千年的王八，万年的龟"，杨筠松将赣州设计成一个"龟"形恰好象征着卢光稠"王权"的长长久久。此外，在中国神话中龟、蛇合体象征着中国北方的真神"玄武大帝"，赣州境内有九条河流共同汇聚于赣州城北的八镜台下，古称"九蛇聚龟"，"九蛇聚龟"恰好构成了一个北方大帝"玄武"的形象，客家人来源于北方，他们对于北方的故土具有一种微妙的族群感情，五代时的赣州统治者卢光稠是东汉儒将卢植的后代，他统治下的虔州、韶州是当时客家人主要的聚居地。他将自己居住的虔州（赣州城）设计为一个"玄武"的形式，暗含了他受天意管理和保护由北方南迁到这里的客家人的意思。

儒家讲究"君权神授"，这里的神就是"天"，他们认为天子是"代天巡牧"，天子的权力来源于"天"，只有获得"天"授权的统治者才具有合法性，反之则是"反贼"和"逆臣"。儒家相信"天人感应"，他们认为天象的变动往往预示人间的变换，特别是天子作为"天"的儿子，更容易受到天象变动的影响。古人相信天的最高统治者"天帝"居住在北斗七星顶端的紫微星中，对应到人间，

图3-29 赣州古城府城图
资料来源：赣州市地方志[Z]．清，同治年编

人间的统治者天子必须居住在城市北方的中央位置，这样才能够"奉天承运"。杨筠松在赣州城的设计中，完美地运用了这套"天人感应"的思想，他将卢光稠的"王城"设计在城北的中央，并将城市的两条主要街道阳街和横街交会在这里。这种设计手法一方面表现了卢光稠王权"奉天承运"的地位，另一方面也体现了"王城"在城市中的核心地位，凸显了王权的重要。

2. 移民文化的影响

客家文化中移民文化对赣州城市空间营造的影响主要表现在两个方面，一是围合空间的营造，二是滨水空间的营造。客家人作为一个外来族群，来到赣州这个陌生的环境后，在心理上具有较强的不安全感，在空间营造上表现为具有很强的空间防御意识。卢光稠占据赣州后，"斥广其东西南三隅，凿地为隍三面阻水"[①]，在唐代赣州城的基础上，向东、西、南三面扩展城市，并将扩展的地区用高大的城墙紧紧地包围起来。扩展后的赣州城，东临贡江，西临章江，北面是赣江，只有城南一处和陆地相连，卢光稠在这里开挖了绵延 3km 的护城河将城市严密地保护了起来。五代时的赣州有土筑城墙 6900 多米，其中除城北的 800m 为唐代修筑外都是五代卢光稠时新建。赣州拥有城门 13 座，但是仅有镇南门和百胜门有吊桥可供大量居民和军队出入，其中镇南门修筑有双重瓮城城墙高大厚实，易守难攻。而百胜门东临贡江，南有护城河，并修筑有一重瓮城，从地形上看，敌军在这里发动进攻的难度要远大于镇南门。镇南门和百胜门之间还修筑有拜将台，可供军事指挥和眺望敌情之用。其他的几座城门仅依靠渡船摆渡供居民和商人往来，如果敌军来攻，只需将所有渡船烧毁，敌军便只能望城兴叹。卢光稠通过"凿地为隍三面阻水"，将赣州城紧密地围合了起来，形成了一座"铁赣州"。

中国古代水运是最为便捷和廉价的交通方式，客家人的南迁过程和河网、水道有着密不可分的关系。北方中原移民先是渡过淮河，进入长江，然后经长江过鄱阳湖，沿赣江水道来到赣州，之后又通过章江和贡江水道进入福建和广东。客家人对水道具有深厚的族群感情，客家人的城市基本上都是滨水而建，比如梅州紧邻梅江，惠州紧邻西江和东江，赣州濒临章、贡、赣三江。对于客家人而言，这些水系不仅仅是保卫城市的屏障也是他们和外界联系的重要通道，在紧邻这些水系的地方，他们会开有城门作为城市和外部交流的场所，五代时期的赣州城市商业最繁华的地方就是濒临贡江的建春门和涌金门，城西的西津门（濒临章江）也是当时赣南和粤北地区的盐运中心。

3. 山区文化的表现——风水文化

居住在赣南山区的客家人，相信万物有灵，他们认为冥冥中有着各自神秘力量可以影响自己和家人乃至自己的后辈的生活。他们相信好的营造风水，可以使自己和后代获得好的生活。这种思想不仅反映在他们对于自己家宅的空间营造中，也反映了客家人城市的空间营造上。风水师们认为赣州是中国风水界的圣地，因为这里是风水形势学派的创始人杨筠松的开山之作。

在过去天子被认为是来自于"天"，古人相信各种天相的运动以及一些神秘力量可以

---

① 赣州府志[M]. 明嘉靖年间刻本。

影响国君的命运和王朝的兴衰，古人通过一套学说来解释其中的相互关系，这套学说被称为堪舆学。在唐代之前，堪舆学被皇家所垄断，下面的普通百姓甚至是一些的官员也都是看不到的。唐末黄巢起义，起义军攻破长安城后，唐僖宗南逃成都，负责掌管星相天台的官员杨筠松携带着他掌管的堪舆秘书，南逃到了赣州参与并指导了五代赣州城的营造。

一个好的风水讲究背有靠，前有照，建筑的四周要有少祖山、靠山、案山和朝山等。今人研究发现，赣州的少祖山是杨仙岭，收水方面以收长生方与临官方的贡江来水及帝旺方章江来水。杨公著的玉尺经之《天机赋》云："生来会旺，聪明之子方生；官旺聚局，食禄万钟。"又云："生与旺而同归，人共财而咸吉。"赣州收砂方面将冠带方的乳峰和临官方的峰山收为己用，合玉尺经所云："荐元官贵文峰，科甲连登。"而帝旺方的山峰相连合玉尺经之："丙午丁秀拔，独占乎魁元。"只可惜帝旺方的山峰高度都较矮，水口不关闭，水口出胎宫则应玉尺经所云的："情而过亢，则仕途欠展"，秀仕和文生仅南市街恩赐状元池梦鲤一人。吉水良砂，产生了极佳的风水效应。杨公以城墙将赣州皇城团团围住，使其生气聚而不散，也达到藏风聚气、抵御外敌的作用。赣州古城的风水考证如下：赣州古城的涌金门城墙赣州城的祖山是崆峒山，龙脉经杨仙岭蜿蜒至天竺山，落脉于郁孤台为龙尽气钟。

风水形势学派讲究建筑的八卦方位，今人在研究了赣州的城门后将赣州城门的八卦走势总结为以下几条：

东门，原名东门，街称东门街，有城门二道，内立子山午向，坐戊子火穴。外立子山兼癸，坐庚子土穴。1931—1932年李振球部驻赣州后，改为百胜门，街称百胜路。

小南门，立子山午向，坐戊子火穴。南门，原称南门，街称南门街。1931—1932李振球部驻赣州，南门改为镇南门，街称文清路，建有三道城门，内立丑山未向，坐己丑火穴，中立丑山兼癸，坐己丑土穴，外立子山午向，坐戊子火穴，中道城门刘伯温为制赣州火灾，在墙面砌了一个大坎卦。

西津门，甲山庚向兼卯酉，坐穴丁卯火穴。北门，（刘伯温扦）巳山亥向兼丙壬，坐穴乙巳火穴。

涌金门，丁山癸向兼午子，坐穴戊午火穴（现为申山寅向）。建春门，申山寅向，坐穴丙申（现仍为申山寅向）。

后辈风水师对照明代嘉靖年刻本的古地图后认为，赣州城中各功能分区均符合杨公的风水理法：①赣州府、赣县、察院、都察院等都放在子午中轴线上，赣州府、赣县布局在城市大局的胎位。②文昌塔布局在城市大局的冠带位，文庙、精忠祠、拜将台等布局在城市大局的临官位。[1]（图3-30）

在赣州城的空间形态上，杨筠松将整个赣州城规划设计为一个逆水而上的灵龟。龟首为赣州的镇南门，龟尾为城北的龟尾角。赣州周边有九条水系汇聚于城北的龟尾角，故而号称九蛇聚龟（图3-31），蛇龟汇集象征玄武，象征卢光稠的霸业长长久久。中国古代传

---

① 风水发祥地：中国赣州[EB/OL]. http://www.360doc.com/content/10/0915/22/51593_53951544.shtml。

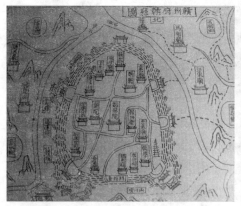

图 3-30　明代嘉靖版赣州府城图
资料来源：赣州府志 [M]. 明嘉靖年间刻本

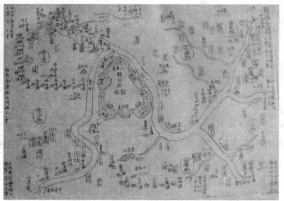

图 3-31　赣州周边水系图
资料来源：赣州市地方志 [M]. 明嘉靖年间刻本

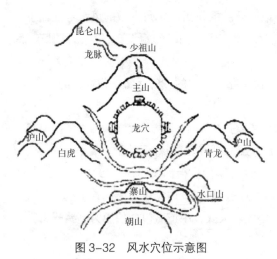

图 3-32　风水穴位示意图

图 3-33　赣州四象图
资料来源：赣州府志 [M]. 明嘉靖年间刻本

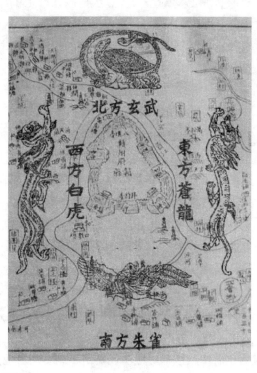

统风水讲究前朱雀，后玄武，左青龙，右白虎（图3-32）。要求青龙要高于白虎，这样才能带来好的运气，否则就会出现白虎吃人的情况，对城市的居民或者是家宅的主人不利，杨筠松对赣州的设计充分利用了赣州的地形地貌，赣州的左边是这座城市最高的山峰也是城市的著名风景区——马祖岩，右边则是一些低矮了很多的小山丘，正好符合青龙昂首、白虎低头的风水要求（图3-33）。

3.6　东晋至五代的赣州城市空间尺度研究

3.6.1　体：赣州"龟城"的形成以及五代城市规模确定的依据标准

1. 唐代的不规则城池到五代"龟城"

唐代之前的赣州城址波动比较频繁，因为水患、战争等影响，赣州城曾经多次搬迁，直到南朝梁承圣元年（公元552年）赣州城才最终确定在贡、章两江合流处的三角地带，唐代的赣州城市形态为一个东西向的不规则的倒梯形，该城市形态顺应了赣州三江交汇的自然地理特点，是中国古代"应天材，就地利，城郭不必中规矩，道路不必中准绳"[①]设计理念的绝佳表现。

五代卢光稠在对赣州进行重新规划设计时，将中国传统的风水思想融入赣州的城市空间营造当中，运用风水中喝形[②]的设计手法，将赣州设计为一个龟形，龟头为镇南门，龟尾为城北的龟尾角。赣州境内的九条河流，汇聚于赣州城下，俗称"九蛇聚龟"，中国古代有祥兽"玄武"，玄武是道家的"真武大帝"，是位于北方的真君，玄武的真身就是一个龟、蛇合体的形状，《楚辞·远游》："召玄武而奔属。"洪兴祖补注："说者曰：'玄武谓龟蛇，位在北方故曰玄，身有鳞甲故曰武'。"《文选》注："龟与蛇交为玄武。"李贤注："玄武，北方之神，龟蛇合体。"五代时的赣州城市形态被设计为"龟形"，并与周围水系相结合共同构成了祥兽——"玄武"的形态，这一设计手法一方面表现了设计者对赣州城市祥和、繁荣的期盼和"赣州王"卢光稠霸业永固的美好寄托，另一方面也体现了卢光稠拥有上天授予的管理和保护客家人的权利和义务。

2. 五代赣州城市规模确定的依据——周边农业区的农业供给量

五代时期的赣州城经过卢光稠的营建后，由唐代的1.2km²，迅速扩大到3km²多，城市建成区面积扩大了3倍，赣州一跃成为了当时长江以南地区城市中规模较大的一座。清代乾隆年间英国特使马戛尔尼《乾隆英使觐见记》一书，对江西赣州府的描述是："夜抵赣州，乃一头等城邑，有城垣围之。"

赣州的城市规模从五代时期一直延续到了民国，直到新中国成立初期，赣州基本上还是延续在五代时赣州的城市框架之内。在中国古代农业社会下，城市依附于农村，城市规模的大小直接由周边农村所能提供的粮食产量所决定。隋朝末年天下大乱，户口大量减少，隋炀帝为了统治的方便曾下令强行将全国各个城镇附近的农民纳入筑有高大城墙的城镇或者是军事城堡内居住，但是由于周边的粮食无法满足这些突然增加的城镇人口的需要，结果反而迫使更多的农民走向了政府的对立面。

中国唐代的城市容积率要远低于今天的城市，人均建设用地指标相对偏高。中国唐代的长安城城市建成区面积为84km²，人口百万人。参照唐代长安规划设计的日本平城京，

[①]　（春秋）管仲.管子·乘马[M].杭州：浙江教育出版社，1998。

[②]　喝形是根据大地自然形状，而对山川河流的形象进行类比，然后依状喝形，再依形进行风水操作。通过喝形将山川地貌拟物化，而且都是比附在瑞兽或吉祥植物形象上，如所谓笔架山、拜将山、龙凤呈祥、帐下贵人、狮子下山、龟山等祥瑞之物，以此变得生动活泼而丰富多彩，让百姓闻之产生美好的想象，以满足他们追求和谐吉祥的心理。

面积是长安的 1/4 也就是 20km² 左右，人口在全盛时约有 20 万人。对两座城市进行分析后可以发现，唐代长安城与日本平城京的人均规划建设用地面积约为 80~100m²/ 人。按照这个标准，根据五代时期赣州的城市面积计算当时赣州城市的规划人口约为 3~3.5 万人。在唐代时，中国南方已经出现了麦稻复种技术但是多集中在长江下游的江南地区，直到宋代特别是南宋时期，才开始在全国得到推广。一般学者认为，五代时期的赣南在粮食种植方面还是以一年一熟的传统种植方式为主。清华大学教授李伯重先生通过对于中国唐代江南地区粮食的亩产量进行研究后发现唐代粮食亩产量如果是一年一熟种植水稻的话，大概是 3 石 / 亩，如果采用麦稻复种技术则为 4 石 / 亩。与此同时在水稻一作制条件下户均平均耕地数为 30 亩 / 户，而稻麦复种制条件下为 20 亩 / 户，每农户家中户均人口为 5 人。[①] 按照唐代每石约为现在的 60kg，一亩折算现在的 0.87 亩，赣州人均粮食消耗量取 300kg/ 人计算，可以得出每户农户年均的粮食消耗量约为 1500kg/（年·户），在水稻一作制条件下，每户农户约有 3900kg 余粮可用于商品交换。在麦稻复种技术下，江南地区每户农户的可用于商品交换的余粮约为 3300kg/（年·户）。

根据唐末江南地区农民可用于交换的余粮量进行计算，若赣州城市规划人口为 3 万人，则需要城市外围约 35.4km² 的农业服务区用以养活城市居民，如规划城市人口为 3.5 万人，则需要 42.6km² 农业服务区。2007 年赣州城市中心城区建成区面积为 50km²，除去 3.2km² 的老城区面积外，剩余的 46.8km² 在五代和宋朝时多数是距离城市较近，且耕种条件较好的城市农业服务区。通过计算可以发现五代时期进行赣州城市规划时，是通过赣州城市周边区域的农业服务能力来决定赣州城市人口容量，再依据赣州规划人口容量来确定赣州城市建设规模。

3.6.2　面：玄武"重城"和城市功能分区的进一步完善

1. "单城"和玄武"重城"

先秦到五代十国，赣州的城市空间表现出了两种形式的空间形态，一为单城，城垣内部没有分隔，城市由单一的空间形态面构成，这种空间布局形态存在于行政等级较低、规模较小的城市发展时期，秦至五代之前的各个时期赣州城的城市空间形态都属于单城。二是重城，也就是城中套城，内城的等级较高，内城内建有宫殿建筑，并有城垣与外城分隔，城市居民主要居住在外城，这种布局形式多见于区域性的行政中心城市中，五代时的赣州城就属于此类。

中国古人有一种"象天法地"的思想，认为地面上的建筑应该与天上的星象相对应，只有这样才能达到"天人感应"的效果。在古人眼中天上星宿中最为尊贵的为紫微宫，紫微宫居于北天中央，它以北极为中枢，东、西两藩（即左枢右枢）共 15 颗星环抱着它。它被认为是玉皇大帝之座，象征着天上的皇宫。因此，人间的皇宫必须与它相对应，布置在城市北边的中央位置。五代赣州的设计者杨筠松为唐代国师，官至金紫光禄大夫，他深知风水之道，所以在赣州的设计中将"王城"建在了赣州城区的北部中央，正对城市南北走

---

① 李伯重. 唐代江南地区粮食亩产量和农户耕田数[J]. 中国社会经济史研究，1982（2）。

向的中轴线——阳街，并修建重城呈拱卫状。

2. 城市功能分区的进一步完善

五代之前的赣州，城市分为位于城区北部的行政办公区、城区东南以光孝寺为中心的宗教文化区、横街以南的居民区三个部分，当时的城市商业还没有突破"里坊制"的束缚，还是被集中地布置在城市的居民区内。五代扩城后的赣州城，城市面积得到了极大的扩展，城市功能也得到了进一步的完善。城市形成了以北部"王城"为中心的行政办公区，城区东南光孝寺和寿量寺为中心的宗教文化区，以城南镇南门为中心的军事防御区，以城东建春门和涌金门为中心的城市商业区和以城西西津门为中心的盐业仓储、运输区。

3.6.3　线：从两街到六街的赣州街道

东晋到唐代的赣州城市主要街道为东西走向的横街和南北走向的阳街，五代扩城以后，随着城市规模的扩大，赣州城市的街道由唐代的横街和阳街变化为六街，这六街共同构成了五代赣州的整个城市框架，成为了连接赣州城市内部空间的结构线。这六街分别是：

（1）阳街。五代的阳街仍然是由州衙通往正南门的城市轴线，只是将唐代的阳街向南延伸到了今天的南门广场的位置。

（2）横街。五代的横街和唐代的走向基本重合，横街的西端是濒临章江的西津门，横街的东段是向东延伸后濒临贡江的涌金门。

（3）阴街。这是五代赣州城内一条东西走向的城市主干道，其西端始于今南京路口，然后由今天的南京路—生佛坛前—灶儿巷—小坛前，抵达建春门。

（4）斜街。斜街呈现出由西北到东南的走向，起点是今天的建国路与阳明路的路口然后由阳明路—和平路—南市路—五道庙，抵达东门和小南门剑街和长街。

（5）剑街和长街是一条街的南北两段，这是一条和东段城墙平行的城市主干道。东段城墙的外面是客货运输繁忙的贡江码头，城墙内侧则形成了与城墙平行的商业街。涌金门到建春门是剑街，建春门到东门（今天的东河大桥）为长街（图3-34）。

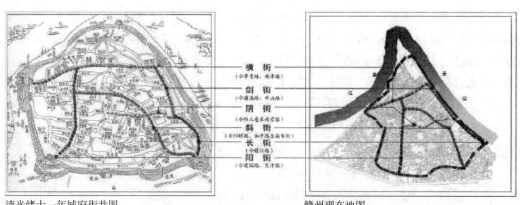

清光绪十一年城府街巷图　　　　　　　　赣州现在地图

图3-34　赣州六街古今对照图

资料来源：邹延杰. 赣州旧城中心区保护与整治规划 [D]. 北京：清华大学，2007

五代赣州"六街"从空间形态上主要有："T"字交叉、"之"字形主街和"一"字形主街三种空间形式。在中国古代大多数城市的城门都不相对，目的是在敌人攻破一座城门后，能够尽可能地拖延敌人进军的时间，从而组织有效的反攻和防御。赣州的城门也是如此，赣州东面的主要城门涌金门和西边的主要城门西津门之间相望而不相对，联系两座城门之间的城市主要道路横街与经镇南门直达王城门楼的阳街"T"字相交。阳街是赣州城市主轴线，也是南北向的城市主要道路，阳街与百胜门之间通过"之"字形的城市主街——斜街相联系。而百胜门与同位于城东的涌金门、建春门之间通过"一"字形的城市主街——长街与剑街相连接。剑街由于联系了位于城东的重要城门百胜门（是当时城东唯一有双重城门的城门）在清代又被称为东门大街。长街则因为联系了涌金门和建春门两座主要的城市商业码头，在当时成为了城市主要的商业街道，在清朝由南向北被称为诚信街、瓷器街、樟树街和米市街。建春门和斜街之间通过一条"之"字形主街——阴街相联系，阴街沿途包括了寿量寺、普济院等宗教建筑，笔者认为阴街为"之"字形街道的主要目的是为了联系城市东南宗教文化区内各主要建筑之用。

3.6.4 点：城市功能的中心节点

1. 城市的行政中心——王城

隋末，林士弘割据赣南称帝，他在今天赣州公安局和赣州五中一带简建"王城"。唐兴后，城区的北侧依旧作为州衙和县衙的所在地。五代时，卢光稠割据赣州，他在赣州田螺岭东北，百家岭以北，八境台以西的城区西北面建设了赣州的"王城"，宋代之后一直作为府治所在地直至清代。王城地势高峻，坐北面南。明朝洪武年间因为要在田螺岭上建岭北道署，有"好事者削而平之"，即使如此，王城的海拔仍然比赣州一般地段的海拔高出十余米。在今射箭坪东北、东溪寺一带保存有一块东西宽 40.30m，南北长 100m，北倚城墙呈三角形，总面积 2000 余平方米的台地，这块台地和八境路的高程相差 12m。这一区域曾挖掘出有大量的板瓦、筒瓦、瓦当、青瓷片、褐瓷片等唐宋时期的历史文物，据考察应为五代时卢光稠王城的旧址所在，1988 年赣州市政府将这一区域划定为"赣五中唐宋遗址"。南宋嘉定十年（公元 1217 年），当时的赣州知军留元刚对于旧王城的门楼（军门楼）进行了改建，明朝洪武初年将门楼改名为宣明楼。现考古发现门楼遗址的情况是：东墙长 25.40m，残高 4.25m；南墙是前门，右残存 7.30m，残高 4.39m，左残存 8.20m，残高 3.7m，全长 44.15m；西墙残存 5.94m，残高 2.58m；北墙存右墙 5.65m，残高 2.80m，其余全圮。整个军门楼呈长方形，东西两侧都有台基（夯土墩），东墙台基宽 9.10m，靠南墙还残存砖阶梯十级，宽 1.13m。西墙台基宽 3.6m，长仅 2.04m，高仅 2.58m，两边台基为王城城垣后被改葺军门楼所用。门楼上镶嵌有宋代的铭文砖，铭文砖分两类，一类墙砖的铭文为"虔化县"，该墙砖应为北宋铭文砖；另一类墙砖铭文为"嘉定十年军门楼砖"，铭文的时代应为南宋。

2. 城市的军事防御中心——镇南门

五代扩城后，位于城市南段的镇南门成为了城市军事防御的中心。在宋代之前，进出赣州主要依靠镇南门和百胜门的吊桥，为了防范敌人从陆路对赣州的进攻，除在镇南门外修筑了宽度达到 30m 的护城河外，还修建了双重瓮城，瓮城是中国古代城市主要防御设施之一，兴盛于五代，在宋人曾公亮所著的《武经总要》中，第一次出现关于瓮城的记述："其城外瓮城，或圆或方。视地形为之，高厚与城等，惟偏开一门，左右各随其便"。五代时的镇南门有三道城门、双重瓮城，而百胜门仅有一重瓮城和两道城门，其他城门则没有瓮城，由此可见，镇南门的防御地位要远高于其他城门。除瓮城外，在镇南门的东侧还修建有一座敌台——拜将台，用以加强镇南门的防御，镇南门外还修建有校场用于练兵、讲武之用。

3. 城门处的城市商业、盐运仓储中心

客家人在族群迁徙的过程中，大量利用水道，他们对水道有一种天生的亲近感。五代扩城后，卢光稠将赣州东、西的城门都开在了紧邻水道的位置。随着城市物流的繁荣，在濒临贡江的涌金门和建春门外形成了城市的商业码头区。当时赣州商业繁荣，往来商旅甚多。水运贸易的繁荣，促使涌金门和建春门成为了唐末赣州的城市商业中心，联系两门之间的剑街成为了赣州主要的城市商业街。唐、宋时期的赣州是广东粤盐北上的主要通道，当时的赣州士绅"虽衣冠士人，狃于厚利，或以贩盐为事"[①]。由于盐业贩运活动的昌盛，在章江边的西津门形成了赣州的盐运仓储和贩运中心。

3.7 小结：古越文化和客家文化的互动博弈

从东晋到宋的这段时间恰好是南下的客家人取代干越人，客家文化取代古越文化的时期。作为长期生活在赣州的干越人他们不愿意将自己的家园轻易地交给外来的"客人"，而从遥远的北方迁徙而来的客家人，需要在赣州寻找自己的生存空间，为自己颠沛流离的脚步找一个可以驻足停留的地方。于是当这两个族群相互碰面时，自然而然的发生了相互间的碰撞和融合，这一碰撞过程的结果对于干越人来说，是一部分干越人被迫迁徙到了更为遥远的地方，而另一部分则融入到了客家人当中的过程。对于客家人而言，他们首先获得了一个可以躲避北方战火波及并可以驻足停留的地方，赣州优越的地理位置也有利于他们向广东和福建地区的发展；其次，赣州特殊的地理环境也决定了干越人无法被迅速消灭，为了防范当地土著对于他们可能的进攻，他们将中原传统的坞堡建筑引入了赣南，这一做法使得坞堡建筑在中原地区消失的同时，又在赣南以另外一种方式出现；再次，一方面为了适应新的生活环境，另一方面也为了缓和和干越人之间的矛盾，获得一个和平的生活环境，他们开始向原来生活在这里的干越人学习，很多古越文化中的要素也逐渐融入到了客家文化当中。

3.7.1 多山封闭的自然环境对赣州空间营造的影响

赣州全境以山地和丘陵居多，山地和丘陵的面积占到了赣州土地面积的81%，这种多山封闭的环境对于南迁的客家人产生了两个影响，一方面，多山封闭的环境使他们可以免于外部的战祸，在当时战乱频繁的大背景下获得了一个相对安宁的发展环境；另一方面，

① （元）脱脱，阿鲁图. 宋史·食货志[M]. 刻本. 1480（明成化十六年）。

多山的环境特点决定了客家人无法很快取代干越人，客家文化也无法很快的取代古越文化，两个族群和文化之间在赣州处于一种并存的关系。只是随着客家人的逐渐增多，客家人在规模上超越了干越人，并最终成为了赣州地区的主体族群。这种族群并存的局面，迫使客家人加强了自己营造中的围合性，在民居的建设中将中原已不多见的坞堡建筑引入了赣南，营造出了赣州的客家围屋。在城市的营造中，以卢光稠为代表的客家人"斥广其东西南三隅，凿地为隍，三面阻水"，利用高大的城墙和宽阔的护城河将自己紧密地围合了起来，营造出了一个具有很强对外防御性的城市空间。

文化上的并存，使得文化间的互动成为了可能，客家人开始将一些干越人慢慢的融合到自己的族群当中，在融合的过程中古越文化中的一些文化因子也开始慢慢的融入到客家文化中，并影响了客家的空间营造。

3.7.2　古越族"巫"文化与客家堪舆文化的互动：客家风水文化

"巫"文化是古越文化中一个非常重要的组成部分，"巫"文化的形成一方面是古越人受到楚文化影响的结果，另一方面也是他们适应赣州地区自然环境后的产物。早期的赣州瘴气袭人，虫蛇出没，自然环境并不优越，为了在这种相对恶劣的自然环境下让自己获得好的居住生活环境，古越人总结和研究出了一些方法。但由于古越人的知识文化水平不高，对于这些方法难以总结归纳，加之掌握这些方法的人多是一些部落中的巫师，于是他们便将这些方法与"巫"文化相结合在了一起。唐代之后，大量的中原移民来到赣州，他们将中原的堪舆文化也带到了这里。随着这些客家人和干越人之间的相互融合，古越族的"巫"文化和被客家人带来的中原堪舆文化之间发生了交流。中原的堪舆文化和古越人的"巫"文化在本质上都是人们追求优越的生活环境的工具，而且两种文化都崇尚冥冥中的神秘力量，于是两种文化在互动的过程中，逐渐开始融合，并最终形成了具有客家特色的风水文化，风水文化也成为了影响客家人空间营造的重要的指导思想。

3.7.3　个人诉求的体现——风水与营造

由于受到古越族"巫"文化的影响，客家人相信风水可以借助自然中的神秘力量，实现人的诉求。他们认为风水师可以借助这种神秘力量达到自己的某种目的，即使是在风水师死后，他的某样风水营造也可以使自己的诉求得到实现。

第4章 宋至晚清的赣州城市空间营造研究

4.1 时代背景

4.1.1 唐朝梅岭古道的开通和海上丝绸之路的繁荣对赣州城市发展产生了积极的刺激作用

唐开元四年（公元716年），岭南人宰相张九龄督军重凿梅岭古道。张九龄（公元676—740年）韶州曲江人，在武则天时进士及第，在唐玄宗时历任宰相等要职。张九龄家住大庾岭之南的广东韶关，他赴京赶考和回家省亲都需要经过大庾岭，当时的大庾岭通路经过上千年的发展早已经是不堪重负，"人苦峻极……以载则曾不容轨，以运则负之以背"，山路崎岖商旅难行。而同时期的广州已经是唐朝进行海外商业贸易的一个重要港口，"海外诸国，日以通商"。交通的不便极大地制约了内地和广州之间转口贸易的发展，所以张九龄于玄宗开元四年（公元716年），上书朝廷建议新辟大庾岭驿路，玄宗皇帝准其奏，并委任他为开路主管。张九龄受命后，督大军重凿梅岭古道，"缘磴道，披灌丛，相其山谷之宜，革其坂险之故"，进行实地勘测。又趁冬季农闲期间，征调农民服役，抓紧施工，终于开出了一条新道。这条新道全长30多里，路宽5丈，"坦坦而方五轨，阗阗而走四通；转输以之化劳，高深为之失险"，大大方便了行走与运输，由于新的梅岭古道的开通，赣州与岭南的联系更加方便。内地的货物可以通过赣江运送到赣州，再通过赣州运送到广州，借以出海（图4-1）。

唐代中后期以后，由于受到吐蕃等少数民族势力控制西域和当地沙漠化形势加剧的影响，楼兰古城、尼雅古城等西域重要的商路中转站开始被迫荒废。宋朝建立后，和宋朝分庭抗礼的西夏王朝控制了现在中国的甘肃、宁夏的大部分地区，整个丝绸之路被拦腰切断。与此同时，因为中原商业文化的逐渐繁盛和宋朝需要每年支付巨大的岁贡给辽和西夏的巨大财政压力，迫使政府和民间加大了对于海上贸易的依赖。中国的对外贸易开始转向南方，海上丝绸之路开始逐渐兴盛。广州和泉州港成为了当时整个中国最主要的两个对外港口，这两个港口的关税收入在当时很大程度上支撑了宋王朝的经济。赣州城外的贡江联系着泉州，章江联系着广州，内地向泉州和广州城转口贸易的繁荣，刺激了当时赣州城的发展，特殊的地理位置使得赣州在唐宋以降的城市发展达到了它历史上的一个巅峰。

图4-1 唐代大庾岭驿道图
资料来源：赣州市城市展览馆

明清两代奉行"海禁"，特别是清朝只留广州一个口岸和外国通商，广州对外贸易的繁盛，导致赣州城在当时空前繁荣，在荷兰商使约翰·尼霍夫《荷使初访中国记》中记载："站在城墙上向北望去，可看见来自数省的数不清的船只。这些船只都要经过此地，并在此缴纳通行税……"[①]。

4.1.2　十八滩的开通对赣州航运的影响

北宋嘉祐年之前，赣江上游的十八滩一直是赣州航运的主要障碍，从诸潭到万安良口一百多里的水路上有上十八滩和下十八滩，36处险滩。四处礁石横行，险象环生。关于这个十八滩还有一个神话故事，话说当年杨筠松为卢光稠选定城址后，认为赣州城九蛇聚龟，风水极好，美中不足的是赣州北方的赣江江水浩浩荡荡北去，冲去了赣州城的王气，杨筠松对卢光稠说，如果能在赣州城北二十里地的储潭将赣江的江面堵小一点使得赣江的水流变小，赣州便会成为京城。卢光稠称帝心切，一面命人筑皇城，一面令杨筠松做法堵水。于是，杨筠松就做法将石头化为猪仔，赶着这些猪仔向赣江的下游走去，以堵住赣州的王气。途中杨筠松因为太累就在赣江边休息了起来，这时天上的菩萨刚好下凡看到了这些石头就想看个究竟，于是便做法把它们藏了起来。杨筠松起来后发现猪仔不见了，但有一个老妇人在江边就上前打听："请问您有没有看到一群猪仔啊？"妇人回答："猪仔没有看到，只是看到了一堆石头。"杨筠松知道自己已被识破就逃之夭夭了，这些石头就留在了赣江的上游成为了后来令人闻之丧胆的赣江十八滩。

神话毕竟是神话只能听听而已，其实赣江中的十八滩古时就有，公元8世纪时当时的赣州刺史路应就组织过军民对十八滩小有开凿。但是开凿后，也只能供小船在江水风平浪静时经过，吨位稍微大些的船只便很难通行。北宋嘉祐年间，赣州贡江大旱，十八滩的礁石在此时多数裸露了出来，当时的知州赵卞便利用这个千载难逢的机会组织军民对赣江上这个老大难的十八滩进行了极为有效的开凿。开凿后的十八滩，百吨级的船只可以通过，极大地提高了赣江赣州段的货运能力。赣州城"商贾如云，货物如雨"的繁荣景象借此契机得以实现。

4.1.3　客家人南下的影响

唐宋之际，北方战乱频繁，大批中原汉民为了躲避北方的战乱而纷纷逃难来到了赣州，这一批北方移民被称为客家人，他们大多保留有中原地区传统的文化和生活习俗，随着他们与赣南地区原住民干越人的相互接触，很多干越人也被融合进入了客家的族群体系当中。唐宋时期，客家人已经成为了赣州地区最为主要的族群，五代时期的"赣南王"卢光稠、谭全播以及与卢光稠一起主持了五代赣州城市营造的杨筠松都是客家人[②]，这些客家人来到赣州后，带来了北方先进的生产力和科学技术，以及赣州开发所需要的巨大的人力

---

① 李海根. 三百年前荷兰商使眼中的赣州古城[N]. 江南日报，1999-8。

② 赣州三僚村曾氏族谱记载："杨公仙师祖籍山东窦州府，父名淑贤，剩三子，长曰筠翌，次曰筠殡，三曰筠松。杨公仙师名筠松，字益，号救贫，生于大唐中和甲寅三月初八戌时。幼习诗书，一览无遗，十七岁登科及第，官拜金紫光禄大夫之职，掌管琼林御库。至四十五岁，因黄巢之乱，志欲归隐山林，偶遇九天玄女，授以天文地理之术。"明朝嘉靖十五年（公元1536年）董天锡编撰的《赣州府志》记载："窦州杨筠松，僖宗朝，官至金紫光禄大夫，掌灵台地理事。黄巢破京城，乃断发入昆仑山。过虔州，以地理术授曾文迪、刘江东。卒于虔，葬雩都药口坝。"

资源，资料显示从唐天宝元年（公元742年）到唐贞观十三年（公元639年）赣州的户数增长了4倍，从唐天宝元年到宋崇宁元年（公元1102年）赣州的户数增加了10倍以上（图4-2），这些客家人的进入为赣州地区的开发打下了坚实的基础。大量客家人的迁入刺激了赣州城市的发展，在唐代之前赣州地区的人口稀少，生活在这里的客家人分布也比较分散，五代后随着大量客家人的迁入，赣州

图4-2　晋朝到宋朝赣州人口变化情况
资料来源：赣州市城市展览馆

城市规模快速提升，五代的赣州城城市规模已达到3.2km²，较之唐代扩大了3倍。

　　这一时期，迁入赣南的客家人多数是以家族作为迁徙与定居的基本单元，他们延续了中原地区的家族文化，并将它以建筑——围屋，文化表现——族谱、门楣等的方式鲜明地体现了出来。这些客家人在保持自己中原传统文化的同时，随着与赣南原住民——干越人的文化交流的增多，将很多干越族的文化元素也纳入到了客家文化当中，例如客家的风水文化就是古代中原堪舆文化与古越族巫文化相互交融后的产物。客家人的南迁，不仅带来了先进的生产力和更多的劳动人口，还带来了北方的中原文化，中原文化与古越族文化的相互融合产生了一种新的族群文化体系——客家文化，唐宋时期以及之后相当一段时间内的赣州空间营造就是客家文化影响下的产物。随着客家人的迁徙（图4-3、图4-4），客家文化的影响力还扩散到了其他的地区与国家。

4.2　宋代对赣州城的呵护与保护

4.2.1　孔宗瀚修城

　　五代时卢光稠的扩城将贡江边的河滩地也纳入到了城墙当中，由于这一区域地处当时赣州城主要的交通要道口涌金门附近，邻近贡江水道，所以很快发展成了赣州主要的商业

图4-3　客家迁移路线图
资料来源：《广州日报》2007年10月22日

图4-4　客家迁移示意图
资料来源：罗香林.客家研究导论[M].台北：古亭书屋，1975

图 4-5　赣州城墙火炮（作者自摄）

图 4-6　赣州炮城（作者自摄）

图 4-7　炮城中的炮眼（作者自摄）

图 4-8　赣州砖城墙（作者自摄）

图 4-9　赣州北门（作者自摄）

街区。但是由于这一地区地势较低，并且濒临贡江，所以经常发生水患，又加之卢光稠所修筑的城墙是土城，靠近河流，所以经常被洪水冲坏，史载："贡水直赴东北隅，城屡冲决。"北宋嘉祐年间（1056—1063年），著名教育家孔子的46代孙孔宗瀚担任赣州知州，他看到赣州城墙每每被洪水冲坏的现状，决定依靠当时的技术，使用砖石修筑一道坚固的城墙，这道城墙就是现在的赣州古城墙。他"伐石为址，冶铁固之"，就是说利用砖石包砌修筑城墙，并同时将冶炼出的铁汁浇铸在砖石的缝隙里以增加城墙的坚实度。孔宗瀚修筑的赣州砖城在后来又经过了历代的修缮，宋代时曾经在宋代熙宁、乾道、淳熙年间先后对十三座城门中的西津门、建春门和镇南门以及周边的城墙进行过修缮。元朝时城墙倾覆，至正十三年（公元1353年），监郡全普庵撒里重修。元末，陈友谅的部将熊天瑞占据赣州后，对赣州城墙进行了简单的修缮。有明一代，赣州官员曾经在吴二年（公元1368年），成化二十一年（公元1458年），弘治六年（公元1493年），九年、十三年多次对赣州古城墙进行过修葺。正德六年（公元1511年）当时的赣抚周南将赣州城墙修缮一新，这次修缮后的赣州城墙"周回十三里，为丈二千五百十二有奇，崇三丈，警铺六十三，雉堞四千九百五十二"。清咸丰年间（公元1851—1861年）为了防御当时的太平天国起义军又增修了五座炮城：东门炮城、南门炮城、小南门炮城、西门炮城和位于东北方向上的八境台炮城（图4-5~图4-9）。

　　新中国成立后经过实测发现赣州城墙全长6900m，城墙高度为5~7m，城墙的最低处在涌金门一带高4m，最高处在城市的西北一带高11m多。因赣州城西北高东南低的地形特点，所以西北段城墙至新北门城墙之间的高程相差4~5m（从11m下降至6.4m）。从八境台至东河大桥段，是卢光稠扩城后新纳入赣州城区的地段，因为地势相对较低，所以在过去是洪水经常浸淹的区域，也是赣州城墙防洪的重点区域，这一区域有城墙约2000m左右，城墙高6~7m，因为该段城墙具有防洪的实际功效；

所以在 20 世纪 50 年代"破四旧"的时期，该段城墙没有被拆除，相对比较完整地保存了下来，现在该段城墙垛口完好段达 2420m（西津门至八境台段 460 余米，八境台至大河段 1960m），垛口失修段为 1100 余米。赣州解放后保存下来的城门有五座，分布为：镇南门、西津门、涌金门、建春门和百胜门，另外有永平、后津、朝天、永通、贡川、安教、龚川、兴贤八座城门在清朝时就已经闭塞不再使用，1958 年赣州市拆除百胜门经镇南门至西津门的南段城墙后，在旧址上利用拆下的城墙砖修筑了宽 80m 的红旗大道作为当时的献礼工程。赣州现存城墙为沿章江和贡江分布的东、西两段城墙，西段从西津门沿章江至八境台，东段从八境台沿贡江经涌金门、建春门至原百胜门旁（今东河大桥）止，两段城墙共 3664m。此外，南段古城墙沿拜将台址还有 52m 尚存，1990 年 10 月又发现赣州养济院南的城墙墙基 41m。经赣州市博物馆 1990 年调查发现现存赣州古城墙中宋代石墙 25.25m，宋砖墙 19.80m 还有养济院南宋砖墙基础 41m，这三段基本上是宋代旧墙原貌，其余部分多为历代修缮后的产物。赣州西至西北沿赣江和章江一段城墙因地势高，故设有保护墙也叫护坎。保护墙有二级、三级和五级，如明代修葺之嘉熙砖墙位于城西北，下面有二级红条石保护墙。清乾隆五十一年（公元 1786 年）城砖墙同样位于城西北则有五级砖砌护坎，由下而上护坎高 2.8m、1.3m、0.88m、0.81m、1.1m，五级护坎共高 6.89m。下一层与上一层护坎的宽距自下而上分别为 2.08m、1.23m、0.92m 和 3.8m。赣城东部沿贡江一带城墙均无保护墙，砖墙下大抵用 1.8~2m（个别高达 3m）的红条石垫底，可抗洪水冲击。[①]

在宋、元、明、清各代对赣州城墙进行构筑修葺的同时（其中元代修缮较少，直到元末红巾军起义爆发后才有一次比较大的修缮工程），也在赣州城墙墙体上留下了各代的修葺印记，这些印记主要是通过大量铭文砖记的形式直接在城砖上表现出来的，赣州城墙上有数以万计标注有窑工、纪年、督官、符号等的铭文砖。但是由于城高且寄生物多，部分城砖的铭文都被遮盖住了，现在已收集到的宋代铭文砖有 46 种，其中有窑务窑中窑户（作匠）题铭砖 20 种，纪年砖 12 种，纪地（修城州县）砖 14 种。宋砖呈长方形，厚重坚致，砖泥纯净灰蓝，火候高，质地精良。铭文多在一侧壁，少在一横头。铭记多为阳文，亦有阴文和反字阳文。其中"西窑务""西窑"，"第一务""第二务记""第三务"，"南门第二务"类字样是最早一批铭文砖，笔划粗放简疏。宋纪年砖模长字大（年号干支后还加署了修城官吏的职衔，可以看作是宋代工程责任制的一种表现），窑中砖上的字较小，有椭圆形、长方形、半月形等单线或双线边框，一般砖宽 13.3~24cm，长 33~40cm，厚 7~10cm。[②]

孔宗瀚的赣州砖城具有防范洪水的功能，从防洪的角度考虑它比较好地发挥了防止洪水冲坏城墙，并作为类似今天的防洪堤防止洪水淹没城中居民，特别是住在贡江边涌金门附近的低洼商业区中的居民和住宅的作用。它的作用就是堵，堵住洪水的来路。而后来的刘彝的福寿沟则是导，这一"堵"一"导"很好地解决了洪水对赣州城市的威胁，促使赣州有了今日的繁华。新中国成立初期在全国"破旧立新"的大形势下，北京等各处的城墙纷纷被拆除，赣州也拆除了城南镇南门一段的城墙，在上面修筑了红旗大道，

---

① 肖红颜. 赣州城市史及其保护问题（续）[J]. 华中建筑，2003（4）。
② 肖红颜. 赣州城市史及其保护问题（续）[J]. 华中建筑，2003（4）。

图 4-10　赣州"福寿沟"
资料来源："中国赣州网"，http://www.gndaily.com/

1964 年出于修建东河大桥的需要又拆除了百胜门一线的部分城墙。但是位于城市东、西两侧，紧靠章江和贡江的城墙还是被很好地保护了下来，防洪是这两处城墙能够得以完好保存的原始动机。

4.2.2　赣州的福寿沟

孔宗瀚的赣州城墙解决了赣州水患的问题，城外的洪水被有效地挡在了城外，但是有效疏导城内洪水的问题则留给了另一位城市管理者。北宋熙宁中期，赣州知州刘彝主持修筑了著名的赣州城市地下排水系统——福寿沟（图 4-10）。虔州古城，五代之前城内地势较高，污水多排于城外今清水塘、八境公园等当年的洼地汇集，再通过沟道流入河床。五代扩城后，三面阻水，将城墙外移到了河床岸边新砌的"阻水"保坎，使河道没有了缓冲地带，而城内的地下水道建设又跟不上城市的迅速扩张，洪水暴涨时产生了地下水出不去、江水倒灌严重等问题，清同治《赣州府志》记载："先是郡城三面阻水，水暴至，辄灌城。彝作水窗十二间，视水消长而启闭之，水患顿息。城内福、寿二沟，相传亦彝所创。"

福寿沟位于今天赣州老城区的地下，根据地下坡度形成自然排水，福寿沟的断面"广二三尺，深五六尺"，与今天的实际测量尺寸（宽度约为 0.6~1m，深约为 1.6~2m）基本相符，福寿沟沟顶用砖石垒盖，使用的建筑材料主要是桐油、黄泥、沙石（俗称三合土）和青砖、麻条石，由于历代政府都对福寿沟都十分重视，经常进行维护修缮，所以在今天的福寿沟中还可以找到水泥修补的痕迹。根据同治年间修编的《赣州府志》中的赣州"福寿沟图"测算，赣州的福寿沟总长约 12.6km，其中寿沟长约 1km，福沟长约 11.6km，"福沟排城东南之水，寿沟排城西北之水"，"纵横纤曲，条贯并然"。清代同治十二年（公元 1873 年）曾对福寿沟进行了一次大修。修缮好的福寿沟有水窗 6 处，其中排入章江 3 个（2 个通西护城壕排入章江），排入贡江 3 个。1953 年政府对福寿沟进行新中国成立后的第一次修缮，当年修复城内厚德路下福寿沟水道 767.7m，1957 年又修复利用旧福寿沟 7.3km，修缮总长约占福寿沟沟渠总长度的一半以上。今天的福寿沟还是旧城区内主要的排水干道，承担着赣州河套老城区近十万居民的排水任务。"福寿沟"在城内保留有九个出入口，其中清代的六处排水口还在继续使用，根据对于沟底高程的分析表明这六个排水口中的四个应该是宋代"十二水窗"的旧物，在今天翰江路一处俗呼水汉口的地方还保存有旧日水窗的遗址（图 4-13）。[①]

关于水窗，宋代绍圣四年（公元 1097 年）李诚编纂的《营造法式》卷三之页九上"卷辈水窗"条："造卷擎水窗之制，用长三尺、广二尺、厚六寸石，造随渠河之广，如单眼卷擎，自下两壁开掘，至硬地，各用地钉（木橛也）打筑入地（留出谋卯），上铺衬石方三路，用碎砖瓦打筑空处，令与衬石方平，方上并二横砌石涩一重，涩上随岸顺砌并二厢壁版铺垒，令与岸平（如骑河者，每段用熟铁鼓卯二枚，仍以锡灌，如并三以上厢壁版者，每二层铺

---

① 　肖红颜. 赣州城市史及其保护问题（续）[J]. 华中建筑，2003（4）。

铁叶一重）于水窗当心平铺石地面一重，于上下出入水处侧砌线道三重．其前密打僻石椿二路，于两边厢壁上相对卷輂（随渠河之广，取半圆为卷輂棬内；圆势）用斧刃石闘卷合，又于斧刃石上用缴背一重，其背上又平铺石段二重，两边用石随棬势补填令平（若双卷眼造，则于渠河心，依两岸用地钉打筑二渠之间，补镇同上）若当河道卷擎，其当心平铺地面石一重，用连二厚六寸石（其缝上用熟铁鼓卯，与厢壁同）及于卷輂之外，上下水随河岸斜分四摆手，亦砌地面，令与厢壁平（摆手内亦砌地面一重，亦用熟铁鼓卯）地面之外侧砌线道石三重，其前密钉拼石椿三路。"[1]

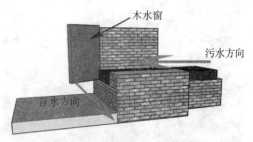

图 4-11　福寿沟江水低于水窗时水窗开启排水示意图（作者自绘）

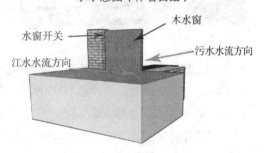

图 4-12　江水水位高于水窗时水窗关闭示意图（作者自绘）

福寿沟的水窗利用水压原理进行启闭，过去的水窗是木水窗，可以"视水之消涨而启闭"，水窗的门轴装在来水的上游方向，当江水抵于下水道水位时利用水的冲力将沟内的雨、污废水排入江体（图 4-11），反之当江水上涨高于福寿沟内水位时，水窗会因为压力而自然关闭，防止发生江水倒灌进入城中的情况（图 4-12）。由于木门在水中较易损坏，20 世纪 60 年代，木制的水窗被直径 1.4m 的圆形铸铁门所代替。因为铸铁门的重量大于木门，所以水窗转轴的位置也从过去江水水流的上游方向改到了闸门的上方。宋代时为了保证通过水窗的流水能有足够的水压冲开

图 4-13　福寿沟东河大桥下排水口（作者自摄）

闸门，采取了变化断面、加大坡度的方法来加大靠近水窗时水流的速度，靠近水窗位置的管渠坡度是 4.25°，比正常下水道大 4.1 倍，这样保证了水窗内的水有足够强大的水压，既可以冲刷走水中的泥沙和杂物保证沟内水流的畅通，又可以借助水压冲开外闸门，将雨、污废水排入江中。此外在福寿沟的各个转角处还设置安装了会自动耙游的石狮爪用来扒开可能造成淤积的垃圾，避免在沟渠的转角处由于垃圾堆积而造成渠道的排水不畅。

赣州的福寿沟与城内星罗棋布分布的水塘相联系，如果发生大雨江面涨水，水窗关闭，城市废水无法排入江水体系时，它就会自动排放到赣州城内大大小小的水塘当中，水塘起到了一个非常好的缓存作用。北京大学地理系的冯长春教授在 20 世纪 80 年代所写的《试论水塘在城市建设中的作用及利用途径——以赣州为例》的文章中提到，赣州在 20 世纪 80

---

① 肖红颜.赣州城市史及其保护问题（续）[J]. 华中建筑，2003（4）。

图4-14 赣州市规划局背后水塘（作者自摄）

年代水塘的面积约0.6km²，占当时赣州老城区（也就是现在的河套城区）城市用地面积的4.3%。这么多的水塘星罗棋布地分布在赣州城市当中，它们中的绝大多数都和福寿沟相连通。当城市因为外部降水导致江面上涨，废水无法排除时，城市废水就通过福寿沟的管网排入到附近的水塘当中。这些水塘在最近几年已经大量地被填平，变成了城市的建设用地。目前只有3~4个还没有被填埋，其中的一个已经干涸，其余的三个目前赣州的有关部门正在讨论如何保护。笔者在赣州市城市规划局后看到了现存的一处水塘（图4-14），该水塘呈正方形，笔者步测水塘长70步，宽65步，按照每步0.68m计算，可以算出该水塘长约48m左右，宽约45m左右，水塘的面积约为2060m²。在古代，赣州居民可以通过观察与福寿沟连通的塘湖之中的水质变化来确定福寿沟中的水质情况，如果与福寿沟相连通的荷塘之中出现死鱼死虾的情况，可能福寿沟中的水质就已经发生变化，需要进行处理，反之则水质良好。今天，在赣州城墙周边和福寿沟相连通的水塘中已经安装了抽水泵机，可以先将雨水汇集到水塘再将它们排放到城外的江河中。

赣州的福寿沟有效地承担了城市排水的责任，很好地解决了江水内涝和城市地面积水等问题。

4.2.3 赣州浮桥

卢光稠在修筑赣州城时，在城南的百胜门和镇南门修建了两座吊桥作为城市对外的主要出入口。但是因为赣州三面环水，特别是到了宋代以后，城市和周边的联系不断加强，仅仅两座浮桥已经远远不能满足城市发展的需要，于是在北宋的熙宁年间（公元1068—1077年）当时的赣州知州刘瑾首先在赣州西津门外的章江上架设了赣州的第一座浮桥；此后的南宋乾道年间（公元1165—1173年）知军洪迈又在建春门外的贡江上搭设了赣州的第二座浮桥；关于贡江上的浮桥的架设时间比章江上的晚100多年的原因，主要是因为赣州城外的贡江水面比章江水面要宽阔很多，在古代技术力量不发达的情况下，在开阔的江面上搭设浮桥的技术和施工难度要高很多，因此贡江的浮桥就比章江的浮桥晚了100年才出现在了赣州城外。淳熙年间（1174—1189年），在镇南门外的章江上又搭设了赣州的第三座浮桥——南河浮桥。

赣州城外的这三座浮桥的历史持续了上千年，新中国成立后，随着东河大桥、西河大桥等永久性桥梁的建设，旧的浮桥逐渐失去了它的作用，章江上的南河浮桥和西河浮桥陆续被拆除，只有位于贡江上的建春门浮桥作为历史景观保存了下来，并仍在使用。建春门浮桥全长约400m，由100艘小船链接而成，每三只成为一组，船上架梁，梁上铺板，每组之间在过去用竹缆相连，然后用铁锚和缆绳将浮桥固定在江面上，整座浮桥被分为33~35组（图4-15）。这样的设计本身可以防止当大水来临时因为少数船只的不稳而导致整个浮桥的毁坏，过去的船只都是木船，后来因为木船容易被水浸泡损坏，需要经常更换，从经费的角度考虑换成了铁船，但是这一换又失去了历史的韵味，所以部分船只最后又被换回了木船。在每组船只之间的铺板中间留有比较宽的缝隙，这些铺板是通过缆绳来联系的。铺板通过梁、木桩和下面的船只衔接在一起构成一个有机整体，每当从浮桥上走过时总会听到很大的震动的响声，这也许就是时代的回音吧。建春门浮桥过去是赣县进入赣州的主要通道，现在虽然地位已经被现代化的大桥所取代，但是很多人还是愿意走上去感觉一下，从赣州的古城墙看浮桥也是别有一番滋味在心头（图4-16）。

图 4-15　建春门浮桥（作者自摄）

图 4-16　从赣州城墙上看建春门浮桥（左）和今天的现代化大桥（右）（作者自摄）

赣州的浮桥在过去，每天会在上午和下午分别在江水最深的地方开闸放船，当时的赣州税卡就设在这里。《赣州府志》记载赣州税关最早设置于明代中叶，最初的位置在章、贡二水合流之处的龟角尾。后改"于东西二桥并设盘掣"，东桥就是我们现在能看到的建春门外的浮桥；西桥则是在西津门外的西河浮桥。当时每当开闸放船的时候，商船涌涌、百舸争流。在第二次鸦片战争之前，赣州税关每年都能为明、清两朝的政府上缴上万两的税银，特别是乾隆二十二年（公元1757年）以后到道光二十年（公元1840年）之间的80多年间清政府奉行独口通商的原则，来中国交易的外商只有一个选择那就是广州，而赣州恰好是内地商品运往广州和广州货物进入内地的必经之路，独特的地理位置使得当时的赣州税关进入了历史上的一个鼎盛时期，当时赣关每年可征收税银 8 万 ~10 万两，最多时一度达到了 12 万两，乾隆年间《赣州府志》卷十六《濂溪书院赋》记载当时的浮桥江面上"或荏戡之出入，或钱贝之纷驰，从朝至暮攘攘熙熙"。

4.3 元代对赣州城的呵护

4.3.1 文天祥抗元和赣州行政区划的调整

南宋末年蒙古军队南下，朝廷发旨勤王，各地官员多推诿不前。当时任赣州知州的文天祥接到诏书后，亲率自己在赣州募集的义军开赴临安共赴国难。他以"正义在我，谋无不立；人多势众，自能成功"的信念来鼓励赣州的义军官兵，与元军展开了一次又一次可歌可泣的战斗。在援救常州的战斗中，赣州义军 500 人除 4 人脱险外全部殉国，率部的赣州宁都人尹玉手杀数十人，身上中的箭密密麻麻像刺猬一样。然而令人扼腕的是，当时的南宋朝廷内部已经决意降元，并派文天祥以宰相身份出使元营，文天祥在元营中不卑不亢，并瞅准时机逃出元营，回到赣州组织部队继续和元军作战。后在广东海丰北五坡岭遭元军突然袭击，兵败被俘。在押解北上的途中，文天祥在赣州和广东交接的大庚岭开始绝食希望能死在赣州的土地上。在《过零丁洋》一诗中，他写下了千古名句："惶恐滩头说惶恐，零丁洋里叹零丁。人生自古谁无死，留取丹心照汗青。"这里面的惶恐滩就是赣州城外的十八滩中的一处。文天祥的英雄爱国事迹为赣州城的历史抹上了浓墨重彩的一笔，使得赣州成为一座英雄城。

元至元十五年（公元 1278 年）为了对付活动在赣州的文天祥抗元力量，元世祖忽必烈下令在赣州设立赣州行省，至元十七年（公元 1280 年）文天祥在赣南的抗元势力已基本被剿平后，忽必烈下令取消赣州行省，将原辖地并入江西行省。行省是元代地方最高级别的行政管理级别，简称为省，元朝在全国范围内共设立中书省、河南、江北、江浙、湖广、陕西、辽阳、甘肃、岭北、云南、四川、江西 11 个行省，形成了行省、路（府、州）、州（府）、县四级的行政体制。元代赣南地区同属江西行省，在其下分设赣州路总管府和南安路总管府，南安路下辖南康、大余和上犹三县，赣南其他州、县皆由赣州路统管。

4.3.2 元代城墙的拆毁与重建

元朝统一中国后，为了防范南方汉人的反抗，将原南宋统治区很多城市的城墙都予以拆除，《赣州府志》记载：赣州的城墙"元时圮。至正十三年，监郡全普庵撒里重修"，"受到毁城和不修城政策的影响，自宋代以来就已经逐渐衰落的子城最终退出了历史的舞台"[①]。这一时期，赣州的王城城墙被拆除，并不再在旧基础上修筑城墙。元至正十一年（公元 1351 年）在我国的北方发动了旨在推翻元朝统治的红巾军起义，为了防御农民起义军的需要，至正十三年（公元 1353 年），当时的赣州官府和民众又对赣州城墙进行了重建。

---

① 李孝聪. 历史城市地理[M]. 济南：山东教育出版社，2007：315。

至正十八年（公元 1358 年），陈友谅所部进攻赣州，"伪汉兵攻五阅月，城陷"①。陈友谅的部将熊天瑞在占领赣州以后又重新对赣州城墙进行了修缮，"其部将熊天瑞据之，稍加修理"②。

图 4-17　相传明代刘伯温用来钉住龟脚的铁柱
（作者自摄）

元至正二十四年（公元 1364 年）八月，明太祖派大将常遇春率军攻打赣州，熊天瑞坚守孤城五个多月，终因内缺粮饷，外无援兵，于次年向明军投降。

相传当年常遇春进攻赣州时，因为赣州城三面环水，固若金汤，明军围攻数月依然无法攻克。常遇春只得上书请求军师刘伯温亲临赣州定策。刘伯温到了赣州后围城察看地形后，对常遇春说："赣州城三面环水，如用水攻，则不攻自破。"遂下令军士在位于章、贡两江汇合处下游的储潭筑坝堵水，并对常遇春说："堤坝筑成，赣州指日可下也。"说完便离开了赣州。两个多月过去了，堤坝终于筑成。上游沿江的许多村庄都变成了一片泽国。奇怪的是赣州城却安然无恙，水漫多高，城池也浮多高。常遇春无奈之下只得又把刘伯温请来，刘伯温亲临储潭向上一望，在烟波浩渺中，一座孤城巍然耸立。不禁喟然叹道："昔日只闻其名而不知其究竟，今日可真识浮州也。"于是登上赣州城南面的最高峰崆峒山观察地势，只见赣州城乃一通天巨龟，头朝南，尾向北，建春门、东门、西门、南门四个码头正是巨龟伸向章、贡二江水中的四肢，隐约可见在水中划动。刘伯温急速下山，令常遇春速派人一面掘坝放水，一面赶铸五根巨型铁柱备用。不几日，铁柱铸成。刘亲自指点将铁柱钉于四座码头和龟角尾处。相传，铁柱钉下后，巨龟血流三日，染红了章、贡、赣三江之水。半月后，刘伯温复令堵水。果然浮州不再浮了，汹涌的江水涌进城内，满城百姓一片惊嚎。熊天瑞无法且念及全城百姓，只得开城投降。

今天赣州城北章、贡两江合流处仍名为龟角尾，而巨龟头部的镇南门的位置处被称为南门头。建春门外、涌金门外、西津门外和南门外四个大码头直至新中国成立后还留有铁柱，成了几百年不系揽大船的铁柱（图 4-17）。③

4.4　明代对赣州城的呵护与保护

明代的赣州城市空间继续在卢光稠营造的城市范围内发展，但是城市已经开始形成更加具体的城市功能分区。随着明末资本主义工商业的发展，中国封建社会由政治中心决定经济中心的城市发展规律发生了改变，城市形态受经济形态变化的影响表现得越发明显。

---

① 赣州府志[M]. 清同治年间刻本。
② 赣州府志[M]. 清同治年间刻本。
③ http: //blog. sina. com. cn/s/blog_48c493280100038t. html。

4.4.1 明代对赣州城墙的修缮

明代初期，为了防御外来侵略和农民起义的需要，各个地方性的行政中心城市都掀起了一个大规模的筑城高潮，终明一代，赣州的历届政府都非常重视对赣州城墙的修缮。明初吴二年（公元 1368 年）赣州指挥使杨廉曾对遭到战争破坏的赣州城墙进行了重修。此后，明成化二十一年、弘治六年（公元 1493 年），当时的赣州督抚又再次对赣州的城墙进行了修缮。弘治九年（公元 1496 年），在都御史金泽的主持下赣州的城墙被加高了三尺。明正德"十三年夏，久雨，圮六百三十八丈。知府刑珣先后白赣抚蒋升、王守仁、兵部杨璋修补完整。明年，复圮三百四十余丈。兵备王度檄知府盛茂重修。嘉靖十三年，赣抚陈察重修。罗钦顺、邹守益俱有记。三十五年，大水圮。赣抚汪尚宁、兵备游震得、知府王春复大修。四十一年，赣抚陆稳以形家言，开兴贤门，寻塞。嘉靖末知府黄扆，万历间知府徐应奎、黄克缵、柯凤翔相继修、三十五年，各城楼铺颓圮。赣抚李汝华檄知府陆华淳，委经历戴金台，县丞李乾萌督修，糜帑金九百七十两有奇。三十七年，赣抚牛应元复开兴贤门，未久复塞。四十二年，水，各门具有倒塌。赣抚孟一脉发帑金四百七十两，委典史陈一训、董筑。四十四年，复遭水圮，又发帑一千九百五十三两，檄知府杨莹重修。天启元年，春夏淫雨冲坏，知府余文龙申请守道王化行、赣抚周应秋，支税银一千九百八十两修。崇祯十三年，赣抚王之良易雉堞为平垛，增高三尺"[①]。

明代时的赣州城墙周回十三里，共两千五百十二丈，崇三丈。为警铺六十三，雉堞四千九百五十二.地形南衍而北锐，东北两面阻江为险。自西津门起至镇南门有濠，计长五百十二丈，宽十三丈。又自南门起至百胜门，计三百八十五丈，深五尺有奇，宽十四丈。[②]有主要城门十三座，分别是：永平、后津、朝天、永通、贡川、安教、兴贤、川、东胜、镇南、西津、建春、涌金；前八座城门到了清同治年间已经堵塞，后五座城门保持至新中国成立。百胜门和镇南门上分别修筑有炮台，并置大炮两座。现存的明代赣州城砖的铭文有 185 种之多，砖石长 34~41.5cm，宽 16~21cm，整体较为宽大，明代城砖上铭文的字数较多，有的多达 55 个字。明代赣州城内多楼阁，主要的楼台建筑有：宣明楼（在府治前）、白鹊楼（在八境台北）、翠玉楼（在府后）、月华楼（在府左）、皂盖楼（在翠玉楼左）、玉虹楼、望江楼（在府东北）、东楼（在府东）、石楼（在府东）、东华楼（在府东七里）、宝盖楼（在府后）、郁孤台、章贡台（在府治后西北隅）、凤凰台、拜将台和八境台。[③]

4.4.2 城市街道体系和功能分区的进一步发展与完善

明代赣州的主要大街已经从宋代的六街扩展到了九街，除阳街、阴街、横街、长街、斜街和长街外，还增加了瓦市街（县西天一阁左）、米市街（县东，即磁器街）、南市街（城东方）三条城市的主要街道。《嘉靖赣州府志》中记载当时赣州城内的巷子已经达到了 24 条：龟冈、龙船、均井、古城、老古、新开、白塔、米汁、铁炉、瓦子、竹树、盐仓、木横、幡竿、

---

① 赣州府志[M]. 清同治年间刻本。
② 赣州府志[M]. 清同治年间刻本。
③ 赣州府志. 卷六营建志三·楼阁[Z]. 明天启年刻本。

寸金、洪成、杨判、姜家、谢四、王将、观、
丝发、天一阁后、池湖。① 明代嘉靖年
间，赣州城区内的主要街巷共有 33 条，
城区内部的街巷交通系统较之宋代发展
得更为完善。

　　明代赣州城的布局与功能分区基
本沿袭五代，并在五代的基础上得到
了进一步的发展（图 4-18）。明代时
在旧王城的基础上兴建了赣州府，在
王城旧门楼的基础上修建了宣明楼（宋
代叫军门楼），宣明楼成为了赣州行
政办公区和城市内其他区域之间的分
界点。明代中后期，除赣州府外的其
他机构逐渐迁移到了城区的中部，但
是由于赣州府还在旧王城的位置，故
城北依然保持了城市行政办公区的地
位（图 4-19）。由于宣明楼（军门楼）
的阻隔，宋至明、清城北的建设开发
活动都比较少，城市的建设强度不大，
因而保持了比较好的城市自然环境。
明代以宋代修建的八镜台为中心，在
这一区域内形成了城市的风景名胜区，
由于该区域在地理位置上邻近行政办
公区，在空间上受到宣明楼的阻隔。
因而在功能上主要为城市中的官员和
士大夫阶层服务，对于普通市民阶层
而言是不开放的。城区东部的建春门
和涌金门一带在五代时期就是城市中
重要的商业区，明代先是在龟尾角，
后来迁到建春门外设立税关"赣关"，
每日两次开闸放船，无法及时通过关

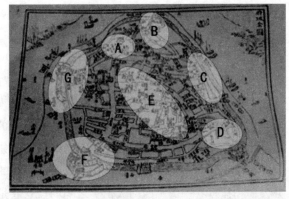

图 4-18　明代赣州城市功能分区示意图（A 为行政办
公区，B 为风景名胜区，C 为商业仓储区，D 为宗教文
化区，E 为居住区，F 为军事防御区，G 为盐运仓储区）
资料来源：魏瀛修编. 赣州府志 [M]. 同治年间刻本，改绘

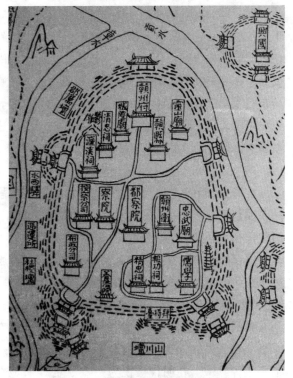

图 4-19　明嘉靖年间赣州衙署分布图
资料来源：赣州府志 [M]. 明嘉靖年间刻本

卡的船舶就选择在建春门附近租赁或者是购买房屋储藏货物，这一区域内地价和租金昂
贵，明代有"寸金巷"之名。

　　明洪武年间，为了防范北方蒙古势力的入侵和地方上的农民起义，明政府在军事制度

---

　　①　赣州府志（卷五，创设·厢里）[Z]. 明嘉靖年间刻本。

上设立府卫制。① 明时江西有三卫，赣州居其一。《江西省大志》记载："凡自西而南皆设卫，如袁、如九江、如赣，而东皆设所，如信、如饶，岂非楚有洞庭、长沙、郴、衡之险，为江上流盗所根盘，而东则浙与徽皆平安无事者，少稍简易为防哉。"② 明代赣州的卫府就设置在镇南门外，赣州卫的卫所、武学、教场等都布置在这里③，当时以镇南门为中心形成了城市的军事防御区。

明代在赣州西津门外，建设有赣南地区最大的盐运码头。由于当时的政府实行盐、铁专卖的制度，盐是政府重要的税收来源和管制货物。为了加强对于运抵赣州的粤盐的监管，明代在赣州设立有专门的盐业衙门，这些衙门中的官员就在紧邻西津门的盐官巷内居住和办公，和盐官巷一街（西门大街）之隔的盐仓巷是当时储藏食盐的场所，从韶关运来的食盐在赣州城西的西津门码头上岸后，就储存在盐仓巷内，然后再通过盐仓巷经官府调运往内地，这一区域在明代是城市中的盐业仓储运输区，这一地位一直延续到清末，随着政府盐铁专卖制度的结束而结束。

明代赣州城区的北部是城市的行政办公区，城南是以镇南门为中心的军事防御区。城市的各项活动主要集中在横街以南的区域，由于阳街以西地块相对狭小，而且又有供军队使用的军事校场以及官营的盐运仓库在这里，可供建设的用地有限。所以赣州的居住区主要分布在横街以南，阳街以东的区域内，这一区域的东部分布有城市的商业仓储区，东南分布有东晋时修建的光孝寺、五代修建的寿量寺等宗教建筑，寺庙建筑比较集中。此外由于中国古人喜欢利用寺庙和祠堂兴办学校，所以这一区域内也集中了儒学、廉泉书院等文教建筑，是当时城市的宗教文化区。

4.4.3 明代"狼兵"的进驻对赣州城市语言的影响

明代赣州居住有大量的畲族，他们和客家的下层民众一起相互呼应，共同配合反对当时的官府，"宦途言：江西诸郡，率赣难治也"④。明朝初时，赣州卫兵主要为"垛集"，即征调平民百姓为军，赣州多山区，反抗的"匪军"通常隐藏于山林之中与官军作战。最初的赣州卫兵由于不擅长山地作战而屡遭败绩，在多次平叛失败后，官府决定从广西、贵州一带大量征调擅长山林作战的"狼兵"来对付赣州日益猖獗的匪患。

狼兵是明代特有的一种军事单位，它特指在当时的广西、贵州等地区的少数民族军事战斗人员，这些人往往是不录入军籍，隶属当地土司管理，类似于一种私人武装，但是彪悍善战。在明代被视为是"剿匪""平倭"的主要军事力量，狼兵最初的真正名字是"俍"，后来因为这些部队作战勇猛而化音成了狼兵。这些俍人主要居住在贵州的西南部和现在的广西，《明史》中记载：嘉靖二十五年（公元1546年）部议，"广西一省。俍人居其半，其二猺人，其三居民"。对于俍人的来源有很多的说法，比如在清乾

---

① "自京师达于郡县，皆立卫所"，"度要害地，系一郡者设所，连郡者设卫"。关于明代卫所制度的记述，转引自：贺杰（龚胜生教授指导）.古荆州城内部空间结构演变研究[D]. 武汉：华中师范大学，2009。

② 王宗沐纂修.江西省大志（卷六）[M]. 传抄本. 1922.

③ 罗薇.古代赣州城市发展史研究[D]. 赣州：赣州师范学院，2010。

④ 陈灿纂修.虔台续志[M]. 浙江天一阁藏书。

隆年间的《柳州县志》中曾经写道："饕餮血食，腥秽狼籍，因以狼名。"其实这种说法是不正确的，包含有某种对于少数民族的歧视态度。"俍人"的实际来源是一种音译的结果，来源于壮、布依语的"la：n"或"ha：kI"字。有的壮族地区称当官的人为Pu4'ha：k7，称汉族为Pu4kwn1'，意思，是当官的人。罗甸、望谟地区布依族则称汉族为Pu4ha：:h7，也包含有当官的人的意思。可知"郎"或叫"俍"是壮、布依语"Ha：k7"字不很准确的音译，意为官人。在明代时当地的少数民族称村中有势力的人为"郎火"，"郎"在当时是当地土官、酋长、头人的总称，而"俍人""俍民""俍兵"，就是当地土官管理下的居民和士兵。[1]

由于战乱的影响，明代中后期赣州城人口减少情况严重，洪武二十四年（公元1391年）赣县户籍总人口为104678人，正统七年（公元1442年）降至80989人，到了正德七年（公元1510年）就仅有48158人。[2] 按照明制，"大率五千六百人为卫"[3]，假设当时明政府征调一卫狼兵入驻赣州即有近六千人进入，也就是每八个赣州人中就有一个是持西南官话的狼兵。又相传王阳明为了防止"匪军"入城打听消息，下令在赣州城内强行推广西南官话，凡是不说西南官话的人一律作为匪谍处理。由于大量狼兵的涌入和官府的强力推行，其结果在赣州城内形成了一个不同于其他赣南县、市的"西南官话岛"。

4.4.4 赣关的设立

明代时，赣州商业高度繁荣，过境货物众多。明代时在赣州府设立税关对过往货物征税，初时赣州境内设有两关，一处设立于南安县的折梅亭。"赣关之税，明以前无闻。弘治年间，都御史金泽请设税场于南安折梅亭，征广货之税。"[4] 另一处设立于赣州城区内贡、章两江合流处的龟角尾。因为折梅亭关不对闽货征税，所以在"正德六年，王副使秩既酌议抽盐之法。又将广、闽各项货物，遂一估定规则，立厂盘掣，抽分助饷。"[5] "正德六年辛未，都御史陈金从南安饬兵副使王秩议，始设场于郡之东、西江，酌议抽盐之法。又将广、闽货物估定规则，立厂盘抽，以助军饷。"[6] 正德十一年（公元1516年），给事中黄重奏称："广货自南雄经南安折梅亭已两税"[7]，请据此停征折梅亭关税。第二年，巡抚王守仁上奏朝廷，请求将折梅亭归并龟角尾一体收税，被允准。[8] 合并后的龟角尾关，称赣关桥。"赣关桥，旧在赣州府城东北龟角尾。后遭洪水冲坏，改于府之西隅。"[9] 后改"于东西二桥并设盘掣"，东桥为建春门外浮桥，紧临贡水；西桥为西津门外浮桥，滨章水。两关每日开关验货，放行船只。"或荐载之出入，或钱贝之纷驰，从朝至暮攘攘熙熙"[10]，清代时规定"凡

① http：//baike. baidu. com/view/291660. htm。
② （明嘉靖）赣州府志（卷四，食货志·户口）[M].上海：上海古籍书店，1962。
③ 张廷玉.明史（卷九十，志第六十六，兵二·卫所·班军）[M].北京：中华书局，1974。
④ 朱宸等修，林有席纂.赣州府志（卷十八，赋役志，关榷）[M].清乾隆四十四年刻本。
⑤ 余文龙，谢诏等纂修.赣州府志（卷十三，榷政志）[M].明天启刻本。
⑥ 朱宸等修，林有席纂.赣州府志（卷十八，赋役志，关榷）[M].清乾隆四十四年刻本。
⑦ 谢旻等监修.江西通志（卷一一六）（艺文志载《议南赣商税疏》）[M].台北：台湾商务印书馆，1983。
⑧ 朱宸等修，林有席纂.赣州府志（卷十八，赋役志，关榷）[M].清乾隆四十四年刻本。
⑨ 于成龙修，杜果纂.江西通志（卷之第九，关税）[M].（清）康熙二十二年刻本。
⑩ 《赣州府志》卷十六《濂溪书院赋》。

客船泊江干，先将货物开明赴关投报，税五两以下者买小单一张，五两以上者买大单一张，照单估算应抽税若干，兑讫，次日盘验放行"，如果货物价值在一两五钱之下的话，则："不必买单，当关投税，即为之照验放行"。将税则刊刻木榜立于关口，以便利商民，并防止关吏为奸。① 明代赣州龟角尾的赣关"自正德六年十一月二十七日起，至九年七月终止，共抽过商税银四万二千六百八十六两六钱三分零。"② 此后赣关的税收一直有增无减。终明一代赣关的年平均税额，包括盐税、杂税等项，一年合计约为三万两白银。③

4.5 清代对赣州城的呵护与保护

清代赣州城的城市发展的主要动力依旧是内地与岭南之间的商业货运，康熙二十五年（公元 1685 年），清政府设广州、漳州、宁波、云台山四地海关负责对外贸易。乾隆二十二年（公元 1757 年）只保留粤海关一口贸易，由于赣州地处赣、闽、粤三省交界处，是内地货物进入广东和广东货物返销内地的必经之路，特殊的地理位置使得赣州在当时进入了历史上的一个鼎盛期。

清代（1636—1911 年）延续明代旧制，在地方设省，省下设道、府（直属州、厅）各级。清顺治十年（公元 1653 年）后清政府先后撤销了明代时设置在赣州的南赣守抚和巡、守两道，康熙十年，设置分巡赣南道用来管辖赣州府和南安府事务，雍正九年（公元 1731 年），将吉安府也划入统辖范围，改分巡赣南道为分巡吉南赣道。乾隆十九年（公元 1754 年），在瑞金、石城两县设宁都直隶州，赣南形成赣州府、南安府、宁都直隶州 3 个政区，宁都直隶州被划归与吉南赣宁兵备道管辖。

4.5.1 清代对赣州城墙的修缮

清代也十分重视对赣州城墙的修缮，史料记载："国朝顺治三年，建春、涌金、西津各门楼俱焚。十二年，知府浪永清修复建春、西津二楼。康熙二年，望江楼火焚，赣镇姚自强修建。丙辰、丁间，赣抚佟国正，守道王紫绶，檄知府郭毓秀修葺。四十年水圮，知府朱光圉倡各县令捐俸补修，计资七百余两。五十八年，知县张瀚修葺。乾隆八年，知县张照乘、署知县冯淳请支帑银九千一百五十三两修葺，并修缮八镜台及各门城楼。后复圮九十余丈。二十五年，知府朱宸，知县沈均安，劝捐银三千五百八十两修葺。五十二年，知县张昉重修。嘉庆十九年，大水，城倾四十余丈，知县刘臻理倡捐修。道光十五年，署县事鹿传先劝捐修葺城一百九十七丈，堞一百二十余，城楼五，护城石堤一百十六丈，有记。二十七年，知府周玉衡劝修。咸丰四年，水圮，知县丛占鳌倡修。同治七年，知县韩懿章、黄德溥先后支公项，修筑涌金门外及西门外护城河岸，并东西两门城楼，并修倾塌之西城外壕沟上、西城门湾塘、西门内下首、又考棚右首、拜将台下首等处城墙五处。"④ 清顺治

① 林有席.赣州府志（卷十八，关榷）[M].清乾隆四十四年刻本。
② 谢旻等监修.江西通志（卷一一六，艺文志载《议南赣商税疏》）[M].台北：台湾商务印书馆，1983。
③ 魏丽霞.浅议赣关[J].南方文物，2001（4）。
④ 赣州府志（卷之三）[M].清同治年间刻本。

十二年（1656 年）来到赣州的荷兰商使约翰·尼霍夫在《荷使初访中国记》中记载赣州城墙："二个拱门之间有一尊铁炮，这是我们出发以来看到的唯一的铁炮"，"该城的城墙高大坚固，用砖头砌成，所有的炮眼都有盖子，盖子上画着凶恶的兽头，绕墙走约需二个小时。站在城墙上向北望去，可看见来自数省的数不清的船只。这些船只都要经过此地，并在此缴纳通行税……"[①]。

清咸丰九年，赣州官绅为了防御太平军的进攻。在赣州东、南、西、小南门和八境台上分别修筑炮城。时至今日除了东门炮城还有部分残留外，只有八镜台和西门的炮城保持比较完好，在八镜台炮城上还留有明代的大炮一门。八境台炮城平面呈扇形，有上、下两层，各层均有藏兵洞，共 18 只，开有枪眼、炮眼、瞭望孔等，正北有大门一座、东北有小门一座通龟角尾河边。炮城与八境台下城墙相连部分长 30.9m，外沿弧长 60.2m，中宽 27.25m，总面积 815m^2，炮城城墙通高 7.55m，其上墙面宽 3m，围墙宽 1.2m。清代的八境台炮城是控制章、贡、赣三江宽广江面的要塞，目前尚保持有赣州巡道、州、县官员修葺铭记碑[②]。西门炮城呈外圆内梯形，高 8m 和城墙相连部分长 30.4m，外沿弧长 70m，中宽 27m，总面积 770m^2。现存藏兵洞两个，城门洞两个，警铺两个（高 2.3m，长 2m，宽 1.94m）、炮眼五个，城面宽 2.8~2.9m。围墙高 1.55m，有垛口[③]。

4.5.2　清代赣州三十六条街、七十二条巷的形成

清代时的城市主要街道已经从明代的九条延伸为 36 条，巷道增加为 72 条。全城路网以东西向从涌金门到西津门的横街和南北向以连通衙署和南大门的阳街为主要骨架，其他小巷和街道依托主要道路填充其间，街巷路网顺应地形特点，或直或曲，或高或低，等级分明。横街之北主要以行政机构为主，路网较为稀疏，而横街以南则以商业和居住为主，因而形成致密的路网格局，并具有明显的图底关系[④]（图 1-2）。查阅赣州同治时期编撰的《赣州府志》可以发现到了清代的后期，赣州的城市街道早已不止 36 条街和 72 条巷，但是该说法却被赣州人接受并广泛传播，直到今天赣州人说起赣州老城区的街道还是讲"三十六条街和七十二条巷"。究其原因和当地人的传统观念以及赣州特殊的空间形态是分不开地，在中国道教中，广泛流传着三十六天煞星和七十二地煞星的说法，道家认为他们都是北方玄武大帝坐下的神将，可以帮助人间降妖除魔。由于赣州城市在五代时期的规划中，就被设计成了一个玄武的形象，所以赣州人自然而然地认为，在赣州这座玄武大帝的坐下，应该有三十六天煞星和七十二地煞星保驾护航，这三十六天煞星和七十二地煞星就物化成为了赣州城内的三十六条街道和七十二条巷道，统称为三十六街（表 4-1）和七十二巷（表 4-2）。

---

① 李海根. 三百年前荷兰商使眼中的赣州古城[N]. 江南日报. 1999-8.
② 肖红颜. 赣州城市史及其保护问题（续）[J]. 华中建筑，2003（4）.
③ 肖红颜. 赣州城市史及其保护问题（续）[J]. 华中建筑，2003（4）.
④ 蒋芸敏. 赣州旧城中心区传统空间保护与传承研究[D]. 北京：清华大学，2007.

赣州三十六条街列表　　　　　　　　　　　　　表4-1

赣州城区的三十六条街	东大街（今赣江路东段）	府前街（今新赣南路西段）
	诚信街	瓦市街（一名学府前街）（今阳明路西段）
	大坛前街（今中山路东段）	州前街（今建国路中段，自阳明路口至西津路口）
	小坛前街	新开路街（今大新开路巷）
	六合铺街	西大街（今西津路西段）
	瓷器街	豆市坳（今西津路东段）
	南市街	考棚街（今建国路北段）
	五道庙街	县前街（今章贡路西段）
	马市街	县冈坡街（今章贡路中段）
	鸳鸯桥街（今厚德路中段）	米市街（今濂溪路西北段）
	江东庙街（今健康路中段）	樟树街（今濂溪路东南段）
	南大街（今文清路中段）	攀高铺街（今攀高铺巷）
	尚书街	上棉布街（今解放路西南段）
	道署前街（今南京路西段）	下棉布街（今解放路东北段）
	木匠街（今南京路中段）	世（侍）臣坊街（今和平路中段）
	青云街（今至圣路及北京路西段）	八角井街（今东北路）
	杂衣街（今文清路北段）	牌楼街（今阳明路东段）
	杨老井街（今新赣南路东段）	横街（今章贡路东段）

赣州七十二条巷列表　　　　　　　　　　　　　表4-2

赣州七十二条巷	马挈巷（在城东，今赣江路东南段西侧，已赛）	天将庙巷（今田螺岭巷）
	斗富巷（俗称豆腐巷，在今赣江路东南段西侧，已塞）	天一阁后巷（今小新开路）
	夜光山巷	照磨巷（原名瓦子巷）
	草城巷（在城东，今赣江路西南侧，已塞）	坛子巷
	油滴巷	嵯峨寺巷
	东门井巷	均井巷
	老富巷（今名老古巷）	米汁巷
	古观巷（今火帝庙巷）	龟岭巷（今名凤凰台巷）
	杨判巷	凤岗山巷
	横木井巷（在今南市街东侧，已塞）	上竹丝巷
	慈姑岭巷	下竹丝巷
	罗家巷	上寸金巷（今名寸金巷）
	小井头巷（在今光孝寺南侧通古佛坛巷，已塞）	下寸金巷（今名寸金巷）
	大井头巷	马路巷（涌金门北侧城墙脚下，已塞）
	陈家巷	胭脂巷（濂溪路西北段东侧，已塞）
	池湖巷（陈粗巷和人民巷之间小巷，已塞）	箍竿巷（今名方杆巷）
	扬名巷（原名杨婆巷，今人民巷）	纸巷
	谢世巷（今厚德路西段）	单井巷（今名曾家巷）

续表

赣州七十二条巷	宫保府巷	吕屋巷
	武学巷	坛背巷（今解放路中段南侧，已塞）
	孝义巷	铁炉巷（今大华新街）
	皇华巷（今大公路西段）	施公巷（今曹公巷中段北侧，已塞）
	白塔巷	曹老巷
	赡军库巷（今小华尊巷）	马齐巷
	丝发巷（今扁担巷）	烧饼巷
	打耆巷（今达龙巷）	柴巷
	洪成巷（今旧熊盛巷）	兴隆巷（今诚信巷中段同中山路之小巷）
	孟衙巷	梁屋巷
	冯街巷（今九曲巷）	姜家巷（即今灶儿巷）
	牛衙巷（至圣路西侧平行小巷，今已赛）	云峰巷
	盐官巷	龙船庙巷（今和平路中段）
	张公庙背巷（今藕塘里）	凤池巷（今名风车巷）
	雷屋巷	大小古城巷（今健康路北侧）
	府治巷（今马扎巷）	小古城巷
	盐仓巷（今盐漕巷）	金鱼池巷（含已塞之池隔巷）
	水巷（今西津路，西段南侧，已塞）	

4.5.3 清代对"福寿沟"的修缮

清代的赣州"福寿沟"："因民居架屋其上，水道寝失其故，每岁大雨时，行东北一带，街街荡溢，庐舍且猪为沼以水无所泄故也"。[①] 清同治八年（公元 1869 年），在当时的赣州巡道文翼的主持下对于福寿沟进行了一场大修。由于当时赣州城内商店、民居广布，而福寿沟潜埋于地下，很多的房屋架于福寿沟上，所以维修施工极其艰难。当时的巡道文翼就以官府的名义，要求各家各户将自己房舍内部的福寿沟限期修通，而公产之地和空地内的沟渠则由官府出面维修。在清朝编撰的《国朝魏谊修福寿沟记》中记载：同治十二年（公元 1873 年）"赣城旧有福寿二沟，以受众小沟之水，年久淤塞，雨则停涤淋漓，阻碍徒舆，蒸为疾疫、居者行者皆病之，……而公项无资，议欲逐户派费，予念如是则沟未修，而民已骚然。且二沟所经多在市度屋宇之下，官派工役入人居室撤屋掘土，势多不便，事且滋生，不如勿派捐费，而令各家自修其界内之沟，官但予以期限而责其成，其无屋及公产之地，则官发公项修之，此则费省，而事易集，观察称善，而闻者犹以官所应修之费仍不资也，乃属黄令先将官所修之地，以弓量之，仿土方之法计丈度工核其大略，然后信所费之果无多也。遂禀观察，檄黄令督同绅民克期兴工，又派绅士五人分段监修，筑具兴。计工给值，民之自修者亦踊跃争先，间有稍延者督之，不数月工竣，沟如其朔，计糜公项钱仅五百余

---

① 赣州府志[M]. 清同治年间刻本。

婚而已"①。修缮好的"福寿沟"总长约 12.6km。其中寿沟约 1km，福沟 11.6km，共有 6 个出入口，排入章江 3 个（2 个通过西护城壕排入章江），另有 3 处将污水排入贡江（图 4-20）。②

4.5.4　赣州城市行政办公区的改变

清代的赣州城基本维持在五代赣州城的城市框架范围内，功能分区基本延续明制。只有作为行政办公区的衙署区略有变化，清康熙二十九年（公元 1690 年），当时的赣州知府因为出于对于当时朝廷"文字狱"的恐惧将府衙从北部旧"皇城"的所在地，搬迁到了明代岭北道署旧址③。这样清代的赣州形成了位于城北以八镜台为中心的风景名胜区、城区中部偏西的行政办公区、城东的商业区、城西的盐业仓储运输区、城东南的宗教文化区、城南的军事区和位于横街以南、阳街以东的城市居民区（图 4-21）。

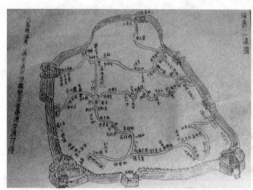

图 4-20　清代赣州福寿沟图
资料来源：赣州府志 [M]. 清同治年间刻本

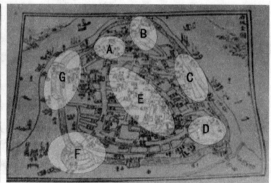

图 4-21　清代赣州城市功能分区示意图（A 为行政办公区，B 为风景名胜区，C 为商业仓储区，D 为宗教文化区，E 为居住区，F 为军事防御区，G 为盐运仓储区）
资料来源：赣州府志 [M]. 清同治年间刻本，改绘

4.6　宋至晚清的赣州城市空间营造特征分析

4.6.1　客家文化影响下的城市空间营造

客家文化具有儒家文化、移民文化和山区文化三个重要的文化特质。儒家文化对于五代至清代中叶的赣州城市空间营造的影响，主要表现在对"礼制"的推崇和对教育的重视两个方面，其中对"礼制"的推崇表现为：家族营造中对"父权"和"夫权"的强调，主要是通过家族祠堂的营建来表现；在城市空间营造中对"王权"体制的维护，主要通过空间营造中的"崇中"思想来体现。移民文化表现为城市中围合空间和亲水空间的营造，主要是通过赣州城墙和赣州浮桥的建设来体现。山区文化表现为风水思想对城市空间营造的

① 《国朝魏谊修福寿沟记》，引自：赣州府志[M]. 清同治年间刻本。
② 肖红颜. 赣州城市史及其保护问题（续）[J]. 华中建筑，2003（4）。
③ "清朝前期，朝廷大兴文字狱达七十起上下，一时间使得各级官吏为人、处事、写文格外紧张。当时的府衙在旧'皇城'内，面对'皇城'，赣州的这位知府不敢入驻办公，认为这是有犯皇室，……于是，便不在皇城内的前任府衙办公，而是选了明代嘉靖年间分守岭北道署旧址（道署前）做了府衙，这是康熙二十九年的事。"引自龚文瑞. 赣州古城地名史话[M]. 北京：中共党史出版社，2008。

影响、多神崇拜下的寺庙广布，以及福寿沟的兴建。

1. 儒家文化的影响

1）家族礼制的体现——祠堂

礼制是儒家文化的基础，礼制在家族中强调对"父权"和"夫权"的维护，提倡尊敬长辈，崇敬祖先。祠堂是客家人家族礼制中的核心部分，在赣州有大量的祠堂建筑，比如位于均井巷的吴氏祠堂，古城巷的钟氏祠堂，新开路的谢家祠、朱家祠、雷家祠和赖家祠等，其中尤以位于凤岗的董家祠堂最为著名。

董家祠堂（图4-22）为典型的客家"九井十八厅"建筑，这类建筑是客家人随着外部环境的安定而走出围屋后的一种建筑形式。所谓"九井十八厅"顾名思义就是说建筑内部有九个天井和十八个厅堂，在赣南地区，一般将堂称为"厅"或"厅厦"，堂被用来专指祠堂，称一栋房子为"屋"，一间房子被叫作"房"。"厅"是整座房屋的中心，一般是高敞而且没有楼屋，就如同围屋中的厅堂所表现的那样。厅往往是建筑中的正屋，这些正屋和许多栋的"横屋"一起组合形成了一幢大房子。这是中原传统"庭院式"民居的一种表现，是赣南客家民居的主流，在赣南的各个县区内都可以看到这种建筑形式的存在，特别是赣南东北部的宁都、于都等县。[1]

一般的九井十八厅是从传统的"三间过"衍生而来，所谓"三间过"就是一明两暗的三间房子，其中厅堂位于整个建筑的中央是明间，也是家庭中进行祖先祭祀的地方。其他两间房间为次间，主要作为卧室使用。家庭中的厨房、牲舍、厕所等辅助建筑往往会选择傍房搭建或者是另建简舍。"三间过"是赣州地区客家人最基本的居住形式，"三间过"建筑正中的厅堂是家庭里祭祀祖先的场所，是整个建筑中最神圣的地方，客家人讲究自己的祖先是不能被压的，如果被压就会对祖先的后人不利，所以在厅堂的上方绝不能有楼层或者隔间。但是"三间过"两旁次间的上方可以搭建楼层或者作为储藏物品的隔间，并通过木楼梯上下。

随着客家人家境的富裕以及家族人口的增多，当传统的"三间过"已无法满足家族的生产、生活需要时，家族的主人就会以祭祀祖先的厅堂为中心，在前后加建房屋，加建的房屋也是以客家传统的"三间过"建筑为范本，每栋建筑3~5间，以厅堂作为中心，前、后两个厅堂之间隔一个天井，天井通过腋廊将前后两栋建筑连在一起。前一栋建筑的厅堂被称为前厅（下厅），后一栋建筑的厅堂被叫作后厅（上厅），前后两厅并称"正厅"。前一栋建筑的次间被称为厢房，后一栋建筑的次间被叫作正房。两栋建筑共同构成了一个"正屋"，这种建筑形式被称为"两堂式"。在正屋基础上，如需扩大房屋，增加人口便可以在正屋两侧再加建"横屋"，横屋的进深往往会选择与正屋等齐或在横屋前部凸出两间，在平面形成一个倒凹字形。正屋与横屋之间往往会留有一处走廊，闽粤地区称为"横坪"，赣南地区叫作"巷"或者是"塞口"。[2] 如上面还有房屋有时会在内布置楼梯，走廊前后会对开小门，以便人员出入，巷中会留竖向天井，用来采光和排水，雨水往往会排入巷内的排水

① 万幼楠. 欲说九井十八厅[J]. 福建工程学院学报，2004（3）。
② 万幼楠. 欲说九井十八厅[J]. 福建工程学院学报，2004（3）。

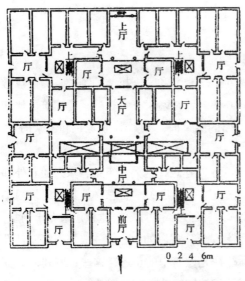

图 4-22　赣州凤岗董氏祠堂
资料来源：万幼楠. 欲说九井十八厅 [J]. 福建工程学
院学报. 2004（3）

系统内，表征"肥水不流外人田"。横屋内所有房间的门都开向巷道。连通正屋的腋廊会有开门通向巷道，正厅为整个建筑的中轴线，两侧对称布置有巷和横屋，共同构成了一幢通称为"两堂两横"式的客家建筑。如果主人家需要还可以在正屋之前再建一栋厅堂，使原来的前栋和前厅变为中栋和中厅，所建的这栋三间或者是五间的房屋变成新的前栋和前厅，同时再将两侧的巷和横屋向前推齐，这种由两排横屋和三栋正屋共同组成的房屋，被叫作"三堂两横"式。这是客家民居中最具代表的一种，如有必要还可以不断向外扩展、延伸最后形成"九井十八厅"（图 4-22）。"九井十八厅"其实是一种以客家人祭祀祖先的厅堂为中心向前后、左右生长形成的一类建筑群，在这个建筑群中用于表现祖先崇拜的厅堂始终位于建筑群的中央，建筑群中的其他建筑在建筑形式上都绝不能高于厅堂，而要表现出一种与厅堂的从属关系，这种建筑形式形象地表现了客家人对祖先的崇拜。所谓"九井十八厅"是一种虚指，赣州地区这类建筑的房屋通常并不正好是"九井十八厅"，有时会表现为多几个厅，有时则是少几个厅。但是当地的客家人还是习惯于将它称为"九井十八厅"，因为中国人一般认为"九"是最大的数字，所以以"黄裔汉胄，晋代衣冠"自居的客家人，也乐意选用这一数字作为自己建筑文化符号的一种表现。

2）"王权"的表现——客家文化中的"崇中"思想

元代之后，中国传统的"象天法地""坐北为尊"的思想开始逐渐衰弱。元代和明清三朝的皇宫都一改唐代位于城市北部的营造习惯，坐落在北京城的中央。礼制传统的"崇中"思想受到重视，中国城市中重要的政治建筑越来越多地分布在城市中轴线的中央，以此来凸显出"王权"的尊贵。客家文化作为中原传统儒家文化的一个继承者，也非常推崇"崇中"的营造思想，明、清时期的赣州城以联系宣明楼（"王城"门楼）和镇南门的阳街作为城市的中轴线，由于赣州的城市空间形态是一个不规则的龟形，而不是一个传统的方形，所以赣州的城市中心并不是位于城市空间的几何中心，而是位于中轴线的中心。清康熙二十九年（公元 1690 年），当时的赣州知府出于对清廷"文字狱"的担心，将赣州府衙从位于城北的"王城"迁出，将府衙搬到了位于阳街中央的府前街与赣南道署衙门隔街相望，在赣州阳街的中央城区中部偏西的位置，形成了赣州的行政中心区（图 4-23）。

3）重视教育——"崇文"思想的表达

儒家文化中高度重视教育，儒家提倡"万般皆下苦，唯有读书高"。受到儒家文化中"崇文"思想的影响，赣州城内书院广布，宋代时赣州城内有濂溪祠、清溪书院和先贤书院。明代时，

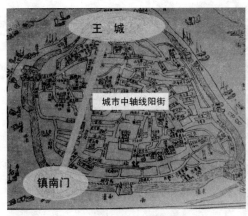
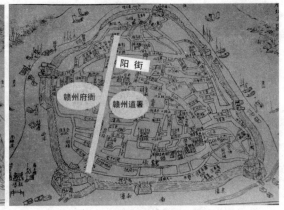

（a）清康熙二十九年之前　　　　　　　　（b）清康熙二十九年之后

图4-23　清代赣州阳街形态示意图

资料来源：赣州府志[M].清同治年间刻本，改绘

城北有濂溪书院①，明正德年间南赣巡抚、金都御史王守仁曾在此聚众宣讲其"致良知"学说以期"破心中贼"。此外，城东北金鱼坊建有正蒙书院，城西察院前建有镇宁书院，城南祥符宫内建有福安书院，城东南百胜门附近建有儒学。清代时，城北有爱莲书院，城南有县学（文庙）、濂溪书院，城东郁孤台下有以明代心学大师王阳明之名命名的阳明书院②，城中坐落有府学和章贡书院。其中位于赣州城南的文庙是目前江西省保持最为完整的县学旧址，在古代每个县级以上的城市都设置有一所文庙。赣州文庙具有双重功能：一是作为祭祀儒家孔圣人的场所，所以也称孔庙；二是作为县学的学堂，供本地学生读书之用。

清代赣州文庙为明代祥符宫旧址，整个建筑群占地约 10000m²，今天保存有 7000m²，建筑群分为三组，采取平行轴线方式布局（图4-24）：中轴线上有大成坊、大成门、大成殿与荣圣殿；东轴线上有头门、文昌阁与明伦堂；西轴线上有王文成祠、理学楼。文庙建筑群的中轴线朝向为南偏东 36°，为乾隆四十二年（公元 1777 年）重修后的结果，《赣县志》中的"学宫志"载："乾隆元年丙辰知县张照乘仍迁于紫极观旧址，二十五年庚辰知县沈均安倡邑人重修，四十二年丁酉知县卫谋允邑绅请，撤新之，移东南向。"清代时，庙前广场上设有牌坊——"大成坊"后又叫"聆心门"，大成坊两侧有礼门和义路，并有碑亭。大成坊后有"泮池"，过"泮池"即进入文庙大门——"大成门"，此门取孔夫子"大成赤成先师"的封号。大成门两边分别是"乡贤祠"和"名宦祠"，祠后为"官厅"供官员休息之用。

---

① 宋理学祖师周敦颐通判虔州（即赣州）时，程颢、程颐兄弟从其受学，后人因建祠于赣江之东以为纪念。元代末年，祠毁于兵火。明洪武四年（公元1371年）重建。弘治年间，改建郁孤台下。正德十二年（公元1517年），巡抚王守仁迁建于旧布政司故址，改称"濂溪祠堂"。崇祯十一年，被迁至城南改名为廉泉书院，清顺治十年（公元1653年），赣抚刘武元始改廉泉书院为濂溪书院，招收赣州府属十二县学生在此学习其中，是当时赣南地区主要的教授儒学的场所之一。

② 阳明书院，位于赣州郁孤台下。明正德间南赣巡抚、金都御史王守仁在此聚众宣讲其"致良知"学说，以期"破心中贼"。崇祯十三年（公元1640年）知县陈履忠改名廉泉书院，迁于光孝寺左。清道光二十二年（公元1842年）知府王藩倡捐于郁孤台原址重建书院，名"阳明"。订立规制，课文校艺，祀王守仁，以何廷仁、黄宏纲配祀。次年王藩再次扩建，并自为记。同治间知府刘瀛修建，又重订章程。同治十二年（公元1873年）巡抚刘坤一赠书籍，书院生童正附课将近200名。光绪二十八年（公元1902年）知府查恩绥改书院为赣州府中学堂。

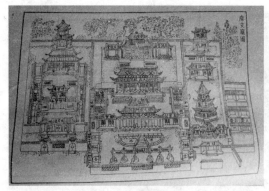

图 4-24　清代赣州文庙图
资料来源：赣州府志 [M]. 清同治年间刻本

图 4-25　赣州文庙大成殿
资料来源：http://www.chinakongmiao.org/templates/T_common/
index. aspx?nodeid=362&page=ContentPage&contentid=2206

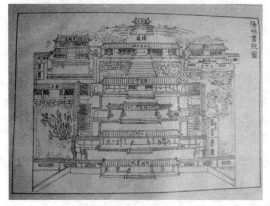

图 4-26　清代阳明书院图
资料来源：赣州府志 [M]. 清同治年间刻本

"大成门"后两侧有厢房，分为东庑和西庑是当时学生读书的地方。正前方为大成殿，其后面为荣圣殿，荣圣殿两侧为主牧堂和存诚堂，目前都已无存。

大成殿是整个文庙的精华所在（图4-25），大殿构于高1.5m的台基之上，占地约750m²，殿高13m，屋面采用重檐歇山顶，用26cm×26cm的大青瓦作为板瓦，用28cm×20cm的色釉瓷瓦作为筒瓦盖面。瓷瓦有两种颜色，并作剪边处理，构成规整的菱形图案，脊瓦则使用釉下装饰的青花瓷制成，正脊正中是由红、蓝、绿、豆青4种高温彩瓷组成的瓶式空顶，两侧是高达1.2m的青花瓷鳌鱼。8条戗脊的转角处还安放有8只小青花瓷鳌鱼，整个屋面色彩富丽，构图华美。大殿面阔七间，进深六间，正前方有一露天月坛面积为200m²。大成殿的木梁架结构采用大木和斗栱，木拱颇具地方特色，全部使用异形雕花，不仅起到了承重构件的作用，而且有着极强的装饰效果。整个木梁架体系共使用了54根立柱，其中檐柱全部使用截面为36cm×36cm的四方抹角红石柱，其余28根为木柱，直径在41~45cm之间。大成殿正面塑有孔子像，孔子像为帝王装。两边各立有两尊"四佩"塑像：子思、孟子、曾子和颜子像。后面有"十二哲"塑像，分别为子损、子雍、子贡、子路、子夏、子有、子耕、子我、子求、子游、子张和朱熹。

赣州文庙是江西境内目前保存最为完好的古代县学校址，整个建筑群受岭南建筑风格的影响，山墙多为曲线且变化有致。大成殿的木构件中采用异形雕花木拱的营造手法，带有显著的地方特色，大成殿的屋面采用瓷质高温黄绿釉瓷瓦，并配以彩瓷宝顶和青花瓷屋脊及吻兽（即鳌鱼），该手法仅见于江西的部分地区，就目前保持情况而言，在全国也属于孤例。

清代的赣州阳明书院（图4-26）为一五进式建筑，整个建筑群沿中轴线布置。建筑群正门高悬"阳明书院"四字，为中轴线起点，进大门后为"二门"，二门周边有连廊，东南方向布置有厨房，厨房和整个建筑群用院墙相分割。二门后为一牌坊"桃李门"，"桃李门"后为传习堂，传习堂与二门之间有厢房连接，厢房为当时学生读书所在，传习堂西侧有斋房是当时学生的宿舍，斋房建于石台之上应该是为了防潮的考虑。传习堂后为建于高台上的阳明先生祠，祠为歇山顶，面宽七间，背靠郁孤台，东侧为斋郁，西侧为望阙堂。各开有小门，可通郁孤台。

2. 移民文化的影响

1）围合空间的营造

客家人作为外来移民，从心理上具有很强的不安全感，在空间营造上他们更愿意将自己保护在一个围合的空间中。在南宋之前，中国多数城市的城墙都为夯土修筑，很少砖包城墙，而赣州早在北宋嘉祐年间（公元 1056—1063 年）就"伐石为址，冶铁固之"，利用砖石包砌修筑城墙，并将冶炼出的铁汁浇筑在砖石的缝隙中以增强城墙的坚固度。此后，历代政府除元朝外，都对赣州城墙进行了修缮，史载明正德："十三年夏，久雨，圮六百三十八丈。知府刑珣先后白赣抚蒋升、王守仁、兵部杨璋修补完整。明年，复圮三百四十余丈。兵备王度檄知府盛茂重修。嘉靖十三年，赣抚陈察重修。罗钦顺、邹守益俱有记。三十五年，大水圮。赣抚汪尚宁、兵备游震得、知府王春复大修。四十一年，赣抚陆稳以形家言，开兴贤门，寻赛。嘉靖末知府黄扆，万历间知府徐应奎、黄克缵、柯凤翔相继修、三十五年，各城楼铺颓圮。赣抚李汝华檄知府陆华淳，委经历戴金台，县丞李乾萌督修，糜帑金九百七十两有奇。三十七年，赣抚牛应元复开兴贤门，未久复塞。四十二年，水，各门具有倒塌。赣抚孟一脉发帑金四百七十两，委典史陈一训、董筑。四十四年，复遭水圮，又发帑一千九百五十三两，檄知府杨莹重修。天启元年，春夏淫雨冲坏，知府余文龙申请守道王化行、赣抚周应秋，支税银一千九百八十两修。崇祯十三年，赣抚王之良易雉堞为平垛，增高三尺。"[①]

高大的城墙和众多的火炮使得赣州城在外部的危险面前表现得格外强大：

清顺治三年（公元 1646 年）四月十四日，清军进攻赣州。明兵部尚书杨廷麟偕同赣州守将万元吉据城坚守。五月，杨廷麟部将张安在城东梅林与清军激战失败，六月，广东兵支援赣州后，形势有所好转。不久，形势又异常紧迫。明唐王朱聿键得知清军重兵久围赣州，而赣州军民据城英勇抗击，在援军不足、粮草缺乏的情况下，"饿死载道，人无叛志"，特赐赣州为"忠诚府"。八月，守城兵民水战失利。后因长期守城，士兵疲惫不堪，特别是明唐王在汀州被杀的消息传来，守城士兵士气大落。十月四日深夜，清军登城拆垛，蜂拥入城。全城壮丁及妇女孺子磨塑制梃人自为战，城隍和巷战死者比比皆是，忠勇之士多举家以殉国难。

清咸丰五年（公元 1855 年），太平军将领石达开率部自湖北攻入江西，连克新昌（宜丰）、瑞州（高安）、临江（清江）、吉安等地。次年二月派遣部队向赣州进发，清巡道汪报闰、赣守杨豫成慌忙云集兵将，增设八境台炮城，据城坚守。三月二十五日，太平军驻扎城南沙石、楼梯岭及南康县潭口一带，黄蜡黎、蔡三山及峰山一带农民纷纷起义响应，协同太平军作战，

---

① 赣州府志[M]. 清同治年间刻本。

军威大振。四月二十八日,清军调潮州总兵寿山和南雄知州率兵增援赣州、南安。二十九日,太平军分东、西二部进逼赣州城,沿江扎营。五月三日,太平军第一次攻城,失利,死伤400余人。五月二十三日,与天地会兵分两路从东门、南门复攻赣州,失败,死伤1000余人。六月十七日,驻扎在赣江两岸的太平军营垒为清军袭破,又损1000余人。太平军见围攻赣州月余,城坚不克,遂撤围①。

凡此种种战役,从古到今,大大小小,数不胜数,赣州高大的古城墙成为了守城方有利的凭借和攻城方的一个个噩梦。

2)亲水空间的营造

客家人因为在迁徙的过程中,主要依靠水道,所以客家人对水道有一种天生的亲近感,客家人的城市大多邻水而建,城门都紧靠在流过城市的水道边,水道既是客家人迁徙的通道也是他们保卫城市的屏障。在古代,城市的存在主要依靠城市周边农业区域的物资供给,邻近城市的水道不仅成为了城市防卫的屏障也成为了城市和周边区域联系的障碍。聪明的客家人利用浮桥解决了两者之间的矛盾,浮桥的建设在客家人聚集的地区比较广泛,不仅在赣州有,在赣州周边的南康,广东的梅州、河源都有浮桥的建设。赣州的浮桥(图4-27)用木船做基础,每三船为一组,横向排列,在船头和船尾分布打入木桩,木桩下架有木梁,木桩之间系有缆线相互连接,并和梁下的木船相联系防止木船过分摆动,每组浮桥在木梁上铺设木板,每侧木板向外伸出0.30m左右。组与组之间的木板不连接,仅有缆线连接在每组外侧的木桩之间。这样的设计即可以使浮桥更具有弹性,桥身可以随水势的大小而运动,不至于因为水势过大而被冲毁;也可以在需要的时候,选择开启或者闭合浮桥,从而控制水道上的水运交通。

赣州浮桥的建设,一方面解决了赣州城市和周边区域联系的城市发展需要;另一方面也满足了客家人保卫自己城市的防卫心理,因为浮桥具有搭建容易,销毁便捷的特点,一旦赣州被攻击者靠近,那么居住在这里的客家人便可以很容易毁掉浮桥,再凭借坚固的城防抵御来犯者的进攻。而当攻击者撤退后,他们又可以很容易地搭建起一座新的浮桥,继续往日的生活。

3.山区文化的影响

1)风水思想影响下的城市空间营造

客家风水文化是中原堪舆文化和原来在赣州地区的古越族"巫"文化相结合后的产物,

图4-27 赣州浮桥(作者自摄)

---

① http://bbs.city.tianya.cn/tianyacity/content/456/1/1148.shtml。

客家人卓信风水，他们相信一个好的风水不仅可以使自己和家人获得舒适的生活居住环境，还可以"趋吉避凶"，荫佑子孙。宋代后在赣州形成了中国风水学派中的"形势"学派，该学派继承了五代杨筠松的风水思想，讲究点穴、消砂、纳水、乘龙、定向，"龙虽在地，关实在天。天者何以见？圣人曰"为政以德，譬如北辰，居其所而众星拱之"是也。辰在斗内，斗有九星，居其建极以运四方，二十八宿周天经星布列于其外，环拱北辰者，堪舆之法也。穴场者，北辰也。龙神者，九星也。砂者，二十八宿也。水者，虾须也。用九星看龙神，用二十八宿看砂。所谓二十八宿，正谓此耳。……看法必须龙、穴、砂、水与向五字详为讲究，方云全法。世人单说'龙'字，以龙取穴者，大事毕矣。殊不知吉凶之转移，祸福之枢机，全在点穴、消砂、纳水、乘龙、定向五者功夫，方为全法。"[1] 受到"形势"学派风水思想的影响，明代的赣州城市空间营造讲究因形就势，以地气论吉凶，对于一些缺陷采用"补风水"的手法进行处理。明代之前赣州城内的主要建筑基本为南北朝向，明代后因为受到"形势"学派思想的影响，八镜台、郁孤台、文庙等主要建筑的朝向均改为南偏东36°，形成了坐西北面东南的格局（图4-28），座山为城市西北的三阳山，向山为东南的宝盖峰。城市东部的妈祖岩呈青龙昂首之势，西北赣州盆地的缓丘现白虎低伏之态。

明代时赣州城内多发火灾，时人认为这与城东的一处红色山峦——火焰山[2]有关，为了克"火"赣州人一方面在山上大量种植树木，另一方面在火焰山正对的城中阳街的位置，修建了一座天一阁（图4-28），该阁取汉郑玄《易经注》中"天一生水"之说，以水克火，并在阁旁修"太阴井"一处，古人认为"太阴"为水，希望天一阁与太阴井能够压制住火焰山上的"火"气，从风水的角度看，这显然是一种"补风水"的手法。

赣州位于三江汇合处，历史上曾经水患不断，为了镇住水患并保证赣州城市的长久繁荣，明代万历年间在赣江西岸十八滩的入口兴建了玉虹塔，塔下旧时有玉虹桥，塔因桥而得名，又因塔身粉有白灰，所以又俗称白塔。玉虹塔六面九级，青砖塔身，底部设有红石须弥座，高30m，玉虹塔内有一镇塔铁元宝，长66cm，宽36cm，高15cm，元宝重76.5kg，上面有铁铸阳文楷书"双流砥柱"四字。清乾隆年间又在赣州贡江上游的水口处兴建了龙凤塔，在章江上游的水口处兴建了吉埠塔。这三座修建在赣、贡、章

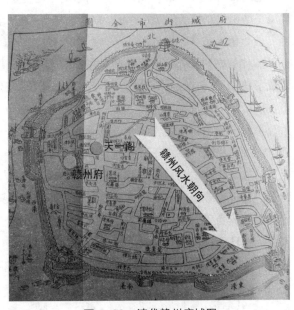

图4-28　清代赣州府城图
资料来源：赣州府志[M].清同治年间刻本，改绘

---

① （宋代）江西僧人"托长老".入地眼全书[M].北京：中医古籍出版社，2010。
② 该处山位于今天的赣州水东，因为山体地貌为丹霞地貌，山体呈红色，因色生意旧时赣州人称其为"火焰山"。

三江水口处的风水塔，是形势学派风水思想中"镇水留财"的一种表达。

2）客家"多神崇拜"的表现——寺庙广布

赣州的客家人相信万物有灵的思想，流行多神崇拜，清同治《南安府志》卷之二"疆域·土俗"中记载清代的赣南"乃犹波靡楚俗，崇信巫鬼"。清代赣州 3km² 的城区内，分布有大小寺庙 87 座，多数都集中于城区的东南方位。其中既有中国传统的佛教和道教庙观，也有供奉当地土地的储君庙、府城隍庙，供奉秦人石固[①]的江东庙，供奉龙王的龙船庙，供奉七姑[②]的七姑庙、供奉宋高宗赵构的康王庙等。

旧时赣州城内流传有民谣："好笑好笑真好笑，有庙无神，有神无庙，庙对庙，庙连庙，庙叠庙，庙重庙。赣州城里到底有几座庙，天王老子也不知道。"根据《赣州府志》记载，"有庙无神"指的是赣州濂溪路的刑司庙，过去犯人在庙里受刑，但庙里却无神位；"有神无庙"是指建春门外的露天河神石像，此处有神明却无庙宇或神龛；位于尚书街的龙王庙和南京路口的镇南庙是"庙对庙"；大公路的火帝庙与土地庙仅一墙之隔是"庙连庙"；"庙叠庙"是说八境台顶层的吕祖庙和它下层的灵山庙；慈云寺塔下的关帝庙、县文庙、府隍庙则是"庙重庙"。

3）对于自然环境的改造和适应——福寿沟的修建

客家文化中提倡尊重和敬畏自然，客家人认为人对于自然的改造应该是在顺应自然力的前提下来完成，反对对于自然的肆意征服和破坏，赣州福寿沟的修建恰好反映了客家人的这一思想，赣州城三面临江，一面环水（护城河），特殊的地理位置使得水患对于客家人的影响非常大。特别是卢光稠扩城后，将沿贡江一带的低洼地带纳入到城区范围，城市和江水之间没有了缓冲带，洪水对赣州城的威胁更加明显。清同治《赣州府志》记载："先是郡城三面阻水，水暴至，辄灌城。彝作水窗十二间，视水消长而启闭之，水患顿息。城内福、寿二沟，相传亦彝所创。"

宋代的赣州知州刘彝将赣州城内旧有排水系统相互衔接起来，并配合 12 处水窗的修建形成了赣州"广二三尺，深五六尺"，总长 12.6km 的城市排水系统福寿沟。赣州的福寿沟不仅仅是一个单纯的城市下水道，它是一个将城市中各个排水和蓄水系统有效衔接起来的系统工程，它由排水管沟、水窗和城市水塘三部分构成。排水管沟巧妙地利用赣州的丘陵地势形成自排水，并在不同的地方根据排水的需要改变管道的坡度，利用高落差提升水的流速。修筑管沟的材料采用赣州常见的石头和青砖，如果管沟发生破损仅需要更换损坏的砖石，减少了维修的难度。管沟内常年饲养有上百只乌龟，这些乌龟以管沟内的残渣为食，到处爬动避免了管道的被堵塞的概率，为了保持管道的永久通畅，在过去每几年就会有专人放一批乌龟进入福寿沟内。福寿沟沿章贡两江开有水窗 12 座，这么多水窗的设计可以避免某些地区由于排水口过少，水的流程过长而出现堵塞。赣州的水窗完全利用水势进行启闭，

---

① 《搜神记》卷五"江东灵签"条记载："签神姓石，名固，秦时赣县人也。殁而为神，或阴雨霾雾，或夜深淡月微明，乡人往往见其出入，驱从如达官长者，盖受职阴司，而有事于综里云。人为立庙，设以〔王丕〕玟往问吉凶，受命如响。人益验其灵应，为著韵语百首，第以为签神乘之，以应人卜，愈益无不切中。庙在赣州府城外贡水东五里，因名曰江东灵签，世传以为美名云。"

② 《长汀县志》记载：七姑神宋代已有，称七姑子，全县城乡都建庙奉祀，其庙称七圣官或婆太庙，有的庙中塑七尊小偶像。客家人聚居处多立此庙，清道光年间有人误将惠利夫人当作七姑神，因惠利夫人原名莘七娘。

当城外水势过大时，水窗会自动关闭，以防止江水倒灌入城市。福寿沟在城内和三个大塘以及数十口小塘相互衔接，当城外水势过大，城内洪水无法排入江体时，便通过管沟将它们分流到城内的大小池塘中，起到蓄水池的作用。等到城外洪水退去再将城市蓄水，通过水窗排入江体。

通过对赣州福寿沟的研究，可以发现福寿沟与今天的城市排水系统之间的最大区别在于，福寿沟更多地考虑通过顺应自然来改造自然，而不是简单地改变自然。今天的城市管理者盲目相信自己的力量，轻视"天"的作用，相信自己可以通过科技来征服和改造自然。城市排水系统的修建上，忽视城市地形的作用，认为城市低洼区的洪水可以借助抽水机等设备进行排除，并不是将城市低洼区作为水体或者是城市绿地使用，而是将它们改造成下渗性较差的城市道路或广场，甚至部分还改造成居民区，增加了洪水到来后的抗洪难度。此外，一方面大量侵占城市中的水体和绿地，另一方面城市中保留下来的水体和城市排水系统之间相互独立，当城市中的积水无法迅速、有效地排入城外水体后，便很容易发生城市"内涝"。古人"畏天之威，于时保之"，今人不畏天威，不惧地患，故天惩之，此乃自然规律，非人意所能违。

4.6.2 徽州文化影响下的赣州空间营造活动——徽派建筑

明代后，随着赣州城市商业的繁荣，大量的徽商涌入赣州，与徽商相伴的徽州文化在赣州开始流行起来，受此影响，这一时期在赣州兴建了大量的徽派建筑，在今天河套老城区内的灶儿巷和南市街等区域的徽派建筑保存得比较完整。

徽派建筑在外观上讲究造型简洁、质朴大方，对外封闭的高墙和高低错落有序的马头墙，构成了一个建筑内、外空间分割的屏障。在建筑内部组合上，是以"天井"为中心形成围合式的空间，除少数"暗三间"外，徽派建筑中绝大多数房屋都设有天井。三间屋天井设在厅前，四合屋天井设在厅中。古人视水为才气，天井的设置使得屋前脊的雨水（"财运"）能够全部归入堂中，号称"四水归堂"。徽派建筑的居宅往往很深，非常适合中国古代大家族聚族而居的生活方式。徽派建筑为多进式院落，建筑进门为前庭，中间设天井，后面布置为厅堂。厅堂后用一道中门隔开，设为一堂二卧室。在堂室的后面又是一道封火墙，靠墙布置天井，两旁设置厢房，这是建筑的第一进。第二进的结构为一脊分两堂，前后有两天井，中间有槅扇，第二进有卧室四间，以及堂室两个。随着家族人丁的逐渐兴旺，第三进、第四进乃至后面的更多进也会逐渐套建起来，各个进的布置结构大抵相同，各个院落相套，逐层向内延伸，整个建筑大者有"三十六天井，七十二槛窗"之说。

赣州民居的徽派特色首先表现在建筑形式上，错落有致的封火山墙是建筑景观构成的重要因素。此起彼伏的马头山墙与民居的坡屋面之间相互衔接，"随着屋顶跌势层层迭落、比例和谐、富于变化；高脊飞檐参差错落、轻盈灵巧、层次分明，高墙上有小窗点缀，打破了面的单调"（图4-29）。①

赣州徽派建筑中的天井平面采用的是东南地区最常见的"三合天井型"。三间是客家当

---

① 蒋芸敏. 赣州旧城中心区传统空间保护与传承研究[D]. 北京：清华大学，2007.

图 4-29　赣州灶儿巷徽派建筑（作者自摄）

图 4-30　姚衙前 71 号及其流线分析

资料来源：蒋芸敏. 赣州旧城中心区传统空间保护
与传承研究 [D]. 北京：清华大学，2007

地民居常见的空间组合，被俗称为"三间过"，即一层坐北朝南是三间正房，堂屋居中，东西两侧各有两个厢房，如有二层的话，楼梯则位于北面正房与厢房之间，或是紧贴厢房外壁与天井相望，在一些民居中，也有把楼梯置于正堂的膛板之后的。若没有楼梯，厢房与正房之间也不一定相连，中间的夹道主要是用以通向侧院或者边门出口。赣州市的天井住宅组合模式以串联为主，即向进深方向发展。平面基本遵循对称的原则，但又根据用地的情况采取灵活的处理方式，流线因地形和布局需要而转折，非常灵活。往往因为地形、环境、或对风水的追求等原因，入口并不位于轴线正中，而是偏于一隅，稍转角度，再通过入口与主体建筑间的小前院来调整主体建筑的朝向（图 4-30）。[①]天井当中充分发挥通风、透光、排水作用。人们坐在室内，可以晨沐朝霞、夜观星斗。经过天井的"二次折光"，比较柔和，给人以静谧之感。雨水通过天井四周的水枧流入阴沟，俗称"四水归堂"，意为"肥水不外流"，体现了徽商聚财、敛财的思想。

赣州徽派民居在外立面的处理上，出于防火和防盗的实际需要，多数建筑的外墙面以大面积的实墙为主，建筑外墙大都比较封闭，少数建筑在墙上开有方形石窗。入口是整个外墙重装饰的重点，像一般的徽派建筑一样，赣州徽派民居也会在大门的面墙上建有门楼。这些门楼采用由水磨砖、砖石坊和花板加雕刻的工艺组成，在形态上大都精雕细镂，致密入微，繁不胜繁。这与外立面上平整的墙面相比较形成强烈的反差，并由此产生了视觉上的强烈冲击。[②]

虽然徽派建筑由于它优美的建筑风格和其暗含的深厚徽州文化的底蕴在当时的赣州对于当地的民居特别是大户人家的民居营造产生了巨大的影响，但是由于当地客家文化的影响，赣州的徽派民居营造时也表现出了一些不同于传统徽派建筑的特征。

首先，赣州的客家文化深受中国传统儒家文化的影响，提倡简约、含蓄，在建筑的色调装饰上强调朴素简单。受此影响，赣州徽派建筑的色调主要以灰色为主，大户人

---

① 蒋芸敏. 赣州旧城中心区传统空间保护与传承研究[D]. 北京：清华大学，2007。
② 蒋芸敏. 赣州旧城中心区传统空间保护与传承研究[D]. 北京：清华大学，2007。

家的外墙使用青砖不加粉饰，这点不同于徽州传统民居青砖灰瓦再加以白灰粉墙的特点（图4-31）。

其次，在建筑的装饰上，徽派建筑极其注重装饰艺术的表现广泛采用"砖、木、石"作为雕刻的主要材料，处处体现出巧夺天工的神韵与匠心（图4-32）。砖雕主要用于门楼、门罩、八字墙面、马头墙端部、庭院等处。建筑的出入口有门罩、门斗、门楼和门廊四种装饰手法，建筑出入口被看作是一户人家的门面而被精雕细刻。徽州人将门楼看作是一个大户人家社会地位的表现，门楼上的砖雕往往是整座家宅建筑雕刻的重点部位。比如徽州区岩寺镇进士第门楼，仿明代牌坊而建，用青石和水磨砖混合建成，门楼横枋上双狮戏球雕饰，柱两侧配有巨大的抱鼓石，高雅华贵（图4-33）。徽州民居中号称"无户不雕"，木雕刀工细腻，形象生动，雕刻的图案中有大量的植物和叙述性的故事场景。而赣州地区的徽派建筑由于受到客家文化提倡简朴、简约思想的影响，很多地方的装饰都采取了去繁就简的处理。同样是装饰重点的建筑出入口部位，赣州的徽派建筑更多采用门楼或者门廊的形式，门罩较少见，且雕刻的细节也大大简化（图4-34）。建筑内部的木雕主要以规则的

图4-31　皖南徽派建筑

图4-32　徽派建筑入口装饰

资料来源：陆元鼎主编.中国民居建筑[M].广州：华南理工大学出版社，2004

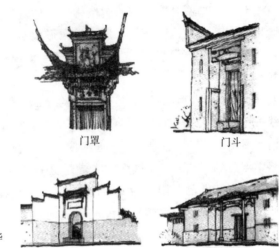

门罩　　　　　　　门斗

门楼　　　　　　　门廊

图4-33　徽州徽派建筑的门楼

资料来源：http://www.hshpzd.com/display.asp?id=194

图4-34　赣州徽派建筑（作者自摄）

图案纹饰为主，植物或者叙述式的故事场景较少。[①]

再次，赣州徽派建筑中的楼居现象也没有徽州普遍。徽州地区由于当地地貌多山的地形影响，可以直接用于民居营造的土地十分有限，在这种"地狭民稠"的状况下，当地民众纷纷摒弃平房，用缩小单层平面的面积，加上楼层来扩大使用面积的方法来缓解用地紧张局面，民居楼上极为开阔，俗称"跑马楼"。天井周沿，还设有雕刻精美的栏杆和"美人靠"。而在赣州，当地的客家文化具有很强的农耕文化的特点，对于土地有着很深的感情，客家人的建筑中除了具有防御性质的围屋外，多数民居的生活重心还是放在一楼，在赣南有"寒暑不上楼"之说。受此影响，在赣州徽派民居的生活与活动空间都基本放在一楼，即使有二楼也主要是用来放置物品和储藏杂物之用，层高仅能上人。[②]

4.7 宋至晚清的赣州城市空间尺度研究

4.7.1 体：五代"龟城"的延续

五代卢光稠对赣州城的营造构成了后来赣州城市的主体框架，它北靠赣江，东西紧接贡、章两江，结合风水形势学派形成了一个逆水而上的龟形，龟首为城南的镇南门，龟尾为城北的龟尾角。周边有九条主要河流汇聚于赣州城下，共同构成了一个"九蛇聚一龟"的"玄武"形态。在城市内部空间结构上，清代之前，赣州的行政中心也叫衙城（或者王城）位于赣州城市的北部，衙城的正门楼——宣明楼正对城市的中轴线——阳街，康熙二十九年（公元1690年）后赣州府搬离衙城，搬入靠近阳街中央的清水潭附近，与相邻的道署一起形成了赣州新的行政办公区。明代后，受到风水中"形势学派"的影响，赣州城南的主要建筑一改坐北面南的传统朝向，改为坐西北面东南。位于赣州西北的三阳山为城市的座山，位于东南的宝盖峰为城市的向山，城市东部的妈祖岩呈青龙昂首之势，西北赣州盆地的缓丘现白虎低伏之态，形成绝佳的城市风水形态。

4.7.2 点：城市功能的中心节点

1. 景观中心：石楼——八境台

章江、贡江和赣江三江交汇处的八镜台是城市主要的景观中心（图4-35），北宋时赣州城"州城岁为水啮，东北尤易垫圮"，于是孔宗翰"伐石为址，冶铁锢基"，将土城修葺成砖石城，建石楼于其上，这座石楼就是八镜台。由于八镜台位于赣州城北，周围很少建筑的遮挡，且八镜台的海拔较高，因而形成了一个绝佳的城市观景平台。北宋嘉祐年间，虔州知军孔宗翰将在八景台上所见景物绘成图画，送与好友苏轼，苏轼在图上赋诗为《虔

---

① 蒋芸敏.赣州旧城中心区传统空间保护与传承研究[D].北京：清华大学，2007。
② 蒋芸敏.赣州旧城中心区传统空间保护与传承研究[D].北京：清华大学，2007。

州八景图》[①]，17 年后苏轼亲临赣州，登上八镜台后依据所观景物又作《八景图后续》。历史上的八镜台多经兴毁，今天人们看到的八镜台为 1984 年新修，全台仿宋制，分上下三层，除一层外，剩余两层都为下平座、上出檐，屋檐形式为宋代流行的九脊顶（图 4–36）。宋代楼阁建筑结构原理大体相同，“皆于下层斗栱之上立平座，其上更立上层柱及枋额斗栱椽掾檐等”[②]。作者在赣州考察时翻阅史志，在《赣州府志》中发现了清代八镜台的图纸，该图上的八镜台在建筑形式上和今天看到的八镜台有很大区别，清代的八镜台也分三层，一层为重檐歇山顶，二层为一暗层，三层为下平座、上出檐。建筑屋顶形式和今天仿宋制的八镜台屋顶形式相仿，也为九脊顶，建筑屋顶逐层向上收缩，一层和三层屋顶装饰有宝顶。建筑旁建有披厦，披厦为两层建筑，屋顶为重檐歇山顶，屋顶也装饰有宝顶。披厦旁建有小门，以供出入之用（图 4–37）。

图 4–35 八镜台公园一角（作者自摄）

图 4–36 赣州八镜台（作者自摄）

旧时的八镜台具有以下三个主要作用：

（1）城市中重要的城市景观节点。宋代八镜台是赣州八景中重要的一个组成部分，北宋苏东坡定义“赣州八景”时就是依靠在八镜台上所见的城市景观而得到的，而八镜本身

① 《南康八境图》者，太守孔君之所作也，君既作石城，即其城上楼观台榭之所见而作是图也。东望七闽，南望五岭，览群山之参差，俯章贡之奔流，云烟出没，草木蕃丽，邑屋相望，鸡犬之声相闻。观此图也，可以茫然而思，粲然而笑，嘅然而叹矣。苏子曰：此南康之一境也，何从而八乎？所自观之者异也。且子不见夫日乎，其旦如盘，其中如珠，其夕如破璧，此岂三日也哉。苟知夫境之为八也，则凡寒暑、朝夕、雨旸、晦冥之异，坐作、行立、哀乐、喜怒之变，接于吾目而感于吾心者，有不可胜数者矣，岂特八乎。如知夫八之出乎一也，则夫四海之外，诙诡谲怪，《禹贡》之所书，邹衍之所谈，相如之所赋，虽至千万未有不一者也。后之君子，必将有感于斯焉。乃作诗八章，题之图上。

坐看奔湍绕石楼，使君高会百无忧。三犀窃鄙秦太守，八咏聊同沈隐侯。
涛头寂寞打城还，章贡台前暮霭寒。倦客登临无限思，孤云落日是长安。
白鹊楼前翠作堆，萦云岭路若为开。故人应在千山外，不寄梅花远信来。
朱楼深处日微明，皂盖归时酒半醒。薄暮渔樵人去尽，碧溪青嶂绕螺亭。
使君那暇日参禅，一望丛林一怅然。成佛莫教灵运后，着鞭从使祖生先。
却从尘外望尘中，无限楼台烟雨蒙。山水照人迷向背，只寻孤塔认西东。
烟云缥缈郁孤台，积翠浮空雨半开。想见之罘观海市，绛宫明灭是蓬莱。
回峰乱嶂郁参差，云外高人世得知。谁向空山弄明月，山中木客解吟诗。

② 梁思成. 中国建筑史[M]. 天津：百花文艺出版社，2005：318。

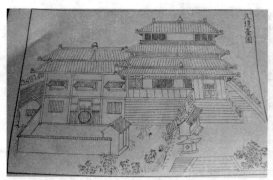 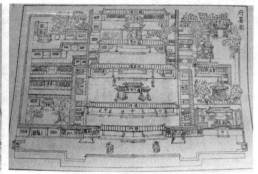

图 4-37　清代八镜台图	图 4-38　明代府衙署图
资料来源：赣州府志 [M]. 清同治年间刻本	资料来源：赣州府志 [M]. 明嘉靖年间刻本

也是赣州八景之一，八镜台的存在丰富了宋代赣州的城市景观，并为赣州士绅观赏城市美景提供了一个优越的平台，八镜台的营造为赣州城北风景名胜区的形成奠定了坚实的基础。

（2）治理水患的作用。八镜台位于贡、章、赣三江交汇之处，八镜台脚下正好是三江交汇的水口，根据中国传统的风水思想，在这个位置营造一个坚固的高台可以起到锁水口、治水患的作用。

（3）军事上的观察作用。八镜台高达 27.8m 的高度，可以使驻守赣州的守军在第一时间发现来至外部的军事威胁，并快速传递给城墙上的其他守军使其做好迎敌的准备。

2. 政治中心——府衙署

宋代至明代的赣州行政中心府衙署皆位于五代原"王城"的旧址内，直到清康熙二十九年（公元 1690 年）才搬迁至城区中部偏西的清水潭附近。明代的府衙署为一五进式院落（图 4-38），院落四周被围墙紧密围合，东、西两侧分别有保境和安民两座牌楼可供通行，府衙的大门被称为头门，头门前分别放置有两尊石狮，头门的西侧分布有内厅和健厅，东侧有民厅（负责处理辖内的民事纠纷案件）、大班（捕快的休息房间）和大轿厅（为知府老爷出门备轿之用）。头门以北为仪门，仪门是进入府衙后的第二道大门，仪门和头门之间用麓厅相连。仪门之后是一座牌坊，上书岭北首郡，牌坊之后是明代知府大人处理赣州辖境内主要刑事治安案件的场所——治安厅，也就是通常说的大堂，大堂两侧分布有库与官厅，大堂与仪门之间有料房相连。治安厅后为植木堂，植木堂后过一处过庭即为内宅门，堂门之间为一处小庭院，内宅门后过一过庭为娇化堂是知府家眷居住的所在。

府衙东侧布置有土地庙、文昌阁、书房、铁函台和静治轩，厨房布置在建筑群的东北部。西侧布置有射厅、书房和供府休闲之用的小花园。

3. 文化教育中心——阳明书院

阳明书院，位于赣州郁孤台下。明正德间南赣巡抚、金都御史王守仁在此聚众宣讲其"致良知"学说，以期"破心中贼"。崇祯十三年（公元 1640 年）知县陈履忠改名廉泉书院，迁于光孝寺左。清道光二十二年（公元 1842 年）知府王藩倡捐于郁孤台原址重建阳明书院。订立规制，课文校艺，祀王守仁，以何廷仁、黄宏纲配祀。次年王藩再次扩建，并自为记。同治间知府刘瀛修建，又重订章程。同治十二年（1873 年）巡抚刘坤一赠书籍，书院生童正附课将近 200 名。光绪二十八年（公元 1902 年）知府查恩绥改书院为赣州府中学堂。

清代赣州的阳明书院为一五进式院落建筑，整个建筑群沿从书院大门到郁孤台的中轴线展开。建筑群大门上高悬"阳明书院"四字是中轴线的起点，进大门后为"二门"，二门周边有连廊，东南方向布置有厨房，厨房和整个建筑群用院墙相分隔。二门后为一牌坊上书"桃李门"，取"桃李满天下"之意，"桃李门"后为传习堂，传习堂与二门之间有厢房连接，厢房为当时学生读书所在，传习堂西侧有斋房是当时学生的宿舍，斋房建于石台之上应该是为了防潮的考虑。传习堂后为营建于高台上的阳明先生祠用来祭祀王阳明，祠为歇山顶，面宽七间，背靠郁孤台，东侧为斋郁，西侧为望阙堂，阳明先生祠与斋郁、望阙堂之间开有夹道，夹道的顶端有小门可通往郁孤台。

4. 城市的商业与仓储中心——城门

五代之后赣州的城市商业高度发达，以临江的城门为中心形成了城市的商业和货物仓储区。其中以城东的建春门和涌金门为中心形成了城市的商业区和商业货物仓储区，以城西的西津门为中心形成了城市的盐业仓储区。明、清时期沿从建春门到涌金门的剑街形成了米市街、瓷器街、上棉布街、下棉布街、六合铺、铁炉巷等专业化的商业街道，明代后在赣州设置赣关，用于查验过往货物并收取税金，开始时设置在赣州城北的龟尾角，后改"于东西二桥并设盘掣"，东桥为建春门外浮桥，西桥为西津门外浮桥。赣关每日开闸放船，无法及时通过关卡的船舶就选择在涌金门码头以北的寸金巷租赁或者是购买房屋储藏货物，逐渐在这一带形成了赣州主要的商业仓储区。而城西的西津门码头一带，则主要以盐业仓储为主，并由此形成了盐仓巷和盐官巷。

5. 城市商业的聚会中心——会馆

宋代之后赣州的商业活动异常繁荣，由于当时赣州南通广东，西接福建的地理优势，大量的外地人来到赣州经商，为了确保他们在赣州经商时的利益能够得到保护，他们便以地缘和乡情为纽带形成了各种帮会，并营建了会馆建筑作为他们聚会、议事的场所。清代赣州城内的会馆非常多主要有："广东会馆、山西会馆、陕西会馆、吉安会馆、南临会馆、安徽会馆、福建会馆和高安会馆等。赣州城内各个会馆的建筑风格和规模大小都各不相同，其中广东会馆的建筑最为精美，广东会馆位于赣州城内西津路田螺岭巷口，是一栋岭南风格的建筑，屋面的主体部分采用石湾所产的琉璃瓦盖面，山墙以曲线形的弓式山墙为主，构件多采用抛光的雕花青石，十分雅致，别具一格。新中国成立后广东会馆中一度聚居了大量的城市居民，由于这些住户文物保护观念的单薄以及当时政府的不重视，导致广东会馆内的建筑破坏比较严重。近两年赣州市政府已经决定修缮广东会馆，他们将会馆内的旧居民全部迁走并拆除了会馆内的由居民加建的建筑，并对会馆进行了封闭性的维修，2013年对公众开放。"

高安会馆（图4-39）是清代江西高安县商人在赣州兴建的一处会馆，也是赣州唯一一处保存完整的会馆建筑，该会馆规模较大，为一座三进两天井的砖木结构院落式建筑，整个院落面宽15m，进深46.2m，前后有院墙。建筑物外立面采用封火墙，门窗多采用雕花图案，有两重大门，两重门的门楣上均刻有"筠阳宾馆"四字，刻字的落款是光绪十九年季春月吉立。门楣的下方雕饰有对联"筠节挺生芙绕竹箭，阳和布濩想暖梅开"。会馆内采用木扇隔断，内部辟为十八间客房，每间客房的门上均刻福、寿、禄等不同的

图4-39 赣州高安会馆（作者自摄）

吉祥文字作为房号，建筑内部装饰有藻井和槅扇，藻井和槅扇上装饰有精美的植物图案和戏剧故事雕刻。

4.7.3 线：城市街道体系的进一步完善和城市地下排水系统的建设

1. 从六街到三十二街、七十六巷

宋代的赣州基本上延续五代的六街体系，至明代随着城市商品经济的发展，城市内的主要道路从6条增加到了9条，除早期的阳街、阴街、横街、长街、斜街和长街外，还增加了瓦市街（县西天一阁左）、米市街（县东，即磁器街）和南市街（城东方）。《嘉靖赣州府志》中记载当时赣州城内的巷子已经达到了24条：龟冈、龙船、均井、古城、老古、新开、白塔、米汁、铁炉、瓦子、竹树、盐仓、木横、幡竿、寸金、洪成、杨判、姜家、谢四、王将、观、丝发、天一阁后、池湖。[①]街巷相和，至明代赣州城内的街道（包括巷道）已经增加到了33条，整个交通系统较之宋代已有了很大的发展。清代的城市街道体系在明代的基础上得到了进一步的完善，清代的城市主要街道从明代的9条延伸到了36条，巷道增加为72条。全城路网以东西向从涌金门到西津门的横街为主要骨架，南北向以连通衙署和南大门的阳街为主要依托，其他小巷和街道填充其间，街巷路网顺应地形特点，或直或曲，或高或低，等级分明。横街之北主要以行政机构为主，路网较为稀疏，而横街以南则以商业和居住为主，因而路网比较致密。[②]

旧时的赣州将较直的城市主要街道称为"街"，如横街、剑街、斜街等，这些街道构成了赣州的城市骨架。将一些次要的，根据人们居住和使用需要而自发形成的街道称为巷。巷大都顺应地势，当沿途地区的地形比较平坦，街巷不需要改变自身走向时，巷道多呈直线型。反之，巷道则会根据沿途地形而表现出曲折有致的特点。由于赣州的城市街道在营造时对于地形的顺应，故而在城市道路的交叉中形成了很多不同类型的道路交叉口形式，究其形式主要以下几种（图4-40）：

（1）十字相交：是中国城市中最常见的道路形式，在城市的重要路段，交叉口尽可能保持垂直相交以保证交通的流畅、视线的通透和形象的中正，赣州旧时的阳街和横街就是在旧"王城"前相互十字相交。

（2）错口相交：在一些城市的次要路段，因为街巷属于自发形成，很多时候街巷本身不一定平直，便形成了错位相交的情况，比如清代时阳街上的新开路和府学前巷，以及今

---

① 赣州府志[M]. 明嘉靖年间刻本。卷五，创设·厢里。
② 蒋芸敏. 赣州旧城中心区传统空间保护与传承研究[D]. 北京：清华大学，2007。

交叉形式	路名	平面	交叉形式	路名	平面
十字形交叉	章贡路—建国路	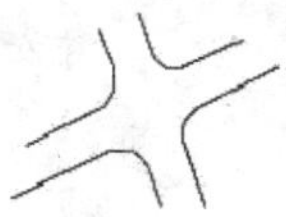	错口交叉	章贡路—米汁巷/百家岭	
丁字形交叉	坛子巷—小坛子巷		人字形交叉	白马庙—九华阁	
丁字形交叉	坛子巷—阳明路	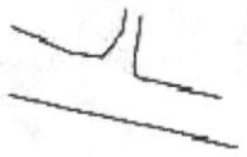	人字形交叉	东溪寺—九华阁	
丁字形交叉	纸巷—濂溪路	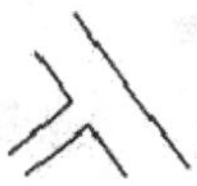	多向交叉	姚衙前	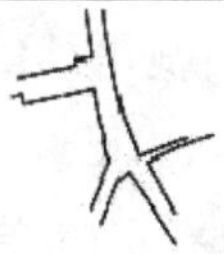

图 4-40 赣州老城道路交叉口形式

资料来源：蒋芸敏．赣州旧城中心区传统空间保护与传承研究 [D]．北京：清华大学，2007

天章贡路上的米汁巷和百家岭。

（3）"丁"字形交叉：这是中国古代城市街道中一种主要的道路交叉形式，也是赣州居住性巷道与主要街道交叉的主要形式，比如均井巷与建国路，小坛子巷与阳明路的相交等。早期的阳街与横街之间也是"丁"字交叉，后来随着"王城"被拆，阳街向北延伸，而形成了十字交叉。

（4）"人"字形交叉：这种道路交叉形式多出现于有机成长的中国传统城镇中，特点是在一定距离可以看到对面两侧建筑的立面，远距离观察视线往往有一定的封闭感，随着视距缩短和视野变宽，其空间视觉有通透感，景观效果也显得丰富多变。最明显的，便是斜插赣州东溪寺和白马庙的九华阁。[1]

（5）多向街巷相交：这种交叉形式为多个方向的街巷相互汇集转换的结果，比如赣州的姚衙前就分别与凤凰台、小坛子巷、均井巷多向交叉。由于这几条巷道之间都具有自身特点，他们的相互交叉便形成了富有戏剧性的景观效果[2]。

2. 赣州千年城市排水系统——福寿沟

五代之前赣州城内地势较高，污水多排于城外今清水塘、八境公园等处的洼地汇集，再通过沟道流入河床。五代扩城后，三面阻水，将城墙外移到了河床岸边新砌的"阻水"保坎，

① 蒋芸敏．《赣州旧城中心区传统空间保护与传承研究》[D]．北京：清华大学，2007。
② 蒋芸敏．《赣州旧城中心区传统空间保护与传承研究》[D]．北京：清华大学，2007。

使河道失去了缓冲地带，而城内的地下水道建设又跟不上城市的迅速扩张，洪水暴涨时产生了城内洪水出不去以及江水倒灌等问题。为了解决这一问题，宋代时在赣州城内修建了福寿沟。

福寿沟总长约 12.6km，其中寿沟长约 1km，福沟长约 11.6km，"寿沟受城北之水，东南之水则由福沟而出"，宋代时福寿沟有水窗 12 座，现在有四处还在使用。福寿沟小沟通大沟，大沟汇水塘，水塘注入城内"福寿总沟"[①]再通过福寿总沟中的水窗排入章、贡两江。遇暴雨，赣州城内无积水，"雨停则园地皆干"。[②] 在福寿沟的各个转角处还设置安装了会自动耙游的石狮爪用来扒开可能造成淤积的垃圾，避免在沟渠的转角处由于垃圾堆积而造成渠道的排水不畅。

福寿沟的营造有效地解决了赣州城内，特别是剑街、长街一带的排水问题，位于城东的剑街和长街五代之前是贡江的缓冲带，五代后被纳入城市当中，由于地势较低、紧靠河道，积水问题严重。福寿沟的修建有效地解决了这一问题，进而推动这一区域在宋代后发展成为城市的商业中心区。

4.7.4　面：城市功能分区的进一步完善

五代时赣州城内已经形成了比较清晰的城市功能分区，宋代基本上沿袭五代的分区。在赣州城的北面是当时的官署区和风景名胜区，这里建有赣州城的州衙和县衙、赣州八景中的八境台、花园塘以及郁孤台等诸多景点。在城东沿贡江城墙，建春门、涌金门一带是赣州主要的商业区，宋代的城市商业区已经打破了唐代"市仿制"的束缚，史载当时的宋朝城市"坊巷桥头及隐僻去处俱是铺席买卖"，宋代的城市商业开始沿城市主要街道两侧发展，当时濒临贡江的建春门和涌金门是城市主要的商业码头，商业和物流的巨大刺激，促使剑街[③]成为了当时赣州城内最为重要的一条商业街道。唐、宋两朝，赣州城内佛道盛行，时人在东晋修建的光孝寺的周边又相继修建了宝华寺、天竺寺、慈云寺等一批佛教寺庙和紫极宫观等一批道家寺观，由此在当时赣州城的东南面形成了城市的宗教文化区。赣州城的南部地势开阔，是这座三面环江的城市的唯一陆地出口，也是城市防御中最为薄弱的一处环节，直赣州建城以来一直是城市防御的重点，五代时卢光稠将具有强烈军事作用的拜将台建在这里，并在城市的主要出口镇南门外修建了宽达 30m 的护城河，来往行人只有借助镇南门的吊桥方能通过护城河，城南成为了城市主要的军事防御区。位于城市西边的西津门濒临章江，从广东运来的粤盐在这里上岸，再被官府配送到内地，当时在这里营建了盐运码头和官府的盐运仓库，盐务官员的家宅和办公场所也位于附近，这一空间布局一直延续到了明清时代。五代扩城之前的赣州居民区主要位于以北起横街南到田螺岭一带，宋代后逐渐在城市的东南部形成了比较集中的城市居民区。

明代赣州城的布局与功能分区基本沿袭自宋代，并在宋代的基础上得到了进一步的发

---

① 丘启瑞. 赣州"赣州府义仓"[M]//赣州市政协文史资料研究委员会. 赣州文史资料. 1990。
② 丘启瑞. 赣州"赣州府义仓"[M]//赣州市政协文史资料研究委员会. 赣州文史资料. 1990。
③ 宋代时，赣州城内形成了六条主要的城市街道，联系涌金门和建春们之间的剑街是当时的"六街"之一。

展。明代时在赣州城区的北部形成了当时城市的风景名胜区，分布有八境台、郁孤台等著名风景点。城区的东部建春门和涌金门一带是码头、仓库、商业区。城区的东南部是城市的宗教文化区，有慈云寺、光孝寺、寿量寺等宗教建筑。城区的南部是军事区，赣州卫的卫所、武学、教场等都布置在这里。城区的西部是衙署和盐业专卖区。宋代时只布置在城区北部的衙署区，到了明代除赣州府外，其他的大部分机构已经移至了城区的中部。

清代的城市功能分区基本延续明制。只有作为行政办公区的衙署区略有变化，清康熙二十九年（公元 1690 年），当时的赣州知府因为出于对于当时朝廷"文字狱"的恐惧将府衙从北部旧"皇城"所在地，搬迁到了明代岭北道署旧址。这样清代的赣州形成了位于城北以八镜台为中心的风景名胜区、城区中部偏西的行政办公区、城东的商业区、城西的盐业仓储运输区、城东南的宗教文化区、城南的军事区和位于横街以南、阳街以东的城市居民区。

4.8 小结：客家文化和徽州文化的互动博弈

宋到晚清 1859 年之间的近 900 年间，是赣州的城市发展的一个鼎盛时期，在延续原有城市形态的基础上，在城市内部形成了比较完善而且复杂的城市道路系统，城区内部形成了比较合理的城市功能分区。伴随着徽州文化的到来，赣州旧有的客家文化和徽州文化之间发生了互动博弈，城市空间营造的境界发生了改变、营造制度得到不断完善、营造技艺也发生了质的提升。

4.8.1 优越的地理位置刺激了徽商的到来

唐宋以降，中国主要的对外贸易开始从西北的丝绸之路转向了东南的海上贸易。宋至元代，广东的广州港和福建的泉州港是两个最重要的海上贸易港口，这两个港口承担了当时中国对外贸易的绝大部分。赣州恰好位于泉州和广州的十字路口上，内地的货物通过赣江运抵赣州后再通过贡江运往泉州，或者沿大庾岭商道运往广州。清乾隆二十二年（公元1757 年）后，清政府奉行"独口通商"的原则仅留广州一个口岸和外国贸易，而当时内地和岭南之间的货物和人员运输主要是依靠大庾岭商道，赣州的商道优势在当时达到了鼎盛。赣州优越的地理位置吸引了大批商人的到来，特别是在南方商旅中规模最大的徽州商人更是大量的来到了赣州，随着徽州商人的到来徽州文化也自然而然到进入到了赣州。

4.8.2 客家文化的"农耕特点"和徽州文化"行商特点"的互动

客家文化和徽州文化都推崇儒家文化，这一共同的特点导致徽州文化进入赣州后并没有遭遇到当地客家文化的较大阻力，因为客家文化具有开放性和保守性并存的特点，当面对与它在文化特质上具有较强相似性的文化时，客家文化往往采取的是一种开放性的态度。反之则会表现出较强的保守性，这恰好是之后西方文化进入赣州后所要面临的问题。由于客家文化和徽州文化在推崇儒家文化上的共性，所以当徽州文化进入赣州后便很容易被客家人所接受，并在赣州城内兴建了大量徽派建筑。但是由于徽州文化和客家文化产生的环境的不同，双方之间还是具有一定的差异性。客家文化具有"农耕文化"的特点，提倡安贫乐道的生活态度，主张简单朴实的生活方式。他们重视和土地之间的关系，对于土地有着很深的感情。徽州文化则具有"行商文化"的特点，在建筑的装饰上讲究美轮美奂，在建筑的内部大量采用木雕作为建筑的装饰构件，木雕的图案不仅有规则的纹饰，也有大量的植物或者叙事式的故事场景。建筑外部则大量装饰石雕，特别是对于建筑的出入口更是精雕细琢。对于这些外出经商的徽州人来说，他们希望能够通过自己宅邸的营造来表现出自己外出经商的成功。徽州地区"地狭民稠"，土地资源十分稀缺，为了解决这一问题，当地居民纷纷采用楼居的方式。

赣州的徽派建筑是客家文化中的"农耕特点"和徽州文化"行商特点"互动后的产物，赣州的徽派建筑一方面保持了传统徽派建筑的特点，另一方面，由于受到客家文化中"农耕特点"的影响，在建筑外立面的装饰上赣州的徽派建筑以灰色调为主，建筑出入口的装饰也十分简单。赣州徽派建筑的内部也有木雕，但是雕刻的图案主要以规则型的图案纹饰为主，植物或者叙述式的故事场景较少。受到客家文化"重土"观念的影响，赣州的徽派建筑并没有采用传统徽派建筑的楼居形式，建筑内的活动空间主要在一楼，二楼一般用来放置杂物。

4.8.3 赣州士大夫从程朱理学到王阳明"心学"

无论是宋代的程朱理学还是明代王阳明的"心学"都和赣州有着密不可分的关系，程朱理学的创始人周敦颐在担任赣州通判时招收了程颢和程颐两兄弟在其门下学习，程颢和程颐两兄弟得到他的真传后，在其基础上发展形成了程朱理学。可以说赣州是程朱理学的发源地，程朱理学的形成和发展与当时赣州的客家文化之间有着密切的关系，客家文化具有农耕文化的特点，讲求安贫重道的生活态度。宋代以周敦颐为代表的一些赣州士大夫在客家文化的基础上，通过对于儒家经典的研究，形成了宋代的程朱理学。

明正德十一年（公元 1516 年），王阳明升任右佥都御史，坐镇赣州，巡抚南康、赣州、汀州、漳州等处。王阳明在赣州任职时，以阳明书院为平台聚众宣讲"心学"，以期破心中贼。王阳明的心学和宋代的程朱理学同是儒家的两个支系，但又有所不同，王阳明的心学在认识论上主张"致良知"和"知行合一"（"致良知"指磨炼吾心内在的良知，将良知推广扩充到事事物物，这个过程即为"知行合一"。"人之……所不虑而知者，其良知也。"）。王阳明"心学"在赣州获得了当地士大夫的欢迎，清道光二十二年（公元 18 年）赣州知府王藩专门在阳明书院中祀王阳明。赣州士大夫对于"心学"的欢迎和当时的时代背景有着密切的关系。明、清两代赣州商品交换频繁，商业经济高度发达。随着徽州文化的进入，客家传统的农耕文化受到冲击。赣州的一些士大夫开始在不改变儒家基础的前提下，寻求一种新的思想。王阳明的"心学"恰好满足了这样的时代需要，赣州的这些士大夫以城东北的阳明书院作为平台对于王阳明的"心学"进行学习与传播。

第三部分

近代赣州城市空间营造研究

第 5 章　1859—1919 年的赣州城市空间营造研究

5.1　历史发展背景

5.1.1　九江开埠

1840 年鸦片战争之前，广州是中国对外贸易的唯一口岸[①]，当时内地货物的主要通过水路运抵赣州，再通过陆路翻越大庾岭转运至广州。当时的赣州—大庾岭商道，"燕、赵、秦、晋、齐、梁、江、淮之货，日夜商贩而南，蛮海、闽广、豫章、楚、瓯越、新安之货，日夜商贩而北。"[②]"许多省份的大量商货抵达这里，越山南运；同样地，也从另一侧越过山岭，运往相反的方向。运进广东的外国货物，也经同一条道路输入内地"[③]。"商贾如云，货物如雨，万足践履，冬无寒土"[④]。1840 年鸦片战争后，厦门、上海、宁波和福州被增开为通商口岸，过去广州"独口通商"的优势不复存在。1858 年，第二次鸦片战争爆发英法两国与清廷签订了《天津条约》，条约中规定增开牛庄、登州、台湾、潮州、琼州、汉口、九江、南京、镇江十处为通商口岸。中国的对外贸易重心逐渐从以广州为中心的东南沿海地区，转向以上海为中心的长江流域。

九江开埠后，由于其"扼沪汉交通之咽喉，轮船接迹，铁轨交驰，赣省商业集中于此。森林矿产，靡不以此埠为转运屯积制造之所"[⑤]，九江成了上海—长江贸易带上的重要城市，江西"本省一切输出物产，莫不以此为输运枢纽。"[⑥]"米谷、瓷器、茶叶、夏布、纸、竹木、钨以及植物油等，均有大宗出口，价值动辄百万，悉皆由此转入长江各口，行销国内外。九江各大码头及货栈，悉皆堆货垒垒，转运栈、报关行、押款钱庄，以及各种行栈庄客，林立栉比，较之南昌，有过之而无不及。"[⑦]

赣州随着中国对外贸易重心的转移，城市的商业地位开始逐渐衰落，"由南昌至广州计程二千余里，中隔大庾县之梅岭极其高峻，山路陡险"[⑧]。上海、九江开埠后，原先南下走大庾岭的商货纷纷改道经九江转上海，"洋货广货亦由轮船运入长江，不复经由赣郡"[⑨]。"商贾贩运毕集于九江、汉口，不复至赣。且由粤入赣，由赣达江，滩石险恶行旅苦之。轮艘涉江海，行速而事简，则争趋之、向之。""昔时，江轮未兴，凡本省及汴鄂各省，贩卖洋货者，

---

①　乾隆二十二年（公元1757年）后，清政府奉行"独口通商"的原则，仅开放广州一地作为，对外贸易的港口。

②　（明代）李鼎.李长卿集（卷一九《借箸篇》）[M].（明）万历四十年刻本。

③　利玛窦.利玛窦札记[M].北京：中华书局，1983。

④　（清）桑悦.《重修岭路记》引自：同治《南安府志》卷二一《艺文》。

⑤　（民国）中央地学社编.中华民国省区全志第（第四卷江西省志）[M]，1924。

⑥　（江西）《工商通讯》第1卷（第13期），1937年。

⑦　《申报》1934年12月27日。

⑧　（清）江西巡抚钱宝琛奏[M]//鸦片战争档案史料（第3册，第103页）.上海：上海人民出版社，1987。

⑨　（清）钞档（江西巡抚潘尉题本）[R]，光绪十年九月初二日。

均仰给广东，其输出输入之道，多取径江西，故内销之货以樟树为中心点，外销之货以吴城为极点。自江轮通行，洋货由粤入江，由江复出口者，悉由上海径运内地，江省输出输入之货减，樟树、吴城最盛之埠，商业亦十减八九。"①

19世纪中后期，赣州由于城市商业地位的衰落和地理环境的影响，其受西方文化的影响要相对弱于九江、广州等开埠城市。

5.1.2 粤汉铁路的修建

19世纪后半夜在全国揭起了修筑铁路以自强的风潮，光绪二十二年（公元1896年），上喻下旨修建从武汉至广州的粤汉铁路。粤汉铁路在武汉和京汉铁路接轨，可使火车从广州直达北京，构成中国南北交通的大动脉。粤汉铁路的最初规划线路为从武昌经江西到广州②，以谭嗣同为代表的湖南绅民认为"近来强邻日逼，时事日非，其情形与昔不同，则办法自当稍异，非徒南干铁路宜一时并举，而经由之地且必须取道于湖南者"③而且江西的地理条件不利于粤汉铁路的修筑，"较湖南远，今广西铁路已在龙州发端，设有人欲求由此接展入湖南境内直抵汉口，以扮我之背，则我所造江西至粤之铁路利权尽为彼所分夺矣"④，所以上书朝廷强烈要求粤汉铁路改为经湖南下广州。1897年9月左右，熊希龄、龄、蒋德钧等湘绅代表还亲赴武汉对主持兴修铁路的张之洞、盛宣怀等清廷重臣进行游说⑤。最终，粤汉铁路由湖南至广州的路线得到了张之洞和盛宣怀等的认可，粤汉铁路遂由江西改道湖南。

如果粤汉铁路经江西过赣州南下广州，无疑会大大改善赣州从1858年九江开埠后不断衰落的地理交通条件。但是粤汉铁路的最终改道，击破了赣州在当时重新崛起的最后希望。随着1936年粤汉铁路的全线通车，铁路运输开始取代水路和陆运成为了联系内地和广东沿海地区的首选，赣州和那些有着同样命运的城市——诸如大运河上的淮阴、济宁等一样，都逐渐的沉寂了下去。直到20世纪90年代京九铁路的建成，赣州才改变了没有铁路通车的历史。

5.2 1859—1889年的赣州空间营造研究

1840年鸦片战争之后，西方文化开始逐渐进入中国，最早是以进入中国的沿海城市和通商口岸为主。1859年第二次鸦片战争后，随着南京、汉口和九江等通商口岸的开放，西方文化得以进一步进入到中国沿长江的内地城市。这一时期，由于受到西方文化的影响，在这些沿海和沿江的城市中出现了大量的西式建筑，比如广州的沙面、九江的九龙街、上海的外滩、汉口的江汉路等。1859年之后的赣州，由于地理、交通等方面的局限性，西方文化的影响要相对弱于邻近的九江、广州等城市。早期赣州的西式建筑主要是一些宗教色

---

① （清代）傅春官. 江西农工商矿纪略. 清江县[M]. 光绪三十四年石刻本。

② 文丹. 清末粤汉铁路研究——以《申报》资料为主[D]. 贵阳：贵州师范大学，2009：10。

③ 湘中请开铁路察稿. 申报[N]. 1898-4-29。

④ 湘中请开铁路察稿. 申报[N]. 1898-4-29。

⑤ 宓汝成编. 中国近代铁路史资料[M]. 北京：中华书局，1984：505。

彩浓重的教堂建筑比如赣州天主堂、大公路基督教福音堂、西津路基督教堂、南康天主教堂等，当时的传教士为了减少传教过程中在赣州地区的阻力，在教堂的空间营造方面采用了中国传统营造文化与西方营造文化相融合手法。当时进入赣州地区传教的教会从大类上分为罗马教皇管理下的天主教会和从"新教"衍生而来的基督教会，前者在清朝初年就已经进入赣州地区传教，并营造了多处教堂建筑，其中以赣州大公路天主教堂和南康天主教堂尤为代表。后者进入赣州的时间比较晚，早期的赣州基督教堂有 6 座，新中国成立后全部被收归公有，今天留存下来的有大公路旧耶稣堂的礼拜堂、东北路旧教堂和牧师楼，其中除东北路旧教堂破坏比较严重外，其他两处保持还相对完好。

5.2.1　赣州大公路天主堂和南康天主教堂

1. 赣州大公路天主堂

赣州大公路天主堂始创于清顺治七年（公元 1650 年），由法国耶稣会传教士刘迪我经当时的南赣总督佟国器批准后创建，后因清廷的屡次"禁教"政策而屡起沉浮。[①] 1889 年，圣味增爵会传教士在今大公路重建教堂和房舍，东以中山公园（现赣州军分区）、南以大公路、西以大龙巷、北以生佛坛前为界。整个院落有 4300m²，内含总教堂、神父住房、修女住房、修道院、圣亚纳会、育婴堂、经堂、工作人员住房等。今保留有建筑 5 栋（图 5-1），分列东西两侧，其中西侧有建筑两栋分别为旧孤儿宿舍和修女读书处，皆为 1898 年建造。东侧有建筑三栋，分别为神父住宅、教堂和修女院，皆为天主堂最早期建筑。

天主堂内教堂平面为仿巴西里卡式，仅有中堂和半圆室（图 5-2），中堂两侧开有侧窗以供室内采光，屋顶为木结构坡屋顶，屋顶中间略平。建筑后部设有半圆室，内设有祭坛、主教席和唱诗堂。建筑门窗为弧形，带有较强西式特点，建筑为墙承重，青砖砌筑，内含壁柱，建筑挑檐略带中式风格。建筑山墙为主要装饰立面，呈三角形，上耸立有十字架，山墙面书"天

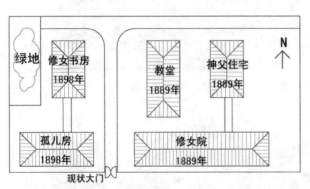

图 5-1　赣州天主堂现状平面图（作者自绘）

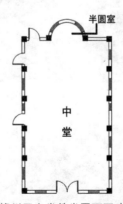

图 5-2　赣州天主堂教堂平面图（作者自绘）

---

① 清康熙二年（公元1663年）赣州天主教徒达2000余人。康熙四年（公元1655年），因发生全国性的"禁教"运动，各地纷纷"排教"，赣州天主堂驻堂教士出逃，教堂遭焚毁。事平后，教士返赣州重建教堂。康熙三十五年（公元1696年）柏理文来赣州主持教务。18世纪清廷严厉"禁教"，赣州教堂焚毁殆尽。清道光十八年（公元1838年），圣味增爵会传教士接任教务，重建教堂。清末反"洋教"运动时期，教堂再度被毁。

主堂"三字（图5-3）。

　　天主堂西侧的修女院和神父住宅，为天主堂早期建筑。修女院（图5-4）为当时居住在天主堂内的修女起居的场所，建筑高二层，顶部有阁楼用于放置杂物，建筑四角有角柱，修女院为外廊式建筑，西侧为楼梯间，东侧为办公室，中间为修女们休息的寝室。修女楼在建筑外形和功能分布上与客家人传统的"三间过"建筑之间有很多相似之处，比如：①客家人的"三间过"建筑的主入口虽然是在建筑的中央厅堂，但是联系一层和二层空间的楼梯却位于建筑两侧的次间，在位于中央的厅堂是没有楼梯的，这点和修女楼是完全一致，修女楼联系上下的楼梯也位于建筑西侧的次间，一楼的中间房间主要供修女休息和会客之用；②在"三间过"建筑中放置杂物的隔层位于建筑两侧的次间上方，中间厅堂的上面没有隔层。修女楼因为主要是供修女居住的场所，所以二层有住人，但中央部分的三层上方没有放置杂物的阁楼，阁楼位于两侧次间的上方；③修女楼和客家传统的"三间过"建筑都为双坡屋顶，在建筑的正立面都有比较宽的出檐，檐口下有挑梁。④修女楼两侧的次间向外微微凸出，建筑平面呈一个凹字形，这点和客家"三间过"建筑完全一致（图5-5）。

　　神父住宅（图5-6）是当时天主堂内神父办公和住宿的场所，新中国成立前赣州天主堂的神父基本都是外国人，他们的生活习惯和当地的客家人有着很大的差异，表现在建筑上神父楼也不同于修女院那样具有很强的客家建筑特点。神父楼一楼为旧时神父办公的场所，二楼是神父的卧室和书房。一楼和二楼之间没有楼梯相通，修女院的二楼与神父住宅之间修有连廊。神父楼的大门开向北面，建筑内的主要房间都沿一条内廊东西向排列，建

图5-3　赣州天主堂教堂（作者自摄）

图5-4　赣州修女院（作者自摄）　　图5-5　客家"三间过"建筑（右侧为附属建筑，中央为"三间过"的主体建筑）

图 5-6　赣州神父住宅（作者自摄）　　图 5-7　赣州天主堂修女书房（作者自摄）

筑最南侧的房间为神父的卧室兼办公室。整个建筑从建筑外观上看，有点类似于一个独立的封闭式小楼。

孤儿院（见图 1-9）的修建时间较修女院和神父住宅要晚，该建筑为旧时孤儿生活、学习的场所。建筑为假四层，三层之上有一个夹层。三层与夹层之间修有一中国传统的坡屋顶，屋顶两缘略有上翘。建筑屋顶由柱和出挑的梁承载，一楼无柱，上部柱子的荷载由二楼平台下出挑的梁承担，柱的形式为仿西式，但无装饰，形式较简单。整栋建筑由青砖砌筑，墙内有壁柱。建筑在每层的中央开有一门，每层空间以中央房间为中心展开，楼梯也布置在中央。孤儿院从建筑外观和功能上与客家传统的围屋建筑具有很强的相似性：①客家部分围屋建筑的入口在一楼的中央，一楼主要作为围屋内居民做饭、洗漱的场所，基本上不住人。天主堂孤儿院的入口也位于一楼的中央，一楼是天主堂内工作人员做饭的场所，基本上不住人。②围屋内的居民都居住在围屋的二层或者三层，每层房间通过内走马联系，由于内走马的缘故二层和三层的空间在一层的基础向外微微伸出。孤儿院的居住空间分布在二层和三层，每层的各个房间都通过外廊联系，外廊在一层的基础上向外微微伸出。③围屋的顶楼有一个夹层但是不住人，主要是作为建筑防御的空间。孤儿院的顶楼也有一个夹层，但由于没有围屋那样的防御需要所以夹层的高度较矮。通过观察赣州客家围屋建筑和天主堂孤儿院的对比可以发现，两者间具有极强的相似性，后者可以看作是前者顶楼的防御层压低后的结果。

修女书房（图 5-7）是旧时修女学习经书的地方，建筑为三层，由于地势较低，所以修女书房的一楼要低于其他几栋建筑。一楼前为一小花园，由此拾阶而上可达到孤儿院一楼前的平台。孤儿院和修女书房的二楼之间有连廊衔接，整栋建筑为外廊式，房间沿外廊展开，出挑平台和屋顶由砖柱承重，建筑主体由墙承重，建筑为青砖砌筑，内有壁柱。

2. 南康天主教堂

南康天主教堂（图 5-8）位于赣州近郊的太窝乡，始建于清同治三年（1864 年）。清光绪三十三年（公元 1907 年），曾遭到当时义和团拳众的焚毁。新中国成立后，被征用为学校，后被发回。今还保留有教堂、厢房等附属建筑，现存教堂平面为巴西里卡式，有中堂、侧堂与耳堂，屋顶为木质平屋顶，侧堂两边有西式侧窗以采光，建筑侧立面为青砖抹面。建

图5-8　南康天主教堂（作者自摄）

筑正立面为西方教堂中惯用的"西部结构"①，颜色采用蓝白相间，大门为西式拱门，中部为西式拱形窗加圆形窗洞，顶部为西式女儿墙，建筑顶端为三角形上立有十字架一座，下写有"天主堂"。旁侧有钟楼一处，钟楼下部为西式拱形窗和拱门，上部为中式楼阁建筑，楼阁建筑分两层，挑檐四角微微起翘，略显中国式的超凡脱俗之感。

整座教堂在平面上为典型的西式教堂布局，正立面为西方教堂常用的"西部结构"但塔楼仅有一座，而非传统的两座，且该塔楼采用了中国传统的楼阁建筑样式。整栋建筑是中式建筑手法和西方建筑文化的完美融合，是一处不可多得的建筑佳品。与教堂相连的有一中式厢房，是旧时教堂工作人员居住的场所，建筑为客家地区常见的土木结构，墙体由生土夯实而成，屋顶挑檐由立柱承载。厢房大门前，有一中式小亭，内铸有圣母像。

5.2.2　赣州基督教堂

基督教于19世纪末传入赣州，早期赣州有教堂6座，分别位于西津路、大公路、文清路、东北路和建国路，此外还有孤儿院1座（今天的赣州精神病院）。新中国成立后，教堂陆续被收归国有，部分被拆除，今天赣州现存教堂建筑仅有大公路旧耶稣堂的礼拜堂、东北路旧教堂和牧师楼。

1. 大公路耶稣堂

赣州大公路耶稣堂建于清光绪十七年（公元1891年），为美国内地会传教士马设力所建。新中国成立后被政府征收，划拨给学校和工厂使用，建筑多数被拆除，今天仅存礼拜堂一座。旧时的大公路耶稣堂为一建筑院落（图5-9），院落中央为礼拜堂，西侧为三一小学，专门招收女性学生。三一小学为一两进式建筑群，共有建筑三座，建筑高两层，正门为一"凸"字形西方牌坊，上有教会十字标志。院落的东侧为传教士住宅（图5-10），住宅高两层，东西走向，厨房、厕所、佣人房等房间布置在一楼，一楼南北向分布多栋拱门。二楼为传教士的书房和起居间，有外廊供眺望和通风之用，外廊上有立柱以支撑挑檐，立柱荷载由一楼的拱门承载。传教士住宅与礼拜堂之间有小门连通，大门为双"凸"字形上有教会十字标志。

大公路礼拜堂为旧时赣州最大之基督教礼拜堂，现存建筑面积346.5m²，可容纳一千多人做礼拜。礼拜堂平面为巴西里卡式，中堂屋顶为中式歇山顶，建筑为土木结构，墙壁由生土夯实而成，内部有木质立柱和挑梁，建筑大门为西式牌坊（图5-9），样式类似于西方教堂立面的"火焰式"。内地会在教堂设计上主张简洁和质朴，不提倡过分奢华的装饰，耶稣堂立面的设计风格，应该是对于传统西方教堂双塔式立面的一种抽象化的简洁处理。新

---

① "西部结构"，其主要形式是在教堂的西端主入口建起一座和中堂等宽的两层或多层建筑，左右两边各建一座塔楼，内设有楼梯。

图 5-9 大公路耶稣堂旧景
资料来源：赣州基督教会老照片

图 5-10 大公路耶稣堂传教士住宅（前为赣州耶稣堂创始人马设力）
资料来源：赣州基督教会老照片

中国成立后，因为拓宽大公路的需要，建筑立面的西式牌坊被拆除。

2. 东北路基督教堂和牧师楼

东北路基督教堂建于清末民初，建筑平面为巴西里卡式，一层沿街立面为西式拱廊（图5-11），共有 6 个西式拱券，用于支撑二楼外挑房间，建筑上部为西式女儿墙，建筑为东西走向，建筑入口在东侧，新中国成立后该建筑损毁较严重，内部居住有多户人家，内部结构已基本被破坏。

东北路牧师楼为原东北路基督教堂牧师住宅，位于今天赣州红旗食品厂后，建筑建于清末民初。改革开放后，被作为教会财产返还给教会，建筑整体保存较完整。该建筑为两层砖木结构，青砖砌筑，屋顶为坡屋顶，二楼阑珊采用中式雕花，二楼阳台和挑檐由砖柱支撑，厨房位于建筑西北角，上有烟囱一座（图5-12），建筑内部空间布局平面如图5-13所示。

图 5-11 赣州东北路教堂（作者自摄）

图 5-12 赣州东北路牧师楼（作者自摄）

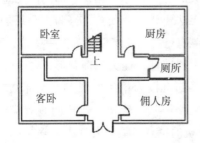

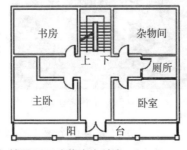

图 5-13 赣州东北路牧师楼平面图（作者自绘）

5.3　1889—1919 年的赣州空间营造研究

第二次鸦片战争之后，随着以教堂为代表的西方文化的传入，一些赣州的传统知识分子开始接触到了一个他们过去所不知道的世界。甲午战争的惨败，彻底击碎了中国人的天朝美梦，一些知识分子开始积极学习西方文化，并希望能够从中寻找出救国救民的真理。这一时期，一些本地有见识的客家人开始营造具有西方建筑文化印记的建筑，西方建筑文化的影响力开始超出教堂的范围向民居延伸，这些建筑中以位于六合铺的"滨谷馆"、群仙楼楼和曾家药铺为代表。

5.3.1　宾谷馆和群仙楼

宾谷馆位于赣州六合铺 10 号，是清末民初赣州著名的宾馆建筑。建筑高三层（图5-14~图 5-16），立面为巴洛克式建筑风格（图 5-17），建筑以大门为中心，左右对称。正门上为西式弧形门楣，旁有西式壁柱，一侧壁柱上依稀可见民国初年的十八星旗标志，另一侧已被抹去，门匾上刻有中式雕花，匾上文字已被抹去，屋顶女儿墙上雕刻有西式山花。建筑侧立面为跌落的徽派马头墙，内部为传统的中式天井，建筑围绕天井展开。

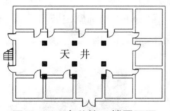

图 5-14　宾谷馆一楼平面图
（作者自绘）

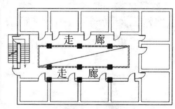

图 5-15　宾谷馆二楼平面图
（作者自绘）

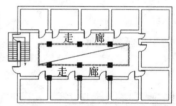

图 5-16　宾谷馆三楼平面图
（作者自绘）

图 5-17　宾谷馆立面图（作者自摄）

群仙楼位于梁屋巷，距离宾谷馆约 100m，建筑类型与宾谷馆相类似，也为巴洛克立面加中式天井（图 5-18、图 5-19）。建筑立面为三段式，以大门为中心左右展开，大门上有弧形门楣，上部门匾已基本损坏而无法辨认，屋顶女儿墙为三角形加弧形。两侧有壁柱，底层壁柱为方头壁柱，形式简单。中层壁柱，柱头为梅花形，柱头和柱身的交界部有极为精致的雕刻，上部立柱为方柱，造型简洁、轻快。建筑两侧有类"火焰式"的三角形窗，使得建筑立面有点略带哥特式建筑的特点。笔者去该建筑考察的时候，建筑正在重新维修，内部空间结构已被全部打破，仅留柱网、楼梯与楼板。

5.3.2 曾家药店

曾家药店位于赣州新开路5号，该住宅的主人曾氏旧时为医生，因为学医期间，受到了西方文化的影响，所以回到赣州后，就建起了这座立面为巴洛克风格的住宅（图5-20）。该建筑为曾氏行医和居住的所在，一楼为曾氏的门诊，二楼及以上空间是曾氏和家人生活、起居的场所。建筑为纵横三段式，一楼以上由四根立柱将建筑立面分为纵向三段，横向由门楣划分为横向三段。建筑以大门为中心，大门上有门楣以中英文文字进行标示，现存中文可见"疗杂外内儿小妇男"、英文应为宅主姓名"TSING CHIN HUA"，大门两侧各有一根方形立柱。二、三层上的四根立柱上分别写有"各种奇散""万应药膏"等广告字样，建筑墙面上有雕花，雕花内容为中国传统的梅花。屋顶为西式女儿墙，中央有雕花，雕花内容为两颗麦穗围绕牡丹，略带几分中国传统以农为本的味道，雕花上有西式檐头可用于遮雨。建筑侧立面为中式坡屋顶建筑形式，

图5-18 群仙楼建筑立面（左为中间和左侧立面，右为右侧立面）（作者自摄）

图5-19 群仙楼现状内部（左）与壁柱雕刻（右）（作者自摄）

图5-20 曾家药店建筑立面（左为一层立面，右为二、三层立面）（作者自摄）

建筑正立面简洁、大方，是中国传统文化元素与西式营造手法相互融合的产物。

5.4 小结：客家文化和西方文化的互动博弈

1859年之后的赣州受到"西风东渐"的影响，出现了一些西式风格的建筑，但是就其数量和规模上来说要远远弱于九江、广州等邻近城市。而且，这些营造活动本身往往表现出西式的建筑手法和中式营造文化的相互融合，显现出典型的"中西合璧"的特点。

5.4.1 城市交通地位的下降导致西方影响的弱化

鸦片战争后，随着上海、宁波、汉口、九江等口岸的逐步开放，广州失去了过去"独口通商"的政治、地理优势，特别是九江的开埠导致江西的对外贸易开始从依赖赣州向

广州转口的赣江经济线，向九江至上海的长江经济线转变。从清末之后，赣州的城市地位开始逐步衰退，特别是粤汉铁路的建成和通车，彻底改变了过去向岭南的商贸主要依靠赣州—大庾岭交通的旧态，赣州的地位逐渐被九江等其他城市所取代。由于地理和交通位置的弱化，导致赣州受到西方文化特别是建筑文化的影响要远远弱于九江等开埠城市。

5.4.2　客家文化中的保守性对于"西风东渐"的影响

客家文化具有保守性和开放性并存的文化特质，由于客家文化的保守性使得客家人很

图 5-21　梅州蕉岭教堂

资料来源：http://zhongchen271.blog.163.com/blog/static/72436856201214102547346/

图 5-22　梅州江南天主教堂水塔

资料来源：http://www.mzrb.com.cn

难从一开始就接受一个与自己的生活方式和思想迥然不同的文化，对于客家人而言他们更容易接受外来文化与自己所坚持的传统观念相融合后的文化产物，这一结果的直接表现就是在19世纪末20世纪初"西风东渐"的大背景下，客家人聚集区的西式建筑多数表现为西方文化和东方建筑思想的融合，在这里类似广州、武汉那样完全西式的建筑风格在数量上占极少数，在赣州地区遍布的西式建筑中，我们几乎都可以或多或少的找到东方建筑文化的影子。这种现象不仅在赣州很普遍，在梅州、河源等其他客家人聚集区也很普遍，梅州蕉岭教堂（图5-21）是一座拥有百年历史的老教堂，该教堂为二层建筑，平面为口字形，右侧有杂物房一座，建筑大门为典型中式门楼，主体建筑和两侧建筑为中式坡屋顶加外廊式建筑，建筑形式与客家地区传统的"三间过"建筑有很强的相似性。梅州江南天主教堂（图5-22）位于梅州市委大院内，始建于1938年，1948年基本建成，整个建筑群建有主教府、神甫楼、玫瑰修女院和水塔等建筑，其中的水塔为典型的中式宝塔建筑。

5.4.3　从传教士的中式立面到客家人的西式立面的转变

早期赣州的西式建筑多数都是中式的建筑立面，比如南康的天主教堂，当人们看到的第一眼很难让他们相信这是一座拥有百年历史的天主教堂，赣州天主堂修女楼和孤儿院的建

筑立面也是典型的客家建筑的立面风格。究其原因和当时的传教士力图融入赣州当地社会，减少传教阻力的心理有很大的关系，赣州历史上曾经多次发生针对天主教和基督教的"排教"事件，赣州的天主堂在历史上曾经三次被烧毁。清光绪三十三年（公元1907年）的排教运动不仅烧毁了南康天主教堂，而且还打死了意大利传教士江督烈和前来镇压的清军军官黄藕元。一系列的"排教"运动，促使西方的传教士穿上了中国传统的服装，使用客家的语言，并在建筑设计上采用中国特别是客家地区常用的建筑立面。19世纪后半夜，随着越来越多的客家人走出赣州，接触外面的世界，客家人对于西方世界的了解越来越多，一些赣州本地的士绅和商人开始营造具有巴洛克特点的建筑立面，由于他们本身就是客家人，所以营造西式建筑的阻力要小于活动在这里的外国传教士，因而他们的建筑立面较之教堂反而更为西化一些，宾谷馆、曾家药店就是这类建筑的典型代表。

第四部分

现代赣州城市空间营造研究

第6章 1919—1949年的赣州城市空间营造研究

6.1 1919—1933赣州城市工商业的发展与民国初年对赣州城市的呵护

6.1.1 新型工厂和商业设施的出现

1919年五四运动的爆发标志着中国历史进入了现代阶段，这一时期赣州的城市工商业获得了长足的发展，1920年以在赣广东商人罗劝章为首，邀集了曾伟仁（广裕兴百货商场老板）、王岳秋（瑞春茶庄老板）、罗涤良（惠和庄老板）、肖华抵（广华昌茶庄老板）以及王济才、王伯平、林玉田等数十名在赣的广东籍商人，共同集资十万元从广州购进了一台英造90千瓦交流煤气机[①]，兴办了赣州的第一家发电厂——赣州光华电灯有限股份公司，该厂发电容量为90kW，高压为2.3kV、低压为110V，线路长度为1.24km，用电负荷可供应电灯照明。

1928年元月江西裕民银行在南昌开办，1935年在赣州阳明路40号（今天赣州新华书店的位置）设立了办事处，此后裕民银行逐渐和当时的农业银行一起取代了旧日银号在赣州的地位，成为了当时赣州主要的金融服务机构。

1923年裕福祥绸布百货商店在赣州牌楼街（今阳明路41号）开业，该店拥有100多平方米的营业面积，主要经营百货与布匹，是当时赣州城内规模较大的一家百货公司。

1929年赣州熊华丽的老板熊兆荣在赣州的中山路开办了华丽纸店，最初主要经营彩色纸张和简单的木刻版的印刷。1936年，熊华丽从赣州水东工合机械厂购买了两台二号花旗式圆盘机后，将业务改为以纸张印刷为主。

6.1.2 城市护城河的消失和城市机场的建设

人类历史进入20世纪后，随着飞机、大炮等现代战争武器的出现，城墙和护城河的作用大大降低。清朝灭亡后赣州的城防营被撤除，城南的护城河被当地民众用于开垦或者是养鱼。1932年红军三打赣州[②]后，国民党军发现对于缺乏重型武器的红军而言，赣州

---

① 由于当时赣南不产煤，因此购买的煤气机以木炭和柴油为燃料。资料来源：肖俊光. 赣州光华电灯公司的兴衰[M]//赣州市政协文史资料研究委员会. 赣州文史资料. 1990.

② 1930年3月16日. 红军根据总前委在吉安水南召开军事会议决定从东、西、南三面围攻赣州。因赣州三面环水城墙高坚，红四军围城三日不克，主动撤围。1932年1月9日，中共临时中央作出《关于争取革命在一省与数省首先胜利的决议》，再次要求红军要"占取一二个重要中心城市，以开始在一省数省的首先胜利。"2月4日，根据中华苏维埃共和国中央革命军事委员会《关于攻打赣州的军事训令》彭德怀率红军部队进入赣州城东外的五里亭，天竺山及西南城郊. 开始修筑工事。红七军主攻东门，红二师主攻南门，红一师主攻西门。赣州守敌为马崑第三十四旅人枪三千余，赣南各县逃亡赣州的地主武装人枪五千一百余，加上商团等共计一万余人枪，马邑一面死守城池，一面发电蒋介石告急求援。13日红军选择在西南城角开始攻城尝试，攻城部队在机枪火力掩护下架设云梯，向守城敌军发起猛攻，因遭敌阻击未克。23日红军在西门、南门和东门挖信坑道，炸塌城墙数段，多次发起强攻都未得手，双方处于相峙状态。3月4日、红军再次发起攻城战斗。红七军用3个大炸药包炸开东门，但守敌预先有准备，已用沙包土袋筑起第二道防御工事。红军经过一小时强攻不入，不得不撤出战斗。主攻西门的红一师和主攻南门的红二师因坑道积水，几次引炸均未成功。后敌援军陈诚、罗卓英部十一师，十四师、五十六师和两个独立旅兼程赶来解围，红五军团三十七师、三十八师也前来增援。红军与敌军浴血备战一个多月，于3月7日奉命撤兵赣州。

高大的城墙和宽阔的护城河还是可以起到很好的防御作用。于是红军撤走后，赣州城内的护城河和壕沟又被重新收回用于修建城防工事，直到红军长征北上后才重新分给民众用于垦殖。

第二次国内战争时期，中国共产党人以赣州下辖的瑞金为中心建立了中央苏区，瑞金是当时中华苏维埃的首都。对于国民党的统治者蒋介石而言，中国共产党和它管理下的中央苏区是自己的心腹大患，为了平定中央苏区的需要，1930 年在赣州南门外大校场的位置兴建了赣州第一座机场南门机场。1931 年 9·18 事变后，日军占领了东北三省，中日之间的矛盾开始逐渐尖锐化，对于当时的中国而言很难依靠自己的力量来抵抗日本，国民政府开始积极寻求外援，特别是寻求德国和美国的援助，德国当时为了发动世界大战需要大量的钨砂，而赣南恰好是钨砂的重要产地，国民政府和德国政府达成协议，用钨砂换取德国的军事装备。由于当时赣州南门机场较小，难以满足大量运输钨砂的需要，于是 1936 年在赣州城郊的黄金村新建了黄金机场。抗日战争时期大量的钨砂从这里空运至欧洲和美国，为当时的国民政府换来了大量的抗战物资。

6.2　1933—1936 粤系军阀在赣州的营造

1932 年 3 月，为了镇压红军的需要，粤军第一军进驻赣南。当时第一军军长余汉谋驻大余，第一师师长李振球率部驻赣州。三年后两广事变爆发，驻赣粤军撤回广东。在 1933—1936 年的三年时间里，他们在赣州进行了大规模的城市空间营造，将广东流行的骑楼建筑引入赣州，为了适应骑楼的建设要求，还对于当时赣州的街道重新进行了修筑。通过颁布一系列相关城市建设法规的形式使当时赣州的城市建设制度化、规范化。将赣州从一个落后的内地城市建设成为了一个繁华的都市，使得 20 世纪 30 年代的赣州在江西省内获得了"小广州"的美誉。

6.2.1　赣州市政公署的成立和《赣州市政计划概要》的制定和实施

1. 赣州市政公署的成立

1933 年 4 月 1 日，粤系在赣州成立"赣州市政公署"，第一师师长李振球任主任，赣州市政公署主要从事"改良市政"的相关工作，具体负责市政工程的规划、勘测设计、招标、施工监督、资金筹集建设中纠纷的处理等事项，并兼管公安、消防等市政部门，甚至可以直接指挥赣县公安局。赣州市政公署是一个在当时特殊环境下成立的特定机构，它在行政权属上即不属赣县县政府管辖，也不是市政府，但是他的权力却凌驾于当时的赣县县政府之上。它是一个由粤系军人执政，"完全以赣州市民之财力，谋赣州市民之建设"[①]的权力高度集中，并能令出辄行的机构。因为它特殊的行政特点，所以能在短短的三年内为赣州市的市政建设作出大量的成绩。

2.《赣州市政计划概要》的制定和主要的建设范围

粤军进驻赣州地区后，出于军事和商业方面的考虑，先后动工兴建了赣余和赣昌公路，

---

① 李振球.赣州市政公署之命名[R].市政公报第二期，1933。

公路的建成打破了赣州市原有的封闭型的城市空间形态，赣州的交通条件和城市空间都随之发生了改变，李振球认为"为应付环境需要，力谋市民公共交通便利起见，则改良市政，实为目前根本大计。"[①] 故而市政公署一经成立，马上制定并颁布了《赣州市政计划概要》，确定了开辟马路、建设公园、兴建菜市场、屠宰场、改进消防设施等一系列市政建设项目。

1）开辟马路

开辟马路，被看作是赣州市政计划的重点工作。为了切实的实现建设的目标，对要改建的街道确定了分区、分期建设的方针。全市马路被分为中区、东区，西区三个区域。而中区又被分为两期建设，第一期的建设工作为至圣路、北京路、阳明路、和平路（现解放路），第二期为东北路、西安路、南京路，文清路。东区为寿量路（现中山路）、太平路（现中山路建春门段）、百胜路（现赣江路）、东郊路，西区为建国路、章贡路、西津路，西郊路。这些道路共同构成了当时赣州城区的主干道网络，并通过东郊路、西郊路与赣余路和吉赣路相连，大大改善了赣州和广东之间的交通联系。由于当时对于这些街道的改建基本上都是参照广东的市政建设方案进行，所以整个城市在当时充满了浓郁的岭南风情。伴随着东郊路等道路的修建，赣州的城市空间开始第一次突破城墙的限制向外围蔓延。

2）建设公园

民国建立后，全国范围内掀起了建设公园的热潮。赣州市政公署根据建设计划，将过去的赣南镇守署废廨开辟为赣州公园，对全体赣州市民开放，赣州公园是赣州历史上第一个对全体市民开放的城市公园。

3）建设菜市场

截至1933年，赣州城区的人口已达到114772人[②]，为了方便市民的生活。赣州市政公署决定在城区范围内，分区域新建六座菜市场。

4）新建屠宰场

1933年之前，赣州还没有集中的屠宰场，市民对于牲畜的分散宰杀，对于城市环境卫生造成了很坏的影响。为了改善赣州的城市环境卫生，市政公署决定新建统一的屠宰场。要求猪、牛要统一运输到屠宰场宰杀，从而改善城市的内部环境和公共卫生。

除以上四点外，赣州市政公署还将建设太平池（消防用储水池）增加消防器材列入市政计划纲要中，作为城市防灾建设的一项重要内容。[③]

《赣州市政计划概要》是赣州城市建设史上的第一个旧城改建规划，对于赣州的城市发展具有非常重要的意义。

6.2.2 1933—1936年，赣州市政公署完成的主要城市建设项目

1. 城市道路的建设

自1933—1949年的16年中，赣州市区共开辟了马路27条，总长度为13.41km，总面积为19.17万 m²。1933—1936年的3年中，在赣州市政公署的主持下新开辟道路15条，总

---

① 李振球. 赣州市政公署之命名[R]. 市政公报第二期，1933。
② 人口统计表[R]. 市政公报第二期，1933。
③ 刘义芳. 李振球与赣州的市政建设[M]//赣州市政协文史资料研究委员会. 赣州文史资料. 1990。

长度为 6.53km，建设面积为 10 万 m²，占了民国时期赣州城区道路建设总长度的 48.7%，总面积的 57.2%。这三年内开辟的马路情况如下：

（1）至圣路；1933 年夏，将当时的青云街拓宽道路后辟为至圣路，道路长为 473 尺，宽为 70 尺，其中车行道宽 42 尺。1934 年 6 月，两边商店、人行道，沟渠和车行道的建设工作全部竣工。车行道为当时还是不多见的水泥路面，人行道为青砖路面。工料费为 5854.7 元（毫洋，下同）。

（2）公园北路（现北京路）：1933 年夏，将"由杂衣街经过旧镇守使地基，横通至八角井街之一段"，辟为公园北路。长为 900 尺，宽度为 70 尺，其中车行道宽为 42 尺，1934 年 6 月全部工程竣工。车行道铺筑为水泥路面，工料费 8355.75 元。

（3）阳明路：1933 年 7 月，将由天一阁街口起，经过针巷子、府学前，牌楼街的街道开辟为阳明路，长为 1380 尺，宽为 70 尺，1934 年 6 月竣工，车行道，人行道均为水泥铺筑路面，北面人行道长为 1015 尺，南面人行道长为 1234 尺，工料费计 25000 元。

（4）和平路（现解放路）：1933 年 8 月，"自牌楼街口起，经过上棉布街，中棉布街、下棉布街，直达樟树街与瓷器街相接之行祠庙止"，辟为和平路。长 1160 尺，宽 70 尺，1934 年 6 月竣工，车行道和人行道均为水泥路面。

（5）公园东路（现东北道）：1933 年 9 月，自八角井起，至牌楼街口止开辟成为公园东路，道路全长 1030 尺，道路宽 6 尺，整个工程到 1934 年 6 月竣工，路面为碎石铺筑，南段路面长 630 尺，工料费总计 6000 元。

（6）公园西路（现建国路南段与文清路北段）：1933 年 9 月 1 日起"将杂衣街一段路线，计自天一阁起至旧镇守署门口止，辟为公园西路"。道路的宽度为 70 尺，长度为 1140 尺，1934 年 6 月竣工。南端人行道长 500m，北段车行道长 640m，工料费总计 3000 元。

（7）百胜路（今天的赣江路）：1933 年 11 月，"自诚信街口起，经水窗口、左营背，东门大街至东门口"，开辟成为百胜路，道路宽 60 尺，长 2500 尺。

（8）东郊路：1933 年 11 月，"辟东外大街至马婆岭一段"道路为东郊路，主要用来驳接赣余公路。东郊路长 1400 尺，宽为 70 尺。1934 年 6 月竣工，碎石路面铺筑，加上河堤路段车行道工料费总计 6000 元。

（9）公园南路（现南京路），1934 年将过去的木匠街开辟为公园南路。道路长 1140 尺，宽 60 尺，碎石路面铺筑，工料费用总计 7000 元。

（10）卫府路：在卫府空地上开辟卫府路，两边房屋为扩建公园时，由南京路、镇署前迁来的民房。1934 年 6 月竣工，长 340 尺，宽 40 尺。

（11）菜市路；1934 年修建，道路长 450 尺，宽 33 尺，沟线长 900 尺。

（12）寿量路（现中山路）：1934 年 6 月，市政公署将瓷器街、大坛前、寿量寺一带，开辟成为寿量路。道路长度为 1800 尺，宽 70 尺，其中人行道宽 24 尺，包括大平路在内的预算造价总结 36000 元（其中造价人行道 11000 元，车行道为 25000 元）。

大平路（现中山路至建春门段）：道路从 1934 年 6 月开工，道路长度为 200 叹，宽度为 70 尺。

（13）建国路：赣州市政公署于 1935 年 1 月 18 日发布建设布告，自当年的 2 月 10

日开始，将州前，考棚街开辟为宽 70 尺的城市马路，并限当地居民在 2 月 25 日之前拆让完毕。

（14）西津路：赣州市政公署于 1935 年 1 月 18 日发布建设布告，自当年的 2 月 10 日起，将西门大街直至县前街辟为宽 70 尺的城市马路，并限当地居民在 2 月 25 日之前拆让完毕。

（15）西郊路：该道路出西门经二康庙和吉赣公路接驳。由于沿路两侧没有商店，经费难以摊派，故而建设经费通过市政公署报省公路处投资修建，并于 1935 年动工。

除以上道路的修建工作外，1935 年的上半年还完成了从县岗坡至涌金门（今天章贡路）和南门大街（今天文清路）宽 70 尺马路的测量工作。[①]

2. 赣州历史上第一座市民公园，赣州公园的建设

1933 年夏，赣州市政公署决定在清代赣南镇守署的基础上兴建赣州公园，对市民开放。这一举措具有重要的历史意义，宋代之后，在赣州兴建了大量的园林建筑，特别是在赣州的城北以八境台为中心形成了城市的风景名胜区，但是这些建筑都只提供给封建士大夫阶级享用，一般的平民百姓很难有机会去一览究竟，赣州公园是赣州历史上第一个向全体市民开放的公园。

1933 年的赣州公园，园内有图书馆，体育场、礼堂、水池、游戏场和亭台楼榭等建筑。1933 年 12 月前完成了赣州公园围墙、"玉树琼花之室"、图书馆、可憩亭、北路门亭等项目的建设工作，当年 12 月驻防赣州的粤军第一师师长李振球撰写了《可憩亭碑文》和北门楼匾额 "赣州公园" 四字。1934 年完成了礼堂、乐乐亭、体育场和南大门等项目的建设工作，赣州公园基本成型。当时 "公园北路门亭，东西二路门墙，均已先后建筑完竣，惟南路大门，现正值开辟马路，砌筑围墙，亟应同时兴建，——以壮观瞻，余军长特捐鹤俸，为建筑南大门之资。" 为了感谢余汉谋为赣州公园建设的捐款，赣州士绅邀请余汉谋为赣州公园的南门题写牌匾。

改建公园时，旧篑园中的 "琼枝、玉树，楚楚在目，为保存篑园往绩，长留佳话起见，爰修筑厅事，仍榜以玉树琼花之室"。李振球借 "隋炀帝扬州赏琼花故事"[②]，撰写门联 "扶起春风妙天下，携来明月问杨州" 悬于诸壁之上。

按照公园建设的规划，将 "公园东南地段之镇署前 33 号民房起至 37 号止，木匠街 1 号起至 15 号止，一并划入建筑公园，收归公有。" 并通知 "仰各该铺户于二十三年一月十日以前自行拆卸完竣，并来署登记，以凭酌给公地及拆卸迁移费"[③]。拆迁的住户被安置在卫府的空地上重新搭建房屋，这些房屋中的大部分直到 20 世纪 90 年代还依然保持完好。[④]

赣州公园的兴建共耗费银圆 13100 元，该费用由赣州惠和公典和各个商帮、会馆分摊，

---

① 刘义芳.李振球与赣州的市政建设[M]//赣州市政协文史资料研究委员会.赣州文史资料.1990。

② 有一天夜里，隋炀帝做了一个梦，梦见一种非常漂亮的花，但是不知道这花叫什么名字，产在什么地方，醒来以后，就命令人把他梦中的花画成图形，张皇榜寻找认识者，正好当时在扬州见过琼花的王世充恰好在京城，看到这张皇榜，便揭榜进宫，对隋炀帝说，图上所画之花叫琼花，生在扬州，隋炀帝听后，很想见一见，便开运河，造龙舟，与皇后和嫔妃下扬州看琼花，可是琼花讨厌这位暴虐的君主，待隋炀帝来到扬州，他来时就自行败落，不让隋炀帝看。

③ 市政纪要[R].市政公报第二期.1933。

④ 刘义芳.李振球与赣州的市政建设[M]//赣州市政协文史资料研究委员会.赣州文史资料.1990。

截至 1933 年 7 月收到银圆 10297.5 元，剩下的费用由各个商家在 1934 年 2 月底前上交给市政公署。[①]

3. 城市菜市场的修建

根据《市政计划概要》，为了满足市民的需要，赣州从 1933 年开始，到 1935 年止，两年多的时间里先后建成了 6 个菜市场。

（1）第一菜市场，位于卫府里。由于"卫府空地，位于本市中心，毗接繁华地区，面积广袤"，经市政公署勘定，"将卫府之一部，辟筑赣州市第一菜市场"。1933 年 9 月 1 日，在赣县商会公开开标，得标造价为 6419.7 元，当年的 12 月竣工。

（2）第二菜市场，位于照磨巷口（原赣州地区物资局门市部后院）。当时"测定天一阁暨直接相连之照磨巷等公地，开辟为赣州市第二菜市场"在 1933 年的第三季度建成。10 月 10 日赣州市政公署发出通告："所有毗连该市场附近地段…之商贩，限于十月十日起至二十日止，……前来本署报请登记，以便通盘筹划，先行分配位置，按照划定地点，届时概行迁往营业"并公布了《赣州市第一菜市场暂行简则》，并于当年的 11 月 16 日起施行。

（3）第三菜市场，位于东郊路，于 1934 年 7 月 15 日开标，确定承建单位。

（4）第四菜市场，位于寿量寺。

（5）第五菜市场，位于白衣庵（今天文清路市保育院的位置）。1935 年 4 月建成，当年的 5 月 4 日开业。

（6）第六菜市场，位于涌金门垃圾堆附近，1935 年 4 月建成，5 月 1 日开业。

4. 赣州灵山庙屠宰场的兴建

20 世纪 30 年代之前的赣州没有集中的牲畜屠宰场，牲畜的宰杀主要采用各家各户分散宰杀的方法，卫生条件无法得到保障，而且严重影响城市环境。为了解决这一问题，市政公署规划在赣州城内灵山庙的旧址（位于今天八境公园内）新建赣州市第一屠宰场，将牲畜的宰杀统一化。赣州市第一屠宰场于 1934 年 5 月 1 日开业，屠宰场按照市政公署颁布的《征捐章程管理规则》，实行"招商投承"制度由私人承包经营。在 1949 年赣州解放之前，灵山庙屠宰场一直都是赣州城内唯一的也是最大的屠宰场。

1933—1936 年的 3 年中，根据市政建设计划，市政公署除了进行开辟马路、新建公园和菜市场，屠宰场、改善消防设施等工作外，还进行了赣州西门口城墙的修缮，安装商用电话，以及筹备恢复城市发电厂等工作。

6.2.3 赣州市政公署进行市政工程建设实施的办法

赣州市政公署能在短短的三年时间内，能够完成如此之多的市政工程建设，除了军人执政、措施强硬之外，还包括市政公署采取了一些在当时来说比较切实可行的办法，在此列举如下：

1. 切实依靠当地财力、物力与人力开辟马路。

赣州道路的拓宽工作，是一项复杂并且涉及面较大的市政工程项目，1933—1936 年

---

① 刘义芳. 李振球与赣州的市政建设[M]//赣州市政协文史资料研究委员会. 赣州文史资料. 1990.

的三年里赣州城内拆迁房屋面积超过 8 万 m^2，路基土方达到约 4 万 m^2，铺筑路面为 10 万 m^2，其中建设车行道达 7.6 万 m^2，修建各类沟渠约 12km。从当时的经济技术条件来说，这项工程规模是非常巨大的。为了在拆迁中能够切实有效地实现工程目标，并减少负面影响，当时的市政公署立足赣州当地，采取了一些措施其中包括：

（1）拆迁房街，由业主自行负责。在拆迁建设工作中，一般是先由市政公署颁发布告，公布拆迁地区的范围图，并在工程限定时间里要求所属业主完成拆建任务。如对于开棉布街马路（今天解放路）的拆迁中就明确规定，"两边铺户，限于八月十五日以前动工拆卸，至八月底拆完，九月底一律建筑完成"[①]；在开辟公园东路和西路的拆迁工作中，拆迁房屋工程规定"于九月一日开始拆卸，十五日拆完，十月十五日一律建完"[②]。

（2）路基土方工程，征用当地工人修筑。大部分道路的路基土方工程，都通过征工的办法，由赣县政府将任务分解到各个区。对于不能按期完成的地方，将采取严厉的惩处措施。比如百胜路的路基土方工程，原计划于 1933 年 3 月完成，结果却"将逾期三月，不但未能依限完成，近日督促废弛，竟致无人工作……，特于六月十日函达县府，严令第一区长，督同各保甲长，再限文到一星期内，赶筑完成，若再逾期，即于撤惩。"[③]

（3）路面和沟渠工程费用由街道两边的商家摊派完成。道路的路面和沟渠工程，采取招投标的办法选定营造厂商承建。如"阳明路路基，沟渠工程，定于九月十六日在本署开标，结果，第一段以曾璞标价 4390 元得标，第二段以曾璞标价 4350 元得标"。工程费用摊派的具体办法，市政公署在《拆筑暂行章程》中作了详细的规定。如阳明路"统计全线约需工料费 25000 元，按拆筑章程第十一条规定，所有路线两旁店铺门面所占宽度摊 6/10，内部面积摊派 4/10，经派员详细测勘，全线店面宽度 221.537 丈，计每丈毫洋 67.71 元，内部面积 1469.25 方丈，每方丈毫洋 6.084 元。限于 10 月 23 日缴清 4 成，倘有逾期，当即派员押追，并科以加一罚金"。[④]

2. 采用军队协助的手段

（1）因为当时的赣州市政公署本身就是军人掌权，为了加快工程的进展速度，市政公署会直接排出军队进行协助，"实行兵工筑路政策"[⑤]，第一军的赣南地方警卫团和第四师，都曾经先后派出士兵参加城市道路、赣州公园和菜市场等的建设工作。1933 年"第一军赣南地方警卫团赵团长濂，自奉命率部开驻赣城以来，鉴于本署李兼主任，规划市政，积极进行，不遗余力。赵团长为协助开辟马路，建筑公园，兴筑市场，以谋公共交通便利起见，特派团部长夫队百余名，按日前往新建赣州公园及赣州市第二菜市场，分任工程方面担运沙土等工作"[⑥]。1934 年第四师曾经每日派军人一、二百人，前往公园南路参加兴筑路基工作。

（2）从军费中给予市政建设一定的补助。当时的赣州市政公署并没有固定的经费来源，各项工程费用除了向地方摊派外，军费补助也是一下重要的来源。当时补助市政公

---

① 工作报告[R]. 市政公报第二期. 1933。
② 工作报告[R]. 市政公报第二期. 1933。
③ 市政纪要[R]. 市政公报第二期. 1933。
④ 市政纪要[R]. 市政公报第二期. 1933。
⑤ 市政纪要[R]. 市政公报第二期. 1933。
⑥ 市政纪要[R]. 市政公报第五期. 1935。

署的军费主要来自三个方面：一是赣城防务公司每月补助毫洋 1500 元（属军费性质）；二是军部每月补助 500 元；三是赣城禁烟局每月补助 500 元。此外还有一些临时性的军费补助。1933 年赣州市政公署全年收入为毫洋 64635 元，其中来源第一军部和防务公司补助费 16750 元，占 25.9%，全年支出总额为 58843 元，其中工程费 32088 元，占了总支出的 54.3%。当年临时性的补助有 1933 年 9 月第一军军部一次拨给赣州公园补助建设费 5000 元；以及第一师师部拨给菜市场补助建设费 3000 元。

3. 严厉的行政惩罚措施

为了保证施工进度，确保施工款项可以及时到账，赣州市政公署制定了严厉的惩罚措施。对于施工迟缓、拖延缴款的，市政公署方面除了通知限期完成外，并会处以罚款，屡催不缴的，会采用直接查封商店的严厉处罚措施。如位于赣州阳明路的林明奎、盛记二家，因没有能够照章缴纳费用，"屡次催追，置若惘然，阳明路代表办事处，特于 12 月 23 日呈请本署，准予派警押追，并将林明奎、盛记两家店房，克日查封，以重路政，即饬令公安局遵照办理"。

6.2.4　市政公署的管理工作

市政公署成立后，制定了比较系统的管理法规，并且建立了一整套比较完善的城市管理机构，在获得第一军军部的批准后，赣县公安局也交由赣州市政公署指挥。这些措施的实施，对于保证市政计划的落实，起到了非常重要的作用。

1. 管理法规

赣州市政公署于 1933 年的 4 月正式成立后，先后颁布了《赣州市政公署组织暂行章程》《拆筑暂行章程》《收用土地暂行章程》和《建筑暂行规划》等一系列关于市政建设的地方性基本法规。对于每个单项工程，另行制定了相关的规定或章程。这些规定有：

（1）招标章程。每项工程，在招标之前，都制定了"招标须知"或"招标章程"。如《阳明路、第一菜市场招标须知》《建筑至圣路，公园北路招投砂石章程》等，在章程中对工程的要点，施工期限和建设质量、要求等都作了比较详细的规定与要求。

（2）施工章程。赣州市政公署对于每一项工程都编制了详细的施工章程，如《赣州市政公署建筑阳明马路章程》一共有三章 19 条，第一章总则 12 条，内容包括有工程价格，完成期限，施工程序，发款手续，工程验收等，第二章包括中央车道及两旁步道，第三章为渠道。这些章程是当时赣州市政施工和检查的重要依据。

（3）办事章程。市政公署内部以及对于其所属下的各个办事机构，都制订了详细的内部规章制度，如《工作人员任务分配表》《工作注意要点》等。各代表办事处也都有简章。如《赣州市政公署阳明路代表办事处简章》就有 12 条，简章明确了办事处的隶属关系、任务、组成人数和成员条件，例会制度、任期等[①]。

2. 管理机构

市政公署是当时专门负责管理赣州市政建设的机构。一如李振球在《赣州市政公署之命名》一文中将市政公署成立的原因总结为：为了改良城市市政，"择地置员，专董厥事，

---

①　刘义芳. 李振球与赣州的市政建设[M]//赣州市政协文史资料研究委员会. 赣州文史资料. 1990.

此市政公署所以成立也"。市政公署下面设有总务科，工务科。在当时城市建设开工面大的
情况下，市政公署除了负责市政规划、勘测设计和施工项目的技术指导外，具体的工程监
督管理工作则交由当地代表所组成的办事处或管理委员会负责。办事处或管理委员会由当
地士绅和市政公署的下派人员共同组成，如阳明路代表办事处就由"信义素学之股实代表
五人和市政公署代表工人组成"，办事处和委员会的主要责任是负责收款、监督施工以及辖
区内工程的建设与管理。

6.2.5 赣州市政公署的宣传工作

市政公署在成立的最开始就非常重视舆论宣传和相关资料的整理工作，"为使社会人士
了解情况起见，特出《市政公报》一份"。市政公报的内容包括有：市政论坛，市政纪要，
市政法规，市政公牍（包括布告、纠纷调解书，批复，财务概况等）和工作报告，并且附
有施工图。《公报》内容丰富详尽，不仅是宣传赣州市政建设很好的材料，也是一种很有效
的保存原始资料的方法。

市政公报在 1933 年 6 月底出了第一期的创刊号，此后每三个月出一期，每期 500 份，
其中外寄 300 份，在本市范围内发 200 份，每期的 500 份全部免费寄送。公报的刊行对于
提高赣州市民对于市政建设的认识，获得市民支持，加快工程进度，具有一定的积极作用。

赣州图书馆内现保存有五期《市政公报》（第二、三、五、八、九期，第九期为 1935
年 6 月 30 日出版）。这五期公报约有 80 万字，是研究赣州市近代市政建设史的宝贵资料。

6.2.6 1933—1936 年赣州城市空间营造的意义和特点

1933—1936 年，这三年时间内的城市空间营造，是赣州由封建时代的封闭型城市向现
代的开放型城市转型迈出的第一步，在赣州城市建设史上具有划时代的意义。在赣州市政
公署的营造下赣州的各项市政设施得到完善，城市面貌发生了改变，赣州开始从一个封建
时代的城市向一个现代城市过渡。

市政公署完成的市政建设主要具有以下几个重要特点：

（1）具有典型的广东地方特色。当时的赣州市政公署是一个广东军人管理下的地方性
机构，它的各项营造活动基本上都是参照广东的经验和规范进行，骑楼成为了当时制式的
沿街建筑营造模式，为了对于骑楼街的建设进行统一，公署参照广州的经验对于每条街道
沿街骑楼的高度进行了规定，如阳明路骑楼高为 16 尺，东郊路为 14 尺。由于大量骑楼街
的建设，导致赣州在当时的江西省内，被人称为"小广州"。

（2）统一规划，重新布局。民国之前的赣州街道主要以行人和走马为主，道路的宽度
往往都比较窄。粤军进驻赣州后，为了让赣州的城市街道适应汽车交通的需要。在赣州城
内开辟了 16 条宽度在 60 尺（18 米）左右城市马路，这些道路组成了新的赣州城市干道网。
在完成的 15 条道路中，有 11 条道路的宽度达到了 70 尺（20 米），这些道路在当时江西省
各个城市所开辟的城市道路中属于最宽的一类。除了道路的建设外，对于一些城市公共建
筑也作了调整，将旧衙署、庙宇改建成对于市民开放的赣州公园和满足市民需要的菜市场，
为改善旧城环境，方便市民生活创造了一个良好的基础。

（3）坚持标准，配套建设。市政公署要求所有赣州建设的道路，都必须严格的按照有关城市道路的标准进行施工和配套建设。城市道路不论在线形、纵坡、道路横断面布置以及交叉口的处理等方面，都要求符合市政公署的有关规定。为了节省施工和维护成本，公署要求在施工时必须将车行道、人行道、沟渠一次建成。市政公署这种坚持标准、配套建设的市政建设经验，即使是对于今天的城市建设工作者们仍有很好的借鉴作用。

1933 年由于广东军人的进驻，赣州的城市空间营造受到了岭南文化的影响，这是在赣州继"徽州文化"和"西方文化"后，再一次在城市空间营造方面受到外来文化的影响。

6.3　1938—1945 蒋经国对赣州的呵护与保护以及侵华日军的破坏

6.3.1　蒋经国主政赣州时期，赣州的建设和发展

1937 年 7 月 7 日，日军进攻北平城外的卢沟桥，抗日战争全面爆发。第二年的 1938 年，蒋介石的长子蒋经国来到赣州担任赣州地委专员。蒋经国来到赣州后，针对当时赣州"黄、赌、毒"盛行，地方势力盘根错节的现状，大力推行"三禁一清"运动既即禁毒、禁赌、禁娟和肃清土匪。1940 年蒋经国在赣州发起了建设"新赣南"运动，当年 11 月，在蒋经国的推动下第四区扩大行政会议制定了《建设新赣南第一个三年计划》。在计划中提出了要在 3 年内实现"五有"的目标，即"人人有工做，人人有饭吃，人人有衣穿，人人有屋住，人人有书读"。当时为了响应蒋经国的"新赣南运动"，在赣州兴建了一批满足当时民生和战争需要的建筑，比如在城郊的虎岗的中华儿童村、在赣州架芜村肖家祠堂的江西第二保育院[①]、在赣州东门外的落木坑用于教育和改造犯人的"新人学校"和"新人工厂"[②]、在赣州城东的中正桥和象征中国人民抗战精神的"精神堡垒"等。

在今天赣州的蒋经国故居（图 6-1）内，还保存着一份当年建设新赣南"三年计划"的原始文件。在这个文件中，蒋经国提出："我们要在三年之内，办 331 个工厂，开垦 2 万亩荒地，办 314 个农场，2900 个示范区，3000 个合作社，6043 个水利工程，321 个果园，3000 个新的校舍。但我们的目标，不在于物质建设本身，而是通过物质建设来振奋人民的心态。"截至 1944 年，赣南地区一共兴修学校 2800 所、农场 657 个、水利工程 1996 处、公路 17000km、桥梁 5000 多座，训练兵员 44 万，培养干部 24506 人，扫除文盲 5 万人，失业人数和蒋经国初到赣州的 1938 年相比减少了 3 倍。社会、经济获得了极大的发展，赣州市一跃成为当时全国的 14 大都市之一（图 6-2、图 6-3）。[③]

图 6-1　蒋经国先生故居一角（作者自摄）

---

①　蒋经国先生的夫人蒋方良女士，眼见赣州贫童、难童到处流浪，发起兴办"江西省第二保育院"，并获得省府和专署批准。

②　"新人学校"和"新人工厂"内禁止体罚、禁止殴打犯人，以教育为主，惩罚为辅，蒋经国要求给罪犯重新做人的出路，让他们在劳动中改过自新，并学到一技之长。

③　黄宗华、王玉萍.试析蒋经国赣南施政理念[J].淮北煤炭师范学院学报，2008（4）。

图6-2　民国时期的赣州街景　图6-3　民国时期的赣州城市景色　图6-4　日机轰炸后的赣州街头
资料来源：http://www.gannan.bbs.com　资料来源：http://www.ganzhou.bbs.com　资料来源：http://www.ganzhou.bbs.com

抗战爆发后，大批的沿海高校和企业内迁赣州，比如上海的同济大学就于1937年的11月内迁至赣州，当时的校址设立在赣州的镇台衙门内，后因为日军逼近九江而被迫迁往广西的八步。这些内迁的工厂和学校，为当时的赣州提供了大量的人力和产业资源。

6.3.2　侵华日军对赣州的破坏

抗日战争开始后，赣州成为了日军轰炸的重点城市（图6-4）。1938年，日机9架，对南门外的赣州南门机场进行了轰炸，彻底破坏了南门机场。1939年3月日军侵占南昌后，对赣州的轰炸和侵扰更为频繁。特别是1942年1月15日，日机28架侵入市区上空，对当时城区内的主要商业街道阳明路、中正路（今解放路）、华兴街、建国路等，进行了狂轰滥炸，炸死居民200余人，伤300余人，炸毁房屋1000余栋。

1945年1月，日军沿南昌至赣州公路向南侵犯，国民党军队和地方政府一面督促破坏公路，一面撤离，百姓纷纷逃难。2月4日，驻守赣州的国民党108师及国民党赣县县政府烧毁市区主要桥梁中正大桥后，全部撤离赣州。5日晨，日军自五云桥分两路进攻赣州城，一路沿昌赣公路从西门入城，一路直扑黄金机场，而后从南门进城，占领赣州。1945年6月，日军对赣州进行了疯狂的破坏，肆无忌惮地烧杀抢掠，纵火烧毁了南河、西河、东河3座浮桥及附近民房，并烧毁了市区内的主要街道，破坏了机场、公路等市政设施后撤离了赣州。6月17日国民党108师324团进入赣州，完成了对赣州的光复。日军在侵占赣州5个多月的时间里，残忍杀害我同胞181人，另有98人失踪623人被打伤，房屋被烧毁1857栋，牲畜被抢掠12931头，千年古城赣州遭到了巨大的破坏。

6.4　1919—1949年赣州城市空间营造特征分析

6.4.1　岭南文化影响下的赣州城市空间营造——骑楼

骑楼（Qilou，Arcade或Verandah）是在近代中国的南方地区特别是岭南地区，出现的一种底层有廊道可行人的沿街店屋式建筑。近代骑楼的发展始于1822年英国莱佛士爵士在新加坡推行的"市区发展计划"，计划中规定："每一座房子都应该有一个具有一定深度、并在任何时候都开放使用的前廊（Verandah），以使街道两侧形成连续的、有顶盖的走廊。"由于规定建筑后退的深度为5英尺（Five Footway），因而当地马来人将这种建筑形式称为"五脚砌"（kakilima），lima代表数字"5"，kaki则是量词英尺"。1878年，香港政府为了改善当时香港拥挤的居住状况，颁布了《骑楼规则》，骑楼很快成为当时香港城市商业铺屋的主要形式。[①]

"骑楼"正式出现在中国内地的文献始于1912年颁布的《广东省警察厅现行取缔建筑章程及施行细则》，在其中规定："凡在马路建造铺屋者，由门前留宽八（英）尺，建造有脚骑楼。骑楼两旁不得用板壁、竹等遮断及摆卖什物，阻碍行人。"此后，广州市政公所又相继颁布了《广州市市政公所规定马路两旁铺物请领骑楼地缴价暂行简章》《广州市市政公所临时取缔建筑章程》和《广州市建筑骑楼简章》对于骑楼的开发、建设作出了比较详细的规定。比如《广州市市政公所临时取缔建筑章程》中规定"80英尺马路准建15英尺骑楼，骑楼底层高度不得低于15英尺；100英马路准建20英尺骑楼，骑楼底层高度不得低于18英尺。"十五英尺骑楼建筑"其柱如用士敏土铁条结柱"，则骑楼高度可增至五层。

1929年8月26日，广东省政府为了对全省内各个县市的马路设计与建设工作进行统一，由广东省建设厅发布了《广东省各县市开辟马路办法》，其中指出："改造各县墟市，当以开辟马路为要图。……现据各县市呈报进行情形，殊多歧异，兹为划一章制，俾便遵守起见，经由厅务会议议决其拟定办法。……指令通饬各县市遵遵办理。"[②]同年广东省建设厅还制定了全省各县市市政改造工作的六个办法，其中包括"改造路旁房屋，务求美观适合卫生"等，并由省厅"设市政工程技正、技士，专司市政设计的事务"[③]。在省府的大力推动下，在省城广州已取得巨大成功的骑楼街道开始在全广东范围内得到普及，并通过粤军的势力，将影响力扩展到了省外的北海、海口、梧州和赣州等地。

对于骑楼的最早溯源有"舶来说"和"本土说"两种观点。而在"舶来说"中对于骑楼的起源又分为"印度说"和"欧洲说"，日本学者藤森照信认为，骑楼在建筑形态上源于"殖民地外廊样式"（colonial veranda style）（藤森照信，1993）。是英国殖民者模仿印度Bungal地方土著建筑的产物。"veranda"源于印度贝尼亚普库尔（Beniapukur）地区的方言，英国人将模仿当地Bungal土著建筑的四面廊道称为"廊房"（bungalow）。早期的英国殖民者来到潮湿炎热的印度殖民地区后，为通风纳凉、减少湿热的需要，向生活在这里的当地土人学习，建造了一种外廊通透式的建筑，在其中形成了半开敞半封闭、半室内半室外的生活空间[④]。随着英国殖民势力范围的不断扩大，这种建筑形式也扩展到了东南亚等地区。

"欧洲说"的观点认为骑楼源于古希腊时期神庙的柱廊形制。在遥远的古希腊时期当时的建筑材料主要是一些木构架和土坯，古希腊人为了保护神庙等建筑的墙面，常常沿着建筑的边缘搭建棚子用来遮蔽风雨，这些用来遮蔽风雨的棚子后来慢慢演变成了柱廊。随着西方商业经济的发展，市场逐渐取代了庙宇成为了城市的中心，柱廊也被很自然地加在了市场边沿，被称为"敞廊"（Open Arcade）。当时的人们往往在沿市场的一面或几面建设敞廊，为了方便商业活动的需要，敞廊的开间基本一致。在一些商业兴旺的地区，敞廊的进深被加大，并被分隔为两进，后进设有单间小铺。还有一些敞廊采用两层的叠

① 林冲.骑楼型街屋的发展与形态的研究[D].广州：华南理工大学，2002。
② 吴焕加.中国建筑传统与新统[M].南京：东南大学出版社，2003。
③ （民国）广东建设实况——民国十八年度之广东建设[R].广东省建设厅印行，1929：41-42。
④ 林琳.广东骑楼建筑的历史渊源探析[J].建筑科学，2006（6）。

柱式，下层选用陶立克柱式，建筑的上层则选用爱奥尼柱式。在当时的一些西方城市中，连续的敞廊构成了一个既对外开放又内向的城市空间，并形成了这些城市的商业中心。航海大发现后，随着西方势力的不断扩展和文化的广泛传播，这类建筑形式也在世界的其他地区，特别是与欧洲地中海气候有相似性的地区得到了广泛的应用，渐渐成为了"骑楼式"建筑的模板[1]。

"本土说"认为骑楼主要源于中国传统的"檐廊式"建筑，宋代城市中出现了开放型的商业街市，为了方便商业活动的需要，在一些地区沿河和沿街分布的道路两侧出现了檐廊式店铺，比如宋代的开封城内"汴河堤岸……房廊，并拨隶户都左曹，乃收课利"，"徙城之始，衢路显敞，其后守吏增市廊以收课。"[2] 清代中后期，随着西方建筑文化的传入，传统的檐廊式建筑与西方建筑文化之间相互融合共同形成了具有岭南文化特色的骑楼建筑。

1933年之后，骑楼式建筑开始在赣州大量出现，当时在赣州市政公署的主持下陆续完成了赣州城内15条主要街道的修建工作，这些街道的修建基本上是按照《广东省各县市开辟马路办法》来进行，沿街建筑基本上都是骑楼建筑。

今天赣州保存下来的骑楼多以2~3层的低层建筑为主，建筑底层前部为传统的骑楼柱廊，建筑的后部为店铺，住宅布置在二楼或者三楼，建筑形式采取中西结合，建筑之间连绵不断，形成具有特色的骑楼柱廊。由于赣州的骑楼建设的时间较晚，所以不像广州西关骑楼那样在山花、楼身上直接采用古罗马特色的装饰符号，在建筑处理上比较简洁，采用简单的方柱、圆柱代替了线条烦琐的罗马柱，建筑装饰几何图案较多而卷曲图案较少（图6-5）。赣州骑楼底层沿街挑出，长廊跨越人行道，在骑楼的正面墙上并排开有两到三扇窗户，立面少装饰或者无装饰。

当赣州骑楼街建设时，赣州已经开始出现汽车，所以赣州骑楼两边的街道的道路要略宽于早期广东的骑楼街道（图6-6），1933—1936年赣州建设的15条街道中有10条街道的街道宽度达到了70尺（21m），而20世纪20年代佛山建设的12条骑楼街道的宽度仅为46尺（约14m）。在赣州的15条街道中阳明路的车行道宽度为14m，中山路车行道宽度为14.5m，阳明路地区骑楼下的人行道宽度为3.5m，除去骑楼脚柱500mm的宽度，则净宽为3m，基本可以满足行人的通行要求。

赣州骑楼的面宽小而进深大，进深往往是面宽的3~5倍（面宽为3~4m，进深为10~20m）。在平面功能布局上，近代骑楼（不论是赣州还是广东的骑楼）多数属于小型店铺与住宅的商住结合

图6-5 赣州骑楼建筑（左）与广州骑楼建筑（右）
资料来源：左为作者自摄，右为http://www.5anan.com/bbs/
forum.php?mod=viewthread&tid=1205&page=1

---

① 林琳.广东骑楼建筑的历史渊源探析[J].建筑科学，2006（6）。
② （南宋）李焘.续资治通鉴长编[M].清光绪浙江书局刻本。

图 6-6　赣州骑楼街（左）与广东台山骑楼街（右）
资料来源：左为作者自摄，右为 http://www.guangdongbbs.com

体，建筑呈"下店上宅"或"前店后宅"的功能布局，其中以"下店上宅"的功能布局形式为主。沿街分布的各建筑单元在服从街道的总体构成的前提下，每个建筑单元之间的开间立面基本上大同小异，遵循一定的构图原则。骑楼的廊柱通常可以分为两种类型，即"梁柱式"和"券柱式"，赣州的柱廊形式中多数是"梁柱式"，骑楼楼层立面上常大量运用廊柱和壁柱，主要用于窗间墙和阳台上，形成窗间倚柱和阳台廊柱。壁柱以线条简洁的方柱居多。①

广州骑楼的沿街立面多为三段式，即下段为骑楼的柱廊，中段作为楼层，上段为骑楼顶部的檐口或女儿墙山花。为了美观的需要，沿街建筑经常会在建筑各层窗口以下的墙面或者是檐口处加上一些装饰纹样或者是浅浮雕，所有的装饰纹样表现出自下而上逐渐丰富的特点，一楼纹饰最少，越往上纹饰越多也雕刻越精美。②赣州骑楼在立面处理上相对比较简洁朴素：柱子通常采用简单的方柱，墙面也没有广州骑楼那样烦琐的装饰，建筑檐口处和女儿墙的装饰也得到了极大的简化，无论是建筑立面的浮雕样式还是建筑的线脚都采取了简略处理的手法。这种处理手法使得赣州的很多骑楼从立面上看更像是两段式而非像广州骑楼那样的三段式立面。这种情况，在沿贡水旁的赣江路和中山路的骑楼中表现得尤为明显。赣州骑楼在结构上多为砖木混合结构，以砖柱作为建筑的竖向承重构件，以木梁作为建筑的横向连接，并采用当地的传统做法——以竹篾抹灰作为隔断墙体，以减轻建筑的自重（图 6-7）。

6.4.2　建设"新赣南"下的赣州城市空间营造

蒋经国曾经在苏联留过学，在思维方式上不同于传统的国民党官僚。1940 年 11 月，在蒋经国的推动下第四区扩大行政会议制定了《建设新赣南第一个三年计划》。在计划中，蒋经国提出了要在 3 年内实现"五有"的发展建设目标，即"人人有工做，人人有饭吃，人人有衣穿，人人有屋住，人人有书读"。蒋经国的建设"新赣南"运动着眼于抗战形势下对于当地民生的改善，从这一角度出发在当时的赣州进行了一些城市空间营造。比如为了妥善安置从各个沦陷区涌入赣州的大量战争孤儿，在赣州建设了中华儿童新村、正气中学、

---

① 蒋芸敏.赣州旧城中心区传统空间保护与传承研究[D]. 北京：清华大学，2007。
② 钟学文."骑楼"空间——岭南建筑的一朵奇葩——广州骑楼文化再研究[J]. 建筑与结构设计，2009（9）。

图 6-7　竹篾抹灰外墙

资料来源：蒋芸敏.赣州旧城中心区传统空间保护与传承研究[D].北京：清华大学，2007

江西第二保育院等建筑。

蒋经国主持下的新赣南运动严厉打击赣州的"黄、毒、赌"活动，他认为"黄、赌、毒"是社会的毒瘤，必欲除之而后快。对于抓捕的犯人严禁传统的体罚，主张使用教育的方法改造犯人的灵魂和肉体，为了配合这一教育方法，在赣州东门外的落木坑兴建了"新人学校"和"新人工厂"；在"新人学校"和"新人工厂"内教会犯人自食其力的手艺，让他们有一技之长，以便将来重新回到社会后，可以做一个"新人"。

赣州东、西、北三面临江，和周边地区的交通联系在很大程度上要依靠桥梁。1940年蒋经国提议，在赣州北门外跨章江通水西马房下，建造了赣州第四座浮桥，为了纪念自己被日军空袭炸死的母亲将这座桥梁取名为忠孝桥[①]。1941年，又对于明嘉靖五年（公元1526年）荒废的镇南门外的浮桥进行了重建，命名为新赣南桥[②]。同年，在今天赣州城东东河大桥上游100m处修建了赣州历史上的第一座永久性桥梁中正桥，该桥名取之蒋经国父亲蒋介石的字蒋中正，以显示自己对于父亲的尊重。

抗战时期的赣州是大后方的重镇，也是日军轰炸的重要地区，为了防范日军的空袭，降低空袭对于城市的破坏，蒋经国命人在镇南门的二城门上高挂红、黄、白三色灯，红灯示警，黄灯预警，白灯用于解除警报，防空警报的设立救了很多的赣州人，并降低了空袭的损失。为了在当时极端恶劣的环境下，鼓舞赣州军民的抗日斗志，蒋经国在府学前和至圣路口建设有一处高台，号称"精神堡垒"，由当时赣州女师附小师生每日负责升降国旗，以象征中华民族永不屈服的抗战精神。

6.5　1919—1949年赣州城市空间尺度研究

6.5.1　体：对于五代确定下的城市框架的第一次突破，城市开始改变"龟城"的形态

民国之前，赣州和广东的联系主要依靠跨越梅岭的古道，交通联系落后并且很不便利。

---

①　1939年日军飞机空袭浙江溪口，蒋经国先生的母亲毛福梅被炸死，噩耗传到赣州，蒋经国悲痛万分，亲手写下"血债血偿"的文字，并将章江通水西马房下浮桥命名为"忠孝桥"用来纪念母亲。

②　该浮桥为南宋淳熙年间（公元1174—1189年），知军周必正在镇南门外章江建设的南河浮桥。

图 6-8　1946 年赣州府城图
资料来源：赣州市志 [Z]. 赣州地方志办公室，1986

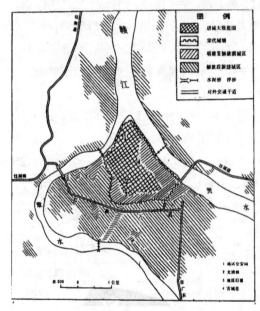

图 6-9　赣州城历代城市扩展示意图
资料来源：魏嵩山，肖华忠 . 鄱阳湖流域开发探源 [M].
南昌：江西教育出版社，1995

粤军进驻赣州后，为了方便赣州和广东之间的联系，用三个月的时间修通了从广东南雄至赣州大余的南余公路，该条公路绕过了千年古道大庾岭改变了传统的赣州和岭南地区的交通联系方式，之后又修通了从赣州到大余的赣余公路，汽车站设置在赣州东郊外的马坡岭。为了联系赣州城区和马坡岭车站的需要，1933 年 11 月赣州市政公署"辟东外大街至马婆岭一段"道路为东郊路，用来驳接赣余公路。随着东郊路的修通，在东郊路的两侧建设起了一批具有岭南风情的骑楼建筑，随着这些骑楼街的建设，赣州城市空间第一次突破了五代赣州的城市框架向南延伸。这一时期，由于赣州社会的性质仍然为农业社会，城市依旧没有摆脱对于周围乡村的依赖，所以这次的扩展主要是在城市的东南和西南方向沿着城市道路进行了小范围的扩展，扩展的主要动力源于城市对外交通方式的改变。

1930 年出于围剿中央红军的需要，国民政府在赣州城南的大校场建造了赣州南门机场。1936 年后因为南门机场面积较小，无法满足当时由于对日战争而激增的钨砂外运的需要，又在赣州了南郊的黄金村建设了新机场，根据黄金村的村名取名为黄金机场。该机场在抗战时期，曾经起降过美国飞虎队和中国空军的大量飞机，对侵华日军造成了大量的杀伤，所以当 1945 年日军进攻赣州时，第一个被破坏的就是赣州机场（图 6-8、图 6-9）。

6.5.2　面：城市商业中心区的转移和城市风景区的扩展

1. 城市商业中心区的转移

粤汉铁路的通车标志着赣州逐渐失去了曾经的交通优势，由于铁路在运费和安全性上要优于水运，粤汉铁路通车后，内地和岭南之间的运输从江西转移到了湖南。清代的《江西通志》记载赣州的水运交通开始逐渐衰落，"商贾贩运毕集于九江、汉口，不复至赣。且由粤入赣，由赣达江，滩石险恶行旅苦之。轮艘涉江海，行速而事简，则争趋之、向之"。[①]

---

① 　（清）赵之谦等编撰. 江西通志（卷八十七《经政略，榷税》）[M]. 光绪年间刻本。

随着赣州水运交通的衰落，曾经繁荣一时的涌金门和建春门也逐渐失去了往日的活力。
1933 年粤军进驻赣州后，修通了南余公路和赣余公路，并在城东郊的马坡岭设置了长途汽
车站，公路交通取代水运成为了赣州新的对外交通方式。这一时期赣州市政公署对赣州城
区马路的修缮，以及更为适宜现代商业活动的骑楼街的建设，促使赣州的商业中心区开始
发生转移，从过去紧邻贡江的剑街和长街转移到了公园北路（北京路）、和平路（解放路）
和阳明路一带（图 6-10）。

图 6-10　民国时期阳明路（左）和公园北路（右）的骑楼商业街
资料来源：http：//zby8033.blog.163.com/blog

2. 城市风景区的扩展

民国之前，赣州的城市风景区主要集中城区的北部，主要为城市中的士大夫阶层服务，
对于普通市民而言是相对隔绝的。民国建立后，旧的士大夫阶层和贵族阶层开始逐渐消失，
新的政府提倡"民治、民享"的治国理念，将各个地区的皇家园林和官府园林开放为城市
公园对市民开放，这其中就包括了北京的颐和园、广州越秀公园等。在这一风气的影响下，
1933 年夏，赣州市政公署决定在清代镇守署的基础上兴建赣州公园，对市民开放，赣州公
园是赣州历史上第一个向全体市民开放的公园。按照公园建设规划，赣州公园范围包括赣
南镇守署旧址及"公园东南地段之镇署前 33 号民房起至 37 号止，木匠街 1 号起至 15 号止。"[①]
公园内建设有图书馆，体育场、礼堂、水池、游戏场和亭台楼榭等建筑，1933 年完成了赣
州公园围墙、"玉树琼花之室"、图书馆、可憩亭、北路门亭等项目的建设工作，1934 年完
成了礼堂、乐乐亭、体育场和南路大门等项目，赣州公园基本成型。赣州公园的兴建共耗
费银圆 13100 元，该费用由赣州惠和公典和各个商帮、会馆分摊。赣州公园的兴建打破了
社会上流阶层对于风景园林建设的垄断，并在赣州城内形成了以赣州公园为中心的一处新
的城市风景区。

6.5.3　线：赣州市政公署对赣州街道的建设和蒋经国对街道的呵护

粤系统治赣州期间，设立了赣州市政公署，确定了赣州的主要城市街道分区、分期建
设的方针。全市马路被划分为中区、东区，西区三个区域。而中区又被分为两期建设，第
一期的建设工作为至圣路、北京路、阳明路、和平路（现解放路），第二期为东北路、西安

---

① 　市政纪要[R].市政公报第二期，1933。

路，南京路，文清路。东区为寿量路（现中山路）、太平路（现中山路建春门段）、百胜路（现赣江路），东郊路，西区为建国路、章贡路、西津路，西郊路。这些道路共同构成了旧城区的主干道网络，并通过东郊路、西郊路与赣余路和吉赣路相连。1933—1936 年的 3 年内赣州市政公署共完成马路建设 15 条，其中道路宽度为 70 尺（1 尺为 0.33m）的马路为 10 条。分别为：

（1）至圣路：1933 年夏，将当时的青云街拓宽道路后辟为至圣路，道路长为 473 尺，宽为 70 尺，其中车行道宽 42 尺。车行道为当时还是不多见的水泥路面，人行道为青砖路面。

（2）公园北路（现北京路）：1933 年夏，将"由杂衣街经过旧镇守使地基，横通至八角井街之一段"，辟为公园北路。长为 900 尺，宽度为 70 尺，其中车行道宽为 42 尺，车行道铺筑为水泥路面。

（3）阳明路：1933 年 7 月，将由天一阁街口起，经过针巷子、府学前，牌楼街的街道开辟为阳明路，长为 1380 尺，宽为 70 尺，1934 年 6 月竣工，车行道，人行道均为水泥铺筑路面，北面人行道长为 1015 尺，南面人行道长为 1234 尺。

（4）和平路（现解放路）：1933 年 8 月，"自牌楼街口起，经过上棉布街，中棉布街、下棉布街，直达樟树街与瓷器街相接之行祠庙止"，辟为和平路。长 1160 尺，宽 70 尺，1934 年 6 月竣工，车行道和人行道均为水泥路面。

（5）公园西路（现建国路南段与文清路北段）：1933 年 9 月 1 日起"将杂衣街一段路线，计自天一阁起至旧镇守署门口止，辟为公园西路"。道路的宽度为 70 尺，长度为 1140 尺，1934 年 6 月竣工。南端人行道长 500m，北段车行道长 640m。

（6）东郊路：1933 年 11 月，"辟东外大街至马婆岭一段"道路为东郊路，主要用来驳接赣余公路。东郊路长 1400 尺，宽为 70 尺。1934 年 6 月竣工，碎石路面铺筑。

（7）寿量路（现中山路）：1934 年 6 月，市政公署将瓷器街、大坛前、寿量寺一带，开辟成为寿量路。道路长度为 1800 尺，宽 70 尺，其中人行道宽 24 尺。

大平路（现中山路至建春门段）：道路从 1934 年 6 月开工，道路长度为 200 尺，宽度为 70 尺。

（8）建国路：赣州市政公署于 1935 年 1 月 18 日发布建设布告，自当年的 2 月 10 日开始，将州前，考棚街开辟为宽 70 尺的城市马路。

（9）西津路：赣州市政公署于 1935 年 1 月 18 日发布建设布告，自当年的 2 月 10 日起，将西门大街直至县前街辟为宽 70 尺的城市马路。

（10）百胜路（今天的赣江路）1933 年 11 月，"自诚信街口起，经水窗口、左营背，东门大街至东门口"，开辟成为百胜路，道路宽 60 尺，长 2500 尺。

这些城市街道的建设基本上是参照 1929 年 8 月由广东省建设厅发布了《广东省各县市开辟马路办法》进行，这些带有岭南建筑特点的骑楼街，构成了民国时期赣州的城市风貌，为当时的赣州赢得了"小广州"的美誉。

蒋经国主政赣州后一方面继续《赣州市政计划概要》确定的赣州马路修建计划，另一方面，针对当时抗战时期的特殊时代要求，从鼓舞民众士气、宣传抗日到底的角度出发，对赣州城内的街道重新进行了命名，比如为了纪念自己被日军炸死的母亲毛氏将赣州城内的八镜台路改名为忠孝路。为了祭奠被日军轰炸死难的赣州市民，将世臣坊街改名为复仇路。以及为了表示对于当时领导抗战的领袖也是他的父亲蒋介石的尊敬，将和平路改为中正路。

6.5.4 点：民国时期城市功能的中心点

1. 行政中心：新赣南路一号

1939年蒋经国出任国民党江西省第四行政区督察专员，兼第四行政区保安司令、赣县县长后，为了提高办事效率将专署、司令部和赣县县政府三个机关合署办公，办公地址设在新赣南路一号的赣州专署（图6-11）。赣州专署大院位于今天赣州米汁巷内，大门两侧树有两块石碑，上面书有"大公无私"和"除暴安良"八个大字。大门以内有一条笔直的甬道，直通专署礼堂，甬道两侧，各为一排单列式平房，以甬道为中轴线东西相对，每侧有房间五间，为赣县县政府各个科室的办公室。甬道两侧有长方形花圃，四周围有修剪整齐的冬青。专署礼堂占地三大间，可容纳两百人站立集会，礼堂正中靠北墙设置有一讲台，讲台后墙壁上，悬挂有孙中山先生遗像。礼堂外树有两块石碑上写"日新月异"和"自强不息"八个大字。礼堂正面两侧，分别布置有小门可以通向后进，后进为一会议室，室内悬挂有中山先生手书赠予蒋介石的对联："安危他日终须仗；甘苦来时要共尝"。

图6-11 蒋经国赣南专署旧址（作者自摄）

会议室两侧另有平房数间，是蒋经国办公和休息的场所。蒋氏的办公室靠南侧，采光极好，室内靠北墙布置有一张办公桌，两侧有木质沙发，墙角有木架脸盆，墙壁上挂有字画。办公室外为一会客室，设置有长桌及木制靠背椅，蒋先生常在此召开小型会议并接见来访宾客。

在会议室后有一栋三合式平房为专署和司令部办公地点，会议室东侧为保安司令部的政治指导室也是赣南自卫总队的政治部。司令部后为一块空地内有大榕树一棵，树侧为一土丘，下挖有防空洞，内可容纳数十人，空地四周有墙，西北角开辟有一小门，大院东侧有篮球场一处，球场内设有旗杆，专供每日升旗之用。专署大门西侧为机关图书馆，东侧为县政府会议室。会议室的粉色墙壁上，刷有两条最能代表蒋经国"新赣南"运动思想的大字标语："我们要为老百姓解除痛苦"和"我们要为老百姓谋求幸福"。各个机关内设置

图 6-12　赣州中华儿童村大门（左）与赣州中华儿童村规划
平面图（右）

资料来源：http://www.hengqian.com/html/2010/10-19/a9153670515.
shtml，右为蒋经国故居"博物馆

有考勤登记表和签退表，以保证公务人员能每日按时上下班，蒋经国每周还会亲自定时在公署内接见来访群众，处理各种问题。[①]

新中国建立后，因为历次运动的影响，公署大院内建筑大多被破坏，现存有专署大门是当时的旧物。

2. 教育中心——中华儿童新村

1937 年抗战爆发后，大量的难民从日军占领区流亡到了赣州，其中就有大量的难童。

这时在赣州，蒋经国恰好发起建设"新赣南"运动，对于这些流亡到赣州的难童，蒋经国提出"要用心血来培养革命的幼芽"。为了给这些流亡到赣州的难童提供学习和生活的场所，蒋经国在赣州城郊的虎岗兴建了中华儿童新村（图 6-12），中华儿童村是一个包括小学、中学和幼儿园在内的建筑群，当时还曾计划建设大学，村内可容纳 5000 多名儿童的学习和生活。该建筑群坐西北面东南，正门为一略带阿拉伯风格的山门，建筑由南至北沿一道路主轴线展开，主轴线 2/3 的位置处建设有一处圆形景观节点与山门相对（应是受到西方古典主义手法影响下的设计产物），大门入口主轴线的东、西两侧分别布置有幼儿园和正气小学，正气小学建筑为一字形的南北朝向建筑，正气小学以北为儿童村学生的生活宿舍区，建设有学生宿舍、图书馆、餐厅和新村办公室，新村办公室为两栋 L 形建筑通过支路相连接。图书馆靠近中轴线，为坐西北面东南布局，宿舍楼有四栋与餐厅一样都为东西朝向。生活宿舍区以东为配套服务区，分布有卫生院、体育馆、大礼堂等建筑。生活宿舍区以北为学生的休闲娱乐区，建设有儿童公园和游泳馆。休闲娱乐区以北建设有正气中学，并规划建设正气大学。

3. 文化活动中心——新赣南图书馆

蒋经国在赣州时期，主张开启民智、教化民众。在蒋经国"五有"的建设目标中，"人人有书读"是其中重要的一条，为了实现这一目标蒋经国在赣州兴建了大量的文教建筑，新赣南图书馆就是其中之一。新赣南图书馆原位于赣州公园内，新中国成立后被划入赣州军分区院内，20 世纪 50 年代末期被拆除。旧建筑（图 6-13）高两层，平面呈长方形，面宽长、进深窄。建筑立面为纵横三段式，以主入口为中心左右对称，主入口有外伸出的门廊，六根圆柱分别矗立在门廊的两侧，其中后排靠大门处左右各一根，前排四根用于支撑门头，

①　袁朋世. 蒋经国先生在赣南片段——回忆新赣南路专署大院[M]//赣州市政协文史资料研究委员会. 赣州文史资料，1980。

图 6-13 新赣南图书馆

资料来源：http://www.360doc.com/content/12/0212/23/2253722_186183871.shtml

门头上写有"新赣南图书馆"六个大字。门头上为三角形雨棚，略微外伸。建筑屋顶为中国传统四阿顶，建筑颜色主要为红白两色，色彩简洁、清新。建筑内部为内廊式布局，阅览室布置在一楼，房间内窗地比大，自然采光较好。储藏间布置在二楼，干燥通风不易受潮。

4. 文化休闲中心——赣州公园

赣州民国之前没有一个对市民开放的公园，虽然早在宋代在城北就形成了城市的风景区，但是这一区域主要是为城市中的士大夫和官员阶层服务，对普通市民不开放。民国建立后，国民政府主张三民主义，提倡城市公共资源的"民享"，各地的地方政府纷纷将曾经的官府园林改建为市民公园。当时比较著名的有北京的颐和园公园和武汉的中山公园等，赣州公园原为南赣巡抚治所，明弘治八年（公元 1495 年）由都御史金泽创建。清康熙四年（公元 1665 年），撤销巡抚，改为赣南道署，康熙二十三年巡道丁炜辟其左为曕园。至道光二十四年（公元 1844 年），园中建有丰台山、便池、春雨轩、抚琴堂、玉兰连理馆等建筑。道光二十六年巡道李本仁将园中的名胜概括为"曕园十二景"：大廊步月、曲径疏泉、西轩古桂、北富新竹、层霄阁影、别墅书声、桐院鸣琴、柏堂栖鹤、南楼读画、东篱问菊、林亭延爽、池馆停云。1933 年夏，赣州市政公署将道署旧址开辟为赣州公园向市民开放，并将公园用地向南扩大，扩展后的公园面积达到 2.97hm²。1933—1934 年，在公园内增建有图书馆、北大门门楼、可憩亭、乐乐亭、南大门等建筑，南大门为公园主门，其上有由余汉谋题写的"赣州公园"牌匾。1936 年在院内建造景阳精舍，1940 年建造励志社、新赣南博物馆等建筑，1944 年蒋经国为了表示对于自己父亲蒋介石的尊敬，将公园改名为中正公园。新中国成立后，复名赣州公园（图 6-14）。

赣州公园是赣州的第一个城市综合性市民公园，是民国时期赣州市民主要的文化休闲场所，对于提升当时赣州的城市文化品位起到了重要作用。

图 6-14 新中国成立初期赣州公园大门

资料来源：http://blog.163.com/wec_xwc/

6.6　小结：岭南文化和客家文化的互动博弈

民国时期的赣州，城市开始第一次突破五代时确定下的城市框架，向城市外围拓展，但由于这一时期赣州的社会性质仍然是农业社会，城市还没有完全摆脱乡村的束缚，所以对旧城区框架的突破有限。1933 年粤系军阀入主赣州后，赣州的城市空间营造受到岭南文化的影响，以骑楼为代表的岭南建筑在赣州城内大量出现。随着广东粤系军队的进驻，广东的岭南文化和赣州的客家文化之间展开了文化间的互动，面对带有西方文化特点的岭南文化的北上，赣州的客家文化采取了包容和开放的态度。

6.6.1　靠近广东的地理位置，使它易于接受岭南文化的影响

赣州在地理位置上紧邻广东，两地间在历史上交往十分频繁。因为地理上邻近的缘故，1932 年红军三打赣州后，蒋介石并不是将赣州交给自己的嫡系中央军驻防，而是命令广东的粤军进驻赣州。粤军进驻赣州后，将赣州作为广东的北大门认真经营，颁布了《赣州市政计划纲要》，在赣州城内完成了一系列的市政工程项目，并建设了大量岭南风格的建筑，民国时期的赣州在江西省内赢得了"小广州"的美誉。

6.6.2　客家文化开放性的表现

岭南文化是岭南传统文化和西方文化相互融合后的产物，岭南的骑楼建筑中就包含了大量的西方建筑元素。但是 20 世纪 30 年代生活在赣州的客家人，面对岭南文化却并没有表现出之前面对西方文化所表现出的保守性，相反还是张开双臂欢迎岭南文化的传入，当时不仅在赣州市区，在周边的南康、定南、龙南等地也都建设有大量的骑楼建筑。这种对待两种具有相似性的文化，却迥然不同的态度，可以从客家人的文化特点中寻找出原因。

客家文化具有保守性和开放性并存的文化特点，保守性指的是对"外"的保守，而开放性则指的是对"内"的开放。赣州与广东接壤，长期以来赣州与广东地区的文化和人员交流就很频繁，在广东居住有大量的客家人，生活在赣州的客家人和生活在广东的客家人之间相互通婚、相互走动，联系十分紧密。生活在赣州的客家人认为岭南文化和客家文化之间具有一脉相承的关系，他们将岭南文化看作是一种"我"（客家的）的文化，这种文化的认同感使得客家人较之西方文化更易于接受岭南文化，虽然岭南文化中也包含有大量的西方文化元素。相对于岭南文化，19 世纪末传入赣州的西方文化被客家人看作是外来的文化体系，该文化与客家人所坚持的中国传统文化是迥异地，当他们面对西方文化时，表现出一种文化上的保守。而岭南文化作为一种"我"的文化，属于"内"的文化体系，易于被生活在赣州的客家人所接受和吸纳。

6.6.3　广东军人政府的强势推动

广东军人入主赣州后，为了更好地进行各项市政建设，成立了赣州市政公署，赣州市政公署通过颁布各项管理法规将赣州的空间营造制度化、法律化。由于赣州市政公署是一

个军人主政的政府机构，所以它的决定具有很强的强制性，比如百胜路的路基土方工程，
原计划于 1933 年 3 月完成，结果却"将逾期三月，不但未能依限完成，近日督促废弛，竟
致无人工作……，特于六月十日函达县府，严令第一区长，督同各保甲长，再限文到一星
期内，赶筑完成，若再逾期，即于撤惩。"[①] 由于这些军人大多来自广东，所以当时的各项市
政工程建筑也基本上是仿造广东地区的营造风格来进行，比如赣州骑楼街的建设就参照了
1929 年广东省建设厅颁发的《广东省各县市开辟马路办法》。由于广东军人政府的强势推动，
导致当时赣州的城市空间营造具有了浓郁的岭南风情。

---

① 市政纪要[R]. 市政公报第五期. 1935。

第 7 章　1949—1979 年的赣州城市空间营造

7.1　1949—1979 年赣州城市空间营造历史

7.1.1　1949—1959 年对赣州的呵护、设计与建造

1. 1949—1959 年赣州市政设施和城市道路的建设

1949 年 7 月中国人民解放军以秋风扫落叶之势，直逼赣南重镇赣州。八月十四日，中国人民解放军四野的四三零团开进赣州，解放了这座拥有上千年历史的古城。由于解放赣州时，国民党守军已经提前撤走，所以基本上没有经过什么战斗，赣州古城得以完好保存。由于连年战乱到 1949 年赣州解放时，一些旧有的市政设施已是破败不堪，当

时整个赣州仅有"道路 27 条，总长 13.87km，车行道总面积 14.77 万 m²，下水道 20.6km，路灯 245 盏，公园一个面积 3 万 m²，浮桥 3 座。城区面积 3km²，城市人口 5.67 万人"[①]。

1949 年 8 月赣州解放后，在中国共产党的领导下，对赣州城区进行了大规模的恢复性重建。1953 年开始，新政府对赣州城内的福寿沟进行了修缮，当年完成修缮工程 767.7m。由于福寿沟历时已久，沟内倒塌淤积严重，"1.5m 深的砖拱沟道，淤积深度超过 1m"[②]，八境路、均井巷. 姚街前、中山路等地段的福寿沟管渠，又大部分埋设在民房之下，清理维修难度大。从 1954 年开始，将 11 条街下穿越民房的福寿沟段统一由砖拱改为直径为 0.6~0.9m 的钢筋混凝土排水管，并将管道由民居下敷设，改为地上埋设，减少了管道的维护难度，当年完成改装任务 1662m。至 1957 年，福寿沟的修复、改建工作基本完成，共修复利用了旧福寿沟 7.3km，占福寿沟总长度的 58%。福寿沟修缮的工作的完成，大大改善了赣州城市的排水系统和城市环境。

1957 年赣州开辟了市区内部第一条环形公交线路，也是赣州市的第一条城市公交线路，这条线路从汽车站出发—红旗大道—文清路—西安路—阳明路—解放路—中山路—赣江路—东郊路—汽车站。全长 6.5km，沿途设置了 12 个公交站点，包括了当时赣州城最繁华的地段。

1957 年，赣州地委有关领导为了城市向南拓展的需要，决定在当时赣州镇南门的位置修筑一条红旗大道（图 7-1）。红旗大道的最初规划是在 1954 年，原定的道路规划宽度是 30m，时任赣西南行署专员的钟民同志提出，红旗大道的两边要有宽 100m 的绿化带，路幅总宽度（建筑红线）要达到 230m。1958 年进行施工设计时将原定的道路宽度增加了 10m，改为 40m。后来受到南昌八一大道的影响，将红旗大道的宽度定为不能小于 80m。1964 年江西省建工局派出工作组对于红旗大道的宽度又提出了 40m 和 60m 两个方案，最后经当时

[①]　刘芳义，赣州市城市建设的发展与变化[M]//赣州市政协文史资料研究委员会. 赣州文史资料. 1990。
[②]　刘芳义，赣州市城市建设的发展与变化[M]//赣州市政协文史资料研究委员会. 赣州文史资料. 1990。

图 7-1　赣州红旗大道（作者自摄）　　图 7-2　赣州南门广场旧景
　　　　　　　　　　　　　　　　　　　　　　　（镇南门旧址）

资料来源：www.gannanbbs.com.cn

地委领导拍板决定维持 80m 的宽度不改变。确定红旗大道中车行道的宽度为 30m，两边人
行道宽共 12m，此外还有四条绿化带宽 24m，两条线路走廊宽 14m，共 80m。1959 年 3 月
赣州市人民委员会，发动赣州城市居民义务劳动修筑红旗大道，当年 8 月动工，第二年的
2 月路基工程基本完成。在半年的时间内，当地政府发动居民展开了 4 次义务劳动，参与
人数达 22 万人次，占参与筑路工程总人次的 75% 以上。在这过程中，原赣州城的南城门
镇南门（图 7-2）被拆除，城南的其他城墙也一并被拆除，护城壕沟被彻底填平。

　　2. 1949—1959 年对于城市公共建筑的建设

　　新中国成立后，赣州地委提倡兴建能够体现社会主义新气象，为工农阶层服务的公共
建筑。受这一思想的影响，1952 年赣州地委决定在城区最繁华的阳明路与解放路交会处的
路口街中心，兴建了一座高六层（共 20m），四面有计时大钟的西式钟楼——标准钟作为城
市的标志性建筑。钟塔 1952 年动工，1953 年的 5 月 1 日落成，是当时赣州人民向五一劳
动节的献礼礼物。该钟塔具有那一时期苏联建筑的特点，表现了典型的古典主义设计风格，
钟塔的上部有一平台，上面雕刻有代表工人阶级的齿轮图案，齿轮的周围是代表农民阶级
的麦穗，中间是象征中国共产党的红色五角星，体现了中国共产党带领工农群众走向新时
代的建筑寓意。该钟塔建成后是当时赣州城区最高的建筑物，在此后的 20 多年里一直被视
为赣州城的标志。

　　1954 年为了给战斗在生产第一线的劳动工人们一个休闲娱乐的场所，并体现新社
会下工人阶级当家作主的新气象，赣州地委在赣
州的健康路修建完成了赣州工人文化宫，该文化
宫是当时赣州城区内规模最大的一座公共建筑。
为了给赣州的劳动人民提供更多的休闲、娱乐场
所，1955 年赣州地委通过发动市民义务劳动的形
式，以城北的八镜台（图 7-3）为中心，建设完
成了当时城区内最大的市民公园八镜台公园，将
封建社会被视为士大夫禁苑的城北风景区开发给
全体赣州市民享用。

图 7-3　赣州八镜台旧景
资料来源：www.gannanbbs.com.cn

3. 1958 年赣州粗线条城市总体规划的编制和调整

1957 年 11 月 13 日,《人民日报》发表社论,正式提出"大跃进"口号。1958 年 5 月召开的中共八大二次会议制定了"鼓足干劲,力争上游,多快好省地建设社会主义"的总路线,通过了第二个五年计划,为大跃进正式制定了任务和目标。随后全国的工业、农业生产进入了"大跃进"时期,在这种大的政治环境下,1958 年的 7 月国家建工部在山东青岛举行了青岛会议,会上提出了"用城市建设的大跃进来适应工业建设的大跃进"的口号,江西省建工局派人参加了会议,会后省建工局的参会人员,将"青岛会议"的有关精神带回给了当时的江西省委。省委据此作出了"应尽快地先搞出县镇规划,以避免厂址摆布上的不合理"的指示。七月中旬根据建设部"青岛会议"精神,江西省建工局排出专人会同同济大学的部分师生对于江西全省的城市进行了新中国成立后第一轮的城市总体规划,这其中也包括赣州。由于当时处于"大跃进"时期,所以到处弥漫着一种生产大跃进,工作大跃进的氛围,当时的江西省建工局提出要用 2 个月的时间完成全省 88 个县镇的城市总体规划和部分公社的规划试点工作。由于这项工作时间紧迫,所以多数只完成了一个粗线条的规划任务,而且存在着"方案过于粗糙,内容简略,市镇规模过大,占地过多,布局又较分散,市政设施跟不上的矛盾。"[①] 1958 年赣州城区实际人口规模为 10.6 万人,但在当年规划中 1967 年赣州市城市人口规模却被规划为 40 万 ~55 万人,也就意味着十年时间,赣州的城市人口规模要增长 4 倍以上,远远脱离了实际情况。由于 1958 年赣州城市总体规划严重脱离实际,故而也就仅仅停留在纸面,很少落地建设的项目。"文革"时期,赣州城建部门遭到冲击,该轮规划的图纸也被严重破坏。1964 年国家对于"大跃进"时期的城市发展政策进行了调整,要求收紧城市的建设规模,同年江西省建工局派人到各地调整了 1958 年制定的城市总体规划,对于城市内部没有使用的闲置土地进行了清理,赣州退还土地 5.33km²。

图 7-4　赣州南门广场

资料来源:http://www.gannanbbs.com.cn

7.1.2　1959—1979 年赣州的呵护与建设

1. 城市道路的建设

1961 年对赣州东西走向的城市主干道红旗大道进行了道路绿化工作,当年建成东段分车带花坛 64 个,并在大道两旁种植行道树,树种以枫扬、白杨为主。同年在大道中部,原镇南门的位置,建成一临时性交通广场,包括一直径为 70m 的中央圆形交通岛和 3 个三角形的安全岛(图 7-4)。1965 年底对于红旗大道路面进行修缮,当年道路东段完成沥青路面的铺设工作,1977 年改为水泥路面。1971 年 6 月大道西段铺筑水泥路面,同年在大道西段建成一环形交通广场——西门交通广场。

1965 年,赣州市委发动城市居民和市属单位职工,

---

① 江西省人民政府地方志编撰委员会. 江西省人民政府志[M]. 南昌:江西人民出版社,2002。

出工修通了健康路南段和赣州南河路。采用民办公助
的办法（政府出石灰、水泥并提供技术指导，当地群
众负责采集砂石和施工）修铺城内小街路面，仅9月
至12月三个月内就完成了城区内部13条街巷，1.16
万 m² 道路的路面铺设。

图7-5　赣州东河大桥（作者自摄）

2.赣州东河大桥和南河水厂的建设

1965年，赣州市为了解决水东和赣县地区汽车
摆渡进城耗时过长的问题，经国家计委同意，由国
家建工部出资在原赣州中正桥以北100m的地方修建赣州东河大桥，这项工程在1959
年开始动工，1961年因为国家政策原因而一度停止。1963年经报国家批准同意后，重
新施工。东河大桥在1965年9月1日修建完成并通车。这座桥梁是当时全江西省最宽
的一座城市桥梁，并且也是当时在赣州由国家投资最多的一项市政工程。由于东河大桥
的建设，拆除了赣州的百胜门，该城门是赣州城内拥有一重瓮城、两重城门的重要城市
节点（图7-5）。

1965年为了解决赣州城区居民的饮用水问题，在红旗大道以南、章江以北的滨江位置，
建设了赣州南河水厂，当时整个水厂的生产能力为5000t/d。1971年对水厂进行了挖深、改
造和扩建，到1979年达到了3万 t/d。

3.赣州水东、水西工业区的形成

1958年随着红旗大道的修建，赣州开始突破城墙的束缚向南发展。当时赣州的工厂
和企业主要分布在红旗大道的两侧，在城南形成了城市的工业区。1969年中国掀起了全
民大办工业高潮，同年由于中苏交恶，为了防备战争的威胁，中共中央号召广大人民"深
挖洞、广积粮"，并对城市工业进行了分散布局。当时的赣州革委会响应中央号召将一些
工厂、企业从城南迁建到了城郊的水东、水西地区。比如赣州机械厂的机电车间，就被
迁建到了水东虎岗的原赣州师范学校旧址，并在此基础上形成了新的赣州机电厂。此外，
还在这两处新建了一批新的工厂、企业，由此在赣州的水东和水西片区形成了新的城市
工业区。

7.2　1949—1979年的赣州城市空间营造的特征分析

1949—1979年的中国处于计划经济时期，随着社会生产资料被收归公有，在思想上形
成了马列主义意识形态的高度统一。在行政管理上，表现为下级政府对上级政府的高度服从。
这反映到城市空间营造上，就表现为以下三个重要特点：

7.2.1　苏联设计思想的流行

新中国成立后，由于当时特殊的国际政治环境，新成立的中国政府采取了"一边倒"
的政策。当时的社会主义"老大哥"苏联排出了大批的专家来到中国，对于中国的城市规
划和建筑设计工作进行指导。由于苏联是最早的社会主义国家，所以对于刚刚接触马列主

义不久的中国人来说，苏联的文化、思想自然而然的也就等同于马列主义的文化与思想。

苏联的建筑师们认为"建筑必须反映社会主义的社会制度，建筑活动家应该创造出社会主义的建筑风格。"[①]作为苏联的最高统治者，斯大林并不喜欢当时在西方已经开始广泛流行的现代主义建筑，他认为一定要使建筑回到传统形式上来，在斯大林思想的影响下出现了古典苏维埃建筑理论。这种理论认为，应该吸取历史上一切不朽的精华，古希腊的、古罗马的、古代东方的、古代俄罗斯的，并且给这些永恒的、经受住了时间考验的艺术形式注入新的社会主义内容。[②]在中国"民族的"加"社会主义的"设计思想，衍生出了"大屋顶"的建筑形式，赣南师院旧办公楼（图7-6）、原赣州林垦局大楼（图7-7）和赣州新政大楼都是当时典型的"大屋顶"建筑。

图7-6　赣州师院旧办公楼（20世纪90年代　　　　图7-7　赣州林垦局大楼（作者自摄）
　　　　做外立面的重新装修）

赣南师院旧办公楼位于红旗大道西段，赣南师院校内，是早期赣州最高的建筑之一。20世纪50年代的办公楼高4层，80年代重修时，加盖1层，但是建筑的整体形象外观还是保留旧时原貌。赣南师院旧办公楼立面为纵向三段式，建筑立面上墙体和窗洞相结合呈竖向均匀分布。屋顶仿中国传统歇山式屋顶，屋顶两端有起翘。主入口在中间主楼（图7-8），主入口外建有门廊，内有一双分楼梯，建筑两端还各有一处双跑楼梯。整个建筑为内廊式，一楼层高较高，但是走廊宽度不大，尺度狭小，廊道顶部有弧形拱梁，走入其中给人一种类似中国古代甬道的感觉。二楼之上，层高被降低，楼层顶部有做找平，廊道中的弧形拱梁被密集的平梁（图7-9）所代替。由于整栋建筑，纵向长，且除中央门廊外只在东西两端的端部有开门，导致除两侧房间外，中间的走廊部分的通风、采光条件较差。

林垦局大楼位于赣南师院旧办公楼对面，建筑为三段式，平面呈倒"山"字形，两侧建筑部分略有外伸。主入口设在建筑南立面的中央，主入口后有门厅联系各个空间，门厅层高较高（图7-10），贯穿一、二两层，顶部装有吊顶。楼梯布置在建筑的东、西两端的北侧，不占用建筑的南向空间，建筑内部房间沿内廊南北展开。建筑窗洞与建筑线条走向一致，呈竖向分布。建筑屋顶也为仿中国传统歇山式，屋顶两端有起翘。建筑设计时，因

①　窦武.苏联建筑界关于建筑理论问题的争鸣[J].建筑学报.1957（4）：55-56。
②　D.O.什维德科夫斯基.权力与建筑[J].世界建筑，1999（1）：21-26。

图7-8 赣州师院旧办公楼正大门（作者自摄）

图7-10 赣州林垦局门厅（作者自摄）

图7-9 赣州师院旧办公楼一楼走廊（左）、二楼及以上楼层走廊上的平梁（右）（作者自摄）

为受到苏联建筑的影响，墙体没有选择中国南方传统的24墙体，而是采用了在苏联严寒地区惯用的37墙体，增加了不必要的建筑荷载。

斯大林本人非常推崇罗马帝国式、意大利文艺复兴式和18世纪末19世纪初的俄罗斯古典主义的建筑风格，他提倡苏联的设计师要把古典主义的设计手法和社会主义的意识表达完美地结合起来。受此影响，苏联的建筑师和规划师们在自己的建筑和规划作品大量使用古典主义的设计手法。这一设计思想也不可避免的影响到了中国这个新兴社会主义国家的空间营造。比如赣州20世纪50年代的城市标志——标准钟就是古典主义设计手法和社会主义意识形态相互融合的产物。标准钟位于赣州阳明路和和平路的交叉口，兴建于1952年，是当时赣州城区的标志性建筑。标准钟分塔基、塔身和塔帽三部分，塔基为三层，塔身为六边形，每边墙身的边缘有两个方形的混凝土柱，塔身分四层，朝向解放路一面开有一小门，二、三层开有窗，四层挂有报时钟。塔身上有一处平台，上面雕刻有代表工人阶级的齿轮图案，齿轮旁边环绕有代表农民阶级的麦穗图案，麦穗和齿轮中间是代表共产党的五角星图形，象征着共产党领导工农联盟走向美好的明天。平台上为一半圆形塔帽，由上下两层各六根柱子作为支撑，塔帽正中为一象征苏维埃精神的标杆。钟塔为红砖加混凝土砌筑，高20m，在1983年南门广场修建之前，一直是赣州的城市标志。

作为赣州另一处城市标志的——南门广场（见附图7-1），也是苏联设计思想的产物。苏联的来华专家们，喜欢在城市主要道路的交叉口设计一个环形的转盘，并在转盘上设计广场和雕塑。红旗大道是20世纪50年代末赣州修建的城市主干道，道路宽度为80m，是当时赣州的重要献礼工程。红旗大道的设计者们，受到当时苏联城市道路设计的思想影响，在红旗大道的中央和东、西两端各设计了三个转盘型广场。其中位于中端的南门广场是最大的一个，南门广场为直径70m的圆形广场，北面有三个三角形的交通岛（图7-4）。早期对于南门广场的定位为市民集会广场，并树有一处旗杆。20世纪80年代后，被改建为城市绿化广场。

20世纪50年代，现代主义在西方广泛流行，现代主义讲求功能第一，在建筑的外观设计上追求简洁实用，并与建筑功能相结合。受到现代主义思想的影响，一些苏联设计师开始尝试将古典主义设计元素和简洁的现代主义设计手法相结合，这一思想也在同时期的赣州一些建筑上有所体现。赣州师范学院理工楼，位于红旗大道西段赣州师院老校区内。建筑为三层，采用苏式建筑传统的纵横三段式设计手法，纵向以主入口为中心左右对称，横向分为基座、墙身和女儿墙。主入口布置在建筑的北立面（图7-11），有八个圆柱支撑一外伸门廊，内有门厅作为建筑的联系空间，南侧正对有一次入口。建筑为外廊式，一楼采用封闭式外廊，玻璃采光。二楼、三楼为敞廊（图7-12），采用西方传统的拱券作为装饰，扶手栏杆采用中国传统的雕花镂空图案。楼梯分布在东、西两端，楼梯间的外窗与周围房间外窗不相直对，相互错开一定距离（图7-13），即形成建筑立面上的节奏感，又可以保证楼梯间的良好采光。整个建筑功能明确，设计手法简洁，在满足功能需要的前提下，将古典主义建筑元素融入建筑当中，是一处20世纪50年代赣州建筑设计的佳品。

图7-11　赣南师范学院理工楼
主入口（作者自摄）

图7-12　赣南师范学院理工楼
二、三楼敞廊（作者自摄）

图7-13　赣南师范学院理工楼
外立面（作者自摄）

7.2.2　以工为主，强调生产型城市的建设

1949年3月13日在河北省平山县西柏坡村召开的中国共产党七届二中全会上，毛泽东同志提出："只有将城市中的生产恢复起来和发展起来，将消费的城市转变为发展的城市了，人民政权才能巩固"。四天后，人民日报发表社论《把消费城市变成生产城市》，社论指出："在旧中国这个半封建、半殖民地的国家，统治阶级所聚居的大城市（像北平），大都是消费的城市。有些虽也有着现代化的工业（像天津），但仍具有消费城市的性质。它们的存在和繁荣是经过政治的、经济的各种剥削方式取得的。一方面，它们以高价进口机器设备，受帝国主义剥削。一方面，它们又以低价搜刮乡村的农产品，高价出售工业品，剥削农民。因此，造成了乡村和城市的敌对状态。我们进入大城市后，决不能允许这种现象继续存在。而要消灭

这种现象，就必须有计划有步骤地迅速恢复和发展生产"。这种强调"以工为主""建设生产性城市"的观点，为新中国城市的发展和建设设定下了基调。中国共产党人对于变"消费型城市为生产型城市"的热衷，一方面与战后恢复生产的需要有关，另一方面也是马列主义意识形态的一种表现。马克思认为工人阶级是社会主义国家的领导阶级，共产党是工人阶级的先锋队组织。然而由于中国革命是在农业社会的基础上获得的成功，所以中国工人阶级的数量严重不足。为了增加中国工人阶级的规模，中国共产党人必须大力推进"消费型城市向生产型城市"的转变，通过城市中新的工厂的建设，将农民阶级转化为工人阶级，增强工人阶级的领导力。

1953年中国进入第一个五年计划，三年后的1956年中国工业总产值占社会生产总值的比重第一次超过农业，中国社会开始进入到工业化社会阶段。同期，与苏联商定的156项重点建筑项目开始动工新建。156项援建项目中，落户在江西的三项项目（大吉山、西华山和岿美山钨矿）全部位于赣州境内。为了配合三大矿区的建设和开发，在赣州城南红旗大道的两侧，兴建了大量的配套工厂和科研机构，比如位于红旗大道西段，西门广场旁的赣州冶金机械厂，以及与机械厂相对的南方冶金学院（今天的江西理工大学的前身）和位于南门广场以南的赣州阀门厂、江西气压机厂和赣州地质学校等。这些配套工厂、企业的建设，在赣州的城南形成了城市的工业区（图7-14），城南工业区主要以为矿产开发服务的重工业企业为主，其中也夹杂少量轻工企业，比如与赣州冶金厂相邻近的赣州纺织厂等。城南工业区的形成，标志着赣州彻底突破了城墙的限制，向南拓展，这是赣州社会由农业社会转变为工业社会的结果。

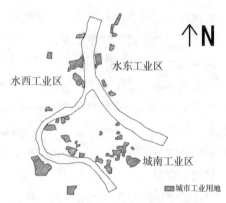

图7-14　20世纪70年代末赣州城市工业用地分布示意图
资料来源：1984年赣州城市总体规划[R].赣州市规划局，1984年，改绘

1969年之后，随着全民办工业热潮的到来，以及中央对于城市战备的要求，赣州地委通过迁建和兴建一批工厂企业的办法，在赣州的水东和水西地区形成了水西和水东两个新的工业区（图7-14）。不过由于赣州城市主导风向为北风，位于城市主导风向上风向的水东和水西片区显然不适合大量兴建工厂企业，所以1979年之前的赣州城市工业区主要还是以城南工业区为主。由于城南工业区位于章、贡两江城区水系的上游，大量重工企业的集中布局，对于城市水系造成了严重的污染，到了20世纪80年代初期，流经赣州的章江和贡江水系都受到的严重污染（图7-15）。特别是章江，章江在流入赣州

图7-15　20世纪80年代初赣州城区污染情况示意图
资料来源：1984年赣州城市总体规划[R].赣州：赣州市规划局，1984

城区前，污染水平仅为轻度，但是当流过城南工业区后，水污染程度就直线上升为重度污染。

1949—1979 年，在"以工为主"变"消费型城市为生产型城市"的思想指导下，在赣州城内兴建了大量的工厂、企业，这些工厂、企业的建设，大大的改变了赣州的城市社会性质，赣州开始从一个农业社会下的城市转变为一个工业社会下的城市。以工厂的兴建为契机，城市建成区范围开始迅速向外扩展，过去被作为城市界限的城墙被突破，城市空间形态发生了巨大的改变。

7.2.3　空间营造活动受到上级政策和思想的影响而波动

国家计划经济体制下，各种资源被高度的集中，地方政府形成了绝对的对上负责制。这体现在空间营造活动中，就是城市的空间营造活动往往会因为上级政策和思想的波动而波动。比如赣州的红旗大道，最初的设计宽度为 30m，1958 年将道路宽度增加了 10m，达到 40m。后来受到南昌献礼工程——八一大道的影响，由当时赣州地委领导决定将大道宽度定为 80m。在大道位置的选择上，曾经充满一定争议，如果按照既定的方案实施，红旗大道的修建将拆除赣州城南的城墙，特别是镇南门这座具有双重瓮城的赣州主城门将会消失。但是，由于当时的上层领导将城墙视作"旧势力"的表现，主张"破旧立新"，先是北京的城墙被拆除，并得到了中共中央书记处的肯定[①]。紧接着是南昌在拆除旧城墙的路基上修建了宽度为 80m 的八一大道，北京和南昌的做法，最终促使赣州决定拆除城南城墙，建设红旗大道，并在原镇南门的基础上修建了南门广场。

此外，在城市规划的制定上面，赣州也深受上级思想波动的影响。1958 年建工部在青岛召开了青岛会议，会上提出"要用城市建设的大跃进来适应工业建设的大跃进。"倡导"快速规划"，当时的江西省建工局为了响应青岛会议的有关精神，提出 2 个月的时间完成全省 88 个县镇的城市总体规划和部分公社的规划试点工作。江西省建工局协同上海同济大学的部分师生来到赣州，"四边一定"（边勘察、边议论、边鸣放、边做方案，最后由党委拍板定案）搞规划，在缺乏必要资料的情况下，先制定了一个粗线条的规划方案，在很短时间内，对赣州的工厂选址、土地利用、功能分区和道路布局做出了安排。由于受到当时"大跃进"思想的影响，在确定赣州的城市规模上，采取了不切实际、盲目拔高的做法。1958 年赣州城区实际人口规模仅为 10.6 万人，但在当年规划中 1967 年赣州市城市人口规模却被定位为达到 40 万 ~55 万人，远远超过实际情况。1961 年针对之前城市工业建设跃进速度过快，城市摊子铺得过大等问题，中央开始调整基本建设规模，削减基建开支，并通过"关、停、并、转"等方式调整工业生产的发展速度。1961 年 12 月，全国革命设计委员会对于之前城市规划中出现的问题进行了批评，认为城市规划工作"只考虑远景，不照顾现实，规模过大，人口过多，过分讲究构图美观，设计了很多的大广场、大建筑、大马路、建筑密度过低。"受到上级思想的影响，1964 年江西省建工局派人到赣州调整了 1958 年的城市总体规划，对赣州城市规模进行了较大削减，当年赣州退还土地 5.33km²。

[①]　1958 年中共中央书记处肯定了 1953 年的北京城市建设草案，草案中提到："对古代遗留下来的一概否定的态度肯定不对，一概保留，束缚发展的观点、做法也是极其错误的，目前的主要倾向是后者。"

7.3 1949—1979年赣州城市空间营造尺度研究

7.3.1 体：城市开始突破"龟"形的限制，向外扩展，初步形成了一主两副的组团式结构

农业社会下的赣州城市空间形态呈一逆水而上的龟形，龟首为镇南门，龟尾为城北的龟尾角。民国时期，由于新马路的建设而一度有所突破，但是突破的范围不大。新中国成立后，1958年赣州拆除了镇南门和与其相连的城南城墙，并在此基础上建设了东西走向的城市主干道——红旗大道。城市开始突破旧城的范围向城南延伸，沿红旗大道两侧形成了赣州的工业区和科教文化区。20世纪50年代末，苏联方面援助赣州修建了联系主城区和水西片区的西河大桥，1965年又修建了联系水东片区的东河大桥。20世纪60年代末，因为中苏关系紧张，国家一方面号召全民大办工业以增强自己的工业实力，另一方面要求工业布局要有战备意识，不要集中布局而要分散布局，主张"进山"、"进洞"将一些工业区布局到有自然屏障的地方。受到这一思想的影响，当时的赣州地委将一些城南工业区内的工厂企业搬迁到了水东和水西片区，并在这里兴建了一些新的工厂和企业，这一地区分布有大量的低山、丘陵而且和城市有一定距离，在战争时期便于隐藏。在当时特殊的时代背景下，20世纪60年代末70年代初在赣州主城区的东、西两侧，形成了赣州新的城市工业区。赣州曾经的龟城形态被完全打破，初步形成了一主两副的组团式空间结构（图7-16）。

究其城市形态改变的根本原因，笔者认为与当时的社会性质的改变有着密切的关系。民国时期赣州的城市空间也曾经伴随着城市道路的修筑，一度突破城墙的束缚向外拓展，但是当时对于城墙的突破仅仅局限在东南和西南两侧，规模并不大，赣州城整体还是保持在五代时期确定下来的空间范围内进行内聚式的发展。赣州城市形态的真正改变是20世纪50年代的中后期，产生这一营造结果的原因有两个，一个是1958年赣州城南城墙的拆除，另一个是赣州城市社会性质的改变。

前者是在空间上打破了旧的城墙对于城市空间延伸的限制，变相推动了城市空间在地理上的延伸。但是这并不是最主要的原因，因为城墙只是一个物质上的空间屏障，对于空间的阻隔只具有象征性的意义，影响城市空间形态扩展的根本原因是社会、经济、文化的发展。新中国成立后，国家大力发展工业，努力将中国从一个农业国家转变为一个工业国家，1956年中国工业生产总值第一次超过了农业的生产总值，这标志着，中国社会开始进入到工业化社会阶段，随着社会性质的改变，影响城市发展的因素也发生了改变，城市开始真正的脱离农村而独立发展，工业成为了推动中国城市发展的关键性力量。随着城南、水东和水西工厂区的建设，赣州开始从一个农业社会下主要从事各种商品交换的区域中心城市

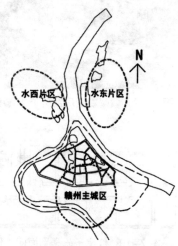

图7-16 赣州一主两副的空间体系
资料来源：赣州市志[Z]. 赣州市地方
志办公室，1987，改绘

转变为了一个区域性的工业中心城市，城市性质的改变推动了赣州城市的发展，城南、水东和水西这三块曾经的郊区，开始被逐渐城市化，城市开始形成组团式的空间结构体系。

7.3.2　面：工业区和南部科教文化区的形成，以及城市新商业中心区的确立

1. 工业和科教文化区的形成

1958 年赣州在城南修建了红旗大道，并沿红旗大道布置了大量的工业企业，形成了城南工业区。此外还在赣州的水西和水东片区建设了水西、沿坳工业区，1969 年部分赣州市区的工业企业被迁建到了水东和水西片区，初步形成了赣州东、西两翼的工业区分布。为了满足工厂企业的建设和城市社会、经济发展的需要，20 世纪 50 年代末在赣州城南红旗大道的两侧兴建了一批高教、科研机构，比如为赣州三大矿山服务的南方冶金学院（今天的江西理工大学）、为当地培养师资的赣南师范学院等，在城市的南部、红旗大道的两侧，初步形成了赣州最早的科教文化区。

伴随着大量工厂企业的建设，在红旗大道两侧的工厂附近，形成了一批具有当时特色的"工人村"。这些工人村主要是为周边的工厂企业中的工人提供居住和生活的场所，这些工人村中的建筑为 20 世纪 50 年代流行的"红房子"建筑，所谓"红房子"就是指这些建筑用红砖砌筑，建筑外观呈现红色。20 世纪 80 年代后，大量"红房子"建筑被拆除，目前在赣州冶金机械厂旧家属院内，还有一处"红房子"建筑的遗存（图 7-17）。冶金机械厂内"红房子"建筑为行列式布局，由此判断该处"红房子"建筑的建设时间应为 20 世纪 50 年代末到 60 年代初期，[①] 建筑平面呈一倒"山"字形（图 7-18，图 7-19）。建筑高两层，为砖混式结构，房间的空间尺寸较为狭小，每个房间仅 10 多个平方米，房间为外廊式，每栋建筑内住 18 户人家，一层 9 户，二层 9 户。由于受到当时"先生产后生活"，以及"共产主义"平等思想的影响，每户房间内没有布置卫生间和厨房，每三户人家公用一处卫生间和厨房。因为生活使用不方便，很多住户在后期大量自行搭建房屋，在很大程度上改变了建筑旧

图 7-17　赣州冶金厂红房子（作者自摄）

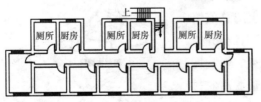

图 7-18　红房子一楼平面图（作者自绘）

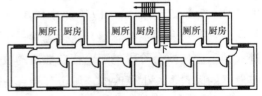

图 7-19　红房子二楼平面图（作者自绘）

---

① 早期的红房子建筑的布局形式多为围合式，到20世纪50年代末60年代初后逐渐演变形成行列式。

有的风貌和内部空间结构。

2. 城市新城市商业中心区的确立

清代中叶之前的赣州，是内地向广东、福建等沿海地区货物运输的重要中转站。其时的赣州"当岭表咽喉之冲，广南纲运，公私财物所聚"，"广南金、银、犀、象百货、陆运至虔州，而后水运"，水运是当时赣州最重要的交通运输方式，明代建春门外的江面上"或蓄载之出入，或钱贝之纷驰，从朝至暮攘攘熙熙"，受到水运交通的刺激，靠近建春门、涌金门的剑街和斜街成为了赣州最早的城市商业中心区，早期的赣州城市商业中心区，呈现出与贡江平行的一字形空间分布（图7-20）。清代中叶之后，随着九江等沿江口岸的开放，以及粤汉铁路的通车，赣州的水运优势逐渐消失，史载"商贾贩运毕集于九江、汉口，不复至赣。且由粤入赣，由赣达江，滩石险恶行旅苦之。轮艘涉江海，行速而事简，则争趋之、向之"，剑街和斜街的繁荣开始逐渐消逝。

1933年粤军在赣州城内开辟了阳明路、和平路等骑楼街道，由于考虑到汽车交通的需要，阳明路、和平路的道路宽度被设定为70尺（约20m），道路路面采用当时还较少用的水泥铺筑。阳明路、和平路、公园北路修建完成后，城市商业开始向阳明路、和平路一带集中。1953年5月1日，作为向五一劳动节的献礼工程，赣州最高的建筑物——标准钟在阳明路与解放路的交叉口处落成，该钟塔高6层（共20m），四面有计时大钟，标准钟建成后成为了当时赣州城市商业中心区的标志性建筑。20世纪50—80年代赣州城市商业中心区呈现出以标准钟为中心，沿阳明路、解放路及和平路展开的"丁"字形空间分布（图7-21）。

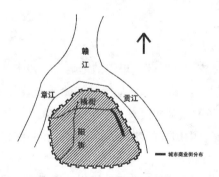

图7-20 赣州民国之间的城市商业中心区空间分布
资料来源：赣州府志[M].清同治年间刻本，改绘

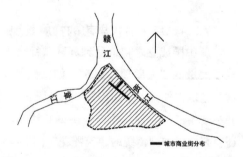

图7-21 新中国成立后的城市商业中心区分布
资料来源：魏嵩山,肖华忠.鄱阳湖流域开发探源[M].
南昌：江西教育出版社.1995,改绘

7.3.3 线：城市东西向交通走廊的形成

赣州1958年在旧城南城墙的基础上，修建了贯通赣州东西的城市主干道——红旗大道，红旗大道的修建大大改善了城市的东西向交通，成为了城市主要的交通干道。同年，还对于另一条城市东西向主干道——跃进路进行了规划与测绘工作，该路位于城区南部，与红旗大道向平行，东起八一四大道，西至西门广场，长3700余m，宽40m，1982年正式动工兴建，为了响应当时中央"两个文明一起抓"的号召，取名为文明大道，是即红旗大道外，赣州另一条主要的城市东西向主干道。

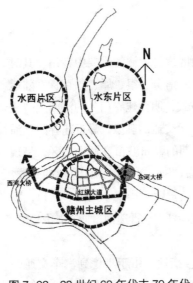

图 7-22 20 世纪 60 年代末 70 年代
初赣州东、西向城市交通走廊布局图
资料来源：根据（赣州交通志 [Z]. 赣州交
通局编. 1996 年）自绘

1955 年，在苏联老大哥的帮助下，在赣州城区西北的章江边，兴建了联系赣州主城区和水西片区的西河大桥，该桥为钢筋混凝土悬臂梁结构，主跨 7 孔，每孔净距 33m，大桥全长 256.2m，桥高 14m，桥面宽 10m，其中车行道 7m，两旁人行道各 1.5m，桥端建有护桥岗亭，桥两侧有钢管灯柱，装有高压水银荧光灯，桥梁设计通航净高为 33m×10.94m，全年可通航。

1959 年从改善赣州主城区和水东片区交通联系的角度出发，在旧百胜门的位置，兴建了东河大桥。该大桥跨越了赣州城东的贡江，故名东河大桥，桥体为钢筋混凝土上承式多孔空腹式连拱结构，桥体有八墩九孔，每孔跨距为 60m，正桥长 687m，两端引桥总长为 1480m，并各有跨距为 30m 的单拱跨线桥，桥面宽度为 14.5m，车行道为 10m，两旁人行道为 2.25m，桥两侧有钢筋混凝土灯柱，装有高压水银荧光灯，桥高在河床以上 24m，桥下通航净距为 60m×10m，可通行千吨货轮，正桥两端分别修筑有 7.53m 高的亭式桥头堡。

西河大桥和东河大桥的修建，大大改善了赣州主城区和水西、水东两个片区之间的交通联系。在交通联系上，由红旗大道将西河大桥和东河大桥有效地衔接在一起，构成了一条东西走向的城市交通走廊（图 7-22）。

7.3.4 点：时代思想的物质表现

新中国成立之初，受到苏联"社会主义加民族主义"营造思想的影响，在赣州城内建成了大量的"大屋顶"建筑，如赣南师院办公楼、原赣州林垦局大楼和赣州新政大楼等。这些建筑在外观上采用传统的"三段式"、并在建筑的顶部架设有一个中国传统的"大屋顶"，并在建筑的门、窗、檐口、挑梁、扶梯等部位配以中国式的建筑装饰元素，在一些建筑上还会装饰以中国传统的建筑雕花（图 7-23）。

20 世纪 60 年代后，随着对于一些苏联建筑手法的批判和反思，赣州开始不再兴建"大

图 7-23 赣州林垦局大楼中式建筑元素的融合（作者自摄）

屋顶"建筑，取而代之的是大量"方盒子"建筑的出现，这一时期，受到中央"节约新中国成立"思想的影响，建筑外观少装饰，甚至于无装饰，建筑通过窗口、门洞的比例结构关系，来构成建筑外观。建筑外立面以白色和灰色的墙面为主，建筑缺乏特色。

20世纪50—60年代，在赣州还兴建了大量工人新村，由于是红砖砌筑也被称为"红房子"。受到当时"现生产后生活"以及"共产主义"生活思想的影响，建筑内部居民的使用空间很小，并且没有卫生间和厨房。一般为几户居民共同使用一处厨房和卫生间，大大增加了使用的不便。

7.4　小结：计划经济下的内聚式的城市空间博弈

1949—1979年，中华族群的文化由开放转为内聚。随着生产资料的收归公有，意识形态也被统一到马列主义意识形态下，建筑成为了反映政治意识的一个重要手段，政治因素成为了影响赣州空间营造的主导因素。

7.4.1　沿江城墙的保护和新的道路与桥梁的建设

新中国成立后，受到"破旧立新"思想的影响，赣州城市南侧的城墙大量被拆除，但是东、西、北三面的城墙由于出于防洪的考虑，被基本完整地保留了下来。1955年，在苏联专家的帮助下，赣州在城西北的章江边修建了西河大桥。1958年，当时的赣州地委为响应当时中央提出的"社会主义建设总路线"、"大跃进"和"人民公社"三面红旗，在城南侧城墙的位置修建了东西走向的城市主干道——红旗大道。1959年，又在城东旧百胜门的位置，修建了东河大桥。西河大桥、红旗大道和东河大桥的建设，大大改善了赣州主城区和水西、水东片区的交通联系，1969年为了响应从国防角度出发，分散布置工业的要求，赣州城内的部分工业企业被转移到了水西和水东片区。

7.4.2　马列主义意识形态的兴盛和客家文化的衰落

1. 马列主义意识形态的兴盛

在国家计划经济体制下，社会中的各种生产资料被高度集中，随着生产资料的高度集中，全社会的意识形态也被统一到马列主义意识形态下，空间营造成为了马列主义意识形态的绝佳表现方式。早期的空间营造主要表现为对于苏联建筑思想的学习与借鉴，苏联建筑思想对赣州城市空间营造的影响主要表现在三个方面：①在"社会主义"加"民族主义"的口号影响下"大屋顶"建筑在赣州出现，赣州林垦局大楼、赣南师院教学楼等都是这类建筑的典型代表；②具有古典主义风格用来象征共产党绝对领导的高大建筑成为了城市的标志，赣州的标准钟；③在城市规划的构图上设计师们热衷于几何主义的"形式美"，在城市主要道路的交叉口设计圆形的转盘广场成为一种常用的手法，比如赣州的南门广场。

马克思认为工人阶级是社会主义社会的领导阶级，由于旧中国工业不发达，工人阶级在全国人口中所占的比例也不高。新中国建立后，为了增强工人阶级的领导作用，中国共产党大力增加城市工人阶级的规模，在全国的城市中大量建设新的工厂和企业，将"消费型的城市转变为生产型的城市"。在这一思想的影响下，20世纪50年代末在赣州的城南的红旗大道两侧建设了城市中最早的工业区，20世纪60年代末到70年代初又在水西和水东通过迁建和新建的方法建设了两处新的工业区。

20世纪50年代末，中国的马列主义开始走入一个"左"的误区，在思想上表现为对于上级决策的绝对服从，其结果就是在上级"破旧立新"的思想指导下，赣州的镇南门被拆除。在以"城市规划的大跃进配合生产的大跃进"的口号下，一个个不切合实际的项目匆匆上马并又匆匆下马。这种"左"的思潮在"文化大革命"时期达到顶峰，当时为了配合上级"反资"、"反修"的需要，赣州革委会将城市中的部分道路更了名，比如将至圣路改为防修路，大公路改名为反帝路，八镜台路改名为向阳路等。由于这些道路的名字只迎合了当时上级的政治风向，当这股政治风过去后，这些道路又被重新改回了原名。

2. 客家文化的衰落

客家文化具有儒家文化、山区文化和移民文化三个重要的文化特质，新中国建立后，儒家文化被作为封建文化的糟粕而受到批判，儒家文化的代表人物孔子在"文革"中被封为"孔老二"并被批倒、批臭。客家祠堂中的"善学田"和"善学屋"都被收归公有，祠堂也变成了生产队的大队部或者是饲养牲畜的牛圈。族长的地位被只有共产党员才能担任的生产队队长所取代，毛主席画像取代了祖宗牌位被客家人悬挂在了堂屋中最显眼的位置。

共产党人相信无神论，风水成为了封建迷信思想的代表，新的红色政权不仅禁止风水思想的传播，并且将过去从事风水职业的风水师打成了"神棍"，在历次运动中作为揪斗的对象而屡屡受到批判。随着儒家文化和山区文化的衰落，整个客家文化在1949—1979年的30年间进入了一个衰落期。

7.4.3 共产党人平等追求下的住宅建设和"红色"价值观追求下的建筑破坏

1. 平等追求下的住宅建设

新中国成立后的赣州城市生活空间呈现出均质化的趋势，当时的共产党人认为新的社会应当取消人与人之间的差异，无论是政府的管理者还是普通的环卫工人都是社会主义建设的参与者，他们在社会地位上都是平等地，这种平等首先表现在居住空间的营造方面。新中国成立初期，政府将旧中国富裕阶层的深宅大院统统收归公有，并通过政府分配的方式将它们分割分配给不同的城市居民使用，在当时表现了社会主义新政府的政治姿态，增强了城市社会的和谐，提高了城市中、下层居民对政府的向心力。但是由于房屋产权属于公有，且房屋被分割分配给了不同的家庭，这些家庭往往为了自己的需要对于建筑进行加建和改造，严重破坏了旧建筑的内部结构和整体风貌，并增加了后期保护的难度。在单位住宅的建设方面，为了追求社会主义下的平等图景，住宅的户型往往差异不大。在20世纪50年代赣州部分地区"红房子"的建设中，在户型选择上甚至采用同一户型，并取消了室内卫生间和厨房等辅助功能空间的建设，造成了居民使用上的不便。

2. "红色价值观" 追求下的建筑破坏

赣州地区在中国革命的历史上曾经扮演了两个非常特殊的角色，一方面赣州地区的瑞金市是中国红色革命的圣地，在第二次国内革命时期，中国共产党人在赣州地区的瑞金成立了中央苏区，当时瑞金是中华苏维埃的首都。另一方面，1938—1945年蒋经国曾经在赣州主政，并且在赣州发动了"新赣南"运动，获得了很大的成绩。新中国成立后，赣州的一些共产党人无法容忍在中国革命的圣地，还存在有大量表现国民党反动派"国二代"政绩的建筑，在"红色"价值观的推动下，很多"新赣南"运动的建筑被拆除，比如位于今天赣州市军分区内的"新赣南"图书馆，20世纪50年代初即被拆除，蒋经国时期修建的赣州国货陈列馆也难逃一劫，蒋经国曾经办公的米汁巷赣州专署在"文化大革命"中被破坏的只剩下了一个大门。这种对于旧政权遗留建筑的拆毁，在中国历史上是一种很普遍的现象。但对于城市历史来说是一种背叛和扭曲，变相造成了一种城市文脉的遗失。

第五部分

当代赣州城市空间营造研究

第8章　1979—2009年赣州城市空间营造研究

8.1　1979—2009年赣州城市空间营造历史

8.1.1　1979—1989年赣州的设计、建造和保护

1979年是中国现代史的一个重要转折点，也是中国城市发展史上的一个转折点。在这一年，与许多的中国城市一样，赣州迎来了社会、经济、城市发展的春天，城市发展进入了一个不断加速阶段。

1. 1984年赣州城市规划

1980年，为了适应改革开放后，社会、经济发展的新需要，赣州地委决定编制赣州城市总体规划，并邀请北京大学地理系城市规划专业师生来到赣州，协助规划的编制工作，该轮规划共历时40多天，完成了城市总体规划和道路、绿化、给水、排水等各项专项规划的编制工作。1983—1984年，对于该次规划进行了一轮修改，并于1984年的9月5日报江西省人民政府审批，并于当年的12月通过了省政府的审批，1984年城市总体规划是赣州市第一个具有法律效力的城市总体规划。

1984年赣州城市总体规划，按照近期（1985—1990年）和远期（1991—2000年）两个阶段对赣州城区的地理位置、地形、人口、交通和经济状况等进行综合分析和全面规划。在"正确处理城乡、工农、生产和生活、需求与可能、近期与远期、局部与全部关系的基础上，坚持实事求是，从实际出发，把改造旧城区和建设新街道结合起来，力求布局合理，技术先进，经济效益、社会效益、环境效益同步提高；根据各自的政治、经济特点，逐步建设成为社会的新型文明城市"的原则指导下，确定将赣州市建设成为全区（当时的赣南地区）政治、文化、交通、信息的中心，以有色金属、机械、造纸、木材综合利用为主的中等城市。

规划确定赣州市区近期规划阶段（1985—1990年）的人口规模为20万人，用地面积为16km^2。远期阶段（1991—2000年）人口规模为25万~28万人，用地规模为28km^2。赣州规划采用组团式的发展模式，整个城区被分为以河套老城区为中心的六个组团（图8-1）：

（1）河套城区，是赣州的中心城区，面积为10km^2，人口密集，用地有限，原则上不再安排新的工业项目，主要用于发展居住和配套设施；

（2）水西区，处于城市上风向，章江的下游，以现有工业为骨干，逐渐发展成为以有色金属工业和木材综合利用加工为主的工业区；

（3）沿坳区，处于城市上风，地势较为平坦，规划有铁路通过，水路交通方便，今后拟发展运输量大、对水体无污染的工业并可建设一定数量的仓库用地；

（4）虎岗区，处于城市上风向、章江的下游，现已布满工业，无发展余地，今后主要

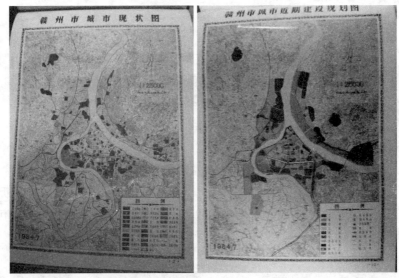

图 8-1　赣州市城市总体规划现状图（1984 年）（左）与赣州城市总体规划规划图（右）
资料来源：1984 版赣州城市总体规划 [R]. 赣州市规划局，1984 年

调整工业区和生活区的布局和增加配套服务设施；

（5）水南区，有大片平缓山丘，可作为生活备用地开发；

（6）砂石区，位于章江上游，距离市区 10km，拟发展成为以文教、科研、仓储为主的独立小城镇；

本轮规划延续了原苏联经济地理式的规划思想，从产业角度入手，以工业为依托带动城市发展。在发展方向上主要是跨越章江和贡江向东、西两翼延伸，这一发展思路主要是想依托水东和水西两片区旧有的工业基础推动城市化。但是这一思路违反了赣州城市发展的自然和历史特性，研究一座城市，确定一座城市的发展方向不能仅从它的产业布局入手，产业布局可以影响城市的土地空间利用，但它不是影响城市发展的决定性因素。城市的发展是自然、社会、文化、历史、经济等多因素共同作用下的结果，通过对赣州东晋之后近两千年城市空间营造历史的研究可以发现赣州的东、西两翼一直都不是赣州城市发展的主要方向，赣州的城市发展主要是南向发展，以文清路（阳街）为中轴线向南延伸，所以城市主要的发展方向不应该是水东、水西两个片区，而应该是砂石组团。这一规划思路后来在《1996 年赣州城市总体规划》《2003 年赣州城市发展概念性规划》中得到体现，并形成了今天赣州的城市空间形态。

2. 赣州南门多功能城市广场的修建

1983 年赣州地委和专署决定将作为临时性交通广场存在的南门广场，建设成为以绿化为主的多功能城市广场。当年三月组织市区各单位义务劳动，历时一年，1984 年的 9 月修建工程基本竣工，修成后的南门广场总面积 6.34 万 m^2，其中车行道 1.93 万 m^2，人行道 0.87 万 m^2，绿化面积 3.54 万 m^2。广场中央和北部，为绿化分车带，略成锥形向文清路中央南段延伸。广场南段为一个椭圆形的环形转盘，转盘两端分别为两个长方形的绿地公园（图 8-2），绿地公园内有雕塑、水池、小拱桥、花坛等园林建筑。建成后的南门

广场是赣州 20 世纪 80 年代城市建设的标志，
为了配合南门广场地区的开发，20 世纪 80 年
代初在南门广场的西北侧建设了赣州邮电大
厦，邮电大厦高六层，占地面积为 5700m²，
建筑面积为 7100m²，是当时赣州的邮电通讯
枢纽。1982 年，在南门广场的南段建设了赣
州城建大楼，大楼占地面积 800m²，建筑面
积 2520m²，建筑高 7 层，底层为自来水公司，
顶层为高位水池，容量 8t。

图 8-2　20 世纪 80 年代赣州南门广场旧照
资料来源：http://www.gannanbbs.com.cn

　　1982 年对于红旗大道西段的西门交通广
场进行了改建，改建后的西门交通广场占地为 7854m²，其中道路面积为 5576m²，中央为
一圆形喷水池，水池四周围绕有花坛。1983 年冬在红旗大道和八一四大道的交叉口，建设
了赣州东门交通广场，该广场以组织交通为主要功能，广场占地 8160m²，其中道路面积
5576m²，中央交通岛呈梅花形，建设有假山等园林景观。

　　3. 20 世纪 80 年代初的赣州住房建设

　　20 世纪 70 年代末 80 年代初，由于大量知青返城，赣州城市居住情况空间紧张。为了
有效解决城市居民的住房问题，赣州地委和行署调动国家、地方、企业和个人四方力量共
同投资建房。1977—1985 年的 8 年间，完成住宅建设 55.69 万 m²，其中补贴出售房两栋，
2292.21m²，青年公寓一栋，1919.13m²，商品房住宅 3 栋，8864.86m²。在文清路、健康路等
地建成 29 栋，建筑总面积为 5.17 万 m² 的回迁房[①]。截止 1989 年底，赣州累计投入城市建
设资金 2.5 亿元，完成成套住宅建设 25000 套，城市居民住房紧张的现象得到缓解，城市居
民的人均住房面积由 1983 年的 4.44m² 上升为 6.99m²。

8.1.2　1989—1999 年赣州的设计、建造和保护

1. 1996 年赣州城市总体规划

　　1996 年 9 月京九铁路通车，京九铁路的通车改变了赣州近一百年没有铁路的历史，大
大改善了赣州的区域交通条件。当年由赣州地委和行署委托湖北省规划院完成了《赣州城
市总体规划 1996—2010 年》（图 8-3、图 8-4），本轮规划结合赣州城市实际，从京九铁路
通车的大形势出发，将城市空间发展模式确定为"核心聚集，轴向扩散，自然分割、聚集
化组团复合型城市模式，城市形态形成新、老双城（章江和河套城区）为中心，(赣州)东站、(赣
州)南站为两翼依托的组团式结构。"整个城市空间形态形成以河套、章江为中心的双中心
组团结构，整个城市包括河套、梅林、章江、潭口、航空港五大组团：

　　（1）河套组团：包括河套、站北、沙河、沙石四个综合区，建设用地 1930hm²，人口
规模 20 万人。

　　河套区：北部（红旗大道以北）是以"宋城"为特色的古城区，是赣州历史文化名城

---

　　① 赣州建设志1949—1990年[M]. 赣州市城建局，1990：204。

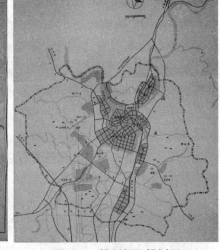

图 8-3　赣州城市空间布局现状图（1996年）（左）与赣州
城市空间布局规划图（1996—2010年）（右）
资料来源：赣州城市总体规划（1996—2010年）[R].赣州市规划局，1996

图 8-4　赣州郊区规划图
资料来源：赣州城市总体规划（1996—2010年）
[R].赣州市规划局，1996

保护的主体，强调旅游业和相关服务业的发展。南部是公共服务设施齐全的生活居住区。

站北区：邻近河套区，是赣州火车客运站的所在，赣州客运铁路交通的枢纽区，以第三产业为主，是具有商业、服务业和居住等多功能的综合区。

沙河区：依托铁路生活区形成工业、仓储、贸易和居住的综合区。

沙石区：工贸商住综合区。

（2）章江组团：包括新城、黄金、水西三个功能区，建设用地 2150hm²，人口规模 24 万人。

新城区：以京九大道和迎宾大道为主轴线，以市级行政中心建设为龙头，借鉴国际上发展城市 CBD 的经验，逐步形成商业贸易中心、金融与信息中心、广播电视中心、展览中心、体育中心和科研文化教育中心，是赣州城市现代化中心功能集中区和环境优美的新城区。

黄金区：以高新技术和无污染加工业为主的新型产业开发区。

水西区：以二、三类工业项目为主的传统工业区。

（3）梅林组团：包括梅林和水东两个综合区，用地规模 820hm²，人口规模 8 万。

梅林区：由原赣县县城与七里古镇共同构成的城市综合功能区，是赣州铁路货运站——赣州东站的所在地，该片区为赣州铁路货运交通的枢纽，以机械、冶金工业为主，配套建设仓储和商贸、居住。水东区：虎岗一带为机电工业区，妈祖岩地区为重点风景游览区。

（4）潭口组团，由赣州潭口镇和潭口乡统一规划形成集约发展，同时将赣南高新技术产业开发区纳入统一规划，建设用地 800hm²，人口 8 万，依托赣州铁路南站（以货运为主），形成货运集散、商贸流通、外向型加工工业与生活居住综合区。

（5）赣州机场位于赣州黄金片区，距离城市距离较近，在本轮规划中，规划将机场迁至三江区域，距离章江新城中心 15km，控制区面积 4km²。

在本轮规划中将赣州城市用地扩张的重点区域放在了京九铁路的三个车站（赣州车站、赣州东站和赣州南站）的带动区域以及依托 105 国道、323 国道有良好建设基础的区域。本轮规划确定了赣州跨越章江向南发展的城市发展框架，为未来章江新区的建设打下了良好的基础。

经过15年再回头来看《1996年赣州城市总体规划》，可以发现该规划明确了赣州建设赣、闽、粤三省区域中心城市的发展目标，体现了超前规划意识，突破了当时现有条件的局限，制定了较好的城市总体发展战略，明确了赣州1996—2005年十年的产业发展方向，并全面考虑了城市的道路交通规划，建立了不同层次的道路交通网，在一定程度上改善了城市交通环境。但是由于编制规划时的一些局限性，在之后的城市建设工作中也体现出了一些问题，首先城市道路交通整合度不够，尤其是章江新区和河套老城区、沙河工业园区的错位交通，以及Y字形路网交织点，容易形成交通瓶颈。此外，新建的文明大道、客家大道和章江北大道道路太窄，道路坡度较大，作为主要交通干道无法满足日益增长的城市交通需求，在主要的城市道路交叉口处没有设置预留地，难以满足未来城市立体交通系统的建设需要；其次，工业用地过于靠近城区和江岸，之间缺乏生活性功能区的防护隔离，对于城市的滨江环境产生了不利影响；再次，规划虽然提出了带状城市组团式发展的模式，但是整体空间结构布局依然表现为一定程度上的无序蔓延，各种空间功能用地混杂，重点不突出，缺少空间发展的骨架和依托。[①]

2. 20世纪90年代赣州城市道路的建设

为了配合赣州组团式发展的城市目标，以及推动赣州章江新区的开发，赣州在20世纪90年代陆续兴建了黄金大道、迎宾大道、京九大道和五洲大道，并修建了即红旗大道后又一条沟通赣州河套老城区东西向城市交通的城市主干道——文明大道。

黄金大道，位于赣州章江新区，从南河大桥直到105国道，全长3400m，宽40m，其中车行道宽15m，分车道两条，宽各2m，沥青路面。

迎宾大道，位于赣州章江新区，从赣州大桥至黄金机场，为贯穿章江新区的东西向城市主干道，长2600m，宽80m。

京九大道，位于章江新区，是贯穿章江新区南北的主干道，道路全长3950m，宽80m。

五洲大道，位于站北区，主要为新建的赣州火车客运站服务，直八一四大道至火车站，全长1470m，宽80m。

文明大道，1958年确定道路的宽度和走向，1992年开工，1995年建成，从八一四大道到西门交通广场，道路全长3700m，宽40m，其中车行道宽度为26m，分车道两条，宽均为2m，水泥混凝土路面铺筑。

3. 赣州古城墙的修缮和新城区的建设

1992年江西省人民政府批准了《赣州旧城区沿古城墙防护方案》，修建八镜台至涌金门钢筋混凝土防洪墙600m，并对于沿贡江、章江和赣江一线的古城墙进行了加高、加固，外墙贴城砖，墙顶加铺砖地面，并设置城垛。在涌金门旧址，重建半圆拱形城门，上建仿宋式城楼（图8-5）。

1997年，当时的赣州行署从保护河套旧城区历史建筑和加快红旗大道以南新区建设的

① 2003年赣州城市发展概念性规划[R]. 赣州市规划局，2004。

图 8-5　赣州建春门

角度出发，发布了"停止旧城改造、加快新区开发"的决定。红旗大道以北以标准钟为中心的河套老城区的城市建设工作基本停止，城市开发的重点逐渐转移到红旗大道以南的站北区和章江新区。

8.1.3　1999—2009 年赣州的设计、建造和保护

1. 2003 年赣州城市发展概念性规划

1999 年赣州获得国家批准"改地设市"，原赣南地区被改为赣州市，原赣州市被改为章贡区，是赣州的城市主城区。"改地设市"后的赣州，城市发展进入了一个更高的阶段。2003 年，赣州市委、市政府在《1996 年赣州城市总体规划》的基础上，通过国际招标的形式，完成了《2003 年赣州城市发展概念性规划》，在本轮规划中，提出要将赣州建设成为江西省内仅次于南昌的省域副中心城市，进而在江西省内形成双核心的城镇空间布局结构。在中心城区（章贡区）的发展方向上，它提出"北小延、西调整、东理顺、中优化和南扩张"，在不断优化旧城区中心职能的同时，将城市南部作为城市用地扩张的重点方向。中心城区在原来的组团式的基础上衍生形成轴向组团式空间结构，整个城市空间通过一条贯穿城市南北的中轴线相衔接，形成"一轴、三区、三带"（图 8-6）。其中一轴指的是：中央城市的"金脊"——城市南北中轴线，赣州城市"中央金脊"的空间构筑借鉴了法国巴黎德方斯轴线的设计理念，利用赣州南北向的文清路——京九大道构成城市的"中央金脊"，并向东西延展，纵贯城区南北，将河套区（复兴区）、章江新城（核心区）、新世纪组团（创新区）以及南康城区有机地联系在一起。[①]

三区：复兴区、核心区和创新区；复兴区：位于城市北部，是赣州城市的老中心区，拥有丰富的历史文化和人文资源，是赣州城市的历史文化中心、旅游服务中心和老城商业区；核心区：位于城市中北部，包括章江新区和站北区，是赣州市委和市政府的驻地，也是赣州的铁路交通枢纽，未来将形成一体化的行政办公中心和区域商业、交通运输中心；创新区：位于城市中南部，以科教园区建设为核心，努力打造面向区域的科技创新中心和科技文化中心。

"三带"：滨河文化旅游休闲带、东部铁路物流和新兴产业带、西部空港物流和新兴产业带。《2003 年赣州城市发展概念性规划》的总体空间战略可以概括为：轴向组团发展、重点突破。它的目标是建立一个功能分区清晰、定位明确、沿城市中央轴线由北向南，开放递进的空间结构。它是在不同的城市功能区之间，傻入由绿地、广场、水系构成的公共开放空间，密切各个功能区之间的相互联系和相互过渡。[②]

---

① 王静文. 概念规划中对于城市形象策划的研究——以赣州市概念规划为例[J]，规划师，2006（8）。
② 赣州城市发展概念性规划2003年[R]. 赣州市规划局，2003。

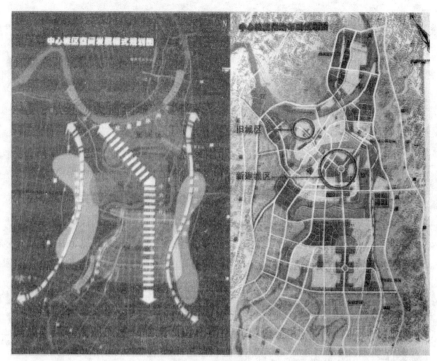

图 8-6 《2003年赣州城市发展概念性规划》中心城区空间发展模式规划图（左）
与城市用地布局规划图（右）
资料来源：2003年赣州城市发展概念性规划 [R]. 赣州：赣州市规划局，2003

　　《2003年赣州城市发展概念性规划》是赣州城市建设史上的第一个城市概念性规划，该规划明确了赣州城市空间的发展方向，提出了"一脊、两翼、三片"的发展思路，将客家文化中传统的"崇中"思想融入到赣州城市空间的营造中，通过赣州传统城市轴线阳街（文清路）的延伸将赣州城市中的三个主要片区（复兴区、核心区和创新区）有效的衔接了起来。《2003年赣州城市发展概念性规划》为市场经济条件下赣州城市土地的有序开发指明了方向，并为3年后2006年赣州城市总体规划的编制奠定了坚实的基础。

　　2. 2006年赣州城市总体规划

　　2006年，赣州市委、市政府在《1996年赣州城市总体规划》和《2003年赣州城市发展概念性规划》的基础上，编制了《2006年赣州城市总体规划》（图8-7）。本轮规划分为（2006—2010年）近期规划和（2010—2020年）远期规划两个阶段。本轮规划中提出2010年赣州中心城区城镇人口控制在70万人以内，总人口92万人，城镇化率达到76%；2020年赣州中心城区城镇人口规模控制在140万人以内，总人口不超过168万人，城镇化率达到83%。城市建设用地规模：2010年中心城区建设用地规模控制在70km² 以内，2020年中心城建设用地规模控制在140km² 以下，城市人均建设用地指标控制在100m²/人。

　　城市发展方向：通过区域开发管制的研究，确定赣州中心城区城市空间发展方向为：以向南向西发展为主，形成"南进、西拓、东延、北控"之势。

　　城市空间增长边界：结合自然地形、空间管制规划、重要对外交通规划，并综合考虑城市发展方向而确定城市空间增长边界为：西至厦成高速公路（G766），北至马祖岩，东至

图 8-7　赣州市中心城区总体规划（2006—2020 年）
资料来源：2006 年赣州城市总体规划 [R]. 赣州：赣州市
规划局，2006

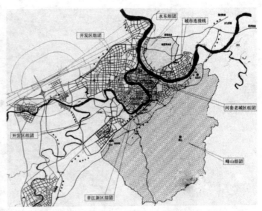

图 8-8　赣州中心城区六大片区示意图
资料来源：http://www.gndaily.com

京九铁路以东山地（依自然地形确定），南至城市规划区边界。

中心城区规划结构：规划中心城区形成"一脊两带、三心六片"的规划结构。[①]

"一脊"既赣州的城市发展"金脊"的中心城区段，串联着河套老城、章江新区和创新区，是整个城市公共生活的核心区域。

"两带"指环城产业带和京九产业带。其中环城产业带在水西湖边片区和西城片区与成厦产业带复合，是中心城市主要的工业生产区和物流集散区，折向创新区后，主要承载研发、孵化功能，在空间上形成半环状集聚在城市外围，在功能上形成"产—学—研—流通"一体化的产业链。京九产业带主要串接七里组团、沙河片区、沙石组团，主要依托京九铁路轴线发展，连接几个各具特色的产业集群。

"三心"指以河套老城、章江新区和创新区为依托的三个城市中心区，是赣州中心城区的核心区，每片人口规模在 20 万~30 万。

"六片"指中心城区的边缘组团，主要包括西城片区、水西湖边片区、水西钴钼有色冶金基地、水东片区、沙河片区和峰山片区（图 8-8）。

中心城区各组团功能定位：中心城区可以划分为核心区和边缘区。其中河套老城区、章江新区和创新区三者共同构成中心城区空间结构上的城镇核心聚集区。西城、水西湖边、沙河、沙石、潭东、七里共同构成中心城区的边缘区。

本轮规划注重于对赣州中心城区的建设，特别是章江新区的建设，提出借助章江新区的建设将赣州打造成为赣、闽、粤、湘四省交界处的现代化中心城市，突出赣州的"新"。同时，进一步加强对于河套老城区的保护，保护好赣州的"旧"，在老城区内形成"一带、五区、五片、五十二点"的完整保护体系。

《2006 年赣州城市总体规划》在《2003 年赣州城市发展概念性规划》的基础上，提出了"一脊两带、三心六片"的城市空间结构，明确了 2020 年赣州建设百万人口的区域中心城市的发展目标。这两轮规划对赣州的城市发展起到了很好的指导性作用，有利于赣州城

---

① 赣州城市总体规划2006年[R]. 赣州市规划局，2006。

市空间的合理利用和有效衔接。但是经过5年多的时间，在城市建设中也暴露出了一些问题，主要表现在以下五个方面：

（1）区域发展的不平衡没有得到充分重视；由于在赣州中心城区的发展过程中，赣州地区内各种资源不断向中心城区集中，进而挤压了周边其他城市的发展，《2006年赣州城市总体规划》中虽然有考虑到区域内的协调发展，但也仅仅是将邻近赣州的赣县和南康两个县城纳入到赣州都市区的范围，对于周边上犹、大余等县城的发展诉求并没有给予足够重视，上犹在地理位置上靠近赣州并紧邻大余、崇义两县，对于南接广东、西连湖南具有重要作用；

（2）河套老城区的人口没有得到有效疏散，城市交通和历史遗产保护的压力较大；在《2006年赣州城市总体规划》中虽然提出了将赣州老城区人口规模控制在9.5万人之内，疏散老城区住户5万人的想法，但是由于章江新区房价偏高，保障房建设不到位等问题，导致还是有大量的人口集中在赣州老城区居住，由于老城区道路偏窄，不适合大量汽车的通行，在老城区和章江新区之间以及老城区内部的一些道路上，经常发生交通堵塞的现象，严重影响了城市的交通效率。此外，过高的人口密度，也不利于老城区历史文化遗产的保护和整理工作；

（3）工业用地的浪费；《2006年赣州城市总体规划》中提出至2020年赣州工业用地总面积将达到27.94km²，占赣州城市建设用地的20%，该目标很宏伟。但是就目前来看，赣州各个工业区的工业入住情况并不理想，大量工业用地的闲置，无形中造成了极大的土地浪费；

（4）大学城的建设过于分散；未来30年是信息工业快速发展的时代，科学技术将进一步发挥第一生产力的作用，在赣州2003年和2006的两轮规划中都高度重视了科技创新的作用，在城市空间布局上专门划低了城市的创新区，并鼓励将高校、科研机构搬迁至创新区。但是在实际操作中，赣州的各个高校之间分布过于分散，资源之间共享难度大，难以发挥科研集群效应；

（5）城市广场分布过于集中；赣州的城市广场主要分布在章江新区，其中黄金广场占地近200亩，规模宏大。而河套老城区内广场分布很少，居民难以享受到同质的城市公共空间，广场作为城市居民主要的休闲、娱乐、健身场所，是一个城市亲民度的体现。广场不应仅仅是商业的噱头，而建设的规模宏大并被各类高档小区所包围，更应该是为每个普通市民所服务的公共活动场所。城市中不光要有大型的公共活动广场，更要有数量众多、分布于各个街坊和小区当中的中、小型广场。

3. 赣州章江新区的建设和河套老城区的保护

章江新区位于赣州河套老城区的西南面，是赣州市委、市政府重点打造的现代化新城区。新区面积20.19km²，规划人口规模24万人，建筑用地面积1833.27hm²，其中居住用地718.95hm²，办公及公共服务设施用地357.13hm²，道路广场用地393.81hm²，市政设施用地7.56hm²，绿化用地324.32hm²。新区的建设可以有效地分流赣州老城区的人口和建设压力，并实现赣州建设赣闽粤湘四省交界处现代化中心城市的目标。在1996年的赣州城市总体规划中，湖北省城市规划设计研究院就提出了重点打造以章江新城为中心的新城区的城市发展目标，希望能够通过章江新区的建设来实现城市发展和旧城保护的双赢局面。但是当时由于缺乏可用以依托的城市开发轴线，城市的建设活动还是集中在河套老城区，特别是以南门广场为中心的红旗大道一带，章江新区的开发建设并不活跃。《2003 年赣州城市发展概念性规划》的编制，明确了城市的用地扩展方向，提出依托文清路—京九大道的城市"金脊"实现城市土地的有序开发，此后以京九大道、新赣南大道等主要的城市道路为依托，赣州章江新区的建设渐渐进入了一个高潮期。2002 年 10 月 1 日，改地设市后的赣州市委、市政府迁入章江新区；此后，赣州市体育中心、赣州市图书馆和占地 200 亩的黄金广场陆续建成并投入使用；赣州市实验中学、东方学校已建成并投入使用；赣州市青少年活动中心正在兴建中，市博物馆、市大剧院等正在规划建设中；市人民医院新区分院已封顶；五星级宾馆正在建设中；市检察院、审计局、商业银行、盐务局、电信、质检局等办公大楼及职工宿舍楼已建成或正在建设中；公务员小区已建成。2005 年 1 月，富升新城破土动工，标志着章江新区商品住宅小区建设序幕正式拉开。紧接着，水岸新天、黄金时代、万盛 MALL、天际华庭、金鹏雅典园、嘉逸花苑、京华苑、中都"章江豪园"等小区相继动工兴建，章江新区已成为赣州城市发展的重点区域和中心区域（图 8-9）。

为了有效地保护赣州老城遗留下的历史和文化遗产，1997 年赣州市委、市政府将位于红旗大道以北的河套老城区列为限制建设区，要求严格控制历史城区内的开发强度。2002 年，赣州市政府委托上海同济城市规划设计研究院编制了《赣州历史文化名城保护规划》，确定了"一带、六片、九点、一面"的城市历史文脉保护结构，并划定了历史文化保护区和单个文物点的各级保护范围。2005 年，赣州市规划局又委托清华大学建筑学院对赣州河套旧城中心区在上海同济设计研究院《赣州历史文化名城保护规划》的基础上编制了《赣州旧城中心区保护与整治规划》。2004 年赣州围绕赣州旧城墙开发建设了3600m 长的开放性带状公园宋城公园（图 8-10），该公园以"展古城风貌、沐文化传统、创休闲空间、建旅游名城"为规划设计理念，将现有的八境公园、滨江公园、郁孤台公园融入其中，采用自然式总体规划布局，力求与古城墙周围环境协调，以期形成具有浓郁历史文化氛围的休闲空间。[①] 除了宋城公园的建设外，赣州市政府还完成了灶儿巷、南市街等历史街区的保护性改造和修建工作，赣州历史文化名城的地位和特征得到了进一步清晰。

图 8-9　赣州章江新区（作者自摄）　　图 8-10　赣州宋城公园（作者自摄）

---

① 赣州宋城公园 http://www.jxcn.cn/525/2004-7-9/30004@99541.htm。

8.2　1979—2009 年赣州城市空间营造的特征分析

1979 年是中国历史上一个值得纪念的日子，这年中国政府开始推行改革开放政策，国家对于经济的影响力与计划经济时代相比开始逐渐减弱，市场逐渐成为了调配各种生产资源的"配置者"。中国社会中的每个个人开始逐渐摆脱了计划经济时代"公社人"（农村的农民）、"单位人"（城市居民）的标签，成为了市场经济当中的"经济人"。对于"经济人"，西方经济学的鼻祖亚当·斯密在他的《国富论》中曾经有过精辟的定义，他认为"每天所需要的食物和饮料，不是出自屠户、酿酒家和面包师的恩惠，而是出于他们自利的打算。"每个"经济人"的行为往往都是在追求自身利益的最大化，在市场经济的大背景下又往往表现为自身经济利益的最大化。这种追求自身经济利益最大化的思想直接成为了 1979 年之后影响中国空间营造的最主要的影响因素。

1979 年之后在"经济人"行为的作用下，赣州的城市空间营造进入了一个新的阶段，和计划经济时代相比较城市内部的用地功能表现得越来越科学，城市居民的居住环境也由过去的"均一化"转变为"多样化"和"复杂化"。而与此同时，一些问题也开始出现，首先是城市当中的一些历史文化遗产被有意识或是无意识的破坏；其次，随着城市经济的不断发展，城市商品房中"房价收入比"过高的问题也开始出现并逐渐尖锐化。就如同一枚硬币的两面一样，市场经济思想影响下的赣州城市空间营造一方面表现出有益于城市发展和居民生活的优点，另一方面也引发了一些问题。

8.2.1　城市用地功能布局的日益科学化

改革开放之前，赣州的城市用地，主要依靠政府划拨，城市用地的经济效益被人为的忽视，导致城市当中大量用地的低效甚至是无效配置。改革开放之后，随着中国社会进入到市场经济时期，城市土地的经济效益开始重新显现出来。城市用地的功能布局开始逐渐优化，一些低附加值的产业慢慢搬离城市中的优势地段，这些腾出的地块则被具有更高经济附加值的产业部门所代替。20 世纪 70 年代末到 80 年代初期，在赣州的红旗大道附近分布有大量的工业用地，进入 90 年代后，以红旗大道中部的南门广场为中心沿文清路形成了赣州新的城市商业中心区，原分布在红旗大道两侧的工业用地开始被具有更高附加值的商住用地所取代，如原冶金机械厂厂区被大润发超市所取代，原江西省冶金勘探二队的队部成为了今天的赣州国光超市等。据统计现实，20 世纪 80 年代末，赣州主城区（包括河套老城区和章江对岸的章江新区一部）面积为 16.5km^2，其中工业用地面积为 3.96km^2，占总面积的 24%（图 8-11）。20 世纪 80 年代后，主城区内部，工业用地所占比重逐渐下降，截至 2006 年，赣州城市主城区包括河套老城区和章江新区在内面积为 36.2km^2，其中工业用地所占比重仅为 4.4%，多数工业都转移到了位于中心城区西侧的赣州经济技术开发区、位于中心城区东侧的沙河工业园区和位于中心城区下游的水西工业园区（图 8-12）。这些区域位于赣州的郊区，过去主要以农业用地为主，工业园区的开发极大地提升了土地的经济效益，而城区内部工业和商业用地的置换也大大提升了赣州城区内土地的利用水平。据数据显示 2004 年，赣州城市商业用地的地均产值为 3460 元/m^2，第二产业为 272 元/m^2，第一产业为

0.3 元 /m²。① 三个产业之间用地的相互置换，使得城市用地的功能布局表现得更为科学，第三产业的价值开始真正的显现出来。

在改革开放之前，第三产业作为消费性产业，并不被城市的管理者们所重视，在一个以建设"生产性城市"为目标的国家里，消费是不被鼓励的。城市的主要作用是为城市之外的区域提供各种各样的服务，这被认为是城市的"基本功能"。在这种思想的影响下，城市中的"生产功能"的表现——各式各样的工厂、企业被布置在城市的周围。20世纪60—70年代的赣州红旗大道、水西、水东都是城市的工业区，布置着各种各样的工厂，其中尤以红旗大道周围最为密集。但就在这些工业区的周边却很少为其服务的商业配套设施，20世纪80年代之前赣州的商业中心区是位于阳明路和解放路交叉口的标准钟地区，这一区域距离红旗大道中央的南门广场约2km，在当时城市居民出行方式多为步行的情况下，需要步行25分钟，这一距离远远超过了一般居民理想的步行出行10分钟和出行距离800m的距离标准。由于缺乏各种配套的商业设施，导致红旗大道周边区域的开发一直处于一种很不理想的状态和早期的城市管理者们希望的形成一个新的城市中心区的理想相差甚远。

改革开放之后，随着计划经济的结束，人们开始重新审视第三产业的作用，在市场力的推动下以商业为代表的第三产业开始在城市中逐渐繁荣起来，人们开始纷纷选择优越的城市地段从事各种商业活动。红旗大道地区的商业潜质被激发了出来，伴随着赣州当地政府的规划建设和各项政策的引导（比如20世纪80年代南门广场的修建和90年代末"停止旧城改造、加快新区开发"政策的出台），各种城市商业活动开始向以南门广场为中心的文清路一带集中，形成了带状的城市商业分布。

2000年之后，在赣州章江新区的开发中，赣州市委、市政府采用了和中航地产、越秀地产等大型地产商业集团合作，在章江新区打造大型城市商业综合体，利用城市商业综合

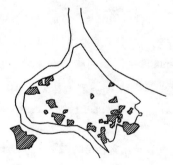

图 8-11 20 世纪 90 年代初赣州
主城区周边工业用地布局分布图
资料来源：1996 年赣州城市总体规
划 [R]. 赣州市规划局，1996，改绘

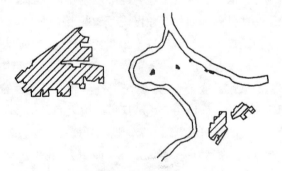

图 8-12 21 世纪初赣州河套老城区和章江新区周
边工业用地分布图
资料来源：2006 年赣州城市总体规划 [R]. 赣州市规划局，
2006，改绘

---

① 资料来源《章贡区第一次经济普查公报》和《2004年赣州年鉴》，第三产业来源于《章贡区第一次经济普查公报》，第二产业用地的地均产值通过当年赣州经济技术开发区、沙河工业园区和水西工业园区，三个园区的工业总产值除以园区用地总量得到。第一产业为2004年赣州农业总产值除以赣州农业用地总面积得到。

体提升新区人气，加快新区开发、建设步伐的方法。而各大地产商业公司也看中章江新区所潜在的城市商业潜质，而积极布局参与开发。这种合作，是市场经济环境下，互相间"经济人"思想的一种表现，也恰是这种"经济人"的行为，使得赣州章江新区的开发较之计划经济时期的红旗大道地区的开发，更符合市场的规律，更具有可操作性。

8.2.2 城市居民居住环境的改善

赣州改革开放之后，城市居民的居住环境得到了巨大的改善，20世纪80年代初赣州城市居民人均居住面积仅为4.44m²，2006年城市居民人均住房建筑面积已增至24.23m²（赣州市统计局，2006）较之改革开放初期增长了近6倍。改革开放后，赣州住房市场的发展经历了三个阶段，第一个阶段是1980—1989年，这是赣州住房市场的起步阶段，这一阶段的赣州住房分配还基本上延续着计划经济时期的福利分配制度，由单位将住房分配给每个在单位中工作的职工，职工在这个单位中工作的级别和服务的工龄，成为了分配住房时重要的参考指标。这一时期的户型面积主要以40~60m²的小户型居多，只有少数单位中的领导干部可以获得70m²以上的大户型。与20世纪50年代的"红房子"相比较，这一时期的住房环境有了较大的改善，在户型设计上，不论是40多平方米的一室一厅，还是50~60m²的两室一厅都将厨房、厕所等辅助房间包含在住房之内，而不是像过去的"红房子"那样将这些房间放在住房之外，由几户人家共用，每家的居住空间较之过去也有了较大提高，建筑多为砖混结构，由预制板搭建而成，高度多为3~6层，其中以4~5层的较多，在容积率上较之20世纪50年代的"红房子"有了较大提高，比较符合我国人多地少的现状。但由于当时的时代原因，这些住宅在建设中也出现了一些问题。突出表现在：①户型比较单一，不论是40m²以下的一室户，还是40~50m²的两室户和50~60m²的三室户往往都只有两到三种户型可供选择，所有户型的居室、厨房、卫生间等主要空间的面积和开间、进深尺寸也几乎完全相同。②功能的错位比较严重：20世纪80年代早期的住宅，其厅的面积大部分在6~7m²之间，被称为小方厅，是家庭的交通枢纽空间。到了20世纪80年代末，住宅的厅的面积有所增加，多在5~11m²之间，但还是无法完全满足家庭待客、娱乐等的需求。由于厅的面积太小，不能发挥起居厅的作用，所以招待客人、家庭娱乐等活动往往会被移到卧室。同时没有专门的用餐空间，在厅的面积也较小的情况下，用餐也只能在卧室中进行。从20世纪70年代到80年代，厨房和卫生间的面积变化不大，都比较小。由于厨房太小，所以冰箱也不得不放在厅或卧室内。同样，卫生间太小时，洗衣机则放在厅或厨房内，洗漱也多在厨房内。由于房间内无储藏空间，所以阳台经常会被用来堆放杂物（图8-13）。

第二个阶段是1990—1999年，这一阶段是赣州住房市场的发展阶段，其中以1998年为界可以分为两个时期，前一个时期为1990—1998年，这一时期赣州的城市居民住房从过去的单位福利分房转变为单位集资建房，这主要有两种方式，一种是由单位提供土地，并出面组织设计和施工的招投标，在住宅建好后将住房分配给单位中的每个职工；另一种是采用单位和开发商合作的方式，由单位提供土地或者资金，由开发商组织设计和施工，住宅建成后将一部分交给单位，由单位分配给个人。单位集资建房较之过去的

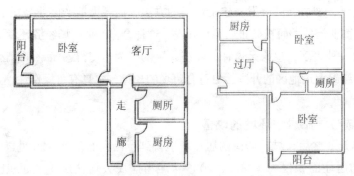

图 8-13　20 世纪 80 年代两户室户型图（左）与三户室户型图（右）
资料来源：赣州城建局编. 赣州建设志 [Z], 1990

福利分房，市场化的味道要浓重了一些，而且住房的条件较之过去也有了较大提高，住房的户型由过去以 40~60m² 为主的两居室、三居室转变为 70~80m² 居多的套房，厨房和厕所等房间的面积被大大加大，20 世纪 80 年代那种住宅内部功能错位的现象开始得到改变。建筑的高度也增加到了 5~6 层，在一些南门广场附近的一些单位大院中还出现 6 层以上的步梯楼。小区内部还出现了大块的集中绿地和居民活动场所，小区的整体居住环境较之过去有了很大的改善。1998 年国务院下发了《关于进一步深化城镇住房制度改革加快住房建设的通知》明确指出从 1998 年下半年开始，停止住房实物分配，逐步实行住房分配货币化。以此为标志，住房制度改革全面展开，随即中国的老百姓开始进入买房市场。在大环境的刺激下，赣州的商品房建设开始逐渐进入一个高潮，住房市场的差异化开始出现。

　　第三个阶段是 2000—2009 年，这是赣州住房市场发展的成熟阶段，受到 1998 年国务院《关于进一步深化城镇住房制度改革加快住房建设的通知》的影响，赣州的城市居民开始由单位分房转向了个人购买住房，受到强劲的市场需求的刺激，赣州房地产的市场获得了飞速的发展。在市场导向的影响下，开发商的开发的方向较之过去有了很大的改变。这一时期的赣州房地产市场，表现出共性当中有个性的特点，所谓共性就是每个开发商都在努力满足赣州居民不断提升的对于生活品质的追求，个性就是根据目标顾客需求的不同，商品房的开发所表现出自身的特点。以户型为例，2000 年之后，赣州城区开发的户型基本上都从过去以 40~60m² 的小户型为主转向以 90m² 以上的套房开发为主，而根据目标顾客群的不同，不同的商品房小区也会推出不同的户型，例如赣州的"蔚蓝半岛"（图 8-14）、"轩雅苑"、"越秀花苑"小区主要的销售对象为赣州的公务员、医生、教师和军官等群体，根据他们的需求小区中的户型以 130~160m² 的三室两厅两卫的户型为主；赣州"千禧花园"和"金龙花园"两个小区主要的客户群为刚参加工作的大学生群体，开发的户型以 90~110m² 的二室二厅一卫为主；"蓝波湾""越秀花园""阳光苑"小区的目标对象主要以城市中多代同堂的家庭以及一些从下面县市上来的购房者为主，它们的户型主要为 170~210m² 的大套。容积率方面，越靠近城市中心区位的容积率越高反之则容积率越低，例如位于赣州红旗大道的国际时代广场的容积率为 3.15，章江新区赣江源大道和瑞金路交叉口的云星·中央星城的容积率为 3.2，而位于赣州沙河大道（位于郊区的沙河片区）的五龙桂苑庆美院

图 8-14　赣州"蔚蓝半岛（作者自摄）

图 8-15　赣州中航城
资料来源：http：//www.house.sina.com

容积率仅为 1.5，同样位于郊区的赣州经济技术开发区的星州湾容积率仅为 0.49。为了满足客户对于居住小区环境的需求，赣州各个开发商在提高对于土地利用率（容积率）的同时，着力于对于小区内的绿化率的加强，如赣州国际时代广场的绿化率为 35%，位于赣州新区梅关大道的丽江豪庭的绿化率为 55%。由于对于土地开发和环境塑造的营造需求，导致城市小区中多层建筑逐渐减少，高层和小高层开始成为了城市小区营造的主流。在小区设计上，很多的开发商为了将自己的商业利益最大化，并提升自己楼盘的竞争力，将商业购物功能、商业办公功能和居住功能结合在了一起。比如赣州中航城（图 8-15）、万象城、蔚蓝半岛和国际时代等几个楼盘就将城市住宅、酒店、写字楼、购物中心、商业街和商务公寓囊括其中，商业购物、商务办公和居住的结合大大提升了地块的商业效益，为开发商带来了较之单纯开发楼盘更高的经济效益。

8.2.3　赣州城市发展战略概念性规划的编制

城市发展战略概念性规划是在市场经济条件下的产物，它希望通过空间规划积极推动城市经济发展，迅速扩张的城市经济需要空间结构的支持，安排无数由独立自主开发公司的商品房居住小区、工业区、商业中心及其他各种各样的开发项目。城市发展战略规划的主题经常采用简洁的口号形式表达，例如珠海的"大港口、大工业、大发展。"[1] 赣州的"一轴，三区、三带"等。中国最早的城市发展战略规划是珠海在 20 世纪 90 年代初编制的"西区城市发展战略规划"，此后南昌、广州等城市也陆续编制了自己的城市发展战略规划，城市发展战略规划是城市政府"城市发展思路的物质空间表现，以此为依据征用农田，征地后的土地使用权的出让为城市政府提供了用于基础设施建设的关键财政资金"[2]。"城市发展战略规划有双重目的：使城市发展得到土地供应的支持；土地出让金用于基础设施建设和城市设施"[3]。

---

[1]　朱介鸣.市场经济下的中国城市规划[M].北京：中国建筑工业出版社，2008：124。
[2]　朱介鸣.市场经济下的中国城市规划[M].北京：中国建筑工业出版社，2008：131。
[3]　朱介鸣.市场经济下的中国城市规划[M].北京：中国建筑工业出版社，2008：133。

赣州的城市发展战略规划编制于 2003 年，整个城市空间通过一条贯穿城市南北的中轴线相衔接，形成"一轴、三区、三带"的城市空间结构。在中心城区（章贡区）的发展方向上，提出"北小延、西调整、东理顺、中优化和南扩张"，在不断优化旧城区中心职能的同时，沿文清路—京九大道构成的城市"中央金脊"向南扩展，城市"中央金脊"不再是一条单纯的城市南北向城市干道，更是城市空间功能组织的中枢，是城市发展的主轴，通过它将城市中的三个主要片区：河套区（复兴区）、章江新城（核心区）、新世纪组团（创新区）以及南康城区有机的联系在了一起[①]。

复兴区（河套片区）：位于城市北部，是赣州城市的老中心区，拥有丰富的历史文化和人文资源，是赣州城市的历史文化中心、旅游服务中心和老城商业区，"规划以保护历史遗存和整体自然景观，复兴城市文化为核心，通过对历史与自然遗产的保护与复兴，实现章江、贡江两岸的有机联系与沟通，将章江与贡江两岸建设成为整个城市的文化旅游与休闲中心，再现古赣州滨江沿线的魅力、风采"[②]。

核心区：位于城市中北部，包括章江新区和站北区，是赣州市委和市政府的驻地，

也是赣州的铁路交通枢纽，未来将形成一体化的行政办公中心和区域商业、交通运输中心，"在章江中段进一步沿江拓展，并形成未来赣州的城市核心地带。具体而言，规划将有以下三个部分：在现有城市东西主轴红旗大道的西端尽头形成一个新的城市休闲商业中心；依托火车站的交通优势及适应未来产业区的发展需求，在其对岸形成一个生产力服务中心；围绕新行政中心的建设，在章江与城市发展的主轴交汇之处形成未来的公共服务中心、行政管理中心和文化艺术中心"[③]。

创新区：位于城市中南部，以科教园区建设为核心，努力打造面向区域的科技创新中心和科技文化中心。"在章江黄金大桥段，借助于南侧与东南侧良好的山体，形成一个山水辉映、生态良好的城市空间形象，规划建议限制该地区的高密度、高强度开发，突出对山水环境的保护，以高新技术的研发为动力，建设研发、产业孵化、高档居住社区、生活服务功能与自然环境有机融合的社区，形成生态优良并且宜人的城市科技创新区与创业园区。"[④] 在创新园区地带的南部建设城市的科技教育园区，推动赣州城市创新和创业功能的发展与完善。

"三带"：滨河文化旅游休闲带、东部铁路物流和新兴产业带、西部空港物流和新兴产业带。《2003 年赣州城市发展概念性规划》的总体空间战略可以概括为：轴向组团发展、重点突破。它的目标是建立一个功能分区清晰、定位明确、沿城市中央轴线由北向南，开放递进的空间结构。它是将不同的城市功能区之间，利用绿地、广场、水系之间构成的公共开放空间，相互联系、相互过渡。[⑤]

---

① 王静文. 概念规划中对于城市形象策划的研究——以赣州市概念规划为例[J]，规划师，2006（8）。
② 王静文. 概念规划中对于城市形象策划的研究——以赣州市概念规划为例[J]，规划师，2006（8）。
③ 王静文. 概念规划中对于城市形象策划的研究——以赣州市概念规划为例[J]，规划师，2006（8）。
④ 王静文. 概念规划中对于城市形象策划的研究——以赣州市概念规划为例[J]，规划师，2006（8）。
⑤ 赣州城市发展概念性规划2003年[R]. 赣州市规划局，2003。

赣州城市发展战略规划的编制，明确了赣州城市发展的方向，赣州1995年城区建成区面积仅为23.19km²（1996年赣州城市总体规划），2005年赣州城市建成区面积为38.8km²（赣州统计局，2005），2009年赣州城市建成区面积增至59.2km²（赣州统计局，2009），新增面积主要为章江新区组团的新增建设用地。2005年赣州经营性土地出让金为30万元/亩，2009年赣州城市经营性土地出让金为300万元/亩。[①] 土地出让金和新增开发土地的增长增加了城市的财政收入，并为城市基础设施的建设和城市的开发提供了资金支持。2005年赣州地方财政收入25.9亿元，2009年赣州地方财政收入较四年前翻了两番达到68.09亿元。2007—2009年赣州中心城区启动投资5000万元以上城建项目118个，总投资330亿元，竣工92个，实际完成投资169亿元，实现了城建资金投入、城市道路面积、新增桥梁面积、城市绿地面积、房屋竣工面积、民生保障项目投入的"六个翻番"。新建改建9座城市桥梁，超过过去50年总和。2009年，赣州中心城区建成了8km长的滨江休闲观光大道和带状公园、1000多亩的城市中央公园等一批生态园林项目，获得"国家园林城市"称号。同年建成了城市应急饮用水源、应急物质储备体系，能够保证百万人口3~5天的应急生活需要，并建成了在全国同类城市中一流的青少年活动中心、城展馆和博物馆。[②]

8.2.4　历史文化遗产的破坏

赣州是一个拥有上千年历史的古城，历史文化遗产丰富。改革开放后，由于人们对于经济利益的追求忽视了对于城市历史文化遗产的保护，导致赣州的部分历史文化遗产破坏比较严重。赣州历史文化遗产的破坏主要分为两种类型，一种是显见的破坏，即对赣州历史文化建筑外观上的破坏，比如随意的拆建，以及在旧的历史街区中大量建设风格迥异的现代建筑等；另一种是不显见的破坏，即在旧历史建筑大外观没有发生改变的情况下，内部结构等的破坏。比如历史建筑内的乱搭乱建，以及由于维护不到位导致的历史建筑的衰败等。

对于历史文化遗产的显见性破坏，在2005年之前在赣州非常普遍，2005年赣州编制了《赣州危旧房改造方案》，对于旧城区内的11个地块进行改造（图8-16），这一建设项目涉及资金缺口2.28亿元，为了解决这一巨大的资金缺口，当时的赣州房管局对于改造地块进行整体打包归类，一部分用于返迁房建设来

图8-16　赣州市中心区危旧房改造地块位置
资料来源：邹延杰. 赣州旧城中心区保护与更新方法研究[D].
北京：清华大学，2007

---

① 赣州市城投公司编撰. 赣州城投[Z], 2009（3）：17。

② http://www.chinacity.org.cn/csfz/csjs/59617.html。

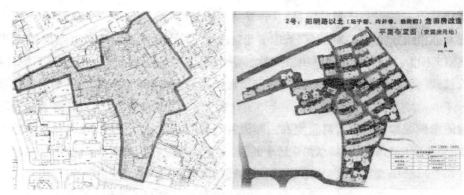

图 8-17 安置房二号地块原有机理（左）与改造方案（右）
资料来源：邹延杰.赣州旧城中心区保护与更新方法研究 [D].北京：清华大学，2007

安置居民，一部分用于商品房建设来出售平衡资金。总体来说第 1、2、3、6、7、11 号地块（约 16.15 万 m²）用于返迁安置房，按拆一还一产权调换形式，可基本解决改造用地范围内的居民返迁安置问题。第 4、5、8、9、10 号地块（约 15.10 万 m²）为商品房出让用地，计划通过用地的出让解决建设资金的缺口。[①]

该方案仅仅从经济的角度进行思考，对赣州历史风貌的保护缺乏充分考虑，比如改造方案中的二号安置房地块（图 8-17）"是赣州的历史文化保护区，但是改造方案却完全没有考虑到这一点。它将地块内的传统建筑大量拆除，缩短日照间距，以尽可能多地在地段内部排布板楼，以求高容积率。"[②] 而五号地块（图 8-18）位于"郁孤台和古城墙之间，地块南部为传统民居，地块北部为宋城公园绿地构成的一部分。改造方案将旧有建筑全部拆除，按照高档别墅的样子进行整个地段的改造，以求高的经济回报。这样的改造方式会造成严重的后果。赣州作为历史文化名城的传统街区将会消失殆尽，城市特色风貌将不再存在。"[③]

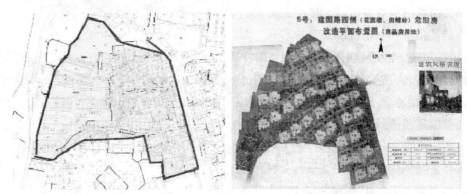

图 8-18 商品房五号地块原有机理（左）与改造方案（右）
资料来源：邹延杰.赣州旧城中心区保护与更新方法研究 [D].北京：清华大学，2007

---

① 邹延杰.赣州旧城中心区保护与更新方法研究[D].北京：清华大学，2007。
② 邹延杰.赣州旧城中心区保护与更新方法研究[D].北京：清华大学，2007。
③ 邹延杰.赣州旧城中心区保护与更新方法研究[D].北京：清华大学，2007。

2003年在赣州国际商场的建设中拆除了6.47万 m² 的
赣州老建筑，原计划在距离赣州城墙3.5m兴建一批现代
风格的7层建筑，鉴于该处建筑与赣州城墙在形式、风格、
色调上极不搭调，最后赣州市委、市政府决定停止赣州国
际商城的建设，将其改为绿地纳入赣州宋城公园的范围内，
最终保护了古城墙（图8-19）。但是沿赣州至圣路、建国
路一带的民国骑楼建筑则大多被拆除，其中沿至圣路兴建
了大量的6~7层的现代式仿骑楼建筑，与对面的民国骑楼
建筑在建筑风格上形成了强烈的反差（图8-20）。

新中国成立后赣州的老建筑大量被收归公有，改革开
放后除少数被发还个人外，多数还是保留为公房性质，对
于居住在房屋内的住户，政府只是象征性地收取少量租金。
这些建筑大多为砖木结构，随着时间的流逝，建筑老化比
较严重。由于这些建筑在产权上属于政府和集体所有，内
部居住的住户维修热情不高，而偏低的租金也无力支持
房屋的维修改造，结果导致了建筑内部的严重老化（图
8-21），很多过去美轮美奂的建筑装饰严重破败。而且，
一些住户为了解决自己的居住需要，在建筑内部乱搭乱建
（图8-22），严重破坏了老建筑的内部结构。

图 8-19 赣州城墙内已停建的国
际商城

资料来源：http://news.sohu.
com/2004/01/04/49/news217864911.shtml

图 8-20 赣州至圣路两侧的民国
骑楼和现代建筑（作者自摄）

图 8-21 赣州一老建筑内部
（作者自摄）

8.2.5 房价收入比不断拉大

改革开放之后，特别是1998年取消福利分房，住
房市场化后，赣州的城市住房价格一路攀升，2005年赣
州城区住房均价为1500元/m²，4年后房屋均价增长至
4000元/m²，增长了近三倍，而同期赣州人均可支配收
入仅增长了1.5倍。2010年赣州一手商品房的均价已经
达到4800元/m²，二手均价已经超过3600元/m²，在章
江新区的一些楼盘比如盛世江南的均价已经达到8000元
/m²，而同期赣州城镇居民可支配收入仅有14203元，假
设一户赣州普通家庭为3.33人/户（赣州户均人口值，
赣州统计局，2009），那么如果他们要购买一套80m²的
住房，需要不吃不喝约8.12年。通过对于2005—2009

图 8-22 赣州一老建筑内乱搭乱
建建筑（作者自摄）

年历年赣州房价和收入数据分析，发现购买同一套80m²的商品房，房价和家庭收入比值
是逐年拉大，也就是说赣州普通居民的家庭收入增长情况是远远落后于房价的增幅（表
8-1、图8-23）。

不断上涨的房价收入比使得很多的城市居民收入不断缩水，城市内部的不稳定因素大
量增加。促使房价飞速上涨的原因主要有两个，一个是不断增加的城市刚需，比如从下面

县城进入赣州置业的人口和不断迈入社会的 80、90 人群；另一个则是由于住房改革后，不同城市居民获得收入的差异导致的市场失灵，其原因和城市政府所控制的公房比例的不断下降有关，国内外的经验证明，如果城市政府控制的公房比例较高，则有能力减弱住房市场中由于市场失灵导致的"外在性"，比如新加坡的住房市场中由政府分配的公屋比例达到 70% 以上，致使政府具有很强的市场调控能力，可以避免由于市场失灵导致的普通住房价格的大起和大落。反之如果公屋比例较低，则政府对于住房市场的调控能力乏力，很难避免普通住房市场由于市场失灵导致的"外在性"[①]。

赣州房价和城镇居民可支配收入增长情况　　　　　　　　　　表8-1

年份	2005年	2006年	2007年	2008年	2009年
人均可支配收入（元）	8199	9147	10540	11834	12900
赣州普通住房总房价（元）	120000	160000	240000	280000	320000
房价/家庭收入	4.4	5.3	6.8	7.1	7.44
赣州平均房价（元/m²）	1500	2000	3000	3500	4000

资料来源：赣州统计年鉴[M]. 赣州市统计局，2005—2010

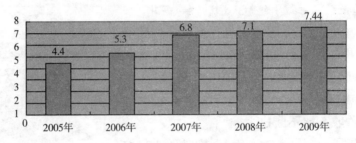

图 8-23　赣州历年房价收入比

对于第一个因素，赣州 2007 年中心城区人口总数为 50.5 万人[②]，2009 年增至 65 万人[③]，两年时间赣州中心城区增加了 14.5 万人口。同期，赣州城区新增适龄男女近 4 万人（赣州统计局，2009），前者催生了约 1.8 万套的住房需要，后者的住房需要约为 1.4 万套，两者合计 3.2 万套。但 2007—2009 年 2 年间，赣州城区新增住房供应量不足 1.5 万套，供给与需求之间存在较大缺口（赣州城建局，2009 年）。

第二个因素，2008 年赣州公房面积为 67.95 万 m²，其中住宅为 59.42 万 m²（赣州统计局，

---

① 　"外在性"是经济学中的一个名词，是指一个经济活动的主体对它所处的经济环境的影响。外部性的影响会造成私人成本和社会成本之间，或私人收益和社会收益之间的不一致，这种成本和收益差别虽然会相互影响，却没有得到相应的补偿，因此容易造成市场失灵。外在性的影响具有两面性，可以分为外部经济和外部不经济。那些能为社会和其他个人带来收益或能使社会和个人降低成本支出的外部性称为外部经济。那些能够引起社会和其他个人成本增加或导致收益减少的外部性称为外部不经济。在住房市场化过程中，不同的城市居民获得收入的能力上存在差距，收入较高的居民对于住房市场的大量投资，会导致住房价格飞速上涨，最终导致其他城市居民的"不经济"。

② 　http://tieba.baidu.com/f?kz=947097016。

③ 　赣州中心城区住房建设规划2010—2012年[R]. 赣州市规划局，2010。

2009），其中危旧房屋面积为 31.8 万 m²，[①] 除去危旧房屋外的公房住宅面积为 27.62 万 m²，
仅占赣州住宅总面积的 1.7%。[②] 2008 年，赣州在建各类保障性住房 17.06 万 m²（其中包括
廉租房 10.05 万 m²，经济适用房 7.01 万 m²）（赣州统计局，2009），占当年商品房施工总面
积的 1.9%（赣州统计局，2009）。公房比例的低下，导致政府对于住房市场调控能力的脆弱，
笔者对于广东省商品房均价和公房比例的研究发现公共住房比例和商品房的房价之间呈负
相关的关系，即随着公共住房比例的上升，商品房房价的涨幅将减缓（图 8-24）。在英国，
2001 年英格兰和威尔士地区的公共和社会租赁住房的比例占社会住房总数的 19.2%，2004
年苏格兰地区为 26.3%[③]。同为亚洲国家的新加坡公共住房占到了社会住房总量的 85%，市
场自由化程度最高的美国公共住房占社会住房总量的比例也达到了 15%。[④] 赣州偏低的公房
比例，变相刺激了住房市场化过程中由于市场失灵导致的"外在性"，推动了房价的上涨。

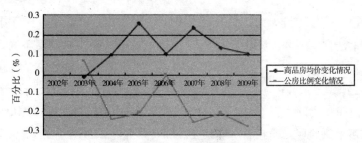

图 8-24 广东省公房比例和商品房均价的变换关系
资料来源：广东省统计年鉴 [M]. 广东省统计局，2001—2010 年，改绘

8.3 1979—2009 年赣州城市空间营造尺度研究

1979—2009 年的 30 年间，在市场经济思想的影响下，赣州的城市空间快速扩展，
2009 年赣州城市建成区面积为 59.2km²（赣州统计局，2009），较之 20 世纪 80 年代初城市
建成区面积增长了近 4 倍。城市不仅突破过去城墙的局限，更突破了章江、贡江的阻隔，
迅速向南发展。城市空间从内聚式的填充向开放式的扩展相转变，城市空间格局较之过去
更为复杂，城市空间营造也更为多样化。

8.3.1 体：从六大片区到"一脊、两带、三心、六片"，城市空间结构进一步优化

1985 年的赣州城市总体规划中将赣州的城市空间结构划分为河套、水西、沿坳、虎岗、
水南、沙石六大片区，城市采用组团式的发展思路。2003 年赣州编制了《赣州城市发展概
念性战略规划》，本轮规划在肯定之前组团式发展思路的基础上，提出了"一轴、三心、三带"
的思想，即利用文清路—京九大道形成的城市发展轴线，将城市北部的复兴区、城市中部
的核心区和城市南部的创新区有机的联系在一起。在城市的外围形成滨河文化旅游休闲带、

① 邹延杰. 赣州旧城中心区保护与更新方法研究[D]. 北京：清华大学，2007：77。
② 赣州中心城区住房建设规划2010—2012年[R]. 赣州市规划局，2010。
③ 朱介鸣. 市场经济下的中国城市规划[M]，中国建筑工业出版社，2008：65。
④ http://lw.xinhuanet.com/htm/content_681.htm。

东部铁路物流和新兴产业带、西部空港物流和新兴产业带，进而优化城市内部用地空间结构。该轮规划为赣州地方政府在新的市场经济条件下，运用规划工具引导城市开发，优化城市内部空间结构创造了条件。

图 8-25　赣州"一脊、三心、两带、六片"结构图
资料来源：2006 年赣州城市总体规划 [R]. 赣州市规划局，2006

2006 年赣州在总结《2003 年城市发展战略规划》和之前各轮规划经验的基础上，编制了《2006 年赣州城市总体规划》，提出了"一脊、两带、三心、六片"的城市空间结构（图 8-25），"一脊"是城市的发展"金脊"即 2003 年城市发展战略规划中确定的文清路—京九大道，通过这一城市金脊可以将城市的三个中心片区有效地串联起来。"两带"分别是位于城市西侧的环城产业带和位于城市东侧的京九产业带，前者与 2003 年城市发展战略规划中的西部空港物流和新型产业带相吻合，是中心城市主要的工业生产区和物流集散区，折向创新区后，主要承载研发、孵化功能，在空间上形成半环状集聚在城市外围，在功能上形成"产—学—研—流通"一体化的产业链。京九产业带与 2003 年城市发展战略规划中的东部铁路物流和新兴产业带相吻合，主要依托京九铁路轴线发展，连接几个各具特色的产业集群。

"三心"是指以位于城市北部的河套老城区、位于城市中部的章江新区和位于城市南部的创新区，这三个片区是赣州的城市中心片区。"六片"是指中心城区边缘的六个组团，主要包括西城片区、水西湖边片区、水西钴钼有色冶金基地、水东片区、沙河片区和峰山片区。各个片区设施配套相对齐全，但主导功能有所差异。西城片区以经济技术开发区为主体，是中心城区的主要工业区，以发展高新技术产业为主导方向；水西湖边片区主要包括香港产业园北区及其生活配套区，重点发展技术密集型产业，配套生态居住和旅游服务，是城市新的产业发展基地；水西钴钼有色冶金基地充分利用赣州的资源优势，重点发展有色金属冶炼和精深加工；水东片区重点发展生态居住、文化旅游；沙河片区以沙河镇为依托，重点发展机电制造产业和生活配套服务，形成工业、贸易、仓储和商住综合区；峰山片区以沙石镇和峰山保护区为依托，重点发展生态旅游产业 [①]。

8.3.2　面：赣州城市商业中心区和工业区的转移

1. 城市商业中心区：由"丁"字分布向点状加带状分布的转移

改革开放之初，赣州的城市商业中心区主要分布在以标准钟为中心的阳明路、和平路

---

① 2006年赣州城市总体规划[R]. 赣州市规划局，2006。

一带，空间形态呈现出以标准钟为中心的"丁"字形分布。20 世纪 80 年代后期，逐渐转移到了红旗中段的南门广场地区，形成了以南门广场为中心沿文清路的带状分布。通过笔者的研究发现，这一阶段影响城市商业中心区演变的原因主要有以下三个：

（1）城市交通环境的改变。1958 年赣州修建了东西走向的城

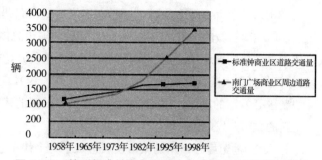

图 8-26 赣州标准钟商业区和南门广场商业区周边道路交通量比较

资料来源：赣州交通局编.赣州交通志 [Z].1996 年，改绘

市主干道——红旗大道，红旗大道路幅宽度为 80m 通过南门广场与南北走向的文清路相衔接。改革开放之后，随着赣州经济的快速发展，城市交通量迅速增加，旧城区内以阳明路、和平路为中心的旧城中心区道路网已无法满足不断增长的城市交通的需要。而 20 世纪 50 年代修建的红旗大道由于宽阔的道路路幅，承担了赣州城内大部分的城市交通（图 8-26）。受此影响，赣州的城市商业活动开始向南门广场一带集中。

（2）城市人口分布重心的改变。城市商业中心需要使城市居民能够获得均等化的消费和公共活动的机会，因此城市商业中心一般会与城市人口分布的重心相重合[①]。20 世纪 80 年代的初期，赣州主城区人口主要分布在红旗大道以北和文清路以东，其中以阳明路、解放路、和平路一带最为密集（图 8-27）。20 世纪 80 年代后期，在赣州城市总体规划的指导下，政府开始有意识的引导居民向南门广场一带迁徙，并逐渐降低了老城区的开发力度。到了 20 世纪 90 年代末，赣州城市人口的重心已经转移到了南门广场地区（图 8-28）。随着人口重心区域的转移，城市的商业中心区也随之发生了改变。

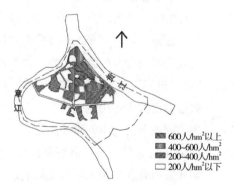

图 8-27 20 世纪 80 年代初赣州城区人口分布情况

资料来源：赣州市统计局.赣州统计年鉴 [M].1980—1988，改绘

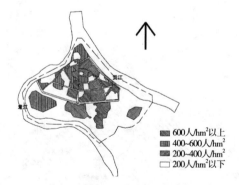

图 8-28 20 世纪 90 年代中期赣州城区人口分布情况

资料来源：赣州市统计局.赣州统计年鉴年 [M].1990—1998，改绘

---

① 吴明伟.城市中心区规划（城市规划与建筑设计子丛书）[M].南京：东南大学出版社，1992。

（3）政府政策的影响。20世纪80年代后期，赣州行署和地委作出了控制旧城开发，重点发展城南新城的决定。《1985—2000年赣州城市总体规划》中确定了将南门广场地区建设成为赣州新的城市中心区，大批的企、事业单位开始在南门广场附近新建自己的单位大院，如赣州行署大院就建设在了南门广场的东侧。1997年，赣州行署做出了"停止旧城改造、加快新区开发"的决定，以标准钟为中心的旧城区的建设工作基本停止，南门广场地区成为了新的城市开发的中心区。

进入21世纪后，赣州的城市发展进入了一个快车道，2009年赣州GDP总量接近千亿大关，达到940亿元，赣州中心城区人口规模达到60.5万人，比1995年增加了一倍多。城市建成区面积达到了59.2km²，比1995年增加了1.5倍，并被江西省政府确定为江西省域副中心城市。根据《2009—2030年赣州都市圈规划》，2020年赣州中心城区人口规模将迈入百万人口的特大型城市行列，达到140万人。随着城市规模的扩大和城市影响力的增强，城市的商务服务功能开始凸显，《2006—2020年赣州城市总体规划》中将章江新区定位为赣州的行政办公和商务服务中心，同年，赣州市委、市政府搬迁到了章江新区。《2006—2020年赣州城市商业网站规划》中，确定未来在赣州将形成两个商业中心区即南门广场商业中心区和章江新区商业中心区，南门广场商业中心区仍以传统的商业零售为主，而章江新区商业中心区则被定位为了滨江文化休闲区及商业、商务精华区。赣州目前正在形成双核心的城市商业中心区布局模式，即以南门广场为中心沿文清路分布的带状城市商业中心区，和围绕章江新区的黄金广场聚集的点状城市商务中心区（图8-29）。

2. 城市工业区的转移

计划经济条件下，城市土地的使用基本上是政府划拨，土地的经济性被忽视。在当时建设"生产型城市"的口号影响下，大量的城市的优质土地被无偿划拨给了城市中的工厂企业使用，土地经济性的漠视导致了城市土地资源的大量低效配置。20世纪80年代初期，在赣州的红旗大道附近形成了赣州主要的城市工业区，分布着赣州主要的工厂、企业，其中包括赣州冶金厂、纺织厂等。改革开放后，随着市场经济的影响，赣州城市的土地价值开始逐渐的展现出来，当地政府从地方财政和经济开发的角度出发，大力推动"退二进三"的产业置换，即将原红旗大道附近的工业用地，转换为以商业零售和商业办公为主的商住用地。一些工厂企业也从自己的经济利益角度出发，和开发商合作在原工厂的土地上进行商住楼的开发，比如原赣州冶金厂厂区就以合作开发的形式，开发为以商住办公为主要功能的赣州国际时代广场。

在市场经济的影响下，外迁出的城市工业被集中布置在城市外围的赣州经济技术开发区、沙河工业园区和水西

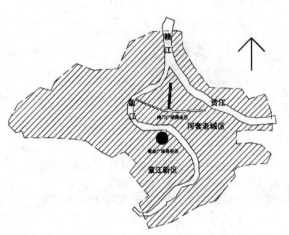

图8-29　未来赣州城市商业中心区分布示意图
资料来源：赣州都市圈规划2009—2030年[R]. 赣州市规划局，2009，改绘

工业园区。这些区域位于赣州的郊区，过去主要以农业用地为主，工业园区的开发极大地
提升了土地的经济效益。赣州经济技术开发区、沙河工业园区和水西工业园区的开发，为
城市西侧的环城产业带和城市东侧的京九产业带的发展，奠定了产业基础。

8.3.3 线：从红旗大道到城市"金脊"

改革开放之前，红旗大道是赣州的城市主干道（图8-30），红旗大道车行道的宽度为
30m，两边人行道宽共12m，此外还有4条绿化带宽24m，两条线路走廊宽14m，道路红线
宽度为80m。红旗大道是20世纪50年代末赣州的城市献礼工程，该道路的修建考虑了政
治和军事的需要，红旗大道的名字取之当时的"三面红旗"，80m的道路宽度可以满足军用
飞机起降的需要。改革开放之后，随着赣州城市经济的快速发展，红旗大道承担了赣州大
部分的城市交通，由于城市交通流的大量聚集，红旗大道沿文清路一带成为了赣州新的城
市商业中心区，红旗大道附近取代了标准钟地区成为了赣州新的城市开发重心。

《2003年赣州城市发展概念性战略规划》确定了赣州城市发展的主轴线，也是赣州的
城市"金脊"：文清路—京九大道，文清路在唐宋时期是赣州城市阳街，城市南北走向的中
轴线，新中国成立后经南门广场和红旗大道相连接，20世纪80年代后期对文清路进行了道
路拓宽，拓宽后的文清路道路宽度为28m，车行道16m，两侧人行道各6m，文清路是赣州
20世纪80年代后最重要的城市商业街道，也是河套老城区南北向的城市交通干道，它和东
阳山路（道路宽度30m，长度1.2km，双向四车道）一起承担了赣州河套老城区南北向的城
市交通。京九大道，位于章江新区，是贯穿章江新区南北的主干道，道路全长3950m，宽
80m。[①] 2003年之后，京九大道被改名为长征大道（图8-31），文清路—东阳山路—长征大道—
新赣州大道—赣南大道共同构成了赣州的城市发展"金脊"，长征大道、新赣州大道和赣南
大道的道路红线宽度为60m，长度为11.7km，规划为双向8车道道路。[②] 这条城市"金脊"
将赣州城市内部三块城市主要区域"复兴区"（河套老城区）、"核心区"（章江新区）、创新
区有效地串联在了一起，并向南延伸至了南康片区（赣州属下的县级市），这条"金脊"上
串联有赣州的城市商业中心（文清路—南门广场商业区）、城市商务中心（章江新区—黄金

图8-30 红旗大道（作者自摄）

图8-31 长征大道（作者自摄）

---

① 赣州地名志[M]. 赣州市地名志办公室，1998。
② 2006年赣州城市总体规划[R]. 赣州市规划局，2006。

广场商务区）以及分布在长征大道西侧的城市行政中心（赣州市委、市政府）。赣州的城市"金脊"为赣州的城市开发提供了极好的空间引导。

无论是 20 世纪 80 年代红旗大道周边地区的发展，还是进入 21 世纪后在城市"金脊"的引导下赣州章江新区的开发，都是市场经济下的市场行为和政府的行政力相互结合的产物，在新的时代背景下政府的行政力更多的是通过城市规划的引导作用而表现出来。

8.3.4 点：从城市集会广场到商业广场的转变

改革开放之前，政治性的集会广场是赣州的城市中心，这里是表现政治权威和思想崇拜的地方，无数次的政治运动在这里上演了一幕幕的爱恨情仇。改革开放之后，人们摆脱了思想对于人性的束缚，商业娱乐成为了赣州人的生活中心。1979 年兴建的赣州百货大楼成为了赣州市民日常生活的中心，赣州百货大楼位于文清路的南段，南门广场的东侧，是一栋两层的建筑，营业大厅占地 3000m^2，经营种类丰富，集针织、布匹、钟表、五金、鞋帽、玩具、食品、成药为一体，以商品琳琅满目、应有尽有而享誉赣南。百货大楼在当时的赣南地区商品零售业中遥居领先地位，是当时赣州市民在周末和节假日的逛街首选。随着城市经济的不断发展，单纯以商业零售为主的城市百货大楼已无法满足城市居民多样化的城市娱乐需要，具有商业零售、休闲娱乐和市民住宿等综合功能的城市商业广场开始出现，赣州的第一座大型城市商业广场是位于章江新区的万盛 MALL，该项目占地 79 亩，投资 2 亿元，总建筑面积 11 万 m^2，其中商业面积 6.5 万 m^2，位于项目地下一层的超市卖场，经营面积 11000m^2；位于项目二层的主题百货经营面积为 20000m^2，位于项目二层的深圳方特主题乐园经营面积为 3000m^2。项目另规划引进一家全国知名的家电连锁大卖场，规划面积 4000~5000m^2；引进一家全国知名的家居连锁大卖场，规划面积 5000m^2；引进一家全国知名的休闲、运动健身广场，规划面积 2000m^2；引进一家儿童科普中心，规划面积 3000m^2；引进一家全国知名的特色主题餐厅，规划面积 2000m^2。整个项目有呈"T"字形的两条商业步行街，一条为室内街，南北长 220m，另一条为室外街，东西长 680m，整个项目是一座集购物、休闲、娱乐、餐饮、教育、观光旅游于一体的大型城市商业广场。

赣州南门广场最初是赣州的政治性集会广场，20 世纪 80 年代被改造成为多功能城市绿化广场，改造后的南门广场成为了赣州的城市标志。2008 年，赣州市委、市政府启动了新一轮的南门广场改造计划，根据计划南门广场将改造成为下沉式的城市综合商业广场（图 8-32），改造范围包括中央交通环岛、东西两园、赣州饭店地块、人民银行地块、农发行地块、电信大楼地块及百货大楼地块，用地总面积约为 20hm^2。自红旗大道下穿隧道以北进行地下人防工程开发，非战时可用于商业停车等用途，开发规模初步确定为 5.6 万 m^2；红旗大道下穿隧道以南三地块（赣州饭店、人民银行和农发行地块）进行大型商业综合体开发，开发规模初步确定为 15.5 万 m^2，广场地下一层将成为集商业、餐饮服务、大型超市、休闲娱乐等功能于一体的大型商业综合体。广场四周五个路口设计人行地下通道（图 8-33），所有通过南门文化广场的行人由地下商场通过。机动车和非机动车仍然在地面通行，建设双向四车道下穿隧道，分离红旗大道东西向交通（隧道总长 833m，其

图 8-32 赣州南门广场改造效果图   图 8-33 赣州南门广场人行通道入口
资料来源：http://bbs.jxnews.com.cn/thread-213428-1-1.html   资料来源：http://www.sina.com.cn

中暗洞 430m，明洞 403m）。[1]

除万盛 MALL 和南门城市商业广场外，赣州还建设有国际时代广场（位于红旗大道西段）、中航九方购物广场（章江新区）等大型城市商业综合体。九方购物广场总建筑面积达 8 万 m²，汇聚购物、娱乐、餐饮三大功能，融合娱乐休闲、百货超市、服装配饰、珠宝精品、美容美发、玩具童装、运动用品、家居八大业态，是赣州市首个 8 万 m² 一站式购物中心。[2] 国际时代广场占地面积 216 亩，总建筑面积 45 万 m²，由 2188 套住宅及 10 万 m² 大型商业组成，是集购物、旅游、休闲、娱乐、商住、餐饮、教育于一体的一站式大型都市综合体[3]。这些新型的城市商业广场正在成为赣州市民休闲、娱乐的中心，它们的兴起反映了随着城市经济的发展，城市市民对于生活品质的更高追求。

8.4 小结：市场经济影响下的开放式城市空间博弈

改革开放后的 30 年，市场经济成为了影响赣州城市空间营造活动的主导因素，城市空间博弈开始走向利益化、多元化和规模化，赣州进入了一个城市空间开放式发展的时代。

8.4.1 三江环绕的地形影响下的城市南向发展

赣州位于赣江、章江和贡江三江环绕之中，地理环境的影响促使赣州只能向南发展。《2003 年赣州城市发展概念性战略规划》中确定了赣州沿文清路—京九大道的城市"金脊"南向发展的战略，依托城市"金脊"有效地将主城区的三个片区串联在一起。将位于章江南岸的章江新区作为未来赣州城市发展的核心区，以规划为引导，借助市场力推动章江新区的建设和发展。经过近十年的发展，目前的章江新区已初具规模，正在成为赣州新的城市商务、行政和文化中心（图 8-34）。

---

[1] http://blog.renren.com/share/233483840/2218506376。
[2] http://gzjf.tbshops.com/。
[3] http://baike.baidu.com/view/1889650.htm。

图 8-34　赣州章江新区（作者自摄）

8.4.2　市场经济影响下的城市空间营造和客家文化的重生

1. 市场经济影响下的城市空间营造

1979—2009 年的赣州城市空间营造活动逐渐受到了市场经济的影响，表现出了正、反两个方面的结果。一方面赣州的城市空间布局得到了改善，城市内部的工业用地开始被更具价值的商住用地所取代，城市工业开始向城市外围迁移的，城市用地的经济效益开始得到体现；城市居民的居住环境得到了改善，人均住房面积从改革开放之初的 4m² 提升至 24m²；政府改变了计划经济时代单纯依靠行政力推动城市发展的做法，借助城市规划的技术手段，以规划为引导，借助市场力来推动城市的开发和建设。另一方面，由于市场经济对于市场负面"外在性"调节的先天不足，导致在城市飞速发展的同时，城市房价狂飙、城市历史文化遗产遭到破坏等问题。市场的失灵和政府的干预不得力之间具有直接联系，未来如何在充分发挥市场作用的同时，借助行政干预等手段，降低由于市场"外在性"造成的负面影响将是赣州城市发展面临的主要问题。

2. 客家文化的重生

改革开放后，面对中国和国外在经济发展上的巨大差距，在国内形成了一种民族虚无主义思想，一些人将中国的落后归结为传统的束缚，他们认为要使中国发展唯一的办法就是打破传统，全面西化。同时，在中国的另外一些人中，随着新的经济体系的建立，旧的"红色"价值观开始逐渐瓦解，但是新的价值观却没有及时建立起来，价值观的缺失使他们感到迷茫，社会中一时间充斥着一种"一切向钱看"的思想。包括祠堂在内的旧的客家建筑虽然被交还给了曾经拥有它的家族，但是却没有得到族人的保护和修缮，一些人将旧建筑中的木料拆下来搭建自己的新房，甚至有人将自己祖宗祠堂中的文物卖给文物贩子，来换取并不多的钞票。20 世纪 80 年代到 90 年代初的十年多间，由于社会价值观的混乱，客家文化跌落到了一个谷底。20 世纪 90 年代之后，随着海外客家人回乡探亲、寻根、祭祖人数的逐渐增加，以及客家风水文化在东南亚一带的流行，客家文化中所蕴含的经济潜力开始逐渐被人们所关注。2003 年在赣州城郊的东南兴建了五龙客家风情园，2004 年赣州举办了世界客属第十九届恳亲大会，确立了赣州客家文化摇篮的地位。2009 年在赣州的赣县兴建了集客家文化、休闲娱乐、商贸活动、祭祀庆典为一体的客家文化城，并在赣州城北的龟尾角安放了重达 8t，高 5m，用青铜铸成的客家先民南迁纪念鼎

（图 8-35）。在市场力的作用下，客家文化的价值开始被人们所重新审视，客家文化的发展开始重新步入了一个繁荣期。

图 8-35　赣州客家先民南迁纪念鼎
资料来源：http://www.lianghui.org.cn

8.4.3　城市居民对于现代城市的追求和历史记忆的搜寻

在市场经济下，以城市年轻人为主的一批城市居民热衷于对于城市现代生活方式的追求，各种摩天大楼开始在城市中大量出现，现代化的大型城市商业广场成为了市民休闲、娱乐的中心。伴随着这些现代化的商业设施，KFC、麦当劳、星巴克正在越来越近的走入赣州市民的生活，一些过去的生活方式正在逐渐的远去。很多的老建筑正在一点点地消逝或被孤立，至圣街的民国 2 层骑楼和对面的 6 层现代建筑让人感到强烈的反差。2003 年围绕赣州国际商城的兴建引起的争论，让赣州人重新将目光放回了这座城市曾经拥有的悠久历史和文化，人们开始思考现代和历史的关系，比较古老城墙和现代商业广场之间的价值，人们慢慢意识到，城市的价值并不只有商场的玻璃幕墙，高大的城墙更是一种城市厚重历史的表现；长征大道和灶儿巷之间并不矛盾，双方需要的仅是不同空间的承载。赣州市民开始寻求古老的城市历史和现代的城市生活之间的结合，繁华的九方购物广场和宁静的灶儿巷共同构成了这座城市新的生活色调。

第9章 赣州城市空间营造的动力机制研究

9.1 赣州城市空间营造的动力机制

9.1.1 多文化互动下的空间博弈

空间营造是空间博弈的过程和结果，空间营造的主体是营造活动所在地的人和寄居于人之上的文化，客体则是人们营造活动的产物——建筑、聚落或者是城市。每一个人都是他所生活的那一时代、那一地区文化的载体，而建筑、聚落、城市则是该文化物化后的产物。文化借由受其影响的人的活动而将其特征表现出来，不同时期、不同地域的文化会直接影响这时期该地域内人们的空间营造活动。在每一座城市和每一栋建筑的背后，我们都可以找到影响这一营造活动的文化因子。

唐宋之前，活动在赣州的族群主要是干越人，他们是春秋时期从河北漳水流域南下的越章人，从江淮地区南逃至赣江、鄱阳湖流域的干人，活动在长江中下游地区的杨越人以及赣州本地越人相互结合后的产物，在文化上干越人的文化表现出典型中国南方古越族文化的特点。西晋张华《博物志》中记载："南越巢居，北朔穴居，避寒暑也。"宋代《太平广记》中记载："赣县西北十五里，有古塘，名余公塘。上有大梓树，可二十围，老树空中，有山都窠。宋元嘉元年，县治民有道训道灵兄弟二人，伐倒此树，取窠还家。山都见形，骂二人曰：'我居荒野，何预汝事？山木可用，岂可胜数？树有我窠，故伐倒之。今当焚汝宇，以报汝之无道。'至二更中，内处屋上，一时起火，舍宅荡尽矣。邓清明《南康记》曰，木客头面语声，亦不全异人，但手脚爪如钩利。高岩绝岭，然后居之能斫榜，索著树上聚之。"

通过对古籍的整理，发现干越人喜"巢居"，干栏式建筑是干越人的主要居住形式。古越人相信"万物有灵"，崇尚"巫"文化。这种"巫"文化和客家人的堪舆文化相互融合，形成了赣州地区的风水文化。

唐代中后期，大量的客家人进入赣南，并逐渐取代了原来生活在这里的干越人成为了当地的主体族群。由于赣州特殊的自然地理环境，客家人进入赣州后，干越人并没有马上消失，而是与客家族群之间并存。为了应对这种族群局面，客家人一方面加强了自己营造中的围合性，在民居的建设中将中原已不多见的坞堡建筑引入了赣南，营造出了赣州的客家围屋。在城市的营造中利用高大的城墙和宽阔的护城河将自己紧密地围合了起来，营造出了一个具有很强对外防御性的城市空间。另一方面，与干越人之间相互交流和融合，向干越人学习在赣州生活的方式和方法。这一时期，干越人中的"巫"文化开始和客家人从中原带来的堪舆文化相互融合，形成了客家人的风水文化。风水文化是客家人进行空间营造时重要的指导思想，包括五代时期赣州城的营造也是在客家风水思想的指导下展开的。时至今日，我们仍然可以很容易在赣州客家人的营造活动中看到风水文化的影子。

唐宋之后，随着大庾岭古道的开通，赣州成为了中国内地和岭南交流的重要商贸城市，赣州商贸的繁荣，吸引了大量的徽州商人来到赣州。随着这些徽商的到来，徽州文化也开始进入赣州，在今天的灶儿巷和南市街保留有大量的徽派建筑。赣州的徽派建筑是徽州文化和客家文化互动博弈后的产物，这些建筑一方面具有一些传统的徽派建筑的特点，比如天井的营造、马头墙的采用等；另一方面由于受到客家文化的影响，在建筑的装饰、空间的功能布局方面又表现出了不同于传统徽派建筑的特质。

清代中晚期，随着九江、汉口等地的开埠，赣州曾经的商贸中转地位开始逐渐衰落，赣州的地理位置由开放转向封闭。这一时期，随着鸦片战争的坚船利炮，一些西方文化与思想开始逐渐进入赣州，赣州最早出现的带有西方文化特点的建筑是教堂。但是这些教堂不同于同时期传教士在汉口等地修建的教堂，在教堂的营造上表现出了客家文化和西方文化互动博弈的特点。当时由于客家文化保守性的影响，在赣州的传教士建设教堂时，采用了"中西合璧"的营造方法，将中国传统的建筑元素和西方的建筑思想相融合。此后一些赣州本地人也开始营造具有西式风格的建筑，比如宾谷馆、曾家药铺等，这些建筑因为是中国人自己营建，所以较之教堂采用了更多的西方建筑元素，但是在某些方面仍然保持了比较典型的中式建筑的特点，比如建筑内部天井的运用等。

1930 年后，广东的粤系军阀进驻赣州，这一时期广东的岭南建筑开始在赣州流行。在粤系军阀的大力推动下，赣州出现了大量的骑楼建筑，这些骑楼建筑较之广州西关的骑楼建筑在建筑装饰和风格上比较简洁、朴素，骑楼道路宽度上也宽于之前广东佛山修建的骑楼街。以骑楼为代表的岭南建筑在赣州的流行，一方面是在赣州的广东军人政府强势推动的结果；另一方面也是赣州的客家文化和广东的岭南文化相互交流，彼此认同的结果。具有西方建筑特色的骑楼建筑的流行，也在一个侧面反映了客家文化中开放性的特质。

9.1.2 客家文化影响下的赣州空间营造

客家文化包括儒家文化、移民文化和山区文化三个重要的文化特质，儒家文化表现在对于礼制的推崇、对于教育的重视、保守性和开放性并存三个方面。礼制是儒家文化的基础，礼制在家族中强调对于"父权"和"夫权"的维护，提倡尊敬长辈，崇敬祖先。受礼制思想的影响，祠堂成为了客家人家族建筑的中心，在赣州分布有大大小小各种祠堂，有围屋当中的祠堂，也有周围没有围屋围合的祠堂，但是不论哪种祠堂都是客家人家族活动的中心，在家族中承担着祭祀祖先、教育后代、增强家族凝聚感等作用。礼制在城市营造中强调对于"王权"的维护，早期对于"王权"的维护主要反映为"象天法地"的思想，城市的外形被设计为一个象征长寿的乌龟，这只龟和汇聚到龟尾的九条河流，共同构成了一个中国古代北方真神玄武的形象，城市的统治中心——王城被设计在城市北部的中央，城市南北的中轴线——阳街和东西的中轴线——阴街在这里相交。这种空间设计手法表达三个设计意图：①象征赣州的王权（客家豪强、"赣州王"卢光稠的王权）长长久久；②表现"赣州王"卢光稠具有天授的管理并保护客家人的责任；③体现"天人感应"的思想，向世人说明赣州的"王权"来源于天，是"君权天授"的表达。元代之后，"象天法地"的思想开始日渐式微，中国的城市管理者们开始将城市的政治中心从城市的北部搬到城市的中央，他们认为这样可以更好地体现出王权的威势，并与《周礼·考工记》中"择中而立"的礼制思想相吻合，清康熙年间赣州的府衙从王城搬出后，就转移到了位于城市中轴线中央的府前街。

客家人受到儒家文化中"崇文"思想的影响，高度重视教育，客家的祠堂不仅仅是祭祀祖先的场所，也是客家人的学校，在这里每个客家的小孩都可以享受到免费的教育。除了祠堂外，赣州城内还遍布各种书院和官府设立的府学与县学，其中赣州县学文庙是今天江西省内保存最完整的县学建筑群，整个建筑群占地 1 万 m^2，整个建筑群采用平行轴线方式布局，规模宏大，建造精美。位于城南的"濂溪书院"是宋代理学祖师周敦颐讲学的场所，理学大师程颢、程颐兄弟曾经在这里求学。位于城北的"阳明书院"以明代心学大师王阳明之名命名，明代时王阳明曾经在这里开坛布道，讲"致良知"学说以期"破心中贼"。

客家文化具有保守性和开放性并存的文化特点，该特点表现为对"外"的保守和对"内"的开放，这一文化特点在赣州围屋的营造中表现得十分典型。清末随着第二次鸦片战争的结束，西方文化开始逐渐渗透进入中国内地，当西方的传教士来到客家人的居住地后，他们发现客家人对他们带来的这些外来文化表现出很强的保守性，为了减轻在这里工作的阻力，这些西方人不得不将他们的西式建筑和中国传统的建筑文化相融合，形成了具有中国建筑特色的教堂建筑。民国时期，岭南文化大举传入赣州，但是这一次不同于西方文化在赣州的经历，生活在赣州的客家人对于带有西方文化元素的岭南文化采取了欢迎的姿态，岭南骑楼建筑在赣州大量出现，赣州由此在江西省内获得了"小广州"的称号。这种两种现象的背后恰好反映了客家文化对"外"的保守性和对"内"开放性，在他们眼中西方文化是一种"外"的文化，而岭南文化是一种和客家文化一脉相承的"内"的文化，所以虽然岭南文化中也带有大量的西方文化元素，但它们却更容易被生活在赣州的客家人所接受和吸纳。

客家人作为从北方来到赣州的外来移民，它们对周边的环境抱有一种很强的警惕心理，为了保护自己和家人的安全，他们采用了围合式的空间营造，建筑了高大的围屋和城墙，将自己的生活环境紧紧地包裹了起来。由于客家人在移民过程中对水道的依赖，导致他们对水道具有一种文化上的亲近感，他们更愿意在靠近水道的地方开凿城市的城门，而这些城门也成为了赣州城市商业的中心。

客家人主要居住在山区，山区特殊的自然、气候环境，以及之前生活在这里的古越人"巫"文化的影响。促使客家人笃信风水，并相信"万物有灵"，他们相信在自己生活环境的周围存在着各种各样的神秘力量，为了获得吉祥力量的保佑并避免不祥力量的影响，人们应该学会尊重自然，在顺应自然的基础上改造自然。因为这种思想的影响，赣州的客家人在营造的过程中会勘察场地、研究风水，并将很多带有神秘色彩的仪式加入到营造的过程中。他们会在城市江河的水口兴建风水塔，在与"火焰山"相对的地方兴建"天一阁"和"太阴井"，他们会按照风水中的八卦方位布置城市中的建筑位置和朝向，并在城内兴建大量的寺庙以求保佑自己"心想事成"。如果没有这种对于自然的敬畏，福寿沟也许不会在赣州出现，或者即使出现也只是一道简单的仅可以用几十年或者一两百年的城市排水沟，而不是今天我们所看到的还在供赣州老城区 20 万城市居民所使用的，一个人造设施与城市自然环境完美衔接的排水系统。

9.1.3　经济体制的影响

1949 年新中国成立后，传统文化对赣州空间营造的影响日渐式微而经济体制的影响则逐渐增强。新中国成立后，赣州的经济体制以 1979 年为界经历了两个阶段。第一个阶段是国家计划经济体制阶段，这一阶段生活中的生产资料被统一收归公有，各种生活活动都在国家的计划调控下进行。随着生产资料被收归公有，社会中的意识形态被统一到马列主义意识形态下。地方政府的自主性被削弱，各级政府之间形成了高度的对上负责制。马列主义意识形态反映在城市的空间营造中，就是苏联建筑思想的流行和高度推崇工人阶级地位下的工厂营造。而地方政府高度的对上负责制的结果，就是很多的城市空间营造活动是在上级政府的政策和号召下进行，这些活动本身也往往会随着上级政府政策的波动而波动。

1979 年之后，赣州进入了一个新的历史阶段，随着改革开发的进行，赣州的经济体制逐渐从国家计划经济向市场经济转变。社会中个体的角色，开始从过去的"单位人""公社人"向"经济人"转化。市场力成为了影响赣州城市空间营造的首要动力，在市场力的作用下，赣州的城市空间营造开始表现出和计划经济体制下不相同的特点，城市中的用地布局开始得到优化，城市中居民的居住环境也开始发生分异。城市开发的主体开始由过去的单纯由政府为主向政府、个人、企业多主体转化，政府开始通过城市规划等方式引导城市的有效开发，并利用出售土地等方法获得的资金来改善城市的基础设施和环境。这一时期，随着客家文化经济潜力的被发现，客家文化在跌落到谷底后又重新获得了新生，一些可以反映客家文化特点的建筑被营造，一些老的客家建筑也得到了修缮，客家文化在沉寂了数十年后重新回到了城市管理者和城市居民的视野当中。

9.2　赣州城市空间形态的基本特征

赣州的城市空间营造在秦代之后的两千多年间，经历了多种文化与思想的影响，直接表现在空间体、空间面、空间线和空间点上，这四个方面共同构成了赣州城市空间形态的基本特征。

9.2.1　空间体：三江环绕的"风水宝地"

客家人是赣州最主要的族群，赣州的城市空间营造深受客家文化的影响，客家人笃信风水，其空间营造活动必受风水思想的指导，赣州的城市空间营造也不例外。赣州在地形上位于赣江、章江和贡江的三江环绕之地，五代杨筠松在对赣州城进行设计时将风水思想融入城市空间营造当中，城市东部拥有赣南地区最高峰马祖岩的峰山（青龙蜿蜒），西侧为低缓的山地丘陵（白虎驯烦），南部有章、贡两江相辏潆回（朱雀祥舞）[①]，北部的贺兰山等山脉低头俯伏，山势逐渐下垂（玄武低头）[②]。整个城市呈一绝佳的风水穴位，杨筠松将赣州设计为一个逆水而上的龟形，龟首为城南的镇南门，龟尾为城北的龟尾角，整个城市和赣州地区九条汇聚在赣州城下的河流一起构成了"九蛇聚龟"的祥瑞之象。中国古代有祥兽"玄武"，古人认为玄武是中国北方的大帝，玄武的真身就是一个龟、蛇合体的形状，"龟与蛇交为玄武。"李贤注："玄武，北方之神，龟蛇合体。"杨筠松通过对赣州城市空间形态的把握，将其营造成为了中国独一无二的一座"风水宝地"。

　　新中国成立后赣州开始突破城墙和河流的限制向外扩展，通过对赣州2006年城市空间形态轴线模型的研究发现，在赣州杨梅大桥和西河大桥的西侧，路网的整合度较低，且存在一块较大的空白地带，究其原因是因为赣州在章江西岸的"凹"形地块，建设有大块的绿地，将河岸与建成区相分隔。中国风水思想中对于沿河岸的营造活动分为两种，一种是营造活动位于河岸的"凸"形地块，风水上视为"吉"，反之如果位于和河岸的"凹"形地块则视为"凶"，赣州作为客家人的重要聚集地，在城市的空间营造上也自然会受到客家人风水思想的影响，赣州章江新区位于章江河岸的"凸"形地块上。如果将章江看作是一条蜿蜒的轴线，那么章江新区和河套老城区便可以看作是中国古代八卦图中的阴阳两极[③]，它们三者共同构成了一个中国传统的八卦图形（图9-1）。玄妙的城市形态构图，使得赣州成为了中国独一无二的"风水宝地"。

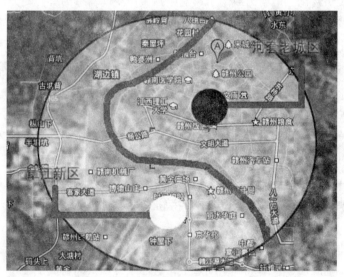

图 9-1　赣州城市形态"八卦"图
资料来源：http://diu.google.cn/maps，改绘

---

　　① 《葬经翼》去："夫四兽者，言后有真龙来住，有情作穴，开面降势，方名玄武，垂头反是者为拒者，穴内及内堂水与外水相辏潆回留恋于穴前，方名朱雀翔舞，反是者腾去，贴身左右二砂，名曰龙虎者，以其护卫区穴，不使风吹，环抱有情，不逼不压，不折不窜，故云青龙蜿蜒，白虎驯涣，反是者为卫尸，为嫉主，大要于穴有情，于主不欺，斯尽拱卫之道矣。"
　　② 廖希雍《葬经翼·四兽砂篇》云："后有真龙来住，有情作穴，开面降势，方名玄武垂头。"
　　③ 1996年赣州城市总体规划说明书[R]. 赣州市规划局，1995.

9.2.2 空间面：多文化拼贴的城市

文化和思想的多元化表现在城市空间的多文化拼贴中，早期赣州的城市行政区位于赣州的北部，这种设计手法体现了"象天法地"的思想，中国古人认为地面上的建筑应该与天上的星象相对应，只有这样才能达到"天人感应"的效果。在天上星宿中最为尊贵的是紫微宫，紫微宫居于北天中央，被认为是天皇大帝之座。在汉唐时期，皇帝的皇宫被认为是紫薇星在人间的表现，在空间的布局上都位于所在城市的北端。赣州地区的客家人早期都来源于中原，"象天法地"的堪舆思想早已深深地融入到了他们的文化当中，在赣州城的空间营造上，作为赣州政治中心的"王城"（图 9-2）也就自然被布置在了赣州城市的最北端。通过对于明清两代赣州城市形态的轴线模型的研究发现，赣州城市北部的路网整合度

赣州王城空间机理

赣州王城遗址

赣州灶儿巷空间机理

赣州灶儿巷

赣州天主堂空间机理

赣州天主堂

赣州骑楼街空间机理

赣州骑楼街

赣州红旗大道空间机理

赣州红旗大道"红房子"

赣州章江新区（黄金广场）空间机理

赣州章江新区（中航城购物广场）

图 9-2 不同文化影响下的城市空间面

无疑要低于其他三面,特别是明代几乎是个空白,这无疑是由于"王城"(明代时称为赣州府)的阻隔所致,即使是清代赣州府衙迁出旧址后,路网的整合度依然不高,由于赣州城北的路网整合度不高,又加之濒临八镜台自然风景优美,这一区域自然成为了赣州的风景名胜区。赣州客家文化中推崇多神崇拜并重视教育、推崇文化,致使赣州城内寺庙和书院遍布,旧时赣州分布有大小寺庙 87 座,多数都集中于城区的东南方位。书院中阳明书院、濂溪书院都是旧时江西首屈一指的书院,赣州文庙更是江西保存为完整、形制等级最高、规模最大的古代县学校址。赣州的书院建筑在旧时也主要集中在城市的东南部,进而在赣州城区的东南部形成了城市的宗教文化区。

随着赣州城市商业经济的不断发展,明、清时期大量的徽州商人进入了赣州。在古代,一直有"无商不徽"的说法,可以说商业早已深深地融入了徽州人的血液里,成为了徽州文化中不可或缺的一个部分。当时的徽州人主要居住在灶儿巷、南市街等街区,这一区域也成为今天徽派建筑保存最为完好的区域。从明代和清代赣州城市空间形态轴线模型上可以发现,他们的居住区域邻近赣州整合度较高的城市道路剑街和长街,这两条道路是当时赣州的城市商业中心区,也是当时赣州重要的商品集散区。从内地水运到达赣州的商品,可以从这里转路远运往广州,也可以通过水运运往泉州。优越的地理位置,无疑是促使精明的徽州人在这里集中的主要原因。1840 年之后,列强的大炮打开了中国的大门,西方文化开始源源不断地进入,赣州在当时随着九江和汉口等商埠的开埠,丧失了曾经拥有的区位优势,城市对外转向保守。由于赣州特殊的地理、交通位置以及相对保守的社会文化氛围,赣州以教堂为首的西式建筑在空间布局上呈现出集中式的单点布局,没有形成如九江、汉口和上海那样线状或者是面状的空间布局形态。1933 年之后,粤系进驻赣州,在粤系军阀的强力推动下,具有典型岭南风格的骑楼建筑在赣州大量出现,最为集中的区域是赣州的建国路、阳明路、和平路一带,通过对 1946 年赣州城市空间形态轴线模型的研究发现,这一区域恰好也是当时赣州的整合度核心。新中国成立之后,赣州在城南镇南门和旧城墙的位置,修建了象征"三面红旗"的红旗大道。在"以工为主","建设生产性城市"的思想的影响下在红旗大道的两侧建设了赣州的城市工业区,并配套建设了工人新村(赣州"红房子"),形成了城市的工业区。改革开放后,在市场经济的影响下在章江新区形成了赣州的新型商住区和新的城市行政、商务区。

9.2.3 空间线:中轴对称的城市格局

早在东晋时期,东西走向的横街和南北走向的阳街就构成了赣州的主要街道体系。五代时期,赣州的城市空间营造活动,受到北方堪舆思想的影响,形成了以南北走向的阳街作为城市的中轴线贯通北部的行政中心"王城"和位于城南的镇南门。通过对新中国成立前,赣州城市空间形态的轴线模型分析后发现,无论是在明代、清代还是民国时期赣州的阳街都是赣州路网中整合度最高的一条街道,如果说剑街和长街的高整合度是城市商业活动作用的结果,阳街的高整合度则是政治力作用下的结果,在赣州的筑城史中赣州的政治中心在很长一段时间里一直是位于阳街的附近。新中国成立后,文清路(阳街)依然是整合度最高的一条街道,改革开放之后赣州的城市商业中心逐渐从过去以标

准钟为中心的阳明路、解放路一带转移到
了文清路和南门广场一带，文清路成为了
赣州新的城市商业中心。20世纪90年代
末期，随着章江新区的开发，文清路开始
南延与京九大道相衔接。进入21世纪后，
文清路—长征大道—赣南大道共同构成了
赣州新的城市中轴线，从2006年赣州城
市空间形态的轴线模型上可以发现这条轴
线囊括了除红旗大道外的所用整合度最高
的道路，这条轴线构成了赣州的城市"金
脊"，有效地衔接了河套老城区、章江新
区和赣州创新区，成为赣州城市发展的中
轴线（图9-3）。

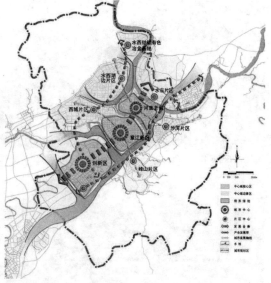

图9-3 赣州城市空间形态示意图
资料来源：2006年赣州城市总体规划[R].赣州市规划局，2006

9.2.4 空间点：多文化作用下的
城市遗留物

　　赣州的城市空间营造是多文化相互作用下的产物，不同时期的文化在赣州留下了多种
形态的空间标志物（图9-4），形成了赣州城市空间节点多样化的特征。例如：赣州新石器
时期的竹园下遗址是早期古越文化的遗存；五代时期的"王城"是唐宋时期客家文化的标志，
五代时期营造的赣州"龟城"更体现了客家风水文化在城市营造中的重要作用；魏家老屋
和遍布灶儿巷内的徽派建筑是明、清时期徽州文化和客家文化互动后的产物，它形象地表
现了徽州文化在赣州这座城市历史上曾经发挥的重要影响；大公路的天主教修道院和灶儿
巷的宾谷馆反映了在"西风东渐"的大背景下，东西方文化在赣州的水乳交融；肃立在阳
明路和解放路上的骑楼默默地向人们讲述着20世纪30年代岭南文化对于这片土地的影响；
虎岗儿童村的大门让人们想起了抗战时期蒋经国先生在这里发起的"新赣南"运动和他提
出的"五有"目标；矗立在交叉口的标准钟上的麦穗和齿轮让人们的思绪自然地回到了20
世纪五六十年代的计划经济时期，想起了那个"激情燃烧的岁月"；改革开放后，赣州百货
大楼曾一度是赣州商业活动的中心，而今天的九方、时代国际等大型商业广场更是市场经
济下商业文化的代表。

　　在赣州两千多年的历史长河中，每一时期都有一种文化将凝刻着自己烙印的建筑遗留
在这片土地上。触摸这些建筑，指尖流过的不仅仅是一块块的砖瓦，更是历史的时光。建
筑将历史时凝固，文化映射着历史，两者交相辉映，缺一不可。

9.3 赣州城市营造的现状问题

　　尽管两千多年来在以客家文化为主的各种不同文化与思想的影响下，赣州的城市空间
营造取得了巨大的成就。但是在目前赣州的城市空间营造中，仍然存在以下两个重要问题：

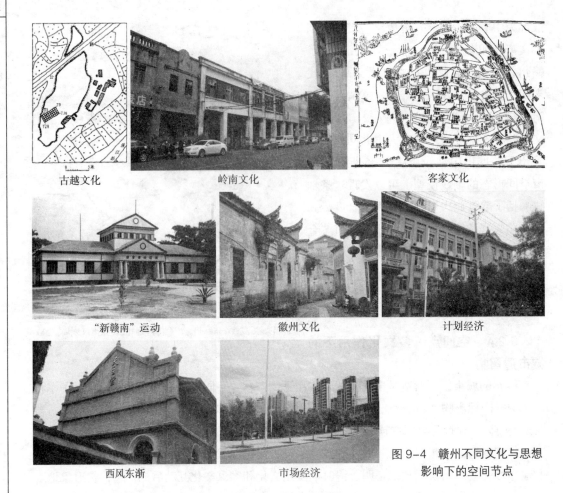

古越文化　　　　　　岭南文化　　　　　　　　客家文化

"新赣南"运动　　　　　徽州文化　　　　　　　计划经济

西风东渐　　　　　　市场经济

图9-4　赣州不同文化与思想
影响下的空间节点

9.3.1　各片区内建筑混杂，城市特色不突出

两千多年来在不同的文化影响下赣州老城区已经形成了鲜明的文化建筑分区，如围绕建春门以灶儿巷为中心的徽派建筑街区，以及以阳明路、北京路为代表的岭南骑楼街区等。但是在新中国成立后，随着传统地域文化影响力的减弱，传统街区的建筑特色被忽视了，很多旧的建筑逐渐老化，而取代它们的却往往是一些建筑风格和周围老建筑根本不搭边的现代建筑。由于早期的城市规划工作缺乏行政上的强制力，加之对于传统文化的重视程度不够，所以在20世纪70年代末80年代初的一段时期里，为了解决当时大量从农村返回城市知青的住房问题，一些低矮的老建筑被拆除，很多传统建筑的周边被毫无特色的现代住宅所包围，整个城市传统的历史街区特点遭到了破坏。比如赣州的天主堂本来是赣州最早的西方天主教堂之一，整个建筑群具有典型的中西方文化相互融合的特点。新中国成立后天主堂建筑群的一部分被当时赣州有关党政机关作为办公的场所，部分建筑被破坏。"文化大革命"后，政府落实政策，一些建筑被重新归还给了赣州天主教会。但是当时围绕天主堂的四周又修建了大量的多层板式住宅，这些五六层的建筑将天主堂紧紧地包围了起来，天主堂几乎都被遮盖住了。

在 20 世纪 90 年代的赣州老城区的城市空间营造中出现了忽视地方文化、盲目照搬欧陆风的现象。赣州中联商场位于文清路的东侧，紧邻钓鱼台等传统建筑密集区，相邻区域内的建筑多数为清代中晚期遗存的徽派建筑和民国时期遗留的岭南骑楼式建筑。中联商场在建设时，受到沿海地区流行的欧陆风的影响，在建筑风格上大量采用欧陆风风格，与旧城区的传统建筑之间形成巨大反差（图 9-5）。

图 9-5 赣州中联商场大门（左）与中联商场内部（右）
资料来源：http://xxgk.zgq.gov.cn/bmgkxx/szfgjjglzx/gzdt/zwdt/201205/t20120502_68065.htm

未来赣州可以在不改变旧有建筑建筑风貌和内部基本空间结构的前提下，吸引社会资金参与旧建筑和旧街区的改造，采用股份制的形式，使利益的相关方（房产的所有人，如果是公房就是以房产局为代表的政府，以及开发商）可以共享因为旧区更新所带来的经济效益。挖掘老建筑、老街区的经济潜能，提升建筑的经济价值。随着新的时代下现代人个性价值观的凸显，老建筑中所蕴含的悠远、宁静和深深的神秘感都可以成为针对不同消费人群的有力卖点。

针对目前赣州建筑风格混杂的问题，根据不同区域内建筑的风格特色，在规划工作中划定不同的建筑文化区，比如南市街、灶儿巷地区以清代中晚期的徽派建筑居多，这一区域就划定为徽派建筑文化区，在区域内新建的其他建筑在建筑风格上要与现存的徽派建筑保持一致。而阳明路、解放路地区则是岭南骑楼建筑密集的区域，在划分上应设定为岭南骑楼文化区，区域内的建筑风格应保持民国时期岭南建筑的特色。强化城市规划的行政控制力度，严禁各片区周围新建与片区文化特色不相协调的建筑，保证片区内部建筑风格的统一性和完整性。

9.3.2 客家文化没有得到凸显

客家文化是赣州文化的主线，五代之后随着客家在赣州主体族群地位的确定，赣州的城市空间营造基本上都是在客家文化和其他文化的互动博弈下展开的，遍布赣州城内的祠堂、书院和城北的王城都是客家文化的典型代表。但是新中国成立后，随着客家文化的衰落，王城、祠堂也逐渐被人遗忘。赣州城市内部的客家文化特色逐渐消失，城市开始变得平淡无奇。明、清时期沿着赣州的城市中轴线——阳街（今文清路），由南至北分布有象征客家文化中围合特点的镇南门，风水特点的天一阁和象征王权的"王城"（宣明楼）。新中国成立后，1958 年镇南门被拆除，天一阁也不复存在，王城被赣州市公安局和赣州五中所取代，文清路这条城市中轴线上的客家文化特点几乎荡然无存。

客家文化是两千多年来影响赣州城市空间营造的主体文化，对于赣州而言具有非常重要的意义。笔者认为未来赣州可以首先沿文清路复原客家文化，文清路是赣州旧阳街的遗存，是赣州城市的中轴线，也是客家"崇中"文化的体现。文清路北段的"王城"是旧时赣州政治、文化的中心，今天赣州"王城"的旧址已经被赣州市公安局和赣州五中所占用，未来或可考虑将公安局和五中迁移，在旧址上重建赣州王城，并将王城作为赣州的客家文化博物馆，成为整座城市的文化中心。除王城的修复外，沿文清路还可以考虑将旧时的天一阁、宣明楼进行重建，重新凸显这条城市中轴线的客家文化特色，打造赣州的客家文化主轴线。此外，还应该对于城市中有特色的客家祠堂和书院建筑进行保护性重建，崇敬祖先和重视教育文化是客家文化中两个非常重要的特点，祠堂既是客家人维系宗族关系的纽带也是客家人的教育中心，赣州的濂溪书院是宋代理学的发源地，阳明书院是明代心学的发源地，这两处书院对于中国传统儒学而言具有非常重要的意义。未来可以参考相关的文献资料对于还有遗存的祠堂建筑进行保护性重建，对于阳明书院、濂溪书院这样已经被现代的学校（图9-6）所取代的古代书院建筑，可以在周边根据旧时的文献图纸进行重建，新建的书院和旧的学校之间在空间上应该具有一定的联系，从而保持文脉的连续性。

图 9-6　赣州一中（旧赣州濂溪书院旧址）（作者自摄）

第10章 展望：赣州城市未来发展预测

10.1 2009—2039年多元文化认同下的城市空间营造

2009年的中国开始迈入一个新的发展时期——信息化时代，这一年我国网民规模达到3.38亿，宽带网民数为3.2亿，国家顶级域名注册量为1296万，三项指标均居世界第一。信息化开始成为社会生产、生活中的重要推动力。未来的城市空间营造将是在法律认可的框架下对于城市中多元文化和价值观相互博弈并求得平衡的产物，个人的权值将得到充分的尊重，城市当中的多元文化和价值观将在相互尊重、和谐的环境中共荣成长。[1]

笔者认为文化除其固有的定义外，也可看作是持有相同价值观群体的价值观表现。在古代，由于各个群体间相互交流不便，文化之间相互影响的背后往往伴随着激烈的冲突，比如中世纪的十字军东征，西班牙以传教为名对美洲土著的杀戮，以及19世纪末在列强坚船利炮护卫下的"西风东渐"等。信息化时代，随着信息的快速、广泛传播，不同的群体间对于对方价值观的诉求具有了更强的包容性和接受性。群体内部也更易于通过互联网寻找到与自己持相同价值观的个体，并获得对方的支持与帮助。信息化时代的城市将是一个多元文化并存下的城市，它将采用城市规划等手段对于不同群体的利益诉求进行平衡，从而创造一个和谐、共荣的城市环境。

10.1.1 对于城市中低收入阶层住房需求的平衡：保障性住房建设

由于市场经济"外在性"的影响，赣州城市居民收入和房价比偏高，城市中低收入阶层的住房需求难以得到满足，社会和谐受到影响。针对这一现象，2009年赣州市政府编制了《赣州中心城区住房建设规划（2010—2012）》，规划至2012年底赣州中心城区范围内城市人口总量控制在86万人以内（2009年为65万人），人均住宅建筑面积将由现状的27.44m²/人提高到30m²/人，住宅总量将达到2410万m²，所需住宅总用地约1506.25m²，2010—2012年赣州将新增住房建设总量约794.02万m²，其中，新出让居住用地中新建住房建筑面积640.02万m²，企业改制、棚户区改造等存量居住改造后新建住房建筑面积约154万m²，为完成该建筑目标将新增住宅用地供应约487.13万m²，每年新增供应住宅用地量200万~250万m²，保持8%的年均增长率，从用地供应上保证新增城市人口对于住房的需求，缓解市场压力。为了防止开发商在开发过程中为了迎合部分中高收入的需要，而过度开发大户型导致土地资源的浪费，赣州在规划中规定，年度土地供应要优先保证中低价位、中小套型普通商品住房和保障性住房用地，其年度供应量不得低于住宅用地供应总量的70%。在改变城市原有用地性质的土地上进行的商品房开发

---

[1] 叶鹏，赵冰.中国城市空间营造思想演变研究[J].西安建筑科技大学学报：社会科学版，2012（7）。

的项目，必须以建设中低价位、中小套型普通商品住房为主，建筑面积小于 90m² 的住房所占比例应达到 70% 以上。其中老城区中工业企业退城进园、棚户区改造项目、原有居住土地重新进行商品住房开发建设时，套型建筑面积 90m² 以下所占比例按 50% 以上控制。依法收回土地使用权的居住用地，重新进行商品住房建设时，套型建筑面积 90m² 以下所占比例不应小于 70%。

根据规划 2010—2012 年赣州中心城区将新建住房 7.8 万套，建筑面积为 90m² 以下的中小户型商品房的建设面积将占新增住房建设总量的 70%，其中，保障性住房的建设面积约占新增住房建设总量的 33% 左右。为防止城市内部权势阶层对于普通民众保障性住房权益的挤压，保障性住房的建设面积宜控制在 60m² 左右，且不得大于 90m²，保障性住房的容积率应控制在 1.5~2.0 之间，以多层与小高层结合为主。

根据规划赣州的保障性住房分为 4 类：公共租赁住房、廉租房、新市民公寓、棚户区改造保障房。

（1）公共租赁住房：供应对象主要是城市中等偏下收入住房困难家庭，单套建筑面积严格控制在 60m² 以下。

（2）廉租房：只租不售，主要提供给城镇居民中最低收入者或低保特困家庭，单套建筑面积严格控制在 50m² 以下。

（3）新市民公寓：是指由政府提供政策优惠，确定建设标准，限定销售价格，面向在市中心城区务工、有一技之长的专业技术和管理人才出售的保障性经济适用住房，纳入中心城区经济适用住房管理。单套建筑面积要严格控制在 60m² 以下。

（4）棚户区改造保障房：提供给保障棚户区改造中最低收入者或低保特困家庭的住房，单套建筑面积要严格控制在 50m² 以下。

根据规划从 2010 年开始保障性住房每年的开工建设比例应不低于当年赣州新增住房总建筑面积的 30%。根据规划，2010 年赣州保障性住房总建设面积为 99.25 万 m²，占当年新增住房建设面积的 40%，当年供保障性住房建设使用的用地面积为 49.63 万 m²；2011 年保障性住房总建设面积为 74.44 万 m²，占当年新增住房建设面积的 30%，当年保障性住房的用地面积为 49.63 万 m²；2012 年保障性住房总建设面积为 89.33 万 m²，占新增住房建设面积的 30%，供应建设用地 44.66 万 m²。未来的 3 年将重点保障城市低收入人群比较集中的棚户区改造，其次是新市民公寓和廉租房的建设（表 10-1、表 10-2）。在用地布局上保障性住房将主要分布在章江新区、西城区（含水西—湖边、创新区）、河套老城区（含站北区），规划范围内的峰山片区（站东新区与沙石），贡江以东的水东片区也将按比例适当布置，保障性住房的建设范围包括了赣州主城区的几大主要片区，涵盖了城市中低收入居民比较集中的区域，基本上可以满足城市中、低阶层的住房诉求。

《2010—2012 年赣州中心城区住房建设规划》是均衡城市中高收入人群和中低收入人群住房需求的一次尝试，虽然截至目前，由于多方面原因的影响，规划执行的效果有些差强人意。但是该规划中确定的通过保障性住房的建设来解决城市中低收入人群住房需求的思路值得肯定。笔者认为未来在赣州保障性住房的建设上，可以划定一个最低建设比例，比如《2010—2012 年赣州中心城区住房建设规划》中所划定的 30% 等，这一比例应与中心城区的住房均价相挂钩，即如果 2015 年与 2014 年相比中心城区房屋均价上涨了 20%，则 2015 年保障性住房的建设数量应为当年新增住房建设总量的 36%

（假设取 30% 为 2014 年赣州中心城区保障性住房建设量），如果房价下降或持平则保持原有比例不变。但如果连续 3~5 年中心城区房屋均价保持下降趋势，则可以采用同样方法，适当降低赣州中心城区保障性住房建设比例，以刺激房地产市场的回温。世界各国的经验证明通过保障性住房的设计是保障城市中、低收入阶层住房诉求的一个有效手段，保持一定比例的城市保障房可以有效地均衡伴随城市过快发展而带来的城市阶层分异，实现城市社会、经济的和谐、稳定发展。

2010—2012年间，赣州市中心城区各类保障性住房建筑量计划 表10-1

年份	保障性住房（万m²）				合计（万m²）
	廉租房	公共租赁住房	新市民公寓	棚户区改造保障房	
2010年	15.00	48.00	17.45	99.25	15.00
2011年	20.00	11.44	10.00	33.00	20.00
2012年	25.00	21.33	10.00	33.00	25.00
合计	63.80	47.77	68.00	83.45	63.80

资料来源：赣州市中心城区住房建设规划[R]. 赣州：赣州市规划局，2009。

2010—2012年间，赣州市中心城区各类保障性住房用地供应计划 表10-2

年份	保障性住房（万m²）				合计（万m²）
	廉租房	公共租赁住房	新市民公寓	棚户区改造保障房	
2010年	9.40	7.50	24.00	8.73	49.63
2011年	10.00	5.72	5.00	16.50	37.22
2012年	12.50	10.67	5.00	16.50	44.67
合计	31.90	23.89	34.00	41.73	131.51

资料来源：赣州市中心城区住房建设规划[R]. 赣州：赣州市规划局，2009。

10.1.2 历史与现代的平衡：对赣州历史老城区的保护

赣州是一座拥有千年历史的古城，如文中所述历史上不同时期的文化和思想都曾在这里留下了不可磨灭的痕迹。改革开放之后，随着城市经济的快速发展，如何对赣州的历史遗产进行有效保护，解决历史与现代之间的平衡就成为了摆在赣州市民和政府之间的一个重要课题。2010 年经江西省政府批准赣州市颁布了《赣州市历史名城保护规划》，该规划的保护区面积约为 3.22km²，北起章江、贡江两江汇合处，南至红旗大道，西至环城路，东至东河大桥，范围与五代时期的"龟城"基本重合。赣州历史城区的保护框架确定为："一城、一带、四区、六街、三十二点"。"一城"：为城墙及其遗址范围内的历史城区。"一带"：为现存城墙带。"四区"：为位于历史城区内的四个历史文化街区。分别为南市街历史文化街区、灶儿巷历史文化街区、姚衙前历史文化街区和郁孤台历史文化街区。"六街"：包括以传统"六街"为核心的街道格局，是历史城区保护的重要组成部分。这6条街为阳街、横街、阴街、斜街、剑街、长街，对应到现在的街道为文清路、南京路、章贡路、中山路、阳明路等。"三十二点"：为历史城区范围内的29处文物保护单位和3处其他不可移动文物。

规划区内有重要历史建筑70处，大多分布在郁孤台、姚衙前、灶儿巷、南市街历史文化街区以及其周边地段。

根据规划对于重要历史建筑的院落格局、建筑外立面、建筑结构体系、建筑室内布局、建筑高度和有特色的内部装饰都不得改变，其他部分在不改变建筑外貌、特点的前提下可以适度修缮；建筑修缮的原则为"只修不建，不改变原状"，在恢复其传统建筑与院落的布局的前提下，在建筑细部做法上采用赣州当地的传统做法、样式和材质。允许在通过对于当地建筑的特色进行提炼的前提下，对一些无法恢复原样的建筑部分做一定的创意性设计，建筑维护修缮应优先采用旧料来更换损毁构建。

重要历史建筑禁止拆除，因特殊情况需要迁移、拆除的，必须经过由相关专家组成的委员会审核、批准后方能进行实施。在重要历史建筑上设置户外广告、招牌等设施，应当符合赣州传统文化的特色及保护要求。在重要历史建筑的周边新建、扩建、改建的建筑，应当在使用性质、高度、体量、立面、材料、色彩等方面与历史建筑相和谐，不得改变建筑周围原有的空间景观特征，不得影响历史建筑的正常使用。

规划区内的旧有历史街巷应保持原有的空间尺度，保护现有的传统街巷铺地，已经改变的街巷地面铺装应逐渐恢复传统特色。步行街巷应采用青石块铺砌；原有电线杆、有线电视天线等有碍观瞻之物应逐步转入地下或移位；街道小品（如果皮箱、公厕、标牌、广告、招牌、路灯等）应有赣州地方传统特色，不宜采用现代城市做法。

街巷两侧建筑功能应以传统民居和传统商业建筑为主，鼓励发展传统柜台商铺和产商结合的手工作坊，建筑的门、窗、墙体、屋顶等形式应符合风貌要求。历史街区的色彩基调控制为黑、白、灰色，墙体应为木板壁或清水青砖墙，木板壁为原色。

传统民居选择相对完整地段，成片加以维修恢复，保持原有空间形式及建筑格局，古井、古树及反映居民生活之特色庭院、应予以保留并清理恢复，不符合风貌要求的建筑应予以改造或拆除。

对本区内保留的传统民居建筑应加强维修，建筑色彩应取赣州传统民居的色彩加以统一控制，建筑装饰、建筑形式应采用民居形式的坡顶，建筑门、窗、墙体、屋顶、墙体线角及其他细部必须严格按规划管理确定的赣州古城传统民居特色细部做法执行。

规划建议南市街、灶儿巷、姚衙前和郁孤台四处历史街区，形成古城区内部以艺术展览、餐饮、旅游为主要功能的传统历史街区。

南市街历史文化街区以文化艺术展览为主要功能。对南市街两侧的民居进行功能置换，设置民间艺术展示馆、百家祠等，形成民俗文化展示区；整治文庙周围环境，置换武庙、慈云塔的用地，恢复原来的功能，结合赣州客家的书院文化，形成府学文化展示区；整治忠节营、府皇庙背地段的传统民居、街巷和院落，形成居住文化展示区。

灶儿巷历史文化街区，在该区形成古城会馆餐饮区。利用原有客栈、会馆、店铺建筑的再利用，恢复部分有价值的老字号，以传统酒店、餐饮类商业为主。整治街区环境，保留和鼓励部分居住功能的延续，使街区保持生活真实性。

姚衙前历史文化街区，在该区形成古城传统商业区。整治姚衙前、方杆巷等传统风貌街巷，传承传统商业模式，沿街开店，前店后住，保持商业和居住混合功能，保持街区的活力。整治阳明路、至圣路骑楼街，形成休闲型、体验性商业区域。

郁孤台历史文化街区，在该区形成郁孤怀古游览区。与城墙相结合，形成观览古城风貌和章江景观的休闲观光区。保护田螺岭街巷走势和街巷尺度，成为郁孤台的重要历史环境的组成部分，可以结合一些文化活动，形成品味高雅、景观独特的文化休闲区。

规划确定了 8 条视线走廊：八境台—郁孤台，八境台—慈云塔，八境台—西津门，郁孤台—涌金门，郁孤台—建春门，郁孤台—慈云塔，西津门—郁孤台，拜将台—慈云塔。视廊宽度为 40m，视廊确定后，根据每条视廊起讫点的高度，通过对视廊断面进行分析和计算，确定出在视廊区域内的建筑高度控制要求。在视域通廊的地面垂直投影范围内，除建筑高度应严格遵循高度控制分区的檐口限高要求外，屋顶样式、色彩应与传统坡屋顶的外观协调。

根据视廊和文物保护要求对于历史城区内建筑高度进行控制，原则上历史文化街区和传统风貌街巷保护区内的建筑的高度不得高于 2 层，总建筑高度控制在 8m 以下（含 8m），同时保证街巷两侧建筑错落有致。历史文化街区的建设控制地带的建筑高度控制为 3 层，总高度保证在 11m 以下，以满足保护与协调传统风貌的要求。在历史城区北部和东部靠近历史文化街区的区域内建筑控高为 4 层，总高度控制为 14m；沿文清路、青年路和大公路的建筑控制在 11 层以下，总高度控制为 35m，其他新建建筑一律控高 6 层，总高度控制住 20m 以下。

根据开发强度的不同在规划区范围内划分 4 个开发强度控制区：

（1）适度开发区：容积率 1.5~1.8，该区域主要为历史城区的风貌协调区。

（2）限制开发区：容积率 1.5~1.8，该区域主要包括历史文化街区和文物保护单位保护建设控制地带其外的邻近区域。

（3）禁止开发区：该区域主要包括 4 个历史文化街区和 32 处文物保护单位及不可移动文物的保护范围和建设控制地带，该区域内的建筑容积率维持原状，不得增加。

（4）规划开放空间：规划区内的绿地和广场等公共开放空间，这一区域空间内禁止占用进行房地产开发建设。

为了切实保障规划区内的开发强度，避免过多的人为活动对于建筑的破坏，未来将逐步外迁规划区内的原有城市人口，迁出人口的安置模式可根据实际情况制定相应的安置政策。对于原有住房为直管公房的，政府应该在历史城区外围提供廉租房，或采用货币补偿鼓励其购买历史城区外的安置小区，被迁住宅主房屋的建筑面积实行等面积安置，按照货币补偿的计算标准和安置房屋的价格结算差价。对于原有住房为私房的，采用货币补偿＋购买商品房时享受优惠的政策鼓励住户搬迁，并建立搬迁户档案，保障其优惠权，鼓励成立就业公司安排培训和就业，鼓励搬迁户资金投资就业公司获得投资回报。另外还可以采取"货币补偿＋安置小区＋商业建筑"的模式，被搬迁住宅以一定比例转化为商业建筑，为搬迁居民提供一定的经济收入。根据规划，2015 年赣州历史城区范围内的城市居民将有约 1/3 外迁至历史城区外围居住①，人口的外迁将大大改善旧城区的居住环境，降低空间容积率，从而更好地对于历史建筑进行保护和修缮。

未来赣州历史城区内将重点发展无污染的城市文化旅游产业，将形成 5 个主要的旅游景区，八境台景区、郁孤台景区、姚衙前景区、灶儿巷景区和南市街景区。

八境台景区规划为高台览胜观赏区，游览的主题为"巍墙台影"。近可观赏古城墙的雄伟景色，"二水环流"汇入赣江的独特景观，体会"千里赣江第一城"的气势。远也可眺望江对岸的田园和自然山体景色。

郁孤台景区规划为郁孤怀古游览区，游览的主题是"贺兰夕照"。郁孤台位于贺兰山上，作为历史城区内的山体具有得天独厚的观景优势，是城区的制高点，可俯瞰赣州全景，远可以观赏章江的宽阔江水。近可游览景区内的广东会馆、皇城遗址等景点，体验赣州悠久的城市文化。

姚衙前景区规划为古城传统生活展示景区，游览的主题是章贡人家。该区域内的街区格局形成于宋代，当时由于靠近涌金门的码头交易而繁荣起来，成为城市内主要的商业区。现存的传统店铺林立，在此基础上可形成传统饮食街和传统手工艺品商业街等，让游人在这里体验赣州城内客家人的传统生活方式。

灶儿巷景区规划为古城会馆餐饮区，游览的主题是"宋市旧风"。街区内保留有清代至民国具有代表性的建筑多处，其中有书院、店铺、作坊、宾馆、会馆、客栈、寺院、民居等，可恢复一些会馆作为酒店和旅馆，让游客在古朴的建筑里体会到原汁原味的传统餐饮美食，也可亲身体验传统居住方式的魅力。

南市街景区规划为赣州古城文化艺术博览区，游览的主题是"雁塔文峰"。在南市街两侧的民居设置民间艺术展示馆、百家祠等，展示体验赣州客家人的民俗文化和祠堂文化；整治文庙周围环境，置换武庙、慈云塔的用地，恢复原来的功能，结合赣州的书院文化，展示体验府学文化；整治忠节营、府皇庙背地段的传统民居、街巷和院落，展示体验居住文化。

旅游景点由历史城区内的 24 处文物保护单位和 8 处其他不可移动文物作为主要游览对象组成的，大部分散布在景区内，部分在历史城区的其他区域。旅游线路分为陆上游线和水上游线两类。陆上游线规划为旅游散步道，主要是沿城墙和主要的传统风貌街巷布置的，多为步行道。水上游线主要沿章、贡二江，沿城墙走向从建春门到西津门，可以观赏体验城墙的巍峨壮观，观赏长桥卧波、翠珠缀带、巍墙台影和二水环流的独特传统景观。此外还规划了八境台、郁孤台、西津门和建春门 4 个观景点，使游客尽可能多的观赏到历史城区内外的景观。同时为方便陆上游线和水上游线的转换，规划了建春门浮桥、龟角尾和西津门 3 处游船码头。游客可在此转换体验和游览古城的不同方式。

根据规划，赣州 2020 年将基本完成历史城区内的景点建设和民居改造以及空间环境的营造工作，完成特色景观点的建设和视线通廊的控制，完善历史城区的商业服务设施和旅

---

① 2008 年，赣州历史城区现有常住人口约为 113000 人，33592 户。至规划期末（2015 年），赣州历史城区规划人口为 68530 人，须逐步迁出 44470 人。

游接待设施建设，完成历史城区西南部的改造与开发，最终形成一个拥有 3.22km² 面积，风貌完整的城市历史城区。

10.1.3 中心城区利益和周边区域利益的平衡：赣州都市区规划

随着赣州中心城区的快速发展，周边区域的各种生产要素开始迅速向赣州中心城区集中，各种生产要求的流失导致周边区域增长乏力。统计显示 2008 年赣州中心城区所在的章贡区国民生产总值为 125 亿元，占当年赣州全市 GDP 的 18%，而相邻的赣州第一经济大县南康，当年的 GDP 总量为 52.7 亿元，占全市 GDP 总量的比重仅为 7%，周边的赣县和上犹等县所占的比重更低，赣县还不足 6%，上犹仅占到了 2.6%。[①] 赣州中心城区和周边区域之间在发展利益上形成了矛盾，为了平衡相互之间的发展需求，实现区域之间的协调发展，并扩大的赣州的城市规模。赣州市政府于 2009 年编制了《赣州都市区规划》，该规划区范围包括赣州市章贡区、南康市（县级市）、赣县和上犹县。

根据规划，2030 年赣州将建设成为赣粤闽湘四省通衢的区域性现代化中心城市和江西省的省域副中心城市，届时赣州都市区 GDP 总量将达到约 3300 亿元规模，三产比例为 6：44：50，人均生产总值达到 7.9 万元 / 人，实现城乡一体化，社会生产力高度发展，科技高度发达，劳动生产率极大提高，社会产品丰富，社会保障体系基本健全，各项社会经济指标达到发达国家水平。都市区内城镇化率达到 70% 以上，城镇人口规模为 300 万人，其中赣州中心城市的人口总量将达到 168 万人，成为拥有百万人口的区域内特大中心城市，而南康将成为拥有 50 万城市人口的区域中等城市，赣县和上犹的城镇人口也将分别达到 25 万和 15 万，形成层次分明、等级合理的城镇体系（表 10-3）。

赣州都市区2030年城镇规模等级　　　　　　　　　　　　　　　　表10-3

城镇规模等级	人口规模（万人）	城镇数量（个）	名称及城镇人口规模（万人）
Ⅰ	>150	1	中心城区（168.5）： 河套老城区（22）、章江新区（30）、创新区（40）、西城区（22）、水西一湖边片区（27）、水西钴钼有色冶金基地（6）、水东片区（9）、沙河片区（5）、峰山片区（4）、潭口镇（3.5）
Ⅱ	50~100	1	南康：城区（50）
Ⅲ	20~50	1	赣县：梅林镇（25）
Ⅳ	10~20	1	上犹：县城（东山镇、黄埠镇）（15）
Ⅴ	≤5	47	除上述城镇外的其他城镇

资料来源：赣州都市区规划（2009—2030）[R]. 赣州：赣州市规划局，2009。

产业是城市发展的基石，为了推动都市区内部生产资源的有效配置、促进产业结构的调整优化以及土地资源的集约利用。将根据区域内各个城镇本身的优势，形成现代农业产业区、工业产业聚集区、现代物流业区和特色旅游区四大产业聚集区。以各类专业化的产

---

① 赣州市统计局. 2008年赣州统计年鉴[M]. 2008。

业基地和产业园为依托，优化区域内部各类产业的空间布局（表10-4）。

赣州都市区内主要产业聚集区发展指引　　　　　　　　　表10-4

类型		区位	发展要求
现代农业产业区	特色农产品	南康市南部乡镇甜产基地，南康市北部乡镇无公害大米基地，赣县南山片区乡镇脐橙、加工橙、烟草、甜叶菊基地，上犹县陡水镇、水岩乡鱼类养殖基地、赣县沙地镇腌腊制品基地	1.重点强调突出农业协会作用，形成"农户+协会+基地"的生产模式； 2.加强标准化体系建设，重点培育地理品牌； 3.注重农副产品的深度加工
	都市型农业	赣县五云镇、储潭乡与南康唐江镇、凤岗镇、三江乡蔬菜供应基地，南康市龙华观光农业基地	1.积极推广无公害种植模式； 2.减少人为活动对自然生态环境的污染与干扰
	现代林业	南康市麻双乡、十八塘乡速生桉基地，赣县大田乡、大埠乡、沙地镇光皮树基地，上犹陡水镇、南康凤岗镇、中心城区潭东观赏林木基地	1.避免速生林木连绵成片，防止生态环境单一化； 2.扩大观赏林木种植面积与种植品种，提高产出效益
工业产业聚集区	有色冶金业	西城区—水西钴钼稀有金属产业基地，赣县县城—茅店镇—储潭乡，南康龙岭镇	1.严格控制污染物排放标准； 2.推动精深加工与产学研一体化发展
	家具制造业	南康市龙岭工业园、龙回镇	积极向中高端产品转型
	食品加工业	西城区、南康市区、南康龙岭工业园、赣县县城、沙地镇	重点发展卷烟、酿酒、客家小吃与熟食
	现代轻纺业	西城区、赣县红金工业园、南康市区	大力发展女鞋、西服西裤、毛衫与针织服装业
	机电制造业	沙河片区、创新区、南康市区、唐江—凤岗—三江组团、赣县县城、茅店镇	重点发展以汽车零部件为主的机电制造业、以电子机械装备和器材为主的电子信息业、通信设备制造业
	生物医药业	西城区、沙河片区	重点发展化学制药、生物制药和中成药
	新材料新能源制造业	水西有色金属冶炼基地、西城区、南康市龙岭镇、赣县县城、茅店镇、三江新城	重点发展高性能磁致伸缩材料、稀土永磁材料、着色材料硬质合金材料
现代物流业	综合物流园	创新区	大力发展"第三方物流"
	物流中心	西城区	
	物流集散地	赣州铁路东站、水西有色金属冶炼基地、河套老城区	
	专业市场	章江新区、西城区、创新区、南康市区与赣县县城	发挥专业市场的带动作用，实现"工贸互动"
特色旅游区	山水风景游	峰山国家森林公园、三阳山自然旅游区、五指峰国家森林公园、陡水湖风景名胜区、居龙潭库区以及赣江干流地区	大力增加参与性设施的种类，鼓励主题型、度假型旅游开发
	宋城文化游	集中在中心城区周边，主要包括河套老城区内各项历史遗留、通天岩历史文化旅游区、马祖岩佛教文化旅游区、杨仙岭风水文化旅游区以及七里镇历史文化旅游区等	严格保护旅游区的原真形貌，挖掘旅游设施的历史文化内涵
	客家风情游	赣县县城、白鹭古村落、南康市区	重点发展寻根游与民俗文化体验游
	文化创意产业	河套老城区、创新区	大力发展影视动漫制作、地方音乐戏剧排演、工业设计、建筑工程设计，通过创意性成分的增加提高产品附加值

资料来源：赣州都市区规划（2009—2030）[R]. 赣州：赣州市规划局，2009。

在招商引资方面，为避免区域内各个城镇之间的恶性竞争，将采用市区、市县联动的项目引进机制，以都市区的地理品牌增强对外来企业与资金的吸引力，并建立税收收入共享机制，实现都市区内各个城镇之间的利益合理分配。

从提高城镇（组团）间的交通可达性，缩短时空距离，提高交通运输能力的角度出发，在都市区内部构建区域交通设施一体化与交通行为一体化管理，建立引导城镇群协调发展的综合交通运输网络。以快速路及主干道建设为重点，提高各类交通方式的网络化程度；加强赣州客运站（公路、铁路）、赣县公路客运站以及南康公路客运站等交通枢纽的建设，为旅客提供不同交通方式、跨城镇（组团）的快速换乘服务，提高换乘效率；优先安排核心区内跨城镇（组团）的重大交通设施建设项目；组建都市区公交集团，打破市场和地方利益壁垒，建立有助于提高区域整体交通效率的建设和管理体制，重点推动城际公共交通的发展。

构建都市区内一体化社会保障网。建立各项社保关系跨市转移接续制度，实施区域内养老保险关系无障碍转移与社保"一卡通"，加快城乡医疗保险一体化步伐，率先融合城镇居民基本医疗保险制度和新型农村合作医疗制度，建立基于居民健康档案的区域化医疗卫生服务系统，实现医疗卫生服务"一卡通"。

加强社会公共事务管理的协作。完善区域统一的就业政策和就业服务体系，统一区域内公共就业服务内容、流程和标准强化社会治安防控和公共安全防控区域一体化体系，加强各（县、市、区）公共卫生信息的互通和共享，统一行政监督执法标准，加强部门间的监督执法合作。

确定区域内基本公共服务范围，率先建立区域统一的基本公共服务标准和监测体系，逐步完善基本公共服务支出水平随经济总量增加以及财政能力提高的自然增长机制。

建立都市区联席会议，成员包括章贡区、赣州经济技术开发、南康市、赣县和上犹的相关部门和领导，通过联席会议制定共同的政策，建立更为开放的市场，引导各种生产要素按照高效原则在都市区内部自由流动和合理配置。通过区域内城市参股的方式，设立都市区建设结构基金，将城市参股的数量与城市建设的投资挂钩，用以引导重大跨境基础设施的规划和建设投资；设置创新基金，鼓励企业创新行为，提升地区产业结构。建立自然资源利用和生态环境保护的补偿机制，促进都市区环境的整体优化和可持续发展。

10.1.4　客家文化品牌的打造

赣州地区生活着 790 万客家人，占赣州总人口的 90%。客家文化在赣州空间营造的发展过程中，曾经发挥了重要的作用。20 世纪 90 年代后，随着很多海外客家人回到赣州寻根、祭祖以及风水文化在东南亚等地区的流行，客家文化的价值开始被重新重视。

2003 年在赣州城郊的东南兴建了五龙客家风情园，2004 年在赣州举办了世界客属第十九届恳亲大会，2009 年在赣县兴建了客家文化城，并在赣州城北的龟尾角安放了一座用青铜铸成的客家先民南迁纪念鼎。赣州市委、市政府从建设赣州、发展赣州的角度出发，提出了着力打造客家文化品牌，以客家文化为媒介推介赣州，促进赣州城市发展的发展新思路。

赣州的客家文化圈，在空间上分为核心区和外围区两个部分，核心区是以位于赣州五中和市公安局的赣州老"王城"为中心，以赣州阳街（文清路）为轴线，以宋代赣州城墙为纽带的赣州历史老城区。这一区域内还存有一些徽州文化的建筑遗存，以及民国后的骑楼建筑。但是由于历史上赣州"龟城"的建造，王城的修建，剑街和斜街的商业发展，甚至于西方宗教建筑、岭南骑楼建筑的建造等都和客家文化的影响具有密不可分的关系，所以该区域应该被划为客家文化的核心区。外围区包括赣县、南康、龙南、定南等赣州所属的周边县市，这一区域内包括有赣县客家风情园、中国风水第一村三僚村、南宋客家白鹭村、唐江古镇以及包括关西新围在内的大小围屋数十座。未来在核心区的建设上应以王城为中心，以文清路为轴线打造客家文化品牌，可以考虑在王城旧址的基础上，兴建以唐、宋王城为主要参照的客家文化馆，该文化馆主要提供客家文化和赣州文化的陈列、解说以及各种民俗文化的表演，鼓励展开各种体验性的民俗旅游活动，游客可以角色扮演卢光稠、杨筠松等赣州历史上有名的客家名人，参与到客家的文化之旅中。客家文化馆和周围的宋代古城墙、灶儿巷、南市街徽派建筑群，赣州天主堂等建筑之间，要形成一种和谐的建筑景观关系，避免喧宾夺主。重建宣明楼等旧赣州标志性建筑，并对沿文清路的建筑进行外立面改造，使之具有客家文化和宋城文化的特点。

借助赣州都市区建设的机遇，打造客家核心区和客家外围区之间的互动关系，以客家文化馆为中心，提供为外来游客服务的吃、住、行一线式服务，避免游客前往各个不同景点之间的倒车、购票、住宿等困难，这种互动关系也可以包括赣州瑞金的红色苏区旅游区，因为资源之间的共享可以降低各自的成本，提升服务的效率和水平，并为外来的旅游者提供多样的旅游服务。

学习浙江横店的建设模式，鼓励各种影视作品来赣州取景和拍摄，赣州在城市空间上拥有多样化的文化空间，比如客家文化馆适合以唐、宋时期的故事为背景的影视作品的选景和拍摄；灶儿巷、南市街是明、清时期徽派建筑的典型代表，适合那一时期的影视作品的拍摄和制作；而阳明路、南京路、赣江路则具有浓郁的"民国风"；"红都"瑞金则适合第一次国内革命时期的电视和电影的拍摄。影视作品的拍摄可以提升城市的知名度，并吸引来大量的观赏性游客，提高城市的旅游发展水平。

开展各类客家文化研究会议，鼓励对于客家文化的研究和挖掘。吸引各种对客家文化或者是其中的风水文化感兴趣的人来赣州研究和探索，在条件允许的情况下，可以打造一个以客家文化中的风水文化为主要研究对象的研究平台，借助风水文化在广大华人心目中的重要地位，打造赣州的城市文化品牌。

举办各类客家文化活动，打造客家品牌，吸引海外的客家人来赣州投资、旅游、创业。和邻近的梅州、惠州、龙岩等客家城市建立良好的城市互动机制，避免在客家城市品牌打造上的城市趋同，鼓励城市间资源共享，优势互补，避免同质竞争、资源浪费。

10.2　未来赣州城市空间营造尺度预测

10.2.1　体："一主两副三圈双轴多组团"的城镇空间结构

根据《赣州都市区规划（2009—2030）》，2030 年赣州将建设成为以中心城区为主，包括赣县、南康、上犹等邻近属县在内，规划面积 6860.7km²，涵盖人口 300 万的城市连绵区，形成"一主两副三圈双轴多组团"的城镇空间结构（图 10-1）。构建带状组团式城市空间结构体系，形成以主次中心聚集区域核心服务功能、轴带串联主要城镇空间组团的城镇空间骨架，并加强与周边省、市的联系，强化各级公共服务中心的辐射带动能力，共同推动都市区空间的协调快速发展。

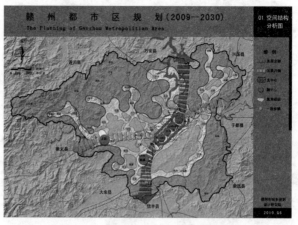

图 10-1　赣州都市区规划结构分析图
资料来源：赣州都市区规划（2009—2030）[R]. 赣州：赣州市规划局，2009。

"一主"包括章江新区、河套老城区、创新区与赣县县城，是服务于都市区乃至全市域的生产与生活服务中心，其中章江新区重点发展金融、咨询、资讯等生产性服务业，河套老城区发展高档次的商贸服务业，创新区以现代物流、科研设计、商业配套等设施为主，赣县县城则重点发展商贸娱乐等生活性服务设施。

"两副"指的是南康市区与上犹县城两个区域副中心，这两处副中心应大力发展为本县（市）域服务的商贸、娱乐、教育、医疗等公共服务设施，并根据城市产业经济特征发展特色性公共服务设施。南康市区应大力发挥专业市场对产业的前后向带动作用，并充分发挥"全面创业"的文化竞争力，加强职业培训力度，在融资、信息等方面为企业的发展营造良好的氛围；上犹县城重点发展为旅游及休闲度假服务的酒店、娱乐及商贸设施，利用良好的山水自然资源，建设成为周边城市居民短期休闲度假旅游的目的地，同时逐步建设商务会议设施，打造为赣州都市区服务的商务会展培训基地。

"三圈"包括核心圈、紧密圈和外围圈三个圈层：

核心圈层指的是中心城区的章贡区、经济技术开发分区，南康市市区和唐江镇、凤岗镇、镜坝镇、龙岭镇、三江乡、太窝乡，赣县县城和茅店镇、五云镇、储潭乡。

紧密圈层指的是南康市的龙回镇、横市镇、浮石乡、横寨乡、朱坊乡、赤土畲族自治乡乡、龙华乡、十八塘乡，赣县的江口镇、沙地镇、王母渡镇、阳埠乡、大埠乡、大田乡、湖江乡，上犹县县城、黄埠镇、营前镇、陡水镇、社溪镇、梅水乡、水岩乡、油石乡。

外围圈层指的是南康市的坪市乡、大坪乡、隆木乡，赣县的南塘镇、田村镇、吉埠镇、白鹭乡、石芫乡、三溪乡、长洛乡、韩坊乡以及上犹的五指峰乡、平富乡、寺下乡、安和乡、双溪乡和紫阳乡。未来崇义县、大余县、信丰县、于都县和兴国县等县将被纳入都市区的外围圈层范围。

"双轴"指的是都市区内的空间联系轴线，主要包括沿京九铁路、大广高速公路形成的纵向主轴线与沿赣龙铁路、厦蓉高速公路形成的横向次轴线。

纵向轴线上的城镇组团应重点搭建承接沿海地区产业转移平台，大力发展机电、轻纺、食品、家具等工业门类，并推动有色冶金精深加工、食品加工以及旅游产业的发展。横向

图 10-2　赣州河套老城区（作者自摄）

轴线上的城镇组团应重点发展新型建材、有色深加工、机电、食品、轻纺、生活型服务业和输出型高效农业。

"多团"指的是核心区内城镇空间发展应以组团式发展为主，主要包括章江新区、河套老城区（图 10-2）、创新区、赣县县城、南康市区、西城区、站东新区、三江新区等城镇组团，这些组团内应建设相对完善的生活配套设施，形成较强的自我服务能力，并通过江河水系、结构性绿地、高等级基础设施的防护绿地、景观生态廊道等形成城镇空间增长边界。

10.2.2　面：多文化认同下的城市空间拼贴

随着赣州都市区的发展，未来赣州的各个片区将会根据自身的价值观和发展诉求，形成多文化认同下的城市空间拼贴。比如河套老城区的北部是曾经赣州的老城区，拥有丰富的历史和文化资源，未来将成为赣州的宋城特色旅游区；同处河套老城区的南门广场—文清路片区是赣州重要的城市商业区，文清路在过去一直是赣州城市的主轴线，是赣州礼制思想的重要表现，沿街建筑的风格上应与赣州的古城特色保持一致，建筑外立面应以体现客家文化和宋城特点为主，建筑的色彩基调应控制以黑、白和灰色为主，外立面墙体采用清水青砖墙或木板壁。对建筑高度进行控制，以避免对于北部历史街区造成"外在性"破坏。红旗大道两侧曾经是赣州重要的工业和科教区，集中了江西理工大学、赣南师范学院等多所高校和科研机构和早期赣州大多数的工厂企业，是赣州城市发展史上一段难以磨灭的标志。将来应在对于一些具有典型性的老建筑（比如赣南师院旧办公楼、赣州林垦局大楼）进行有效保护的基础上，仿效北京"798"工厂改造的范例对于地区老建筑进行改造、使用，使其成为赣州一个城市文化创意产业园区。

与赣州河套老城区隔河相望的章江新区，是未来30年赣州城市发展的重心，目前已经有包括九方、中航城、万盛广场等一大批商业开发项目入驻，并且随着赣州市委和市政府的进驻，已成为了赣州新的城市行政中心。未来还将建设赣州文化博览中心、世纪之门和市民中心等一大批城市代表性建筑，形成赣南乃至辐射湖南、福建、江西、广东四省交界处的商贸、商业和金融中心。这一片区是赣州现代商业文化的典型代表，未来这一区域的建筑将以具有现代风格的高层和超高层建筑为主，形成赣州的"浦东新区"。

赣州创新区位于章江新区以南，这一区域集中了江西理工大学（新校区）、赣南师范学院（新校区）、江西应用职业技术学院等一批高等院校，是未来赣州创新文化的中心，将成为未来赣州重要的城市文化创意产业区。

同属赣州都市区的南康、赣县、上犹、大余和于都（未来赣州都市区的外围圈）等县都拥有丰富的客家文化资源，目前赣县已建成具有浓郁客家风情的"客家风情园"，而位于南康唐江镇的卢屋村更是一座拥有千年历史的客家古村，村中的建筑和街道布局体现了浓厚的客家风水思想。未来这一区域将成为赣州以客家文化为主的特色旅游区。

10.2.3 线：都市区的城市"金脊"——赣南大道

赣南大道是赣州都市区构建中的一个重要组成部分，该大道北起点连赣江大桥连接线，走旭初路北延段、祖庆路、向南延伸跨赣新路（现虔东大道）连接贡江大桥，进入老城区，与红旗大道东延立交，走章贡大道跨八一四大道连接章江大桥，走兴国路、长征大道、发展大道连接新世纪大桥，与复兴大道立交，下穿大广高速公路，南止于南康市区。大道总长度为 35.25km，串联了赣县、赣州河套老城区、章江新区、创新区和南康市，是实现赣州"一主两副"城市空间结构的一个重要的组成部分（图 10-3）。

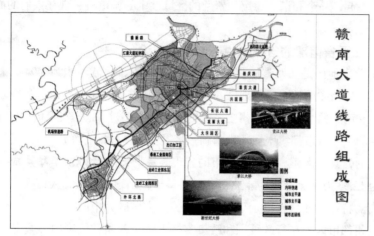

图 10-3 赣南大道
资料来源：http://www.ganzhou.bbs.com

赣南大道为双向六车道的城市主干道，设计标准为一级公路标准，（含已建和在建的兴国路、长征大道、章江大桥），大道工程中新建跨江大桥 2 座（贡江大桥和新世纪大桥），互通式立交桥 4 处（赣县起点立交、赣新路立交、跨红旗大道立交和复兴大道立交），是兼有城市道路功能的一级标准公路，是未来赣州都市区的交通大动脉。

该大道作为赣州都市区的发展"金脊"，联系了赣县、河套老城区、章江新区、创新区和南康五大片区，将多元文化影响下的各个城市"面"有效地串联在了一起，大大降低了各个片区之间相互交流的交通成本，赣南大道建成后，从赣县到南康的车程将从过去的 1 个多小时，缩短为 30~40 分钟。

10.2.4 点：多元文化认同下的空间标志物

预计未来赣州将形成多元文化认同下的多个空间标志物。比如在河套老城区北部的历史城区，该区域内是赣州的历史文化遗产集中区，蜿蜒、巍峨的赣州古城墙、曾经的赣州政治中心王城、城市的中轴线文清路都是客家文化的标志，古色古香的灶儿巷、南市街则代表了徽州文化，赣州师院旧办公楼、赣州林垦局大楼是赣州计划经济时代的空间标志，即将在章江新区拔地而起的世纪大门代表了赣州现代商业文化的蓬勃发展，而江西理工大学和赣州师范学院的新校区则是赣州现代创意文化的中心，赣县的客家文化园—赣州王城—白鹭村—卢屋村（南康）—燕翼围（龙南），将赣州周边地区浓郁的客家文化完整地展现在了人们的面前。

10.3　小结：多元文化认同下的开放式的城市空间博弈

在信息化时代，多元文化的认同将成为赣州空间营造活动的主调，不同利益和价值观的诉求将在城市空间营造过程中得到充分尊重，城市由过去单核心的内聚式发展模式转变为多核心的开放式发展模式，一个包含 300 万人口，6000 多平方公里土地的都市区将在这边土地上冉冉崛起，一个和谐、稳定、繁荣的区域性中心城市将呈现在人们的面前。

10.3.1　江西省南部的省域副中心城市的建设

赣州也称赣南地区是江西省面积最大的一个地级市，地域面积为 3.94 万 km^2，人口近九百万，囊括了江西省的整个南部地区。赣南地区内包括有 15 个县和两个县级市，其中经济最好的赣县和南康两个县距离赣州主城区的距离均不超过 40km。因为历史和地理环境等原因，江西省的主要城市都集中在环鄱阳湖一带，江西南部仅有赣州一个 50 万人口以上城市，赣州下辖的赣县、南康、上犹等城市的城市规模均不高，2007 年赣县城市人口仅 8.93 万人，南康为 12.93 万人，上犹为 4.33 万人。[①] 鉴于赣南地域广大，人口众多，但城市整体发展水平不高的特点，江西省决定重点建设以赣州主城区为中心，包括赣县、南康等周边区域在内的赣州都市区，在行政级别和政策支持上给予赣州省域副中心城市的待遇。近期内优先重点建设以赣州主城区、赣县、南康为主的都市区核心区，在未来辐射到于都、大余等外围属县，从而推动现整个江西南部地区的区域统筹发展。利用赣州地处赣、粤、闽、湘四省交界处的地理优势，加快推进赣龙铁路复线、赣井铁路、昌吉赣城际铁路、赣郴铁路和厦蓉高速的建设，力争在 2030 年将赣州建设成为四省交界处的区域性中心城市。

10.3.2　多元文化认同下的城市空间营造

未来 30 年多元文化认同下城市空间营造将成为赣州城市空间营造的主调，对于多元文化的认同意味着城市内部不同群体价值观间的相互包容，这是建立和谐社会的重要基石。在赣州不同文化的特质将通过城市的不同片区的营造体现出来，从而落实到空间上，例如河套老城区北部的历史城区，将成为以赣州城市历史文化为代表的文化旅游区，整个历史城区在建筑风貌上将表现出典型的传统建筑的风格，在历史片区内部，根据不同时期产生作用的文化因子，将划分为赣州城北以王城为中心以赣州古城墙为纽带的客家文化区，这一区域包括了王城、八镜台等唐、宋建筑遗迹，建筑风格以宋代建筑风格为主，突出表现赣州雄浑的城市历史和悠远的客家文化；以灶儿巷、南市街为中心的徽州文化区，通过对于现存徽派老建筑和周边区域的保护性改造，形成具有浓郁徽州文化氛围的城市片区；以

---

① 2009—2030赣州都市区规划[R]. 赣州：赣州市规划局，2009。

天主堂、耶稣堂为主的西方宗教文化区，建筑以天主堂、耶稣堂为中心，通过对于老建筑的保护和周边建筑的改造，表现出 19 世纪末 20 世纪初，"西风东渐"的文化背景下中、西方文化在赣州相互结合后的建筑风貌；以标准钟为中心包括阳明路、解放路在内的骑楼文化区，建筑风貌以岭南骑楼建筑为主，是 20 世纪 30 年代岭南文化在赣南地区影响的"活化石"；河套老城区是赣州"昨日"的象征，通过对于不同片区的保护、更新，将不同的文化机理有机的融合在了一起，散发出这座千年古城淡淡的幽香。

位于章江以南的章江新区作为城市新的城市商贸、金融和行政中心，是现代城市商业文化的象征，建筑风格上将以现代主义和后现代派的建筑为主，表现出这座古城创新、拼搏、开放的城市文化，显现出在新的时代背景下的"现代感"，和河套老城区共同构成这座城市"新与旧""古老与现代"的对比。邻近赣州的赣县、南康等周边县市，是赣州客家文化的外围区，这里拥有白鹭村、唐江卢屋村、客家围屋等一系列耀眼的客家文化名片，未来这些区域将和赣州河套老城区一起构建客家文化区，与章江新区形成"本土与外来""传统与现代"的对比。明天的赣州将是一个多元文化共融、并存下的城市，多元文化的认同将为赣州建设和谐之城创造良好的条件。

10.3.3 城市居民多元价值观追求下的城市空间

未来的赣州将是一个多元文化认同下的和谐之都，每一个城市居民都可以在这里寻找到自己所需要的价值观诉求。对于城市历史的保护者和爱好者他们可以在城北的历史城区，寻找到赣州古代的记忆和民国的痕迹；红旗大道上的老建筑、旧厂房让 20 世纪五六十年代的前辈回到那段"激情燃烧的岁月"；喜好摩登的年轻人可以去章江新区，那里集中了大型的购物商城、高耸的银行大楼；喜欢田园生活的人可以去创新区，那里既不失现代城市的风貌，又没有章江新区的喧哗；那些对赣南客家文化充满兴趣的人们，既可以去游览在赣州王城基础上建设的客家文化馆，也可以去周边的南康、龙南等县区（未来的南康、赣县可能都会成为赣州的一个区），在这里既可以感受到客家围屋的博大精深，又可以感知客家"九井十八厅"的幽静。

未来的赣州既不会为了满足富人的住房需要，而让穷人失去生活的尊严（这将归功于城市保障房的建设），也不会为了经济的发展而让古迹变成一块块的残砖断瓦（《赣州历史老城区保护性规划》）；中心城区的发展将不会是建立在对于周边区域资源剥夺的基础上，城市和周边区域将会在和谐、共荣的基础上向着美好的明天共同迈进。

10.4 深入研究工作的议题

虽然本书对赣州城市空间营造的历史、特征和尺度以及不同时期的影响文化因子进行了整体的研究，但是赣州城市历史之久远、内涵之深厚、课题之庞杂远非本书所能涵盖，未来对赣州城市空间营造的研究还需要更大量理论和实践研究的支持，本书在此处仅仅起到一个抛砖引玉的作用，希望未来能有更多的同行者参与到赣州城市空间营造的研究工作中来，使研究工作能够得到进一步的细化与深化：

10.4.1　纵向研究的思路

在本书总结的赣州城市空间整体营造模式的基础上，可以进一步探讨赣州城市空间局部营造的技艺、礼仪和境界，并建议在以下3个方面展开量化和细化研究：

（1）城市空间结构的研究：如早期古越文化和客家文化影响下的赣州城市空间结构、交通方式的改变对于城市空间演变的影响；赣州宗教建筑和书院建筑的分布结构研究等。

（2）城市肌理的研究：如赣州灶儿巷空间肌理、南市街空间肌理和赣州现代商业空间肌理等。

（3）建筑空间的研究：如赣州"王城"营造模式研究、赣州客家"围屋"营造模式研究、赣州徽派建筑营造模式研究、赣州西式建筑营造模式研究等。

10.4.2　横向研究的思路

针对未来赣州城市空间营造面临的问题，本书仅仅提出了研究的角度和方法，但是落实到具体的城市设计和工程实施层面，还需要进行大量的横向比较研究。本书建议至少可以针对以下问题展开城市设计和工程技术的可行性研究：

（1）都市区内部城市设计问题研究：针对都市区内部不同片区的城市风貌特点，有针对性地进行城市设计研究工作，从而使不同片区形成具有自身特点的城市风貌，并在小异之中求大同，通过差异、统一等设计手法，实现整个赣州城市环境的和谐、有序。

（2）以公共交通为导向的城市开发模式（简称TOD）研究：参考国内外各个城市公共交通地建设原则和实施方法，探讨赣州各个片区之间高效的公共交通线路的建设以及未来城市轨道交通的布线原则和设计手法。

（3）对于红旗大道周边旧建筑的更新改造：学习国内外各个城市工业建筑更新改造的成功经验，在不改变旧建筑外观的基础上，对于旧建筑的内部空间进行更新改造，使之更能符合新的功能需要，并成为赣州城市内具有时代印记的新型文化创新区。

（4）历史城区的保护模式研究：考察与赣州城市规模和人口规模接近，城市变迁历程具有相似点的国内外历史文化名城，探讨重要历史地段、历史街区和历史建筑的保护模式。

赣州是一座具有千年历史的古城，这里的每一栋房屋、每一条街道都留下了深深的文化烙印，这座城市的历史就如同它身边的赣江水（章、贡两江）一样即柔肠百转又荡气回肠。今天我们回望历史，我们不仅为曾经生活在赣州这片土地上的古人而感慨，他们将自己的智慧融汇成了赣州的发展火炬，并将它传递到了今天赣州人民的手中，今天的赣州人用自己祖先的智慧之火照亮了明天的发展之路，他们披荆斩棘、继往开来。我们有理由相信，明天的赣州将是和谐、繁荣的赣南之都。

主要参考文献

[1] 赵冰.建筑之书写——从失语到失忆 [J].新建筑，2001（1）.

[2] 赵冰.人的空间 [J].新建筑，1985（2）.

[3] 赵冰.作品和场所 [J].新美术，1988（2）.

[4] 赵冰.风生水起 [J].建筑师，2003（4）.

[5] 赵冰.营造法式解说 [J].城市建筑，2005（1）.

[6] 赵冰.中国城市空间营造个案研究系列总序 [J].华中建筑，2010（12）.

[7] 张桂权.空间观念和"哲学耻辱"——以贝克莱和康德为中心 [J].自然辩证法研究，2008（5）.

[8] 王晓磊.论西方哲学空间概念的双重演进逻辑——从亚里士多德到海德格尔 [J].北京理工大学学报：社会科学版，2008（2）.

[9] 高燕.德里达的解构主义初探 [J].出国与就业，2011（8）.

[10] 温晶晶.解构主义的方法论——德里达解构"结构"和"中心"的策略 [J].山花，2011（10）.

[11] 汪源.凯文·林奇《城市意象之批判》[J].新建筑，2003（3）.

[12] 邓波，孙丽，杨宁.诺伯格—舒尔茨的建筑现象学评述 [J].科学技术与辩证法，2009（2）.

[13] 武云霞、夏明.建筑设计方法的重要理论论著——建筑的永恒之道 [J].新建筑，1993（3）.

[14] 朱剑飞.当代西方建筑空间研究中的几个课题 [J].建筑学报，1996（10）.

[15] 赵冰.长江流域族群更叠及城市空间营造 [J].华中建筑，2011（1）.

[16] 刘逍.赵冰及其实验性建筑系列 [J].新建筑，2001（1）.

[17] 赵冰.关于居住的思考 [J].美术思潮，1987（2）.

[18] 赵冰.思维意志的文本化 [J].建构主义，1992（11）.

[19] 赵冰.空间句法 [J].新建筑，1985（11）.

[20] Christopher Alexander. A City is Nota Tree[J]. Architectural Forum，1965，122（1）：58-62；1965，122（2）：58-62.

[21] 刘林.活的建筑:中华根基的建筑观和方法论——赵冰营造思想评述 [J].重庆建筑学报,2006(12).

[22] 韩振飞.赣南客家围屋源流考——兼谈闽西土楼和粤东围龙屋 [J].南方文物，1993（2）.

[23] 叶鹏，赵冰.中国城市空间营造思想演变研究 [J].西安建筑科技大学学报:社会科学版,2012（7）.

[24] 周邦师，刘筱蓉.论赣东北干越人的生活时空和断发文身习俗 [J].南方文物，2000（2）.

[25] 李长虹,舒平,张敏.浅谈干栏式建筑在民居中的传承与发展 [J].天津城市建设学院学报,2007(7).

[26] 赵永勤."干栏文化"和古代云南的"干栏"式建筑 [J].云南民族学院学报，1984（3）.

[27] 戴志坚.福建畲族民居 [J].福建工程学院学报，2003（4）.

[28] 李辉.客家人起源的遗传学分析 [J].遗传学报，2003（9）.

[29] 河合洋尚.客家文化重考——全球化下的空间和景观的社会生产 [J].赣南师范学院学报,2010(2).

[30] 万幼楠.赣南客家围屋 [J].寻根，1998（2）.

[31] 万幼楠 . 赣南客家民居试析——兼谈赣闽粤边客家民居的关系 [J]. 南方文物，1995（1）.

[32] 黄宗华，王玉萍 . 试析蒋经国赣南施政理念 [J]. 淮北煤炭学院学报，2008（4）.

[33] 窦武 . 苏联建筑界关于建筑理念的争论 [J]. 建筑学报，1957（3）.

[34] 江西省考古研究院，赣州市博物馆 . 江西赣州市竹下园遗址商周遗址的发掘 [J]. 考古，2010（10）.

[35] 张小平 . 大余县发现西汉南越古城址 [J]. 南方文物，1984（2）.

[36] 徐俊鸣 . 从马王堆出土的地图中试论南越国的北界 [J]. 岭南文史，1987（2）.

[37] 陈胜勇 . 越族先民的饮食与居住习惯 [J]. 浙江学刊，1988（5）.

[38] 刘劲峰 . 略论客家文化的基本特征及赣南在客家文化形成中的作用 [J]. 南方文物，2001（4）.

[39] 俞万源 . 梅州城市空间形态演化及其成因分析 [J]，热带地理，2007（4）.

[40] 韩振飞 . 赣州城的历史变迁 [J]. 南方文物，2001（4）.

[41] 万幼楠 . 赣南客家围屋之发生、发展与消亡 [J]. 南方文物，2001（4）.

[42] 万幼楠 . 盘龙围调查——兼谈赣南其他圆弧民居 [J]. 南方文物，1999（2）.

[43] 李伯重 . 唐代江南地区粮食亩产量和农户耕田数 [J]. 中国社会经济史研究，1982（2）.

[44] 万幼楠 . 燕翼围及赣南围屋流考 [J]. 南方文物，2001（4）.

[45] 肖红颜 . 赣州城市史及其保护问题 [J]. 华中建筑，2003（3）.

[46] 肖红颜 . 赣州城市史及其保护问题（续）[J]. 华中建筑，2003（4）.

[47] 冯长春 . 试论水塘在城市建设中的作用和利用途径——以赣州为例 [J]. 南方文物，1984（1）.

[48] 魏丽霞 . 浅议赣关 [J]. 南方文物，2001（4）.

[49] 万幼楠 . 欲说九井十八厅 [J]. 福建工程学院学报，2004（3）.

[50] 林琳 . 广东骑楼建筑的历史渊源探析 [J]. 建筑科学，2006（6）.

[51] 钟学文 . "骑楼"空间——岭南建筑的一朵奇葩——广州骑楼文化再研究 [J]. 建筑与结构设计，2009（9）.

[52] 刘颂杰 . 蒋经国的赣南岁月 [J]. 凤凰周刊，2006（12）.

[53] D. O. 什维德科夫斯基 . 权力与建筑 [J]. 世界建筑，1999（1）.

[54] 王静文 . 概念规划中对于城市形象策划的研究——以赣州市概念规划为例 [J]. 规划师，2006（8）.

[55] 成调 . 科学定位城市融资平台　加快推进特大城市建设 [J]. 赣州城投，2009（3）.

[56] 赵冰 . 中华全球化之走向公民社会——兼论自主协同规划设计 [J]. 新建筑，2009（3）.

[57] ［英］B·希列尔；空间句法：城市新见 [J]. 赵冰译 . 新建筑，1985（1）.

[58] 赵冰 . 从后现代主义多元论说开去 [J]. 中国美术报，1986（41）.

[59] 赵冰 . 长江流域：昆明城市空间营造 [J]. 华中建筑，2011（2）.

[60] 赵冰 . 长江流域：成都城市空间营造 [J]. 华中建筑，2011（3）.

[61] 赵冰 . 长江流域：重庆城市空间营造 [J]. 华中建筑，2011（4）.

[62] 赵冰 . 长江流域：荆州城市空间营造 [J]. 华中建筑，2011（5）.

[63] 赵冰 . 长江流域：南阳城市空间营造 [J]. 华中建筑，2011（6）.

[64] 赵冰 . 长江流域：长沙城市空间营造 [J]. 华中建筑，2011（7）.

[65] 赵冰 . 长江流域：武汉城市空间营造 [J]. 华中建筑，2011（8）.

[66] 赵冰 . 长江流域：南昌城市空间营造 [J]. 华中建筑，2011（9）.

[67] 赵冰.长江流域：合肥城市空间营造 [J]. 华中建筑，2011（10）.

[68] 赵冰.长江流域：南京城市空间营造 [J]. 华中建筑，2011（11）.

[69] 赵冰.长江流域：苏州城市空间营造 [J]. 华中建筑，2011（12）.

[70] 赵冰.长江流域：上海城市空间营造 [J]. 华中建筑，2012（1）.

[71] 赵冰.珠江流域族群更叠及城市空间营造 [J]. 华中建筑，2012（2）.

[72] 赵冰.珠江流域：南宁城市空间营造 [J]. 华中建筑，2012（3）.

[73] 赵冰.珠江流域：广州城市空间营造 [J]. 华中建筑，2012（4）.

[74] 赵冰.珠江流域：珠海城市空间营造 [J]. 华中建筑，2012（5）.

[75] 赵冰.珠江流域：澳门城市空间营造 [J]. 华中建筑，2012（6）.

[76] 赵冰.珠江流域：深圳城市空间营造 [J]. 华中建筑，2012（7）.

[77] 赵冰.中华全球化之走向公民社会——兼论自主协同规划设计 [J]. 新建筑，2009（3）.

[78] 李伦亮.城市规划与社会问题 [J]. 规划师，2004（8）.

[79] 陶松龄.城市问题与城市结构 [J]. 同济大学学报：自然科学版，1990（2）.

[80] 赵冰.此起彼伏：走向建构性后现代城市规划 [J]. 规划师，2002（6）.

[81] 赵冰，崔勇.风生水起——赵冰访谈录 [J]. 建筑师，2003（4）.

[82] 张京祥，崔功豪.后现代主义城市空间模式的人文探析 [J]. 人文地理，1998（4）.

[83] 陈宏.中等城市空间结构演变规律——以梧州为例 [J]. 城市问题，1995（3）.

[84] 王明贤.建筑的实验 [J]. 时代建筑，2000（2）.

[85] 李兵营.城市空间结构演变动力浅析——兼谈青岛城市空间结构 [J]. 青岛建筑工程学院学报，1998（3）.

[86] 于一丁.居民心理——城市空间扩展的另一个重要因素 [J]. 华中科技大学学报：城市科学版，1991（3）.

[87] 齐康.建筑与城市空间的演化 [J]. 城市规划汇刊，1999（2）.

[88] 王建工.城市空间形态的分析方法 [J]. 新建筑，1994（1）.

[89] 乔文领.城市空间·城市设计——读芦原义信、亚历山大、沙里宁等论著之后 [J]. 新建筑，1988（4）.

[90] 朱文一.秩序与意义——一份有关城市空间的研究提纲 [J]. 华中建筑，1994（1）.

[91] 赵冰.海德格尔与建筑 [J]. 建筑 1988（5）.

[92] 赵冰.当代西方建筑理论家——亚历山大 [J]. 建筑，1986（6）.

[93] 赵冰.建筑评论家——曼弗德 [J]. 建筑，1986（7）.

[94] 赵冰.城市理论家——林奇 [J]. 建筑，1986（8）.

[95] 赵冰.当代建筑运动的倡导者——詹克斯 [J]. 建筑，1986（9）.

[96] 赵冰.建筑·城市·景观 [J]. 建筑，1986（10）.

[97] 赵冰.后现代主义多元论 [J]. 建筑学报，1986（11）.

[98] 赵冰.建筑哲学家——舒尔茨 [J]. 建筑，1986（12）.

[99] 赵冰.祖伯和景观知觉理论 [J]. 建筑，1987（2）.

[100] 赵冰.维持根期坦与建筑 [J]. 建筑，1987（3）.

[101] 赵冰.中国少数民族民居 [J]. 自然科学年鉴，1989（12）.

[102] 赵冰. 整个文化发展的协调层次 [J]. 建筑文化思潮，1990（6）.

[103] 赵冰. 对整版复现的解构 [J]. 艺术与时代，1991（7）.

[104] 赵冰. 心灵境界的情动 [J]. 艺术与时代，1992（5）.

[105] 赵冰. 中国主义 [M]// 高介华主编. 建筑与文化论集. 武汉：湖北美术出版社，1993.

[106] 赵冰. 建设以武汉为基地的中国数字城市网 [J]. 武汉大学学报：工学版，2001（34）.

[107] 赵冰. 建筑学科中的数字化与生态化研究 [J]. 武汉大学学报：工学版，2001（6）.

[108] 赵冰. 人居发展的新理念、新方法、新技术 [J]. 武汉大学学报：工学版，200（5）.

[109] Breheny M.Views on the future of urban form[J]. Urban Studies,2000,37（11）.

[110] Ding C（丁成日）. An Empirical Model of urban spatial development[J]. Review of urban and regional development studies，2001,123–136.

[111] Newman P，Kenworthy J. Cities and automobile dependency[J]. An International Sourcebook，Aldershot，Gower technical,1989.

[112] Harvey D. The urban process under capitalism[J].International Journal of Urban and Regional Research，1978（2）：101–131.

[113] Maller A，Emerging Urban form Types in a City of the American Middle West[J].Journal of Urban Design，1998（6）.

[114] Salazar D. Persistence of the vernacular：A minority shaping urban form [J].Journal of Urban Design，1998（10）.

[115] Roberts.M，Lloyd–Jones.T，Erickson B. Stephen Nice. Place and space in the networked city：Conceptualizing the integrated metropolis[J]. Journal of Urban Design，1999，4（1）：51–66.

[116] Clark D. City,Space and Globalization：An International Perspective[J].Journal of Urban Design,Feb 2000.

[117] Gusdorf F，Hallegatte S. Compact or spread–out cities：Urban planning，taxation，and the vulnerability to transportation shocks[J]. Energy Policy,2007,35（10）：4826–4838.

[118] Lau J C Y，Chiu C C H. Accessibility of workers in a compact city：the case of Hong Kong[J].Habitat International,2004，28（1）：89–102.

[119] Glennie P.Consumption,consumerism and urban form：Historical perspectives[J].Urban Studies,May 1998.

[120] Comment. Refreshing Change [J]. The Architectural Review，1994（4）.

[121] Kirk Savage. The Past in the Present [J]. Harvard design magazine，Fall，1999.

[122] Sommer R M. Time Incorporated [J]. Harvard design magazine，Fall，1999.

[123] von Moos S. Penn's Shadow [J]. Harvard design magazine，Fall，1999.

[124] Abramson D. Make History，Not Memory[J]. Harvard design magazine，Fall，1999.

[125] Young J E. Memory and Counter–Memory[J]. Harvard design magazine，Fall，1999.

[126] Dubbeldam W. Thing–shapes[J]. Architectural Design，2002（10）.

[127] 周一星. 城市地理学 [M]. 北京：商务出版社，1999.

[128] 亚里士多德. 物理学 [M]. 张竹明，译. 北京：商务印书馆，1982.

[129] 赛耶.牛顿自然哲学著作选 [M].上海：上海人民出版社，1974.

[130] Zwischen Leibniz.莱布尼茨与克拉克论战书信集 [M].北京：商务印书馆，1996.

[131] 马丁·海德格尔 M.演讲与论文集 [M].孙周兴，译.北京：生活·读书·新知三联书店，2005.

[132] 大尉·伍德等编.德里达和迪菲昂斯论 [M].西安：西北大学出版社，1985.

[133] Kevin Lynch. The Image of the City[M].Cambridge，Massachusetts：the M.I.T. press,1960.

[134] 克里斯托弗·亚历山大.建筑的永恒之道 [M].赵冰，译.北京：中国建筑工业出版社，1989.

[135] Hillier B，Hanson J.The Social Logic of Space[M]. New York：Cambridge University press，1984.

[136] [美]阿摩斯·拉普卜特.宅形与文化 [M].常青，等，译.北京：中国建筑工业出版社，2007.

[137] 程建军.中国建筑与易经 [M].北京：中央编译出版社，2010.

[138] 张驭寰.中国城池史 [M].天津：百花文艺出版社，2003.

[139]（五代）王溥.唐会要 [M].上海：上海古籍出版社，1991.

[140]（唐）长孙无忌.唐律疏议 [M].北京：中华书局，1993.

[141]（后晋）刘昫等.旧唐书 [M].北京：中华书局，1986.

[142] [美]亚历山大等.建筑模式语言：城镇·建筑·构造 [M].王昕度，周序鸿译.北京：中国建筑工业出版社，1989.

[143] [美]C·亚历山大等.城市设计新理论 [M].陈治业，童丽萍，译.北京：中国知识产权出版社，2002.

[144] C·亚历山大等.俄勒冈实验 [M].赵冰，刘小虎，译.北京：中国知识产权出版社，2002.

[145] C·亚历山大等.住宅制造 [M].高灵英，李静斌，葛素娟，译.北京：中国知识产权出版社，2002.

[146] 赵冰.4！——生活世界史论 [M].长沙：湖南教育出版社，1989.

[147] 张华.博物志 [M].刻本.1736 年（乾隆元年）.

[148] 李先逵.干栏式苗居建筑 [M].北京：中国建筑工业出版社，2005.

[149] 中国科学院自然科学史研究所.中国建筑技术史 [Z].1977.

[150] 司马迁.史记 [M].北京：中华书局，1995.

[151] 李昉等.太平广记 [M].刻本.977（太平兴国二年）.

[152] 乌耳葛德.世界地理 [M].上海：商务印书馆，1920.

[153] 黄节.广东乡土历史 [M].上海：上海国学保存会，1905.

[154] 罗香林.客家研究导论 [M].台北：古亭书屋，1975.

[155] 刘佐权.客家历史与传统文化 [M].开封：河南大学出版社，1991.

[156] 谢重光.客家源流新探 [M].福州：福建教育出版社，1995.

[157] 张卫东，王洪友.客家研究（第一集）[M].上海：同济大学出版社，1989.

[158] 亚当·斯密.国富论 [M].上海：上海三联出版社，2009.

[159] 朱介鸣.市场经济下的中国城市规划 [M].北京：中国建筑工业出版社，2008.

[160] 何重义.湘西民居 [M].北京：中国建筑工业出版社，1995.

[161] 班固.汉书 [M]，北京：中华书局，1962.

[162] 张柏如.侗族建筑艺术 [M].长沙：湖南出版社，2004.

[163] 麻勇斌 . 贵州苗族建筑文化活体解析 [M]. 贵阳：贵州人民出版社，2005.

[164] 蔡凌 . 侗族聚居区的传统村落与建筑 [M]. 北京：中国建筑工业出版社，2007.

[165] 玉时阶 . 壮族民间宗教文化 [M]. 南宁：广西民族出版社，2003.

[166] 山海经（中华经典藏书）[M]. 北京：中华书局，2009.

[167] 梁思成 . 中国建筑史 [M]. 北京：百花文艺出版社，2005.

[168] 李孝聪 . 历史城市地理 [M]. 济南：山东教育出版社，2007.

[169] 利窦玛 . 利窦玛中国札记 [M]. 北京：中华书局，1983.

[170] 陈平 . 外国建筑史 [M]. 南京：东南大学出版社，2006.

[171] 龚文瑞 . 赣州古城地名史话 [M]. 北京：中共党史出版社，2008.

[172] 宓汝成编 . 中国近代铁路史资料 [M]. 北京：中华书局，1984.

[173] 赵冰 . 解构主义 [M]. 长沙：湖南美术出版社，1994.

[174] 李寿 . 续资治通鉴长编 [M].（清光绪）浙江书局刻本 .

[175] 赵冰 . 转换主义 [M]. 长沙：湖南美术出版社，1994.

[176] 克里斯托弗·亚历山大 . 营造之常道 [M]. 赵冰，译 . 台北：都市改革派出版社，1991.

[177] 赵冰 . 冯纪忠和方塔园 [M]. 中国建筑工业出版社，2007.

[178] 环境科学大辞典 [M]. 中国环境科学出版社，2008.

[179] 赵冰主编 . 建筑人生——冯纪忠自述 [M]. 上海：东方出版社，2010.

[180] 赵冰主编 . 意境与空间——论规划与设计 [M]. 上海：东方出版社，2010.

[181] 赵冰主编 . 与古为新——冯纪忠作品研究 [M]. 上海：东方出版社，2010.

[182] 赵冰 . 中国城市空间营造个案研究系列 [M]. 北京：中国建筑工业出版社，2011.

[183] 段进，比尔·希烈尔等 . 空间句法与城市规划 [M]. 南京：东南大学出版社，2007.

[184]（明）廖希雍 . 葬经翼 [M]. 明代刻本 .

[185] 赵冰 . 多元主义 [M]. 长沙：湖南美术出版社，1994.

[186] 赵冰 . 天·地·人 [M]. 武汉：武汉出版社，1999.

[187] Zhu J F. Chinese Spatial Strategies：Imperial Beijing（1420 - 1911）[M]. London：Routledge Curzon，2004.

[188] Lussac B F. Xi'An – an ancient city in a modern world – Evolution of the urban form 1949–2000[M]. Paris：Editions Recherches，2007.

[189] Jenks M，Burton E，Williams K. The compact city：A sustainable urban form[M]. New York：E & Fn Spon,2000.

[190] Vance J E. The Continuing City–urban Morphology in Western Civilization[M].The Johns and Hopkins University Press，1990.

[191] Bourne L S. Internal structure of the city,reading on urban form，growth，and policy[M].oxford university press,1982.

[192] Scott A. Metropolis：From the Division of Labour to Urban Form[M].Berkeley,CA：University of California Press，1998.

[193] Simmonds R.Global city region[M]. New York：Spon Press,2000.

[194] Ihde D. Technology and Life Word[M].Indiana University Press，1990.

[195] Bolter J D. Turing's man：Western Culture in the computer age[M]. University of North Carolina Press，1984.

[196] Hayden D. The power of place：urban landscapes as public history[M]. Cambridge：MIT Press,1995.

[197] Jensen R．Cities of vision[M]．London：Applied science publishers LTD，1974.

[198] Balshaw M，Kennedy L．Urban space and representation[M].London：Pluto Press，2000.

[199] Lowenthal D．The past is a foreign country [M]．Cambridge：MIT Press，1985.

[200] Zerubavel E. Time maps：collective memory and the social shape of the past [M]. Chicago，Ill.：University of Chicago Press，2003.

[201]（民国）赤溪县志（卷一）舆地 [M].赤溪镇修志办公室 .1920.

[202] 林有席纂 .赣州府志 [Z].刻本 .1779（清乾隆四十四年）.

[203] 魏瀛修编 .赣州府志 [Z].同治年间刻板 .

[204] 余文龙，谢诏等纂修 .赣州府志 [Z].天启年间刻板 .

[205] 赣州府志 [Z].明嘉靖年间刻本 .上海：上海古籍书店，1962.

[206] 王宗沐纂修 .江西省大志（卷六）[M].传抄本 .1922.

[207] 陈灿纂修 .虔台续志 [M].浙江天一阁藏本 .

[208] 谢曼等监修 .江西通志 [M].台北：台湾商务印书馆，1983.

[209] 于成龙，杜果纂修 .江西通志 [M].刻本 .1683（康熙二十二年）.

[210] 黄凯元等纂修 .长汀县志 [M].长汀县志办公室，1942.

[211] 黄鸣珂纂修 .南安府志 [M].刻本 .1868（同治七年）.

[212] 中央地学社编撰 .中华民国省区全志（第四卷）江西省志 [Z].1924.

[213] 江西省人民政府地方志编撰委员会 .江西省人民政府志 [M].南昌：江西人民出版社，2002.

[214] 赣州地方志办公室编撰 .赣州建设志（1949—1990）[Z].1990.

[215] 赣州交通局编撰 .赣州交通志 [Z].1996.

[216] 清华大学 .赣州旧城区保护与整治规划 [R].2006.

[217] 李海根 .三百年前荷兰商使眼中的赣州古城 [N].江南都市报 .1999–8.

[218] 中国城市竞争力白皮书——中国城市竞争力报告 [R].中国社会科学院，2010.

[219] 陈雪莲 .关注荆州古城保护的"叠痕营造"模式 [N].中国文化报 .2009–01–14.

[220]（民国）工商通讯（第一卷）[R].江西省商会，1937.

[221]（清光绪）钞档（江西省巡抚题本）[R].1893（光绪十九年）.

[222]（清光绪）湘中请开铁路察稿 [N].申报 .1898–4–29.

[223]（民国）（赣州）市政公报（第二期）[R].赣州市政公署，1933.

[224]（民国）（赣州）市政公报（第五期）[R].赣州市政公署，1935.

[225] 赣州城市总体规划（1985—2000）[R].赣州：赣州地区建设局，1984.

[226] 赣州城市总体规划（1996—2010）[R].赣州：赣州地区建设局，1995.

[227] 赣州城市发展概念性规划 [R].赣州：赣州市规划局，2003.

[228] 赣州城市总体规划（2006—2020）[R].赣州：赣州市规划局，2005.

[229] 赣州中心城区住房建设规划（2010—2012）[R]. 赣州：赣州市规划局，2009.

[230] 赣州都市区规划（2009—2030）[R]. 赣州：赣州市规划局，2008.

[231] 赣州历史城区保护性规划（2010—2020）[R]. 赣州：赣州市规划局，2009.

[232] 陈怡. 荆州城市空间营造研究 [D]. 武汉：武汉大学，2011.

[233] 于志光. 武汉城市空间营造研究 [D]. 武汉：武汉大学，2009.

[234] 刘林. 营造活动之研究 [D]. 武汉：武汉大学，2005.

[235] 魏伟. 藏族聚落营造研究 [D]. 武汉：武汉大学，2008.

[236] 王炎松. 土家族营造研究 [D]. 武汉：武汉大学，2011.

[237] 蒋芸敏. 赣州旧城中心区传统空间保护与传承研究 [D]. 北京：清华大学，2007.

[238] 邹延杰. 赣州旧城中心区更新与保护问题研究 [D]. 北京：清华大学，2007.

[239] 邰艳丽. 东北地区城市空间形态研究 [D]. 吉林：东北师范大学，2004.

[240] 李炎. 南阳古城演变与清"梅花城"研究 [D]. 广州：华南理工大学，2010.

[241] 李包相. 基于休闲理念的杭州城市空间形态整合研究 [D]. 杭州：浙江大学，2007.

[242] 赵晔琴. 上海城市空间建构与城市改造：城市移民与社会变迁 [D]. 上海：华东师范大学，2008.

[243] 黄瓴. 城市空间文化结构研究 [D]. 重庆：重庆大学，2010.

[244] 王毅. 历史城市保护与更新研究 [D]. 武汉：武汉大学，2005.

[245] 罗先明. 荆州历史文化名城保护评估 [D]. 武汉：武汉大学，2005.

[246] 容晶. 鄂州历史文化名城保护研究 [D]. 武汉：武汉大学，2005.

[247] 左凌云. 恩施历史文化名城保护研究 [D]. 武汉：武汉大学，2005.

[248] 贺朝晖. 武汉历史文化名城保护研究 [D]. 武汉：武汉大学，2005.

[249] 李晓军. 钟祥历史文化名城保护研究 [D]. 武汉：武汉大学，2005.

[250] 余思点. 随州历史文化名城保护研究 [D]. 武汉：武汉大学，2005.

[251] 谭广. 荆门历史文化名城保护研究 [D]. 武汉：武汉大学，2005.

[252] 黄嫦玲. 襄樊历史文化名城保护研究 [D]. 武汉：武汉大学，2005.

[253] 赵京飞. 黄冈历史文化名城保护策略研究 [D]. 武汉：武汉大学，2005.

[254] 颜胜强. 当阳历史文化名城保护研究 [D]. 武汉：武汉大学，2006.

[255] 李瑞. 南阳城市空间营造研究 [D]. 武汉：武汉大学，2008.

[256] 黄凌江. 黄石城市空间营造研究 [D]. 武汉：武汉大学，2008.

[257] 周庆华. 鄂州城市空间营造研究 [D]. 武汉：武汉大学，2008.

[258] 王玉. 芜湖城市空间营造研究 [D]. 武汉：武汉大学，2009.

[259] 宋靖华. 荆门城市空间营造研究 [D]. 武汉：武汉大学，2009.

[260] 陈重. 九江城市空间营造研究 [D]. 武汉：武汉大学，2010.

[261] 方一帆. 武昌城市空间营造研究 [D]. 武汉：武汉大学，2010.

[262] 徐轩轩. 宜昌城市空间营造研究 [D]. 武汉：武汉大学，2010.

[263] 王毅. 南京城市空间营造研究 [D]. 武汉：武汉大学，2010.

[264] 胡思润. 常德城市空间营造研究 [D]. 武汉：武汉大学，2011.

[265] 彭建东. 景德镇城市空间营造——瓷业主导下的城市空间演变研究 [D]. 武汉：武汉大学，2011.

[266] 罗薇.古代赣州城市发展史研究 [D].赣州:赣州师范学院,2010.

[267] 张捷.留学生与中国近代建筑思想和风格的演变 [D].太原:山西大学,2006.

[268] 陈静远.西方近现代城市规划中社会思想研究 [D].武汉:华中科技大学,2004.

[269] 卜奇文.赣南、闽西、粤东三角地带客家土楼文化研究 [D].广西师范大学.2000.

[270] 宁峰.赣南客家围屋的民俗文化研究 [D].沈阳:辽宁大学.2006.

[271] 黄海峰.骑楼与建筑文化比较分析 [D].南宁:广西大学.2006.

[272] 莫稚、李始文等.广东曲江鲶鱼转、马蹄坪和韶关走马岗遗址 [J].考古,1964(7).

[273] 钟家新.客家人"风水"信仰的社会学分析.刘丽川译.张静校.客家研究辑刊,1998(1–2).

后 记

　　文化借由受其影响的人的活动而将其特征物化表现，不同时期和地域内的文化会直接影响到该时期、该地域内人们的空间营造。城市作为一个区域内空间营造活动最为集中的地区，也往往成为地域文化最好的展示体。赣州是一座拥有深厚历史底蕴的城市，在赣州发展的不同历史阶段，不同的文化对当地的空间营造产生了深刻的影响。从早期的古越文化到后来的客家文化、徽州文化、西方文化、岭南文化，不同的文化体系在赣州这片土地上谱写出了波澜起伏的篇章。在这座城市我们既可以看到客家的围屋也可以看到岭南的骑楼，不同建筑间的交相辉映，让这座城市具有了一种独特的韵味。

　　对影响赣州空间营造的文化研究，不仅是对过去辉煌的留恋，更是对未来的展望。社会的发展是一种无法阻挡的规律，但是这种发展绝不应该是建立在对过去野蛮践踏的基础上，只有对过去影响城市空间营造的文化进行研究才能更好地保护城市的文脉，反之也只有对影响昨天和今天城市空间营造的因子进行梳理才能更好地指导明天的城市空间营造。

　　《赣州城市空间营造研究》是我介入赣州个案，对其城市空间营造的整体过程进行发现、思考、探索、归纳和展望的成果记录。在这本论文的写作过程中，首先要感谢我的老师赵冰教授，他将城市空间营造作为自己一生研究的一个重心，为此倾注了大量的心血。在我在赣州调研屡屡碰壁一筹莫展的时候，是赵老师给我建议，使我能够绕开僵化的官僚体系，从另一个角度收集资料，完成了写作的第一步工作。在写作的过程中赵老师还多次对文章进行审阅，并不断反馈意见，如果没有赵老师的帮助，我无法想象自己能够完成这本厚重的书，在此我要向我的恩师致以诚挚的感谢。此外，武汉大学的李军老师对本书的写作也给予了大量的帮助，她多次挤出宝贵的时间，来帮我审阅文稿，并给予了很多非常宝贵的意见，在此我要对李老师致以深深的谢意。

　　此外，我还要感谢陈怡、周庆华、涂光路三位师长，陈怡师姐将自己调研时的经验无保留地传授给我，她的帮助让我少走了很多弯路。周师兄更是一位良师益友，多少次在行政楼前的操场上，他充当了我的一个忠实的听众，听我倾诉在调研和写作时碰到的困难，并从一个大哥的角度帮助我，开导我，给我坚持下去的信心。涂师兄和我是博士期间的室友，他从我们认识的第一天起就无私地帮助我、照顾我，这种感情不是兄长胜似兄长。

　　其次，我还要感谢肖劲、张小金和薛华平三位朋友，肖大哥在赣州工作，当他知道我写书的事情后，便尽其全力来帮助我，虽然他不在建筑口工作和建筑口的人也不熟悉，但是他仍然努力帮我联系单位收集资料，没有他的帮助，我必将难于收集到如此完整的史志资料。小金哥是赣州人，在南康工作，虽然我们认识的时间不长，但是他仍然帮我收集了大量的规划和城建方面的资料，这些资料在我后期的写作过程中发挥了重要的作用。薛主任和我萍水相逢，但是他具有一种军人的直爽，虽然基于种种原因他无法提供很多资料给我，但是他对我的热情让当时多次碰壁的我感到了一丝暖流。

　　五次南下赣州的经历，让我深深地体验到了赣州这片土地上人民的淳朴和善良，赣江路卖冰棍的大妈、城展馆外搭客的出租车司机，还有赣南师院和江西理工大学那些善良而又热情的学生们，这些没有留下名字的赣州人在我的脑海里留下了一道抹不去的美丽的风景线。

　　最后，是东莞理工学院的领导和中国建筑工业出版社各位编辑的热诚支持，书稿才能够问世。总之，友情是温暖的，深厚的。而我更有始终可以获得温暖与支持的家人。我觉得，我是幸运的，但仍然不免伤感：三年苦作，一"经"未穷，竟已皓首，没有看见"灯火阑珊处"，却已经"为伊消得人憔悴"了。在这里我要谢谢所有那些曾经帮助过我的人们，祝你们一生平安。

叶鹏

2016 年 12 月于东莞理工学院